U0326123

“十二五”国家重点出版规划项目
雷达与探测前沿技术丛书

多传感器分布式信号检测理论与方法

Theory and Methods of Distributed Signal Detection with Multiple Sensors

刘向阳　许稼　彭应宁　著

国防工業出版社
·北京·

内容简介

多传感器分布式信号检测是多源信息融合理论研究和应用的重要组成部分。本书围绕基于雷达与无线传感器网络的分布式信号检测问题展开研究和讨论，内容侧重于介绍分布式检测的新理论、新进展和新方向。全书共11章，其中：第1~3章和第10章主要介绍分布式信号检测理论和应用的历史和现状、分布式最优检测理论、分布式CFAR检测、局部最优分布式信号检测、稳健分布式信号检测以及分布式序贯信号检测和分布式最快速检测等内容；第4~9章主要包括在非参数分布式信号检测、基于无线传感器网络的分布式信号检测、各个传感器信噪比未知且可能时变时的分布式信号检测，以及分布式孔径MIMO雷达检测等检测方法方面的研究成果，同时，介绍了基于探测和通信功率分配的分布式信号检测系统优化设计的研究，以及常规雷达网中应用分布式信号检测理论的方法；第11章是全书的总结。

本书可作为雷达、通信、导航等专业研究生和高年级本科生的参考书，也可供相关行业工程技术人员阅读、参考。

图书在版编目(CIP)数据

多传感器分布式信号检测理论与方法 / 刘向阳，许稼，彭应宁著. —北京：国防工业出版社，2017.12
(雷达与探测前沿技术丛书)
ISBN 978-7-118-11377-8

Ⅰ. ①多… Ⅱ. ①刘… ②许… ③彭… Ⅲ. ①雷达信号处理-信号检测 Ⅳ. ①TN957.51

中国版本图书馆CIP数据核字(2017)第259677号

※

国防工业出版社出版发行
(北京市海淀区紫竹院南路23号　邮政编码100048)
天津嘉恒印务有限公司印刷
新华书店经售
*
开本 710×1000　1/16　**印张** 20　**字数** 368千字
2017年12月第1版第1次印刷　**印数** 1—3000册　**定价** 95.00元

国防书店：(010)88540777　　发行邮购：(010)88540776
发行传真：(010)88540755　　发行业务：(010)88540717

“雷达与探测前沿技术丛书”编审委员会

编辑委员会

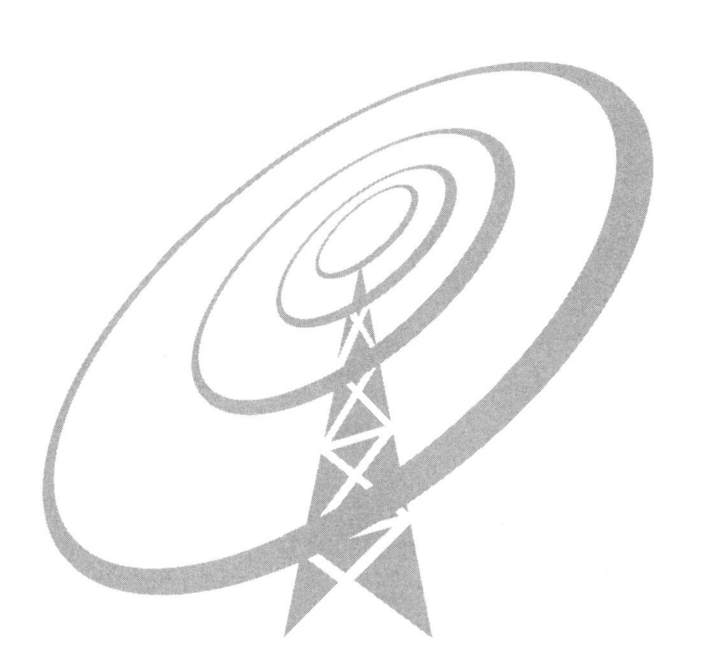

总　序

雷达在第二次世界大战中初露头角。战后，美国麻省理工学院辐射实验室集合各方面的专家，总结战争期间的经验，于1950年前后出版了一套雷达丛书，共28个分册，对雷达技术做了全面总结，几乎成为当时雷达设计者的必备读物。我国的雷达研制也从那时开始，经过几十年的发展，到21世纪初，我国雷达技术在很多方面已进入国际先进行列。为总结这一时期的经验，中国电子科技集团公司曾经组织老一代专家撰著了"雷达技术丛书"，全面总结他们的工作经验，给雷达领域的工程技术人员留下了宝贵的知识财富。

电子技术的迅猛发展，促使雷达在内涵、技术和形态上快速更新，应用不断扩展。为了探索雷达领域前沿技术，我们又组织编写了本套"雷达与探测前沿技术丛书"。与以往雷达相关丛书显著不同的是，本套丛书并不完全是作者成熟的经验总结，大部分是专家根据国内外技术发展，对雷达前沿技术的探索性研究。内容主要依托雷达与探测一线专业技术人员的最新研究成果、发明专利、学术论文等，对现代雷达与探测技术的国内外进展、相关理论、工程应用等进行了广泛深入研究和总结，展示近十年来我国在雷达前沿技术方面的研制成果。本套丛书的出版力求能促进从事雷达与探测相关领域研究的科研人员及相关产品的使用人员更好地进行学术探索和创新实践。

本套丛书保持了每一个分册的相对独立性和完整性，重点是对前沿技术的介绍，读者可选择感兴趣的分册阅读。丛书共41个分册，内容包括频率扩展、协同探测、新技术体制、合成孔径雷达、新雷达应用、目标与环境、数字技术、微电子技术八个方面。

(一) 雷达频率迅速扩展是近年来表现出的明显趋势，新频段的开发、带宽的剧增使雷达的应用更加广泛。本套丛书遴选的频率扩展内容的著作共4个分册：

(1)《毫米波辐射无源探测技术》分册中没有讨论传统的毫米波雷达技术，而是着重介绍毫米波热辐射效应的无源成像技术。该书特别采用了平方千米阵的技术概念，这一概念在用干涉式阵列基线的测量结果来获得等效大口径阵列效果的孔径综合技术方面具有重要的意义。

(2)《太赫兹雷达》分册是一本较全面介绍太赫兹雷达的著作,主要包括太赫兹雷达系统的基本组成和技术特点、太赫兹雷达目标检测以及微动目标检测技术,同时也讨论了太赫兹雷达成像处理。

(3)《机载远程红外预警雷达系统》分册考虑到红外成像和告警是红外探测的传统应用,但是能否作为全空域远距离的搜索监视雷达,尚有诸多争议。该书主要讨论用监视雷达的概念如何解决红外极窄波束、全空域、远距离和数据率的矛盾,并介绍组成红外监视雷达的工程问题。

(4)《多脉冲激光雷达》分册从实际工程应用角度出发,较详细地阐述了多脉冲激光测距及单光子测距两种体制下的系统组成、工作原理、测距方程、激光目标信号模型、回波信号处理技术及目标探测算法等关键技术,通过对两种远程激光目标探测体制的探讨,力争让读者对基于脉冲测距的激光雷达探测有直观的认识和理解。

(二) 传输带宽的急剧提高,赋予雷达协同探测新的使命。协同探测会导致雷达形态和应用发生巨大的变化,是当前雷达研究的热点。本套丛书遴选出协同探测内容的著作共10个分册:

(1)《雷达组网技术》分册从雷达组网使用的效能出发,重点讨论点迹融合、资源管控、预案设计、闭环控制、参数调整、建模仿真、试验评估等雷达组网新技术的工程化,是把多传感器统一为系统的开始。

(2)《多传感器分布式信号检测理论与方法》分册主要介绍检测级、位置级(点迹和航迹)、属性级、态势评估与威胁估计五个层次中的检测级融合技术,是雷达组网的基础。该书主要给出各类分布式信号检测的最优化理论和算法,介绍考虑到网络和通信质量时的联合分布式信号检测准则和方法,并研究多输入多输出雷达目标检测的若干优化问题。

(3)《分布孔径雷达》分册所描述的雷达实现了多个单元孔径的射频相参合成,获得等效于大孔径天线雷达的探测性能。该书在概述分布孔径雷达基本原理的基础上,分别从系统设计、波形设计与处理、合成参数估计与控制、稀疏孔径布阵与测角、时频相同步等方面做了较为系统和全面的论述。

(4)《MIMO 雷达》分册所介绍的雷达相对于相控阵雷达,可以同时获得波形分集和空域分集,有更加灵活的信号形式,单元间距不受 $\lambda/2$ 的限制,间距拉开后,可组成各类分布式雷达。该书比较系统地描述多输入多输出(MIMO)雷达。详细分析了波形设计、积累补偿、目标检测、参数估计等关键技术。

(5)《MIMO 雷达参数估计技术》分册更加侧重讨论各类 MIMO 雷达的算法。从 MIMO 雷达的基本知识出发,介绍均匀线阵,非圆信号,快速估计,相干目标,分布式目标,基于高阶累计量的、基于张量的、基于阵列误差的、特殊阵列结构的 MIMO 雷达目标参数估计的算法。

(6)《机载分布式相参射频探测系统》分册介绍的是 MIMO 技术的一种工程应用。该书针对分布式孔径采用正交信号接收相参的体制,分析和描述系统处理架构及性能、运动目标回波信号建模技术,并更加深入地分析和描述实现分布式相参雷达杂波抑制、能量积累、布阵等关键技术的解决方法。

(7)《机会阵雷达》分册介绍的是分布式雷达体制在移动平台上的典型应用。机会阵雷达强调根据平台的外形,天线单元共形随遇而布。该书详尽地描述系统设计、天线波束形成方法和算法、传输同步与单元定位等关键技术,分析了美国海军提出的用于弹道导弹防御和反隐身的机会阵雷达的工程应用问题。

(8)《无源探测定位技术》分册探讨的技术是基于现代雷达对抗的需求应运而生,并在实战应用需求越来越大的背景下快速拓展。随着知识层面上认知能力的提升以及技术层面上带宽和传输能力的增加,无源侦察已从单一的测向技术逐步转向多维定位。该书通过充分利用时间、空间、频移、相移等多维度信息,寻求无源定位的解,对雷达向无源发展有着重要的参考价值。

(9)《多波束凝视雷达》分册介绍的是通过多波束技术提高雷达发射信号能量利用效率以及在空、时、频域中减小处理损失,提高雷达探测性能;同时,运用相位中心凝视方法改进杂波中目标检测概率。分册还涉及短基线雷达如何利用多阵面提高发射信号能量利用效率的方法;针对长基线,阐述了多站雷达发射信号可形成凝视探测网格,提高雷达发射信号能量的使用效率;而合成孔径雷达(SAR)系统应用多波束凝视可降低发射功率,缓解宽幅成像与高分辨之间的矛盾。

(10)《外辐射源雷达》分册重点讨论以电视和广播信号为辐射源的无源雷达。详细描述调频广播模拟电视和各种数字电视的信号,减弱直达波的对消和滤波的技术;同时介绍了利用 GPS(全球定位系统)卫星信号和 GSM/CDMA(两种手机制式)移动电话作为辐射源的探测方法。各种外辐射源雷达,要得到定位参数和形成所需的空域,必须多站协同。

（三）以新技术为牵引，产生出新的雷达系统概念，这对雷达的发展具有里程碑的意义。本套丛书遴选了涉及新技术体制雷达内容的6个分册：

（1）《宽带雷达》分册介绍的雷达打破了经典雷达5MHz带宽的极限，同时雷达分辨力的提高带来了高识别率和低杂波的优点。该书详尽地讨论宽带信号的设计、产生和检测方法。特别是对极窄脉冲检测进行有益的探索，为雷达的进一步发展提供了良好的开端。

（2）《数字阵列雷达》分册介绍的雷达是用数字处理的方法来控制空间波束，并能形成同时多波束，比用移相器灵活多变，已得到了广泛应用。该书全面系统地描述数字阵列雷达的系统和各分系统的组成。对总体设计、波束校准和补偿、收/发模块、信号处理等关键技术都进行了详细描述，是一本工程性较强的著作。

（3）《雷达数字波束形成技术》分册更加深入地描述数字阵列雷达中的波束形成技术，给出数字波束形成的理论基础、方法和实现技术。对灵巧干扰抑制、非均匀杂波抑制、波束保形等进行了深入的讨论，是一本理论性较强的专著。

（4）《电磁矢量传感器阵列信号处理》分册讨论在同一空间位置具有三个磁场和三个电场分量的电磁矢量传感器，比传统只用一个分量的标量阵列处理能获得更多的信息，六分量可完备地表征电磁波的极化特性。该书从几何代数、张量等数学基础到阵列分析、综合、参数估计、波束形成、布阵和校正等问题进行详细讨论，为进一步应用奠定了基础。

（5）《认知雷达导论》分册介绍的雷达可根据环境、目标和任务的感知，选择最优化的参数和处理方法。它使得雷达数据处理及反馈从粗犷到精细，彰显了新体制雷达的智能化。

（6）《量子雷达》分册的作者团队搜集了大量的国外资料，经探索和研究，介绍从基本理论到传输、散射、检测、发射、接收的完整内容。量子雷达探测具有极高的灵敏度，更高的信息维度，在反隐身和抗干扰方面优势明显。经典和非经典的量子雷达，很可能走在各种量子技术应用的前列。

（四）合成孔径雷达（SAR）技术发展较快，已有大量的著作。本套丛书遴选了有一定特点和前景的5个分册：

（1）《数字阵列合成孔径雷达》分册系统阐述数字阵列技术在SAR中的应用，由于数字阵列天线具有灵活性并能在空间产生同时多波束，雷达采集的同一组回波数据，可处理出不同模式的成像结果，比常规SAR具备更多的新能力。该书着重研究基于数字阵列SAR的高分辨力宽测绘带SAR成像、极化层析 SAR 三维成像和前视 SAR 成像技术三种新能力。

(2)《双基合成孔径雷达》分册介绍的雷达配置灵活,具有隐蔽性好、抗干扰能力强、能够实现前视成像等优点,是 SAR 技术的热点之一。该书较为系统地描述了双基 SAR 理论方法、回波模型、成像算法、运动补偿、同步技术、试验验证等诸多方面,形成了实现技术和试验验证的研究成果。

(3)《三维合成孔径雷达》分册描述曲线合成孔径雷达、层析合成孔径雷达和线阵合成孔径雷达等三维成像技术。重点讨论各种三维成像处理算法,包括距离多普勒、变尺度、后向投影成像、线阵成像、自聚焦成像等算法。最后介绍三维 MIMO-SAR 系统。

(4)《雷达图像解译技术》分册介绍的技术是指从大量的 SAR 图像中提取与挖掘有用的目标信息,实现图像的自动解译。该书描述高分辨 SAR 和极化 SAR 的成像机理及相应的相干斑抑制、噪声抑制、地物分割与分类等技术,并介绍舰船、飞机等目标的 SAR 图像检测方法。

(5)《极化合成孔径雷达图像解译技术》分册对极化合成孔径雷达图像统计建模和参数估计方法及其在目标检测中的应用进行了深入研究。该书研究内容为统计建模和参数估计及其国防科技应用三大部分。

(五) 雷达的应用也在扩展和变化,不同的领域对雷达有不同的要求,本套丛书在雷达前沿应用方面遴选了 6 个分册:

(1)《天基预警雷达》分册介绍的雷达不同于星载 SAR,它主要观测陆海空天中的各种运动目标,获取这些目标的位置信息和运动趋势,是难度更大、更为复杂的天基雷达。该书介绍天基预警雷达的星星、星空、MIMO、卫星编队等双/多基地体制。重点描述了轨道覆盖、杂波与目标特性、系统设计、天线设计、接收处理、信号处理技术。

(2)《战略预警雷达信号处理新技术》分册系统地阐述相关信号处理技术的理论和算法,并有仿真和试验数据验证。主要包括反导和飞机目标的分类识别、低截获波形、高速高机动和低速慢机动小目标检测、检测识别一体化、机动目标成像、反投影成像、分布式和多波段雷达的联合检测等新技术。

(3)《空间目标监视和测量雷达技术》分册论述雷达探测空间轨道目标的特色技术。首先涉及空间编目批量目标监视探测技术,包括空间目标监视相控阵雷达技术及空间目标监视伪码连续波雷达信号处理技术。其次涉及空间目标精密测量、增程信号处理和成像技术,包括空间目标雷达精密测量技术、中高轨目标雷达探测技术、空间目标雷达成像技术等。

(4)《平流层预警探测飞艇》分册讲述在海拔约20km的平流层，由于相对风速低、风向稳定，从而适合大型飞艇的长期驻空，定点飞行，并进行空中预警探测，可对半径500km区域内的地面目标进行长时间凝视观察。该书主要介绍预警飞艇的空间环境、总体设计、空气动力、飞行载荷、载荷强度、动力推进、能源与配电以及飞艇雷达等技术，特别介绍了几种飞艇结构载荷一体化的形式。

(5)《现代气象雷达》分册分析了非均匀大气对电磁波的折射、散射、吸收和衰减等气象雷达的基础，重点介绍了常规天气雷达、多普勒天气雷达、双偏振全相参多普勒天气雷达、高空气象探测雷达、风廓线雷达等现代气象雷达，同时还介绍了气象雷达新技术、相控阵天气雷达、双/多基地天气雷达、声波雷达、中频探测雷达、毫米波测云雷达、激光测风雷达。

(6)《空管监视技术》分册阐述了一次雷达、二次雷达、应答机编码分配、S模式、多雷达监视的原理。重点讨论广播式自动相关监视(ADS-B)数据链技术、飞机通信寻址报告系统(ACARS)、多点定位技术(MLAT)、先进场面监视设备(A-SMGCS)、空管多源协同监视技术、低空空域监视技术、空管技术。介绍空管监视技术的发展趋势和民航大国的前瞻性规划。

(六) 目标和环境特性，是雷达设计的基础。该方向的研究对雷达匹配目标和环境的智能设计有重要的参考价值。本套丛书对此专题遴选了4个分册：

(1)《雷达目标散射特性测量与处理新技术》分册全面介绍有关雷达散射截面积(RCS)测量的各个方面，包括RCS的基本概念、测试场地与雷达、低散射目标支架、目标RCS定标、背景提取与抵消、高分辨力RCS诊断成像与图像理解、极化测量与校准、RCS数据的处理等技术，对其他微波测量也具有参考价值。

(2)《雷达地海杂波测量与建模》分册首先介绍国内外地海面环境的分类和特征，给出地海杂波的基本理论，然后介绍测量、定标和建库的方法。该书用较大的篇幅，重点阐述地海杂波特性与建模。杂波是雷达的重要环境，随着地形、地貌、海况、风力等条件而不同。雷达的杂波抑制，正根据实时的变化，从粗犷走向精细的匹配，该书是现代雷达设计师的重要参考文献。

(3)《雷达目标识别理论》分册是一本理论性较强的专著。以特征、规律及知识的识别认知为指引，奠定该书的知识体系。首先介绍雷达目标识别的物理与数学基础，较为详细地阐述雷达目标特征提取与分类识别、知识辅助的雷达目标识别、基于压缩感知的目标识别等技术。

(4)《雷达目标识别原理与实验技术》分册是一本工程性较强的专著。该书主要针对目标特征提取与分类识别的模式,从工程上阐述了目标识别的方法。重点讨论特征提取技术、空中目标识别技术、地面目标识别技术、舰船目标识别及弹道导弹识别技术。

(七) 数字技术的发展,使雷达的设计和评估更加方便,该技术涉及雷达系统设计和使用等。本套丛书遴选了3个分册:

(1)《雷达系统建模与仿真》分册所介绍的是现代雷达设计不可缺少的工具和方法。随着雷达的复杂度增加,用数字仿真的方法来检验设计的效果,可收到事半功倍的效果。该书首先介绍最基本的随机数的产生、统计实验、抽样技术等与雷达仿真有关的基本概念和方法,然后给出雷达目标与杂波模型、雷达系统仿真模型和仿真对系统的性能评价。

(2)《雷达标校技术》分册所介绍的内容是实现雷达精度指标的基础。该书重点介绍常规标校、微光电视角度标校、球载BD/GPS(BD为北斗导航简称)标校、射电星角度标校、基于民航机的雷达精度标校、卫星标校、三角交会标校、雷达自动化标校等技术。

(3)《雷达电子战系统建模与仿真》分册以工程实践为取材背景,介绍雷达电子战系统建模的主要方法、仿真模型设计、仿真系统设计和典型仿真应用实例。该书从雷达电子战系统数学建模和仿真系统设计的实用性出发,着重论述雷达电子战系统基于信号/数据流处理的细粒度建模仿真的核心思想和技术实现途径。

(八) 微电子的发展使得现代雷达的接收、发射和处理都发生了巨大的变化。本套丛书遴选出涉及微电子技术与雷达关联最紧密的3个分册:

(1)《雷达信号处理芯片技术》分册主要讲述一款自主架构的数字信号处理(DSP)器件,详细介绍该款雷达信号处理器的架构、存储器、寄存器、指令系统、I/O资源以及相应的开发工具、硬件设计,给雷达设计师使用该处理器提供有益的参考。

(2)《雷达收发组件芯片技术》分册以雷达收发组件用芯片套片的形式,系统介绍发射芯片、接收芯片、幅相控制芯片、波速控制驱动器芯片、电源管理芯片的设计和测试技术及与之相关的平台技术、实验技术和应用技术。

(3)《宽禁带半导体高频及微波功率器件与电路》分册的背景是,宽禁带材料可使微波毫米波功率器件的功率密度比Si和GaAs等同类产品高10倍,可产生开关频率更高、关断电压更高的新一代电力电子器件,将对雷达产生更新换代的影响。分册首先介绍第三代半导体的应用和基本知识,然后详细介绍两大类各种器件的原理、类别特征、进展和应用：SiC器件有功率二极管、MOSFET、JFET、BJT、IBJT、GTO等；GaN器件有HEMT、MMIC、E模HEMT、N极化HEMT、功率开关器件与微功率变换等。最后展望固态太赫兹、金刚石等新兴材料器件。

本套丛书是国内众多相关研究领域的大专院校、科研院所专家集体智慧的结晶。具体参与单位包括中国电子科技集团公司、中国航天科工集团公司、中国电子科学研究院、南京电子技术研究所、华东电子工程研究所、北京无线电测量研究所、电子科技大学、西安电子科技大学、国防科技大学、北京理工大学、北京航空航天大学、哈尔滨工业大学、西北工业大学等近30家。在此对参与编写及审校工作的各单位专家和领导的大力支持表示衷心感谢。

王小谟

2017年9月

序

自20世纪80年代初R. R. Tenney和N. R. Sandell提出分布式信号检测的概念以来,分布式信号检测一直受到国内外众多研究者的关注,国际上也涌现出许多研究分布式信号检测的优秀科研团队。究其原因,作为多传感器信息融合领域中一个非常重要和活跃的研究方向,分布式信号检测能够最大程度地保留各传感器信号的原始信息,从根本上为提高传感器系统的检测能力提供保障。同时,由于融合了多传感器的原始回波信息,分布式信号检测能够获取比单个传感器更低的检测虚警,能检测到单个传感器所不能检测到的目标。这是其他层级的信息融合难以具备的。但是,国内外在时空配准、稳健融合、系统验证等方面也面临远较其他层级信息融合困难得多的挑战。

鉴于分布式信号检测巨大的应用潜力和技术挑战,自从20世纪90年代以来,国内多家单位竞相开展分布式信号检测理论和算法的研究工作,推动了分布式信号检测研究的持续深入。清华大学电子工程系彭应宁教授很早就开展了分布式信号检测方面的相关研究工作,拥有很深的学术造诣。彭教授和我联合指导的博士研究生关键教授的博士论文,在2001年荣获全国百篇优秀博士论文,论文研究方向就是关于分布式信号检测的基础理论和方法。刘向阳副教授是彭教授的博士研究生,2004年开始在彭教授的指导下开展分布式信号检测理论和方法研究。2007年博士毕业后回到西安通信学院工作,2015年和2016年在美国雪城大学做访问学者。其博士毕业至今的研究工作,一直围绕分布式信号检测理论和方法展开,研究成果颇丰。他在稳健的分布式信号检测算法设计、基于无线传感器网络的分布式信号检测方法、基于探测和通信功率分配优化的分布式检测系统设计等方面均做出了有意义的工作。许稼教授曾是彭应宁教授团队的重要成员,他从分布式信号检测角度研究MIMO雷达信号检测问题,获得了有意义的成果。

本书作为彭应宁教授课题组在分布式信号检测理论和应用研究工作的一个阶段性总结,较为系统地反映了该领域的研究进展和未来发展方向。因此,郑重推荐本书出版,并相信本书的出版对于推动我国分布式信号检测方面理论研究和工程化应用将起到很好的推动作用。

何友

2017年10月

前 言

信息技术已广泛渗透到现代社会生活的各个方面，而信息技术的核心则是信息的获取、传输和处理。传感器作为信息获取的源头，逐步成为人类认识世界和改造世界的有力工具。当前，在军用和民用的许多应用中，单传感器在时空覆盖、探测性能、可靠性和安全性等诸多方面已不能满足实际需求，需要多传感器成体系化、分布式、网络化的应用才能奏效。相对于单传感器，多传感器系统可带来许多显而易见的性能改善。例如，在部分传感器受干扰不能正常利用时，具有不同时、空、频分布的其他传感器仍可能有效发挥作用，从而提高了系统的生存能力和可靠性。同时，当部分传感器性能受限，难以探测某些特殊区域或目标时，其他同类或异类传感器仍可能提供有效的探测信息，从而有效扩展了系统的时、空覆盖范围。因此，综合并提高多传感器信息利用程度的多传感器信息融合作为一门新兴的热门学科应运而生。成功的信息融合必须解决“融什么”“如何融”和“怎么评”等核心问题，上述问题的探索和求解贯穿于多传感器信息融合研究的各个方面。

按照信息抽象的五个层次，信息融合可分为五级，即检测级融合、位置(点迹和航迹)级融合、属性(目标识别)级融合、态势评估与威胁估计。作为检测级的信息融合技术，多传感器分布式信号检测基于各传感器原始的观测信息进行信息融合，可最大限度地综合和利用各传感器探测信息，从而得到广泛重视。然而，人们对其在时空配准、融合准则、系统验证等各个环节也提出了更高要求，显著超越了已广泛研究的位置级和属性级的多传感器信息融合技术。为此，美国、俄罗斯和日本等均投入巨资展开深入研究。例如，美国的海军实验室(NRL)、空军实验室(AFRL)、雪城大学等对此开展了不懈的研究，提出分布式信号检测领域诸多原创性的理论和技术成果，P. K. Varshney 教授的著作 *Distributed Detection and Data Fusion* 就是这方面的典型著作。从20世纪90年代开始，我国也开展了对分布式信号检测的广泛研究。清华大学、北京理工大学、国防科学技术大学、西安电子科技大学、西北工业大学、西安交通大学、电子科技大学等一些高校和研究机构竞相展开研究。近年来，国家自然科学基金以及其他部委基金和项目也资助了许多分布式信号检测方面的研究课题。

由于传感器类型千差万别，传感器应用形式多样，不同领域均提出了既相互联系又富有特色的分布式信号检测理论和方法。本书作者围绕自身相对熟悉的雷达和无线传感器网络的分布式目标检测问题展开讨论，内容侧重于介绍分布式检测的新发展。为此，本书对 P. K. Varshney 著作已有内容只简单介绍，不作为重点。此外，随着新体制雷达、无线传感器网络、人工智能、自动控制与决策等领域新理论、新方法的不断涌现，在多传感器分布式信号检测领域也出现了一些值得关注的新领域。首先，现代雷达中基于多发射波形的多输入－多输出（MIMO）雷达得到了普遍的关注和研究，每一个雷达接收机既可接收自身发射信号的回波，也可接收其他雷达发射信号的回波。因此，基于多波形的收发，雷达系统的自由度可得到极大提高。MIMO 雷达利用系统大自由度改善雷达整体的探测性能必然存在巨大的潜力。其次，多传感器分布式信号检测理论最初是以雷达、声纳等大型传感器为信息探测单元进行研究的，通常不考虑通信环节引入的误差或干扰。随着无线传感器网络的兴起，基于无线传感器网络的分布式信号检测理论和算法得到了广泛关注，通信和探测的一体化设计方法纷纷涌现。基于信道感知的分布式检测理论，必须提出探测和通信环节均受干扰条件下的多传感器检测算法。此外，人作为信息感知的单元时，具有智能化以及能够在传感器无法做出判断时做出更明智的判决。但是，人的判决结果的一致性与物理传感器相比具有天然劣势。为此，基于人和传感器的混合网络的分布式信号检测理论及方法也得到广泛关注，有了一些典型的研究成果。总之，多传感器分布式信号检测仍然是一个日新月异、不断发展的学科领域。

对于本书的出版，笔者是惶恐不安的，自忖能力学识有限，担心误导读者。但回顾我们在分布式信号检测方面的研究，确实有一些需要总结的地方。也希望我们的学习和研究工作能够对从事分布式信号检测研究的同行们有一些参考。在国家出版基金、国家自然科学基金、武器装备预研基金、西安通信学院专著建设计划等项目的支持下，笔者挑选了自己最熟悉的内容，撰写了本书。

全书共有 11 章，其中第 1～4 章由刘向阳副教授、彭应宁教授共同撰写，第 5～8 章由刘向阳副教授撰写，第 9 章由许稼教授撰写，第 10、11 章由刘向阳副教授、许稼教授共同撰写。全书由彭应宁教授审阅。尽管我们进行了反复修改，但是由于学识和能力所限，不妥之处在所难免，希望广大读者不吝赐教，我们深表感谢。

刘向阳　许稼　彭应宁

2017 年 5 月

目　录

第1章 概述

1.1 背景与意义

在陆、海、空、天、信息五维空间同时展开的现代战争中，战争环境日趋复杂，来袭的目标常常是大纵深、全方位、多批次、超高速、高机动、超低空、超低反射截面积的。单一的传感器已经无法满足现代战争的需要。为此，现代战争已变成系统与系统、体系与体系的对抗。从20世纪70年代开始，多传感器信息融合[1]伴随军用传感器技术的发展而迅猛发展起来，并在现代指挥、控制、通信、计算机、情报、监视和侦察（C^4ISR）和各种武器平台上以及许多民事领域得到了广泛应用。

在GB/T 7665—2005《传感器通用术语》中，对传感器定义为："能感受被测量并按照一定的规律转换成可用输出信号的器件或装置，通常由敏感元件和转换元件组成"。传感器是获取信息的基本工具，是现代先进武器系统正常工作所必不可少的，也是多传感器信息融合的基础。例如，现代飞机就装备着种类繁多的传感器，用来测量飞机的速度、位置、姿态、航向、航程等参数，洲际导弹、宇宙飞船等装备上所需测量的参数就更多。

信息融合的定义大致概括为利用计算机技术对按时序获得的若干传感器的观测信息在一定准则下加以自动分析、优化综合以完成所需的决策和估计任务而进行的信息处理过程[2]。按照这一定义，各种传感器是信息融合的基础，多源信息是信息融合的加工对象，协调优化和综合处理是信息融合的核心。信息的获取、信息的传输和信息的融合是信息融合系统的三个组成部分。各个传感器获得信息后，利用通信网络将信息传递给融合中心，融合中心对各个传感器的信息进行多级别、多方面、多层次的处理，从而产生新的有意义的信息，而这种新的信息是任何单一传感器所无法获得的。

多传感器信息融合系统相对于单传感器系统具有许多性能提升空间和实际裨益。例如，采用多个传感器可提高系统的生存能力和可靠性。在某些传感器不能利用或受到干扰时总会有一部分传感器可以提供信息,使系统能够不受干扰连续运行。多个传感器的相互配合应用使系统具有内在的冗余度,可显著提升系统的可靠性和安全性。同时,多个传感器可以扩展系统的时间和空间覆盖范围。当某些传感器不能探测时,其余传感器可以检测、测量目标或事件,多个传感器的协同工作可以提高系统的时间监视范围。将不同类型的传感器配合使用,一些传感器可以探测其他传感器无法覆盖的区域进而增加系统的空间覆盖范围。例如,将雷达、红外、激光与电视等传感器配合使用既可以弥补雷达盲区,又可以利用雷达全天时、全天候工作的特点弥补其他传感器易受天气状况影响的缺点。此外,多传感器信息融合还有提高空间分辨力、增加测量空间的维数、提高结果的可信度等作用。

按照信息抽象的五个层次,信息融合可分为五个级别,即检测级融合、位置(点迹和航迹)级融合、属性(目标识别)级融合、态势评估和威胁估计[3]。前三个级别的信息融合适用于任意的多传感器信息融合系统,后两个级别主要应用于军事 C^4ISR 系统。

检测级融合是直接在检测判决或信号层上进行的融合,因而多传感器检测技术是一种检测级融合技术。最初,它仅用于军事指挥、控制和通信中,现在已经广泛用于智能交通、气象预报、医疗诊断和组织管理决策等众多领域。

位置级融合是直接在传感器的观测报告或测量点迹和目标的状态估计(航迹)基础上进行的融合,是跟踪级融合。传统的多传感器多目标跟踪系统的融合就属于这一级别。

属性级融合也称为属性分类或者身份估计,其目的是对观测实体进行表征和识别以提高识别的正确率。

态势评估和威胁估计是对战场上战斗力量和敌方意图量化分析的信息处理过程,是信息融合的最高层次。

在信息融合的五个级别中,检测级融合是最底层的融合。由于直接基于传感器的原始探测信号开展融合,检测级融合具有系统适用性高、信息损失小等独特的优势。较之单传感器检测,多传感器检测级融合具有更广的时间和空间覆盖范围、更强的生存能力;较之其他级别的融合,检测级融合对于低雷达截面积(RCS)的目标具有更优的检测性能。

从信息融合的角度而言,本书讨论的多传感器信号检测技术是一种检测级融合技术。

1.2 多传感器信号检测的分类

多传感器信号检测可分为集中式信号检测和分布式信号检测两种[4]。

集中式信号检测是指各个传感器将自己观测到的信息全部传递给中央处理单元,由中央处理单元完成目标的检测。而在分布式信号检测中,局部传感器先将自己观测到的信息进行压缩性的预处理,并将压缩后的信息传递给融合中心,由融合中心完成目标的检测。因此,分布式信号检测中的分布式指的是信息的分布式处理而不是传感器位置上的分散。在同样的网络拓扑结构下,多传感器信号检测系统既可以进行分布式信号检测,又可以进行集中式信号检测。因此,各个传感器是否进行压缩性的预处理是分布式信号检测与集中式信号检测的根本区别。

1.3　多传感器分布式信号检测的意义

首先,较之于单传感器信号检测,多传感器信号检测具有更高的时空覆盖范围、更强的生存能力,利用空间分布的多个传感器平台,通过同类和异类多传感器信号层次上的信息交互,可以实现微弱目标信号的分集和积累,有效抑制隐身目标的“闪烁”效应。

其次,较之于其他级别的融合,分布式信号检测的最大优势在于使得多传感器系统具备了更远的作用距离和更高的目标检测性能。从而,可以在更远的距离发现目标,相应地增加了雷达的威力范围,这是位置级融合、属性级融合等其他多传感器融合技术所不及的。

现代雷达面临着“四抗”(抗干扰、抗摧毁、抗低空突防、抗隐身目标)问题。电子干扰和反辐射导弹都是利用雷达的电磁辐射。多基地雷达中,将多个被动的接收天线在空间上分散配置可以使接收机接收更少的干扰信号。对于由多个单基地雷达组成的多站雷达系统而言,即使某一个雷达被干扰或摧毁,也不会影响整个系统的正常工作。在抗隐身方面,空间上分布的多个传感器从不同角度获得的 RCS 的积累可以对抗减少 RCS 的隐身方法,这是检测级融合较之其他级别融合的优势所在。对于相同特性的目标,检测级融合能够使目标在更远处被发现,相应地增加了雷达的探测范围,这也是其他级别的融合所不及的。

在显著提高系统检测性能的同时,多传感器检测级融合技术也可为后续取得超越单传感器系统的连续跟踪、参数估计和目标识别的性能奠定坚实基础。因此,检测级融合技术是全面深入提高传感器系统探测性能和“四抗”能力所必需的,也是研制新一代高性能的探测系统所必需的。

最后,分布式信号检测相对于集中式信号检测有自己的优势。从传递的信息而言,在集中式信号检测中,中央处理单元获得了所有传感器的观测信息,其信号检测性能是最好的。但是集中式信号检测对通信带宽的需求量很大。由于要接收到各个传感器的原始观测信息才能得出最终的结果,系统的反应速度也比较慢。相对而言,分布式信号检测由于对信息进行了压缩,对通信带宽的需求远小于集中式信号检测,系统的反应速度也相应地加快。更重要的是,合理的决策可以减小分布式信号检测相对于集中式信号检测的性能损失。在一定条件下,分布式信号检测甚至可以达到集中式信号检测相同的检测性能[5]。

此外,多传感器分布式信号检测技术也是发展空间攻防信息系统中的预警探测系统和空天地一体化战区探测系统过程中必不可少的前瞻性技术,代表了未来探测系统发展的趋势。

总之,多传感器分布式信号检测技术是一项应用广泛的信号处理技术,可以广泛应用于军事指挥/控制/通信、地质勘探、扫雷、气象预报、医疗诊断和组织管理决策等领域。

1.4 信号检测

检测是根据观测数据集在若干个可能的假设中按照某一准则选择某一假设。在检测问题的模型建立之后,就可以采用数理统计中的统计假设检验理论来处理检测问题。信号检测在雷达、声纳、通信和遥感中有着广泛应用。

图 1.1 给出了通用的检测器模型。检测器的输入是随机的观测信号 $\boldsymbol{X}=(X_1,X_2,\cdots,X_n)$,输出是检测器的检测结果 $D(\boldsymbol{X})$,它的值为 0 或 1。$D(\boldsymbol{X})=0$ 表示目标不存在,$D(\boldsymbol{X})=1$ 表示目标存在。目标存在的假设表示为 H_1,目标不存在的假设表示为 H_0。因此,上述检测问题也可以看作是在两种假设 H_1 和 H_0 之间进行选择的二元假设检验问题。

图 1.1　通用的检测器模型

设 $f_X(\boldsymbol{x}\mid\theta)$ 为观测信号 $\boldsymbol{X}$ 的概率密度函数(PDF),其中 θ 为参数集。$\boldsymbol{X}$ 的任意特定的实现 $\boldsymbol{x}=(x_1,x_2,\cdots,x_n)$ 都是 n 维实欧几里得空间 $\Re^n$ 中的一个点。设 $\boldsymbol{\Theta}$ 是 θ 的所有可能取值的集合,$\boldsymbol{\Theta}_{\mathrm{H}_1}$ 是目标存在条件下 θ 的所有可能取值的集合,$\boldsymbol{\Theta}_{\mathrm{H}_0}$ 表示目标不存在条件下 θ 的所有可能取值的集合,因此有 $\boldsymbol{\Theta}=\boldsymbol{\Theta}_{\mathrm{H}_0}\cup\boldsymbol{\Theta}_{\mathrm{H}_1}$。目标存在与否的二元检测问题其实就是如何将观测信号 $\boldsymbol{X}$ 的样本空间 $\boldsymbol{S}=\Re^n$ 划分为互不相交的两个子集 $\boldsymbol{S}_{\mathrm{H}_1}$ 和 $\boldsymbol{S}_{\mathrm{H}_0}$ 的问题。若 $\boldsymbol{x}\in\boldsymbol{S}_{\mathrm{H}_1}$ 则认为目标存在,否则认为目标不存在。若考虑随机化检验,则得到观测信号后,还需要做一个贝努利实验。若实验结果为"成功",则认为目标存在;否则,认为目标不存在。

本书中，H_1 成立时 $\boldsymbol{X}$ 的概率密度函数记为 $f(\boldsymbol{x} \mid H_1)$，$\mathbf{H}_0$ 成立时 $\boldsymbol{X}$ 的概率密度函数记为 $f(\boldsymbol{x} \mid H_0)$。

1.4.1　两类错误

在雷达应用中，信号检测就是由一个传感器（经典的单传感器检测）或者在空间上分布的一组传感器（多传感器检测）确定某个区域内是否存在目标的过程。这样，检测的结果就会产生两类错误：一类是目标不存在而判为目标存在，这称为第一类错误，也称为虚警，第一类错误的发生概率即第一类错误概率称为作虚警概率；另一类是目标存在而判断为目标不存在，称为第二类错误，也称为漏警，第二类错误的发生概率即第二类错误概率也称为漏警概率。在目标存在的条件下检测器判为目标存在的概率称为检测概率。

1.4.2　参数检测和非参数检测

参数检测器假设 $f(\boldsymbol{x} \mid H_1)$ 和 $f(\boldsymbol{x} \mid H_0)$ 是已知的，利用它们的已知形式可以推导出检测器的形式。当 $\boldsymbol{X}$ 的真实概率密度函数与假设相符时，参数检测器具有良好的性能；反之，参数检测器的性能会随着真实情况与假设情况偏离的加大而急剧恶化。

非参数检测器[6]并不假设 $\boldsymbol{X}$ 的概率密度函数是完全已知的，也不是完全未知的，而是仅仅对它的分布做一些一般性的假设，如概率密度函数具有对称性、累积分布函数（CDF）连续等。对于满足给定的一般性假设的一大类分布，非参数检测器都具有良好的性能。当然，如果假设与实际不吻合，非参数检测器的性能也会发生恶化。但由于检测器是基于某些一般性的假设设计的，所以非参数检测器的应用范围比参数检测器更广。

1.5　多传感器分布式信号检测的研究现状

自 Tenney 和 Sandell[7] 在 1981 年提出了分布式信号检测（DSD）概念以来，多传感器分布式信号检测技术作为信息融合技术的一个重要分支，迅速成为信号处理界具有广泛吸引力的研究领域。

在最初的分布式信号检测方案中，局部传感器将观测到的信息压缩成 0、1 二元判决，融合中心将各个传感器的局部判决结果融合得到目标有无的全局判决。局部二元判决实现了信息最大程度的压缩，适用于通信容量受限的场所，但也损失了许多有用信息，使分布式信号检测相对于集中式信号检测在性能上有一定的损失。随着通信网性能的提高，基于局部多元判决[8]和局部检测统计量[9]的分布式信号检测方案也得到了深入研究。

寻找最优的分布式信号检测算法是分布式信号检测的一个主要研究方向，内容包括局部处理最优化、融合准则最优化以及局部处理和融合准则的联合优化[10]。这些方面的研究给出了分布式信号检测的性能上界，具有重要的理论价值，奠定了分布式信号检测理论的基石。但是要达到最优的检测性能往往需要目标或杂波的统计分布先验已知，这些信息并不一定能够先验获得，因此局部最优检测[11]、极小极大检测[12,13]、稳健检测[14-17]、序贯检测[18-27]、恒虚警率(CFAR)检测[28-35]和自适应融合[36-42]等也得到了深入研究。在局部处理结果的形式方面，除了关于目标存在与否的二元判决(硬判决)外，基于局部多元判决(软判决或局部决策空间划分)[43-51]、基于局部检测统计量(LTS)[9,52-57]和局部观测相关条件下的分布式信号检测[58-62]等分布式信号检测方案也得到了广泛研究。

在许多实际情况下，由于目标 RCS 随着观测角度的不同会发生剧烈的变化，各个传感器接收信号的信杂比常常是未知且可能时变的。在这种条件下，最优算法的虚警控制能力虽然没有发生变化，但是它的目标检测能力就会由于模型失配而急剧下降。非参数分布式信号检测能够对一大类噪声或者杂波保持恒定的虚警率，但是在各个传感器的信杂比未知且可能各不相同条件下，没有进行针对性设计非参数分布式信号检测方案的检测性能也不稳健。因此，检测性能稳健的分布式信号检测算法的研究成为一个有价值的研究方向。

分布式信号检测通常假设传感器与融合中心间的通信是可靠的，通信不可靠或信道容量受限条件下的分布式信号检测问题也得到了大量研究[63]，如在网络通信中断或传感器故障时的结构重构问题、传感器间的通信问题和传感器与融合中心的通信问题等。近年来，在无线衰落信道下的分布式信号检测问题也得到了一些研究者的关注[64-67]。

1.5.1　多传感器信号检测系统的典型网络结构

多传感器分布式信号检测系统的典型网络结构如图 1.2 所示。图中，$x_i(i=1,2,\cdots,N)$为第 i 个局部传感器的观测信号，LP_i 为第 i 个局部传感器的处理器(LP)。在并行结构(图 1.2(a))中，LP 将处理结果传递到融合中心，融合中心做出目标有无的最终判决。在串行结构(图 1.2(b))中，LP_1 利用自己的观测信号 x_1 形成局部处理结果 u_1，并传递给 LP_2，而其余 $LP_i(i>1)$根据 LP_{i-1}的处理结果 u_{i-1} 和自己的观测信息形成局部判决 u_i，最后一个 LP 做出目标有无的全局判决。

由于将融合中心的判决结果向局部处理器反馈以及局部处理结果之间的反馈能够提高检测性能，于是基于反馈的结构应运而生，如图 1.2(c)所示。图中，u_0^t是时刻 t 融合中心的判决结果，$u_k^t(1\leqslant k\leqslant N)$是时刻 t 局部处理器 LP_k的局部判决结果。融合中心将自己的判决结果反馈到局部处理器以提高局部处理器的检测性能。如果观测对象的统计特性在足够长的观测时间内保持不变,就可以利用反馈来提高检测性能。

由于实际情况的复杂性,分布式信号检测系统也可以采用树状结构(图 1.2(d)),乃至利用通信矩阵描述的更一般的拓扑结构[68]。

串行结构的可靠性差,并且传感器数越多可靠性越差;相反,并行结构的可靠性随传感器数的增加而增加。此外,串行结构的局部处理存在延迟问题。单就可靠性而言,并行结构是更好的选择[69]。实际应用中,并行结构由于拓扑结构比较简单而得到了广泛使用,串行结构和反馈结构也有使用,而树状结构则相对较少使用。

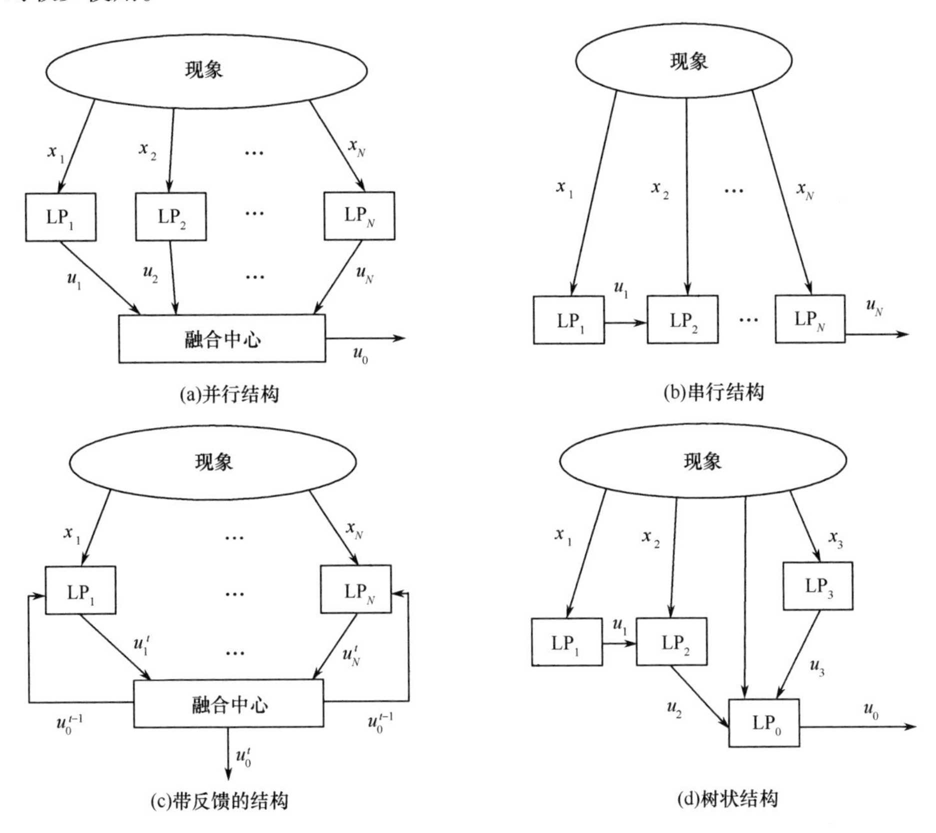

图 1.2　典型网络结构

1.5.2　基于 NP 准则的最优化

NP(Neyman - Pearson)准则是指在系统的虚警概率不大于某一给定值的条件下,使系统的检测概率最大化的优化准则。

对于图 1.2(a)所示的并行结构,第 i 个局部处理器 LP_i 完成的处理实际上

是对第 i 个传感器观测信号 x_i 的一种映射，即

$$u_i = \boldsymbol{\Psi}_i(x_i) \tag{1.1}$$

式中：u_i 通常取 0 或 1。

融合中心根据融合准则 $\boldsymbol{\Psi}_0(u_1, u_2, \cdots, u_N)$ 形成最终判决为

$$u_0 = \boldsymbol{\Psi}_0(u_1, u_2, \cdots, u_N) \tag{1.2}$$

因为局部判决为 0、1 二元判决，所以局部判决所属空间为离散空间，利用 NP 准则的全局最优化过程可能需要随机化检验[70-72]。

在各传感器观测彼此统计独立时，给定各个传感器的二元判决准则，最优融合准则为局部判决的加权和，权值是局部判决的虚警概率 P_{fi} 和检测概率 P_{di} 的函数[73-75]。当 $P_{di} \geq P_{fi}$ 时，有以下三个结论[76]：

（1）最优融合准则是单调的；

（2）总的检测概率是局部检测概率的递增函数；

（3）NP 准则下的全局最优解是融合中心进行 NP 检验，局部传感器进行似然比检验（LRT）。

上述结论对多元局部判决也成立[8]。局部传感器的最优量化阈值可以通过一种基于梯度的迭代算法得到[77]。另一种求解全局最优解的方法是扫描所有可能的解，然后选择其中一个最优解作为全局最优解[78]。

当各传感器观测不独立时，基于各自局部观测的似然比的阈值判决不再是局部检验的全局最优解，最优解通常很复杂[79]。当各个传感器观测信号的联合分布具有某些特殊形式时，各个传感器观测相关条件下的分布式信号检测器的性能才可以比较容易地评估[80, 81]。

对于图 1.2(b)所示的串行结构，当各局部观测统计独立时，NP 准则意义上的全局最优检测需要串行结构的每一级都做 NP 检验[82]。对于由两个传感器构成的分布式信号检测网络，串行结构的最优性能不差于并行结构的最优性能。对于由两个以上传感器构成的分布式信号检测网络，串行结构和并行结构没有类似的结论。串行结构的最优化问题可看成是一种确定的非线性最优控制问题，利用最优控制理论中的 min - H 方法求解时，每次迭代的计算复杂度为传感器数目的线性函数[83]。

1.5.3　基于贝叶斯准则的最优化

贝叶斯准则在通信领域中应用广泛，某些情况下，它与最小错误概率（MEP）准则和最大后验概率（MAP）是等价的。其基本思想是，给出不同情况下的代价函数，然后最小化检测器总的代价函数。因而，贝叶斯准则是指使统计判决造成的平均代价最小的优化准则。

在图 1.2(a)所示的并行结构下，局部传感器采用二元局部判决时，最优局

部判决准则是基于各自局部观测信号的 LRT,且各最优局部判决准则间是耦合的[7]。最优融合的准则是局部判决的加权和,而权值是局部判决的虚警概率和漏报概率的函数[84]。

分布式信号检测的全局最优化问题可以采用 PBPO 方法[85],即在优化任何一个判决准则时,假设其他判决准则是固定的,由此可以确定全局最优解的必要条件。当局部观测统计独立时,局部判决规则和融合准则的全局最优解均为似然比检测形式。应注意的是,当各传感器观测信号服从相同分布时,相同的局部判决准则不一定是最优的[86],只是渐近最优的[87]。在满足一定条件下,假设局部判决准则相同才是合理的[88]。如果所有局部判决准则都相同,且各个传感器观测信号服从相同的概率分布,则最优融合准则退化为“N 选 k”准则[89],即 N 个传感器中只要有 k 个传感器认为目标存在,融合中心就认为目标存在的融合准则。“N 选 1”就是 OR 融合准则,而“N 选 N”则是 AND 融合准则。Tang 等[90]研究了求解全局最优解的算法。在各传感器观测信号不独立的情况下,Zhu 等[91]提出了一种迭代算法,能够较快收敛到最优融合准则。Willett 等[92]则全面考虑了在数据相关情况下分布式信号检测器可能采用的检测形式。

串行结构在贝叶斯意义上的最优化,是使最后一级判决的平均损失最小。最优的各级判决均为似然比判决。对于由两个传感器构成的分布式信号检测网络,贝叶斯意义上的最优串行结构的性能优于或等同于最优并行结构的性能[88]。由两个以上传感器构成的分布式信号检测网络没有类似的结论。就渐近性能而言,串行结构漏报概率的收敛速度比并行结构慢得多[93]。在传感器数目趋近于无穷的情况下,系统的渐近性能主要依赖于单传感器的性能[94]。

对于图 1.2(d)所示的树状结构和其他一些网络结构,在局部观测统计独立假设下,各个局部处理器的最优局部处理方法也是基于似然比检验[95,96]。融合中心把历史结果反馈到局部处理器能够改善系统的检测性能[97-100]。

局部二元判决是对原始观测进行最大限度的压缩,相对于集中式信号检测的性能损失可能会很大。增加量化位数[8, 47, 101-103]、附加判决置信度[75]和传送局部检测统计量[52, 104, 105]等方法可以提高分布式信号检测性能。分布式信号检测的最优化过程十分复杂[106],对于多位量化更是如此。次优方法是优化某种形式的距离度量,如 J 散度[101]、最小错误代价[48]和其他一些量度[102, 103]。

1.5.4 局部最优分布式信号检测

集中式信号检测理论中的局部最优(LO)检测,提供了一种增强对小信号检测的方法,即在限定虚警概率的条件下使检测概率在信噪比等于零处的导数极大化。对于分布式信号检测,在给定局部判决准则的条件下,NP 意义上的 LO 融合准则是将基于局部判决的似然比的导数与阈值进行比较[79]。

在各个传感器的观测数据统计独立的条件下,Fedele 等[107]给出了在加性零均值噪声(可以是非高斯的)中对存在幅度衰落的带通信号的分布式 LO 检测方案:局部处理器基于噪声分量的联合 PDF 对接收信号进行非线性处理,融合中心利用相应信号幅度的一阶矩对局部处理结果进行加权、求和以及阈值判决。然而,在对随机信号进行分布式信号检测时,各个传感器的观测数据往往是统计相关的。据此,Blum 等提出了对随机信号的分布式 LO 检测方案[108]和对窄带信号的分布式 LO 检测方案[109]。在研究小信号检测问题时,经常假设大采样数并分析采样数趋近于无穷大时的渐近性能,即渐近相对效率(ARE)。对于采用计数融合规则的分布式 LO 信号检测器,其 ARE 一般来说依赖于检测的功效,然而这种依赖性是相当弱的,当检测概率趋近于虚警概率时,利用 ARE 的极限可以很好地近似 ARE[110]。Delic 等比较了两种检测结构的性能:一种是传感器数目有限,但是每个传感器的观测数据量很大;另一种是每个传感器的观测数据量为 1,但是传感器数目可以很大[111]。他还给出了在传感器数目趋于无穷时分布式信号检测的渐近性能[112]。

1.5.5 分布式恒虚警率检测

对于恒虚警率检测,Barkat 等[113, 114]首先将其推广到多传感器分布式信号检测,并分析了局部传感器利用 CA - CFAR 的并行分布式信号检测。Uner 等[29]指出:均匀杂波背景以及其他给定条件下,局部 OS - CFAR 检测器的最优序数与局部传感器单独工作时的最优序数相等;在给定的非均匀杂波情况下,分布式 OS - CFAR 检测器的性能稳健,检测性能比分布式 CA - CFAR 检测器有了很大提高。Longo 等[115]研究了当采用线性组合 OS - CFAR 检测器做局部处理时分布式信号检测器的性能以及最优参数的选择方法,并指出,无论是从检测概率还是从稳健性方面考虑,OR 融合准则都优于 AND 融合准则。Elias - Fuste 等[116]指出:当采用 CA - CFAR 和 OS - CFAR 的混合结构做局部处理时,最佳的组合系数能够产生最高的检测概率;随着传感器数目的增多,CFAR 损失逐渐减小,但是当传感器数目大于 6 个时,性能改善并不明显。当各个传感器的检测单元采样之间统计相关性时,采用"N 选 k"准则中适当的 k 值可以减小相关性的影响[117]。Marano 等[118]和 Hammoudi 等[119]将一些特定 CFAR 方法推广到分布式信号检测并评估了检测的效果,Hammoudi 等[34]还考虑了采用模糊逻辑进行融合的 CFAR 方法。

在非高斯杂波背景中,Gini 等[120]针对分布式 CA - CFAR 检测对杂波尖度变化的敏感性,提出了一种适用于非高斯杂波的基于局部单参数 CFAR 处理的分布式 CFAR 检测方案,该方案是计算量较大的双参数方案和高斯杂波条件下 CFAR 检测方案间的折中。他还提出了一种威布尔(Weibull)杂波下基于二元积累的分布式 CFAR 方法[30]:先将信号通过对数放大器,将威布尔分布变成耿贝尔(Gumbel)分布,利用极大似然算法估计杂波参数,自适应形成检测阈值,对单脉冲检测的结果进行二元积累形成局部二元判决,各个处理器把局部二元判决结果送给融合中心进行融合处理。

在未知高斯噪声加杂波环境中对窄带小信号检测时,LO 检测被引入到了设计最优分布式 OS - CFAR 和 CA - CFAR 检测中[28, 121]。Shi 等[106]针对广义高斯杂波评估了分布式信号检测器的性能。上述研究都是基于二元局部判决的情形。

基于局部检测统计量的分布式 CFAR 检测方案也得到了深入研究。Amirmehrabi 等[52]提出了信号加有序统计量(S + OS)的分布式 CFAR 方案,各个传感器向融合中心传递的不是二元判决,而是检测单元采样加上参考数据集的某一个有序统计量。在各个传感器的杂波和目标回波均独立同分布的条件下,与基于局部二元判决的方法相比,该方法的检测性能有了明显提高。Gowda 等[122]提出了每个传感器向融合中心传递归一化检验统计量(NTS)的分布式 CFAR 策略。在不同传感器的杂波功率不同时,基于 NTS 的方案仍能保持 CFAR 特性。Guan 等[9,32]针对基于局部检测统计量的分布式 CFAR 检测进行了深入研究,提出了三种局部检测统计量,并详细分析了基于这些局部统计量的分布式 CFAR 检测在不同环境下的检测性能和虚警保持能力。同时指出,在分布式 CFAR 检测中,CFAR 处理应该在局部传感器完成[57]。在均匀高斯背景中检测 Swerlling II 型起伏目标时,当局部传感器观测信号为阵列信号时,局部处理算法可以利用广义似然比检验(GLRT)实现恒虚警处理[123]。

1.5.6 非参数分布式信号检测

各个传感器观测信号的统计分布有时不是完全确知的,但是可知属于某一分布族,在这种不确定性环境中,非参数信号检测是一种重要的方法。非参数信号检测也扩展到多传感器分布式信号检测,如局部检测器可采用符号检测器[124]、广义符号检测器(GSD)[125]、Wilcoxon 检测器[126]等不同形式。对于由 N 个相同的非参数检测器(符号检测器或 Wilcoxon 检测器)构成的并行分布式信号检测系统,当检测器的数目与每个检测器接收到的样本个数之积不变时,系统的检测性能几乎不变,并且当观测样本数目趋于无穷大时,分布式信号检测具有与集中式信号检测相同的性能[127]。将非参数分布式信号检测和 LO 分布式信号检测相结合就得到了分布式非参数 LO 信号检测[11]。除非参数方法外,稳健检测也是一种有效的检测策略且在分布式信号检测中得到了一定应用[12, 112, 128 - 130]。

1.5.7 分布式信号检测的融合准则研究

融合准则作为分布式信号检测系统中重要环节,得到相当程度的关注。除了传统的 LRT 外,还有众多基于新模型并结合其他算法的融合准则,如采用鉴别信息来寻找最优融合算法[131]、利用吉布斯(Gibbs)采样进行融合[132]、采用最小二乘融合[36]、自适应融合[37, 38, 40, 133]、利用 Dempster - Shafer 理论解决分布式信号检测问题[134]和采用模糊信息系统[41, 135]等。为了减小局部处理器和融合中心的通信量,Sestok 等[136]提出了随机数据选取算法和相应的融合算法。在局部传感器的信杂比差异较大时,幂求和融合[137]和混合融合[138]等融合准则比传统的求和融合具有更好的性能。

1.5.8 非理想信道下的分布式信号检测

从系统的观点来看,在多传感器系统中进行统计判决需要考虑两种不确定性:一种是传感器对某一现象进行观测时由于噪声或干扰而引入的观测不确定性;另一种是传感器之间或传感器与融合中心之间由于接收机噪声、信道衰落和干扰等导致的传输不确定性。经典的分布式信号检测算法[139]仅考虑观测不确定性,对传输不确定关注的并不多。随着通信网络性能的提高,尤其是无线通信技术的飞速发展和广泛采用,非理想信道条件下的分布式信号检测也得到了一些研究者的关注[140 - 142]。特别是,随着无线传感器网络(WSN)[143]的兴起,基于无线传感器网络的分布式信号检测引起了广泛的研究兴趣[63, 144 - 150]。

典型的 WSN 由许多体积较小、价格较低的低功耗传感器组成,它们被放置在特定的环境中搜集信息。WSN 的研究包括多方面的内容,其中利用 WSN 构成的分布式信号检测系统的决策融合问题成为当前分布式信号检测研究的一个新的热点。

由于传感器节点能量、处理能力等资源有限,为了节省资源,在设计分布式信号检测算法时必须考虑传输的不确定性,即算法要感知信道信息。Liu 等[151]指出,在典型的 WSN 中,信道感知的分布式信号检测[63]总是能够提高系统检测性能。在许多应用中,目标的出现并不频繁,大部分时间目标都没有出现,对于能量受限的传感器网络而言,一种能量利用率高的方案是只传送目标出现概率高的局部传感器的观测信息的某一函数值。这样,局部传感器向融合中心传送信息时,信息要经过审查后再传输。Rago 等[152]最先对此进行了研究,Appadwedula 等[153 - 155]和 Jiang 等[156, 157]对传感器网络中的基于审查的分布式信号检测方案也做了深入研究。

对于分布式信号检测系统而言,传统的做法是把融合中心的决策融合和局部传感器与融合中心的通信分开考虑,同时认为局部传感器和融合中心的通信是可靠的。但是对于 WSN 而言,由于局部传感器的能量和带宽的限制,采用提高局部传感器的发射功率或者利用高效的编码技术来保证通信的可靠性等方法并不总是可行。为此,Chen 等[64, 157, 158]深入研究了局部传感器的判决结果通过无线衰落信道进行传输后的决策融合问题。他们采用的并行融合系统模型如图 1.3 所示。图中:$u_k(k=1,2,\cdots,N)$为第 k 个传感器的二元判决结果,h_k为信道增益,n_k为信道噪声,y_k为融合中心接收到的来自第 k 个传感器的经过信道衰落和噪声污染的观测信号。各个局部传感器独立地搜集和处理原始信息,进行局部判决并把判决结果 u_k通过衰落信道传送给融合中心。融合中心根据接收到的各个传感器的信息 y_k进行融合处理,做出目标是否存在的最终判决 u_0。

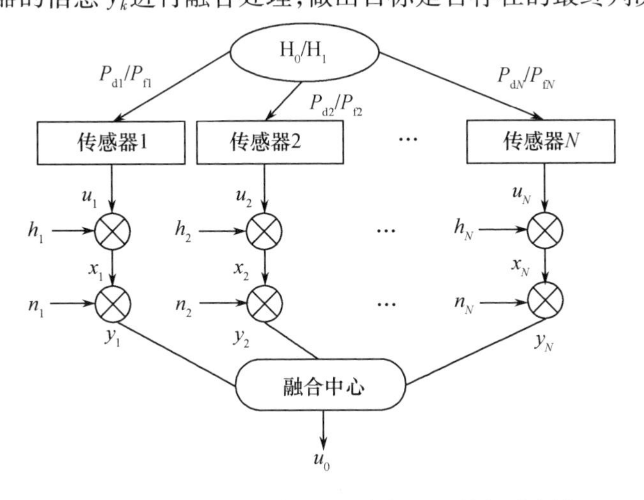

图 1.3　在存在信道衰落和噪声条件下的并行融合模型

在信道衰落条件下,Chen 等[142]指出,对于大多数有意义的融合准则,使融合中心的错误概率最小的最优局部处理是基于 LRT 的。这与理想信道下的结论是类似的。在允许局部具有多比特输出条件下,Liu 等[159]提出了利用信道特征来优化局部传感器判决阈值的算法,给出了使融合中心错误概率最小的局部处理算法满足的必要条件。

基于瞬时信道状态信息(CSI)和局部传感器的性能指数(检测概率和虚警概率),Chen 等[64]给出了最优的基于似然比的融合准则。但是对于资源受限的 WSN 而言,瞬时 CSI 的获得代价可能过于高昂。为此,他们又提出了基于信道统计量的似然比检验(LRT - CS)[157, 158]。显然,得到无线信道的统计分布比得到信道的瞬时增益代价要小得多。在只有信道统计分布和局部传感器性能指数信息时,LRT - CS 是最优的融合方法。

在考虑融合中心的相干接收时,即已知复信道的相位信息,Niu 等[158]得到了一种修正的 LRT 融合规则,该规则依赖于融合中心的信道幅度统计知识。

Kanchumarthy 等[160]分析了信道错误对分布式信号检测系统性能的影响。Lin 等[65]和袁晓光等[161, 162]给出了衰减信道下多跳无线传感器网络的决策融合规则。Lin 等[146]研究了局部传感器进行二元局部量化,且量化结果通过多重访问信道传递时的分布式信号检测算法,针对同步和异步传输这两种情况,证明了似然比检验的最优性。

在能量受限的情况下,将目标的检测性能和系统的能耗联合优化是当时的一个研究重点[152, 154, 163, 164]。有限的能量供应也使得发现和维持高能效的路由变得重要。因而,需要采用高能效的路由发现和数据中继策略。Patil 等[165]提出了一种 WSN 中基于串行融合的合作信号检测算法,并且开发了一种基于空间填充曲线的路由技术,传感器网络通过该曲线实现串行融合。Sung 等[166]研究了一种面向相关随机信号检测的路由问题,提出了基于 Chernoff 信息的多跳传感器网络的 Chernoff 路由度量方法,把检测概率映射到链路度量中,可以用来表征网络的总体性能。这是将检测概率融入链路度量的最初尝试。这种合作路由在能耗、检测错误概率以及平均跳数方面都表现出了明显的优势。与上述两种工作不同,Yang 等[164]考虑了另外一种信号检测和路由问题,假设发射机从空中某一点产生感兴趣信号,而设计目标就是在检测性能和能量消耗取得某种平衡条件下寻找最优路径。因而,他们工作的焦点是在优化 NP 检测器的同时获得高能效的路由。他们假设系统中存在一个功能强大的融合中心,它知道每个传感器的位置,确定每个传感器的探测范围,更重要的是,通过预先计算作为被监控的地理位置的函数的路由,以集中式处理方法对信号检测和路由联合优化。

当考虑到 WSN 系统常采用尺寸小、价格低的传感器且要求系统易于部署,无线传感器网络的规模会变得很大时,集中式处理方法就使得系统的扩展性不够。为此,Yang 等[163, 167]提出了一种分布式高能效的跨层框架来解决大规模无线传感器网络中的信号检测问题。该框架将网络划分成若干簇,每个簇都选择一个簇头。簇间通信通过簇头进行,簇内通信在簇头和一般节点之间进行。他们假设网络中传感器为类似雷达的主动感知传感器,所检测的信号为起伏的雷达信号,并且提出了一种基于 Kullback - Leibler 距离的类似信道容量的检测性能的度量方法,并进行了详细的理论分析。系统设计涉及物理层、MAC 层和路由层。通过物理层和上层,特别是 MAC 层之间的紧密耦合,他们的方法在节能和检测可靠性方面取得了很好的平衡。

一般地讲,上述方法都涉及了网络中各个部分之间的合作问题,从最初的通信容量限制下的分布式信号检测,到存在信道误码时的分布式信号检测,再到信道感知的分布式信号检测,乃至信号检测与物理层、MAC 层和路由层的联合优化。网络中各个节点之间合作的程度越来越深,而通过对网络中各种资源的统一协调、联合优化可以最大限度地提高信号检测性能。随着问题越来越复杂,就需要在无线传感器网络的协议栈中综合考虑,Martal 等[168]假设传感器的通信协议服从 IEEE 802.15.4 标准,对分布式信号检测和 MAC 协议通过解析模型进行了联合研究,所提出的框架允许在考虑了数据包丢失时,推导出融合中心的判决错误概率。Masazade 等[169]利用 NBI 和 NSGA-II 等算法,对基于无线传感器网络的分布式信号检测器的局部传感器判决阈值进行了优化,模拟结果显示多目标优化能够在略微降低信号检测性能的同时显著降低系统能耗。换言之,如果将节省的能量用于提高探测信号的功率,就有可能在不影响检测性能的情况下明显降低系统的能耗。Wu 等[170]研究了局部传感器的检测概率未知时信道感知的二元决策融合问题,利用极大似然解的仿射特性提出了一种简单的融合规则,该准则便于解析地表征信道对检测性能的影响。但是,他们并没有考虑 MAC 协议、路由协议的影响,也没有考虑各个节点功率和通信带宽受限条件下检测性能的优化问题。

1.5.9 基于随机谐振的分布式信号检测

随机谐振现象是指增加系统的噪声能够取得比没有增加噪声更好的性能的一种现象[171]。对于单阈值系统,只有信号低于阈值时随机谐振现象才能出现;对于多阈值系统,在信号高于阈值时,随机谐振现象也会出现,即超阈值随机谐振[171]。随机谐振在提高信号的检测能力方面具有重要的作用[172-174]。分布式信号检测系统在一定程度上可以看作多阈值系统,因此,利用随机谐振现象提高系统的检测性能大有可为。Chen 等[175]给出具体例子说明如何利用随机谐振现象来提高分布式信号检测系统的性能。

1.5.10 基于 MIMO 雷达的分布式信号检测

多输入-多输出(MIMO)雷达是分布式传感器的一种典型形式,是目前雷达界的研究热点[176-193]。MIMO 雷达的主要优点是,提高了雷达测量的自由度,可以控制波束的空间形状,具有低截获、反隐身等潜力。

按照收发通道空间分布不同,MIMO 雷达分为分布 MIMO 雷达和紧致 MIMO 雷达两大类。其中,分布 MIMO 雷达的收发通道相对同一目标的观测存在明显的视角差异,不同通道回波间相参性难以保证,也称为非相参 MIMO 雷达。由于不同收发通道的共置紧致,紧致 MIMO 雷达不同通道回波间的相参性高,又称为相参 MIMO 雷达。虽然,MIMO 雷达的形式各异,应用不同,但它们的共同特点是通过采用多种正交或部分正交可区分的多个信号波形,为雷达引入在空、时、频参数上存在差异的观测通道,在检测、估计、成像和跟踪等各环节上获得相对于传统雷达更多的增益,从而提高和优化雷达总体性能。MIMO 雷达可通过多波形收发获取大的系统自由度,有效提高起伏目标检测和参数估计性能,并具备低截获、抗干扰等能力。

非相参 MIMO 雷达多个收发通道可视为一种分布式雷达系统[182],分布式信号检测的许多理论就可应用到 MIMO 雷达中,同时 MIMO 雷达多个观测通道作为一部完整雷达的子系统,与分布式雷达系统也存在明显的差异。因此,基于 MIMO 雷达的分布式信号检测值得进一步深入研究。例如,研究目标检测性能与定位精度之间的关系、不完全独立路径 MIMO 雷达目标的检测性能分析、MIMO 雷达检测性能和虚警控制能力对外来干扰的容忍能力、无线通信链路信道不可靠对检测性能的影响以及设计信道不可靠时的检测算法等。第 9 章将具体介绍 MIMO 雷达和 MIMO 雷达分布式信号检测的相关内涵,给出了“分布孔径 MIMO(AD - MIMO)雷达”的概念。AD - MIMO 是 MIMO 雷达相参和非相参通道之间相参积累增益与分集积累增益根据不同检测问题的有效权衡,AD - MIMO 雷达目标检测的若干优化问题将在第 9 章讨论。

1.5.11 利用多个常规雷达实现多雷达协同检测

在利用多个常规雷达实现分布式信号检测时,必须考虑以下两个问题[194]:

(1) 不同雷达的分辨单元一般不会完全重合,如何将来自不同传感器部分重叠的分辨单元的信息关联到同一个目标上是一个需要深入研究的问题。

(2) 除非采取特殊措施,否则各个传感器不可能同步扫描所有观测区域。同样地,由于目标运动,来自同一目标的观测信息可能出现在各个传感器的互不重叠的分辨单元中。

对于各个雷达处于同一位置的多雷达系统,当两个雷达的分辨单元均为矩形且一个雷达的分辨单元恰好包含另一个雷达的两个分辨单元时,可以利用贝叶斯三元假设检验理论来解决两种分辨率时的决策融合问题[195]。更复杂的情况还需要进一步研究。在假设各个传感器能实现同步扫描条件下,利用各个雷达分辨单元彼此交错可以实现对目标更精确的定位,定位精度和目标检测能力之间存在一定的折算关系[194]。对于静止目标,可采用区域中心决定法[196]来关联各个传感器的数据。另外,目前世界各军事强国的星载、机载和弹载合成孔径雷达(SAR)[197,198]已可容易实现对大面积静态场景的高分辨率成像,并在军事和民用领域得到了广泛和深入应用。同时,新体制 SAR 可实现对特定场景多时相、多波段、多极化、多角度等的多维度观测。此时,对 SAR 场景中静止和运动目标的观测可等价于空间、时间和频率存在一定差异的多个分布式传感器的融合探测。因此,基于本书开展的多传感器分布式信号检测理论也可以为新体制 SAR 在空、时、频、极化等维度多视观测下目标检测奠定理论和方法的基础。在多维度 SAR 的高分辨率图像域应用本书的分布式信号检测方法,对其中时空配准、融合准则等融合环节开展专门研究。

此外,分布式信号检测研究还包括其他很多问题,如分布式序贯信号检测、分布式快检测[18, 19, 199-202]、多元假设检验问题[203]、信道的干扰和延迟的影响[204-206]、信道容量的影响[102, 105, 207]、异步分布式信号检测[208]、自适应融合方法[209-211]和局部处理器检测性能的比较分析[212, 213]等前沿方向以及这些前沿方向的交叉领域。

1.6 本书主要内容

第 1 章阐述多传感器分布式信号检测的发展历史、研究现状以及当前的前沿研究方向,概括了本书的主要内容以及全书的章节安排。

第 2 章介绍分布式信号检测的最优化理论。在各个传感器的观测信号彼此统计独立时,最佳的局部传感器量化规则是似然比量化,而最佳融合准则是似然比融合。这一结论在 NP 准则、贝叶斯准则、最大互信息准则以及 Ali - Silvey 距离最大化准则四种条件下都成立。

第 3 章介绍分布式 CFAR 检测。介绍基于二元判决的分布式 CFAR 检测的优化方法,重点是基于局部检测统计量的分布式 CFAR 检测。

第 4 章介绍非参数分布式信号检测。给出两种基于局部非参数统计量的融合准则,即删除求和融合和基于删除求和的加权融合,分析它们的性能并给出适用范围;给出基于 Bootstrap 的分布式信号检测方法及其性能分析。

第 5 章介绍基于无线传感器网络的分布式信号检测,分析两种 Nakagami 衰落信道下的次优融合准则,即基于删除的混合融合与基于同指数分布检验的删除求和融合。

第 6 章介绍基于探测和通信功率分配的分布式信号检测系统优化设计。研究分布式信号检测系统中合适的信道传输质量的确定方法,分析信道信噪比和信道误码率对传感器网络检测性能的影响。进而研究节点探测和通信功率的联合优化方法,给出基于最大化 J 散度的功率分配策略。

第 7 章介绍各个传感器信杂比未知时检测性能稳健的分布式信号检测算法。首先给出当各个传感器单独检测,样本分布属于单调似然比分布族时,多传感器检测的一致最大功效检验不存在的证明;其次定义多传感器检测算法的性能度量函数及其密度函数;然后针对局部传感器向融合中心传递多元判决这种形式,给出两种检测性能稳健的分布式信号检测算法,即基于局部 N 阈值判决的方案和基于局部 3 阈值判决的方案;最后给出一种自适应删除求和融合准则,在瑞利杂波和 Swerling II 目标模型下,它的检测性能优于广义似然比检验。

第 8 章介绍基于常规雷达的分布式信号检测算法。分析雷达站的位置对检测级融合的影响，给出分布式信号检测对各个雷达间同步的要求，建立融合中心分辨单元的形成方法。

第9章在介绍基于MIMO雷达和MIMO雷达分布式信号检测的相关内容的基础上，给出了“分布孔径MIMO雷达”的概念，并研究了AD-MIMO雷达目标检测的若干优化问题。

第10章介绍局部最优分布式信号检测、稳健分布式信号检测以及分布式序贯信号检测和最快速检测的部分内容。

第11章对全书内容进行总结及发展展望。

第2章 多传感器分布式信号检测基础

2.1 引　言

在多传感器分布式信号检测的研究中，一个重要的方面是检测算法的优化，即在给定目标存在（H_1假设）和目标不存在（H_0假设）时的概率模型、网络拓扑结构以及局部处理结果的形式等约束条件下，寻求最优的局部处理算法和融合准则。

2.2 节介绍分布式信号检测系统的三种优化目标。虽然全局最优化是人们希望得到的结果，但由于分布式信号检测系统的复杂性，优化方法常在限定融合准则或者局部判决规则时做局部优化。2.3 节给出在各个传感器观测信号统计独立时似然比量化的最优性。然而，当局部传感器的观测统计上不独立时，某一传感器的最优局部处理准则不仅依赖于自己的观测，而且与其他传感器的观测有关，这方面的内容将在 2.4 节讨论。2.5 节和 2.6 节分别对 NP 准则下和贝叶斯准则下的分布式信号检测系统的最优化问题进行介绍。2.7 节和 2.8 节分别对软判决和二元积累检测进行简要介绍。

下面介绍一些本书用到的基本概念。

2.1.1 条件独立

传感器观测结果条件独立是指观测结果的联合概率密度函数满足

$$p(y_1,y_2,\cdots,y_N|H_l) = \prod_{i=1}^{N}p(y_i|H_l) \quad (\forall l = 0,1) \tag{2.1}$$

2.1.2 充分统计量

统计量是观测数据 x^n的某一函数 $T(x^n)$。充分统计量包含数据中所有的信息。更形式化的定义[214]：统计量 $T(x^n)$是充分统计量，假如 $T(x^n)\leftrightarrow T(y^n)$隐含着 $x^n\leftrightarrow y^n$。其中 $x^n\leftrightarrow y^n$的含义是，若对于某一常数 c，可以与 x^n和 y^n有关但是与

θ 无关,式 $f(x^n;\theta)=cf(y^n;\theta)$ 成立,则记为 $x^n \leftrightarrow y^n$。

2.1.3 简单假设检验和复合假设检验

如果一类分布只包含一个概率分布,则该分布是简单的。如果一类分布不止包含一个概率分布,则该类分布是复合的。当 H_0 和 H_1 均为简单的分布时,假设检验就是简单假设检验。当 H_0 和 H_1 其中一个是复合的分布时,该假设检验就是复合假设检验。

2.2 分布式信号检测系统的优化目标

分布式信号检测器的优化设计一直是分布式信号检测研究中的一个热点问题。按照信号处理的观点,任何分布式信号检测系统都需要考虑两个问题,即融合中心的融合规则和局部传感器信号处理算法的设计。这两个问题是互相交织的,要达到全局最优的性能必须根据给定的准则进行联合优化[59, 215-220]。

虽然最佳的分布式信号检测算法一直是研究的目标,然而,由于实际条件的限制,这并不一定都能实现。实际中,分布式信号检测的优化通常包括三种形式。

(1) 全局最优化。使融合中心的虚警概率不大于某一个固定值,寻求最优的局部判决准则和融合准则,极大化融合中心也就是整个检测系统的检测性能。

(2) 优化融合准则。给定局部传感器的判决规则,寻求在此约束下极大化系统检测性能的最优融合准则。

(3) 优化局部判决规则。即给定融合准则,寻求最优的局部判决准则。

2.3 各个传感器观测信号统计独立时似然比量化的最优性

在各个传感器观测信号统计独立假设下,Warren 等[8]对局部传感器的最优量化问题进行了系统的总结,本节就是参考他们的工作完成的。

2.3.1 问题描述

考虑利用 N 个传感器的二元检测问题。检测器的目标是对两种现象 H_0 和 H_1 的最佳辨别。例如,H_0 代表只有噪声的假设,而 H_1 代表信号加噪声。在利用贝叶斯准则和最大互信息准则时,假设所考察的现象是一个随机变量;然而,若采用 NP 准则和 Ali - Silvey 准则,则假设所考察的对象是确定的。假设第 i 个传感器的输入是随机矢量 $\boldsymbol{X}_i \in (\Omega_i, B_i)$ 的一个实现。$\boldsymbol{X}_i$的统计特征可以通过下式定义:

$$\begin{cases} \mathrm{H}_0: \boldsymbol{X}_i \sim \boldsymbol{P}_{0i} \\ \mathrm{H}_1: \boldsymbol{X}_i \sim \boldsymbol{P}_{1i} \end{cases} \quad (i=1,2,\cdots,N) \tag{2.2}$$

式中:$\boldsymbol{P}_{ki}(k=0,1;i=1,2,\cdots,N)$为概率分布函数。

两种假设下的似然比定义为

$$L(\boldsymbol{X}) = \frac{\mathrm{d}\boldsymbol{P}_{1i}}{\mathrm{d}\boldsymbol{P}_{0i}} \tag{2.3}$$

而在分布式信号检测系统中,对局部传感器利用自己的观测信号所形成的似然比习惯上称为局部似然比(LLR)。

在对分布式信号检测的研究中,普遍采用的一种形式是局部传感器对自己观测到的信息进行量化,并将量化结果传递到融合中心进行融合,以得到目标有无的全局判决。这就有一个量化什么,如何量化的问题。下面将会给出局部传感器的最佳量化是对似然比进行量化[8]。

当各个传感器观测数据条件独立时,局部似然比是检测问题的充分统计量。因此,带宽不受限时各个传感器只需将局部似然比传递给融合中心,而不需要传递所有观测数据。

一般来讲,对于分布式信号检测而言,局部传感器和融合中心之间的通信信道的带宽是有限的。假设信道能够传输的最大比特数为 b_i,且有

$$b_i = \log_2 M_i \tag{2.4}$$

进一步假设第 i 个传感器的局部似然比 L_i的可能取值的数目大于 M_i。因此,它必须传递非充分统计量 U_i给融合中心。同时,假设传感器 i 所接收数据 X_i的概率密度函数存在。

由于信道的比特率被限制为 b_i,显然,U_i一定属于某一至多包含 M_i个元素的集合。集合中的元素是不相关的。假设所形成的集合为$\{0,1,\cdots,M_i-1\}$,定义如下概率:

$$\alpha_{ij} = \Pr\{U_i = j \mid \mathrm{H}_0\} \tag{2.5}$$

$$\beta_{ij} = \Pr\{U_i = j \mid \mathrm{H}_1\} \tag{2.6}$$

为方便起见,令 I_P^+ 表示所有不大于 P 的正整数的集合;I_Q表示所有不大于 Q 的非负整数的集合。

接下来描述本节研究的问题。第 i 个传感器接收到随机信号 X_i,根据某一有待确定的决策规则产生统计量 U_i,并传递到融合中心;融合中心根据自己接收到的统计量集合$\{U_i:i=1,2,\cdots,N\}$做出目标存在与否的最终判决 U_0。因而,本节的目标是找到一种方法来最优地选择 U_0的值。

2.3.2 NP 准则

在 NP 准则下,分布式信号检测系统的设计目标是在预先设定的检验水平上,使得检验的功效最大。在局部传感器决策规则给定时,对于任意的融合规则和所允许的最大的总的虚警概率 α_0,最终判决 U_0 通过对由矢量 $\boldsymbol{U}=\{U_1,U_2,\cdots,U_N\}$ 构成的观测空间 $\boldsymbol{D}$ 的某一划分确定。空间 $\boldsymbol{D}$ 是集合 $I_{M_i-1}(i\in I_N^+)$ 的笛卡儿积。令 $U_0=k$ 代表全局判决结果为假设 H_k 成立,$\boldsymbol{u}=\{u_1,u_2,\cdots,u_N\}$ 表示 $\boldsymbol{U}$ 的一个实现。假如融合规则是根据 NP 准则,即最大化检验的功效,则采用下式所示的似然比检验:

$$\phi(\boldsymbol{u})=\begin{cases}1 & (L(\boldsymbol{u})>\tau)\\ \gamma & (L(\boldsymbol{u})=\tau)\\ 0 & (L(\boldsymbol{u})<\tau)\end{cases} \tag{2.7}$$

式中:$\gamma\in[0,1]$;$\phi(\boldsymbol{u})$ 和 $L(\boldsymbol{u})$ 分别为

$$\phi(\boldsymbol{u})=\Pr\{U_0=1\,|\,\boldsymbol{U}=\boldsymbol{u}\} \tag{2.8}$$

$$L(\boldsymbol{u})=\prod_{n=1}^{N}\beta_{nu_n}\left[\prod_{n=1}^{N}\alpha_{nu_n}\right]^{-1} \tag{2.9}$$

定义

$$D_1=\{\boldsymbol{u}:L(\boldsymbol{u})>\tau\} \tag{2.10}$$

$$D_\gamma=\{\boldsymbol{u}:L(\boldsymbol{u})=\tau\} \tag{2.11}$$

$$D_0=D\cap\overline{D_1\cup D_\gamma} \tag{2.12}$$

则根据固定的检验水平 α_0,γ 和 τ 可以根据下式选取:

$$\alpha_0=\sum_{D_1}\prod_{n=1}^{N}\alpha_{nu_n}+\gamma\sum_{D_\gamma}\prod_{n=1}^{N}\alpha_{nu_n} \tag{2.13}$$

检验的功效为

$$\beta=\sum_{D_1}\prod_{n=1}^{N}\beta_{nu_n}+\gamma\sum_{D_\gamma}\prod_{n=1}^{N}\beta_{nu_n} \tag{2.14}$$

令 $\gamma=0$,选择适当的 τ,最优贝叶斯检验也可以写成式(2.7)所示的形式。因而,给定先验信息,最优贝叶斯检验能够通过选择合适的 NP 检验来实现。也就说,最优贝叶斯分布式检验可以通过序对(α_0,β^*)来确定,其中,$\alpha_0\in(0,1)$是检验的显著性水平,β^* 是该水平下可能达到的最大功效。采用哪个序对,取决于假设的先验概率。

令

$$\phi_{ij}(x_i)=\Pr(U_i=j\,|\,X_i=x_i)\quad(j\in I_{M_i-1},i\in I_N^+) \tag{2.15}$$

对于任意的 x_i,假设都有 $\sum_{j=0}^{M_i-1}\phi_{ij}(x_i)=1$,则集合 $\{\phi_{ij}\}$ 就定义了一个从 Ω_i 到

I_{M_i-1}的映射,可以在分布式信号检测器中作为局部传感器的决策规则。这样的映射称为 M_i值映射[8]。

对 $\forall j \neq k$,有$\frac{\beta_{ij}}{\alpha_{ij}}=\frac{\beta_{ik}}{\alpha_{ik}}$,那么,利用 M_i值映射作为第 i 个传感器的决策规则的分布式信号检测系统的检测性能,等价于利用 M_i-1 值映射作为第 i 个传感器的决策规则的分布式信号检测系统的检测性能。

在实际中,局部传感器的映射关系有多种,但令人感兴趣的一种决策规则是似然比划分[8]。

似然比 L 对集合 Ω 的一个单调划分是一个由不相交的非平凡集合 R_i构成的集合,即$\{R_0,R_1\cdots,R_N\}$,且满足下列条件:

(1) $\cup_{i=0}^{N} R_i=\Omega$;

(2) 如果 $x\in R_j, x'\in R_j, y\in R_k, y'\in R_k$,且 $L(x)>L(y)$,那么 $L(x')>L(y')$ 几乎处处成立。

满足上述条件的划分就是似然比划分。

对于固定的检验水平,存在一个 M_i值映射,使得利用该映射作为第 i 个传感器映射规则的分布式信号检测系统的检测性能不小于任意利用 M_i-1 值映射的系统。

假设任意有限集合 $F\subset\mathbb{R}^+$包含 M_i个或者更少的元素,且有 $\Pr\{L_i(X_i)\in F|\mathrm{H}_0\}<1$。那么,利用 Ω_i的某一个似然比划分的分布式信号检测器的检测性能,至多与具有下式所示形式的决策规则的分布式信号检测器的检测性能相当。进而,总是存在一个似然比划分,使得分布式信号检测器的检测性能与采用下式所示的局部决策规则的分布式信号检测器的性能相当。

$$\Pr(U_i=j|X_i=x_i)=\phi_{ij}(x_i)=\begin{cases}1 & (t_{i,j}<L_i(x_i)<t_{i,j+1})\\ \gamma_{i,j} & (L_i(x_i)=t_{i,j})\\ 1-\gamma_{i,j} & (L_i(x_i)=t_{i,j+1})\\ 0 & (\text{其他})\end{cases} \tag{2.16}$$

式中:$j\in I_{M_i-1}$;$t_{i,0}=0$;$t_{i,M_i}=\infty$;$t_{i,j}\leqslant t_{i,j+1}$;$\gamma_{i,j}\in[0,1]$。

因此,对于分布式 NP 检测而言,最优传感器判决规则是某种似然比划分。

综上所述,对于分布式 NP 检测器而言,融合中心的最优融合规则是似然比判决,而最优传感器判决规则是某种似然比划分。

2.3.3　贝叶斯准则

令 π_0和 π_1分别表示 H_0、H_1的先验概率,C_{mn}代表当 H_n为真实假设时选择 H_m所付出的代价。因此,检测系统的平均代价或者贝叶斯风险为

$$\Re = \sum_{n=0}^{1} \pi_n C_{0n} + \sum_{n=0}^{1} \pi_n (C_{1n} - C_{0n}) P_n(D_1) \tag{2.17}$$

式中：D_1为融合中心支持H_1成立的区域。

贝叶斯检测的目标就是最小化$\Re$。假设检测器做出错误判决付出的代价大于做出正确判决所付出的代价，则贝叶斯检测器的最优融合规则如下：

$$\phi(\boldsymbol{u}) = \begin{cases} 1 & (L(\boldsymbol{u}) > \tau) \\ 0 & (L(\boldsymbol{u}) < \tau) \end{cases} \tag{2.18}$$

式中：$\phi(\boldsymbol{u})$为当$\boldsymbol{U}=\boldsymbol{u}$时选择$H_1$的概率；$\tau$为最佳阈值，且有

$$\tau = \frac{\pi_0 (C_{10} - C_{00})}{\pi_1 (C_{01} - C_{11})} \tag{2.19}$$

指定融合规则后，最优贝叶斯检测器的传感器判决规则是传感器观测空间的某一似然比划分[8]。

2.3.4 最大互信息准则

随机变量X的不确定性可用熵$H(X)$表示。当随机变量Y被观测到后，X的不确定性用条件熵$H(X|Y)$表示。X和Y之间的互信息$I(X;Y)$等于观测到Y之后X熵的减少量，即

$$I(X;Y) = H(X) - H(X|Y) \tag{2.20}$$

利用最大互信息准则设计的检测器的输出会使假设的不确定性最小，而这又是信号检测的目的。所以，互信息是评估检测器性能的一个很好的准则。

关于最大互信息准则下的检测器设计有以下结论[8]：

（1）对于假设H_0和H_1的一对给定的先验概率，使得随机现象H和检测器判决U_0之间的互信息$I(U_0;H)$最大的无偏检验是似然比检验。

（2）最大化互信息的检验是一个非随机化的似然比检验。

（3）最大化互信息的检验采用似然比划分作为传感器的判决规则。

综上所述，基于最大化互信息准则设计的分布式信号检测器，融合规则是基于传感器输出矢量$\boldsymbol{U}$的非随机化的似然比检验，局部传感器的判决规则是似然比划分。

2.3.5 Ali－Silvey距离最大化准则

计算最优检测系统的错误概率是很困难的，因此相关文献中提出了许多度量准则来评价检测器的性能，如渐近相对效率（ARE）、Chernoff界、率失真、互信息、信噪比以及分布间的距离等。尽管这些准则是次优的，但与采用错误概率相比，采用这些次优度量标准能使系统更易于设计，性能也更易于评估。Ali－Silvey距离就是这样一类广泛使用的距离。常见的一种Ali－Silvey距离是似然比

方差。对似然比检测器而言,该距离就是信噪比。

在信号检测中,Ali - Silvey 距离常按照下面的方式使用。首先,在检测器的输入端使得 H_0 和 H_1 的概率分布之间的距离最大化。这就涉及如何选择系统所使用的信号,或者在信号送到判决单元之前如何对信号进行处理。之后,检测器利用似然比检验来做出判决。通常假设 Ali - Silvey 距离和错误概率准则之间存在单调关系。

在分布式信号检测中,主要关注如何最大化融合中心的输入矢量 $\boldsymbol{U}$ 在两种假设下的距离。在融合中心采用似然比检验条件下,可以通过选择合适的传感器判决规则,来使得两种条件下 $\boldsymbol{U}$ 的分布之间的距离最大化。

分布 P_0 和 P_1 之间的 Ali - Silvey 距离的一般表达式为

$$d_0(P_0,P_1) = f\left(\int C[L(x)]\mathrm{d}P_0(x)\right) \tag{2.21}$$

式中:f 为增函数;C 为凸函数;$L=\dfrac{\mathrm{d}P}{\mathrm{d}P_0}$ 为似然比。

对于 N 传感器分布式信号检测系统,式(2.21)可以重写为

$$d_0 = f\left(\sum_{u_1=0}^{M_1-1}\sum_{u_2=0}^{M_2-1}\cdots\sum_{u_N=0}^{M_N-1} C[L(\boldsymbol{u})]\Pr(\boldsymbol{u}\mid H_0)\right) \tag{2.22}$$

式中

$$\Pr(\boldsymbol{u}\mid H_0) = \prod_{n=1}^{N}\alpha_{nu_n} \tag{2.23}$$

整理式(2.22)可得

$$d_0 = f\left(\sum_{u_i}\sum_{j=0}^{M_i-1} C[L(u_i=j)L(\boldsymbol{u}_i)]\alpha_{ij}\Pr(\boldsymbol{u}^i\mid H_0)\right) \tag{2.24}$$

式中

$$\boldsymbol{u}^i = \{u_1,\cdots,u_{i-1},u_{i+1},\cdots,u_N\} \tag{2.25}$$

由于 f 是增函数,所以可将它忽略。最大化 $d=E_0(C(L(\boldsymbol{U})))$ 等价于最大化 d_0。对于分布式信号检测,使得在 H_0 条件下 $\boldsymbol{U}$ 的分布和 H_1 条件下 $\boldsymbol{U}$ 的分布之间的 Ali - Silvey 距离最大的传感器判决规则是似然比划分。

上述特性使得最佳局部判决规则和融合准则的候选集合大大减小。由于局部传感器和融合中心的最优阈值之间存在耦合关系,局部量化阈值的求解并不能在各个传感器单独进行,计算很困难。需要指出的是,即使各个传感器观测信号服从同样的分布,这种耦合也仍然存在。人们期待着各个传感器的最优量化器是相同的,然而许多反例却证明了这种期待是难以实现的。

2.4　各个传感器观测相关时的最优信号检测

正如前面提到,绝大多数的最优信号检测形式都是在局部传感器观测数据

统计独立的情况下推导的。这是因为,如果建立相关模型,很可能导致最终的结果没有正确解[221]。然而,在不少场合,观测数据的相关性是确实存在的。例如,在检测随机信号时,若目标存在,各个传感器观测数据就是相关的。因此,数据相关时最优信号检测的研究也得到了部分研究者的重视。

Drakopoulos 等[80]研究了局部传感器观测数据相关的情况,采用相关系数来表征各局部传感器所做判决之间的相关度,在相关系数已知的情况下,推导了各局部传感器检测阈值;同时,在各个传感器检测性能相同的特殊情况下,分析了该分布式信号检测系统的性能。

在建立了全局的相关高斯背景模型的基础上,Willett 等[92]推导出最优的检测不再满足简单的似然比检测形式,融合准则也变得不那么直观。他们列举了一个极端的例子,将数据分为好、坏和异常三类。对于异常类型的数据,最优的融合准则是"异或"准则;而在其他情况下,一些数值结果表明"异或"准则并不是最优的。

Yan 等[222]通过两个定理给出了融合中心融合规则给定时,NP 意义下的最优局部传感器判决规则的形式。下面将介绍他们的工作。

在第 $k(k=1,\cdots,N)$ 个传感器,随机矢量 $\boldsymbol{X}_k$ 的某一个特定取值 $\boldsymbol{x}_k$ 被观测,$\boldsymbol{x}_k$ 由 m_k 个实值标量观测值构成。假设 $\boldsymbol{X}_1,\cdots,\boldsymbol{X}_N$ 并不独立。对于给定的传感器判决结果 $\boldsymbol{u}=(u_1,\cdots,u_N)$,令 $\gamma_0(\boldsymbol{u})$ 表示融合中心的判决结果为 1 的概率,$\gamma_k(\boldsymbol{x}_k)$ 表示对于给定的传感器观测值 $\boldsymbol{x}_k$ 局部二元判决结果为 1 的概率。因此,一组传感器判决规则和融合规则可用下式描述:

$$\gamma=(\gamma_0,\gamma_1,\cdots,\gamma_N) \tag{2.26}$$

假设 $\boldsymbol{X}_k$ 的概率密度函数存在,且为 $f_{\boldsymbol{X}_k}(\boldsymbol{x}_k|\mathrm{H}_j)\,(j=0,1)$,定义

$$\begin{aligned} D_{jk}(\boldsymbol{x}_k) = f_{\boldsymbol{X}_k}(\boldsymbol{x}_k|\mathrm{H}_j)\sum_{u^k}[&\Pr(U_0=1|\boldsymbol{U}^k=\boldsymbol{u}^k,U_k=1) \\ &-\Pr(U_0=1|\boldsymbol{U}^k=\boldsymbol{u}^k,U_k=0)]\Pr(\boldsymbol{U}^k=\boldsymbol{u}^k|,\boldsymbol{X}_k=\boldsymbol{x}_k,\mathrm{H}_j) \end{aligned} \tag{2.27}$$

定理 2.1 给定一个融合规则和除传感器 k 之外的一组传感器判决规则以及 H_0、H_1 条件下 $\boldsymbol{X}_1,\cdots,\boldsymbol{X}_N$ 的统计描述,如果满足下面两个条件:

(1) $\boldsymbol{X}_k$ 是 m_k 维随机矢量,其概率密度函数 $f_{\boldsymbol{x}_k}(\boldsymbol{x}_k|\mathrm{H}_j)$ 在两个假设下均没有点密度;

(2) $D_{1k}(\boldsymbol{X}_k)/D_{0k}(\boldsymbol{X}_k)$ 是一个连续标量随机变量,概率密度函数在任何假设下均没有点密度。

则有下面两条结论:

(1) 只要存在某一判决规则 γ_k' 能够为给定融合准则和传感器判决规则提供所需的总虚警概率 α,对于给定的融合规则和传感器判决规则,形如式(2.28)

中的 γ_k,能够满足 NP 准则下的最优处理。由于事件 $D_{1k}(\boldsymbol{x}_k)=\lambda_k D_{0k}(\boldsymbol{x}_k)$发生的概率为0,所以,此时 γ_k的取值不会影响检测器的性能。

$$\gamma_k(\boldsymbol{x}_k)=\Pr(U_k=1\,|\,\boldsymbol{X}_k=\boldsymbol{x}_k)=\begin{cases}1 & (D_{1k}(\boldsymbol{x}_k)>\lambda_k D_{0k}(\boldsymbol{x}_k))\\ 0 & (D_{1k}(\boldsymbol{x}_k)>\lambda_k D_{0k}(\boldsymbol{x}_k))\end{cases}\tag{2.28}$$

(2) 无论是在 H_0还是在 H_1条件下,对于给定的融合规则和局部传感器判决规则,除了在零概率集合外,NP 准则下传感器 k 的任意最优判决规则都具有式(2.28)所示的形式。

该定理说明,在 NP 意义下各局部传感器的最优检测形式为

$$\frac{D_{1k}(x_k)}{D_{0k}(x_k)}\underset{u_k=0}{\overset{u_k=1}{\gtrless}}\lambda_k\tag{2.29}$$

最优融合准则为

$$\gamma_0(\boldsymbol{u})=\Pr(U_0=1\mid\boldsymbol{U}=\boldsymbol{u})=\begin{cases}1 & (\Pr(\boldsymbol{u}\mid H_1)>\lambda_0\Pr(\boldsymbol{u}\mid \mathrm{H}_0))\\ \delta & (\Pr(\boldsymbol{u}\mid H_1)=\lambda_0\Pr(\boldsymbol{u}\mid \mathrm{H}_0))\\ 0 & (\Pr(\boldsymbol{u}\mid H_1)<\lambda_0\Pr(\boldsymbol{u}\mid \mathrm{H}_0))\end{cases}\tag{2.30}$$

式中:δ 为随机化因子,表明当 $\Pr(\boldsymbol{u}\mid \mathrm{H}_1)=\lambda_0\Pr(\boldsymbol{u}\mid \mathrm{H}_0)$时 $U_0=1$ 的概率;λ_0 为融合中心的判决阈值。

引理2.1　在第 k 个传感器采用式(2.28)所示的判决规则时,若 $\lambda_k<0$,则对于给定的一组传感器判决规则和融合准则,在给定虚警概率下,利用某一个 $\lambda_k>0$ 的判决规则,系统可以达到相同或更好的检测性能。

引理2.1说明,达到最优检测性能的 λ_k应该都为正数,或者说,至少有一组都为正数的 λ_k满足最优性能;当 $D_{1k}(x_k)/D_{0k}(x_k)$满足式(2.31)时,各 λ_k取融合准则处的阈值 λ_0[222]。

$$0<D_{1k}(x_k)/D_{0k}(x_k)<\infty\tag{2.31}$$

定理2.2　令 P_{d} 是 $t=(t_1,\cdots,t_N)$的实值函数,其中,$-\infty\leqslant t_i\leqslant\infty\ (i=1,\cdots,N)$;令 P_{f} 是 $\boldsymbol{t}$ 的另一个实值函数;令 $\boldsymbol{t}_0$是在 $P_{\mathrm{f}}=\alpha$ 约束下 P_{d} 的局部极值点;假设 P_{f} 关于 $\boldsymbol{t}$ 的梯度 ∇P_{f} 在 $\boldsymbol{t}_0$处不等于0;那么,存在一个实数 λ,使得在 $\boldsymbol{t}_0$处 $\nabla P_{\mathrm{d}}-\lambda\nabla P_{\mathrm{f}}=0$ 成立。

定理2.2中的条件 $\nabla P_{\mathrm{d}}-\lambda\nabla P_{\mathrm{f}}=0$ 称为一阶必要条件,λ 称为拉格朗日乘子。该条件说明,与 P_{d} 和 P_{f} 的切平面正交的矢量在极值处方向相同。

当传感器 $k(k=1,\cdots,N)$的局部处理结果为 n_k比特时,多比特局部处理结果被送到融合中心,以产生最终的全局判决。传感器 k 的第 l 位判决可以通过定理2.1和定理2.2给出的方法进行,但前提是 $D_{jk}(\boldsymbol{x}_k)$用 $D_{jkl}(\boldsymbol{x}_k)$来代替。

$$D_{jkl}(\boldsymbol{x}_k) = f_{X_k}(\boldsymbol{x}_k|\mathrm{H}_j)\sum_{\boldsymbol{u}^{kl}}[\Pr(U_0=1|\boldsymbol{U}^{kl}=\boldsymbol{u}^{kl},U_{kl}=1)$$
$$-\Pr(U_0=1|\boldsymbol{U}^{kl}=\boldsymbol{u}^{kl},U_{kl}=0)]\Pr(\boldsymbol{U}^{kl}=\boldsymbol{u}^{kl}|,\boldsymbol{X}_k=x_k,\mathrm{H}_j) \tag{2.32}$$

如果在 H_j 下，$D_{1k}(\boldsymbol{X}_k)/D_{0k}(\boldsymbol{X}_k)$ 的概率密度函数对于任意的 $D_{1k}(\boldsymbol{X}_k)/D_{0k}(\boldsymbol{X}_k)>0$都大于0，则每一个传感器都应该采用相同的 λ 来产生每一位判决。如果不满足该条件，最优解就可能是另外一种形式。

2.5 基于NP准则的最优化

传感器 i 的局部处理器 LP_i对观测数据 x_i进行处理后，得到处理结果 u_i，并将 u_i送到融合中心，融合中心将各局部处理结果进行融合得到最终的判决结果 u_0：

$$u_i=\gamma_i(x_i) \tag{2.33}$$

$$u_0=\gamma_0(u_1,u_2,\cdots,u_N) \tag{2.34}$$

当各局部传感器观测数据条件独立时，为实现全局的NP检测，局部传感器也必须进行NP检测。

融合中心接收的是局部传感器送来的二元判决，结果为0或1，融合中心最终给出的也是0或1判决，因此，融合中心采用的融合准则是一种布尔代数。如果有 N 个局部处理结果，那么融合准则有 2^{2^N}种，理论上来讲，融合准则数目可能是相当大的。表2.1列出了两个传感器分布式信号检测器的融合准则。可以看出，f_2就是AND准则，而f_8则是OR准则，这是两种常用准则。由于有这么多种准则存在，而且随着 N 的增大，可能的融合准则的个数按照指数增加，所以，需要设定某些合理的条件来缩小考察的融合准则范围。

表2.1　两个传感器分布式信号检测器的融合准则

输入		输出 u_0															
u_1	u_2	f_1	f_2	f_3	f_4	f_5	f_6	f_7	f_8	f_9	f_{10}	f_{11}	f_{12}	f_{13}	f_{14}	f_{15}	f_{16}
0	0	0	0	0	0	0	0	0	0	1	1	1	1	1	1	1	1
0	1	0	0	0	0	1	1	1	1	0	0	0	0	1	1	1	1
1	0	0	0	1	1	0	0	1	1	0	0	1	1	0	0	1	1
1	1	0	1	0	1	0	1	0	1	0	1	0	1	0	1	0	1

为了缩小融合准则的范围，一种合理的假设是，选择具有单调性[139]的融合准则。设定 S 为局部判决为1的传感器集合，S' 为剩余传感器集合，如果 $S_1\subset S_2$，那么一个单调的融合准则 f 应该满足：如果 $f(S_1,S_1')=1$，就一定有 $f(S_2,S_2')=1$。单调性的直观解释：如果有更多的局部传感器认为目标存在，那么

融合中心应该以更大的可能得出目标存在的判决,这是合理的。

施加了单调性要求之后,融合准则数目大大减小。例如,表2.1中的准则f_3就不满足要求。实际上,只有f_1、f_2、f_4、f_6、f_8、f_{16}这6个准则满足单调性要求。表2.2列出了单调融合规则数目。

表2.2　单调融合准则数目

局部传感器数目	融合准则数	满足单调性的融合准则数
2	16	6
3	256	20
4	65536	168

单调性准则只是限制了可能解的区域,并没有给出最优解。尽管可以在单调融合准则中选取某一个比较合理的作为融合准则,而且多半可以达到一定的性能要求,但通常不一定是最优的。

下面分析最优融合准则。首先,分析局部检测器性能给定下的最优融合准则。给定局部判决准则γ_i之后,可计算出各局部传感器的检测概率P_{di}和虚警概率P_{fi}。此时,最优融合准则就是似然比准则:

$$\Pr(u_0=1)=\begin{cases}1 & (S>T)\\ \alpha & (S=T)\\ 0 & (S<T)\end{cases} \tag{2.35}$$

式中

$$S=\frac{\Pr(u_1,u_2,\cdots,u_N \mid \mathrm{H}_1)}{\Pr(u_1,u_2,\cdots,u_N \mid \mathrm{H}_0)} \tag{2.36}$$

这里的T和α要根据全局的虚警概率来决定。值得注意的是,由于局部传感器常常做二元判决,也就是说,融合中心接收到的数据实际上服从离散分布,因此,为了实现NP检测,可能需要做随机化检验。

考虑局部传感器做二元判决。u_i是传感器i的局部判决,1、0分别代表有目标和无目标这两种情况。假设各个传感器观测相互统计独立,进一步推导可得

$$S=\prod_{i=1}^{N}\frac{\Pr(u_i \mid \mathrm{H}_1)}{\Pr(u_i \mid \mathrm{H}_0)} \tag{2.37}$$

采用对数似然比,可得

$$\begin{aligned}\log S &= \sum_{i=1}^{N}\log\frac{\Pr(u_i \mid \mathrm{H}_1)}{\Pr(u_i \mid \mathrm{H}_0)} = \sum_{i=1}^{N}\left(u_i\log\frac{P_{di}}{P_{fi}}+(1-u_i)\log\frac{1-P_{di}}{1-P_{fi}}\right)\\ &= \sum_{i=1}^{N}u_i\log\frac{P_{di}(1-P_{fi})}{P_{fi}(1-P_{di})}+\sum_{i=1}^{N}\log\frac{1-P_{di}}{1-P_{fi}}\end{aligned} \tag{2.38}$$

考虑到似然比检测取对数以后不影响性能,可得到最优融合准则为

$$\Pr(u_0=1)=\begin{cases}1 & (S'>T')\\ \alpha & (S'=T')\\ 0 & (S'<T')\end{cases} \tag{2.39}$$

式中

$$S' = \sum_{i=1}^{N} u_i \log \frac{P_{di}(1-P_{fi})}{P_{fi}(1-P_{di})} \tag{2.40}$$

$$T' = \log T - \sum_{i=1}^{N} \log \frac{1-P_{di}}{1-P_{fi}} \tag{2.41}$$

可见,最优融合准则就是将各局部传感器的判决结果加权求和后再做阈值判决,权值由各局部传感器的性能(P_{di},P_{fi})决定。因而,检测性能相对好的局部传感器的权系数更大(这是合理的)。如果某传感器的性能更加优良,那么融合中心应更多地考虑传感器的判决结果。

为了达到最佳的分布式信号检测性能,不仅要寻找合适的融合准则 γ_0,而且要寻找各局部传感器的检测准则 $\gamma_i(i=1,\cdots,N)$。记 $\gamma=(\gamma_0,\gamma_1,\cdots,\gamma_N)$。

Tsitsiklis 等[221]分析了这种情况下可能存在的最优解情况,包括确定性判决准则、非相关随机化判决准则和相关随机化判决准则。当各局部观测数据相关时,寻求 γ 变得异常复杂和困难,甚至是不可解的。

下面的结论都是基于局部观测数据不相关这一前提得出的。

在 NP 准则下,最优融合准则由下式给出:

$$\sum_{i=1}^{N}\left(u_i \log \frac{P_{di}}{P_{fi}} + (1-u_i)\log \frac{1-P_{di}}{1-P_{fi}}\right) \underset{u_0=0}{\overset{u_0=1}{\gtrless}} \log T \tag{2.42}$$

可见,式(2.42)与式(2.39)相同,而各局部传感器仍然是 NP 检测。根据 NP 引理可知,最优检测准则也是似然比检测。因此,第 k 个局部传感器的检测准则为

$$\Lambda(x_i)=\frac{f(x_i \mid H_1)}{f(x_i \mid H_0)} \underset{u_i=0}{\overset{u_i=1}{\gtrless}} t_i \tag{2.43}$$

式中:t_i 为检测阈值,且有

$$t_i = T\frac{\sum_{u^i}\left(A(u^i)\prod_{j=1,j\neq i}^{N} P_{fj}^{u_j}(1-P_{fj})^{1-u_j}\right)}{\sum_{u^i}\left(A(u^i)\prod_{j=1,j\neq i}^{N} P_{dj}^{u_j}(1-P_{dj})^{1-u_j}\right)} \tag{2.44}$$

其中

$$A(u^i)=[\Pr(u_0=0 \mid u_i=0,u^i)-\Pr(u_0=0 \mid u_i=1,u^i)] \tag{2.45}$$

式(2.44)中的 T 就是式(2.42)中的 T,而 $\boldsymbol{u}^i$ 代表除了第 i 个局部传感器外其他局部传感器的判决集合,即

$$\boldsymbol{u}^i = (u_1, u_2, \cdots, u_{i-1}, u_{i+1}, \cdots, u_N) \tag{2.46}$$

显然,它有 2^{N-1} 种可能的取值。

结合式(2.42)和式(2.44),共有 $N+1$ 个非线性方程可以用来求解 $N+1$ 个阈值。从阈值的表达式可以看出,各个传感器判决之间的互相耦合是通过阈值体现出来的,这也增大了求解的难度。另外,知道局部传感器观测数据 $\boldsymbol{x}_i$ 的分布之后,$P_{\mathrm{d}i}$ 和 $P_{\mathrm{f}i}$ 是 t_i 的函数,然而上述方程并不是 t_i 的显式,这也为求解带来了难度。

分布式信号检测系统的全局最优化通常采用 PBPO 方法。在 NP 准则下,考虑到虚警概率的限制,需要采用拉格朗日乘子法去掉约束后再采用 PBPO,有时在这种优化方法下无法得到有效解。通常做法是,固定融合准则为某种合理的规则,如 OR 准则、AND 准则、多数准则、“N 选 k”准则,优化局部判决规则。在给定融合准则之后, t_i 的表达式可以简化,从而达到一定的去耦合目的。例如,采用 OR 准则,式(2.44)可简化为

$$t_i = T \frac{\prod_{j=1, j\neq i}^{N} (1 - P_{\mathrm{f}j})}{\prod_{j=1, j\neq i}^{N} (1 - P_{\mathrm{d}j})} \tag{2.47}$$

采用 AND 准则,式(2.44)可简化为

$$t_i = T \frac{\prod_{j=1, j\neq i}^{N} P_{\mathrm{f}j}}{\prod_{j=1, j\neq i}^{N} P_{\mathrm{d}j}} \tag{2.48}$$

值得注意的是,上面式子有时没有正常解。例如,通常的检测阈值都是正数,但有可能满足上式的解却是负数。这表明传统的拉格朗日乘子优化方法在这种情况下失效,必须采用其他优化算法。

考虑在高斯噪声环境下,针对 Swerling I 型目标的分布式信号检测。高斯噪声环境下平方检波的包络服从指数分布,第 i 个局部传感器的检测概率和虚警概率分别为

$$P_{\mathrm{d}i} = \exp\left(-\frac{t_i}{\lambda_i (1 + \varepsilon_i)} \right) \tag{2.49}$$

$$P_{\mathrm{f}i} = \exp\left(-\frac{t_i}{\lambda_i} \right) \tag{2.50}$$

式中:λ_i 为噪声功率;ε_i 为信噪比;且假定各局部传感器数据在有无目标的情况下都是统计独立。

正如前面分析,两个传感器时 OR 准则无法求解,只能采用优化搜索方法来寻找合适的最优解。为了便于性能比较,也将绘出集中式信号检测的性能曲线。由于各局部传感器数据独立,可得出最优的集中式信号检测等价于如下检测式:

$$x_1 + x_2 \underset{H_0 \text{ 成立}}{\overset{H_1 \text{ 成立}}{\gtrless}} T \tag{2.51}$$

式中:x_1、x_2分别为来自局部传感器 1 和传感器 2 的观测信号;T 为检测阈值,根据预设的系统虚警概率和观测信号的先验分布即可求得 T。

图 2.1 为两个传感器的信噪比相同时信噪比与检测概率之间的关系。图 2.2 为两个传感器信噪比为 1.9∶0.1 时信噪比与检测概率之间的关系。图 2.3 为在设定传感器 1 的信噪比为 20dB 时,传感器 2 的信噪比和检测概率之间的关系。除将传感器 1 的信噪比固定为 8dB 外,图 2.4 则与图 2.3 的条件相同。

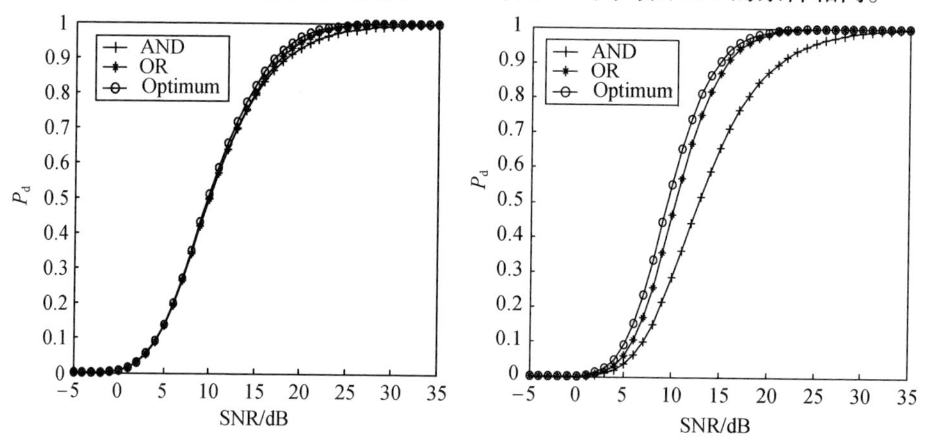

图 2.1　两个传感器的信噪比相同时信噪比与检测概率之间的关系(见彩图)

图 2.2　两个传感器的信噪比之比为 1.9∶0.1 时信噪比与检测概率之间的关系(见彩图)

从图 2.1 ~ 图 2.4 可以看出,OR 准则优于 AND 准则,与最优信号检测性能很接近。当各个传感器的信噪比不相等时,OR 准则的性能优于 AND 准则的性能,OR 准则相当于只依赖于最佳传感器的判决结果,只要有一个传感器检测到目标,融合中心就认为目标存在,这实际上假设了可能某一个传感器性能要远远优于其他传感器;相反,采用 AND 准则时,只有每个传感器都认为目标存在时融合中心才认为目标存在,这实际上假设了每个传感器具有相同的检测性能。

AND 准则和 OR 准则代表了两种典型的融合准则。另外一种常见的融合准则是多数准则,即 N 个传感器中,只有超过半数的传感器认为目标存在,融合中心才认为目标存在。多数准则实际上是相信大多数人的智慧。

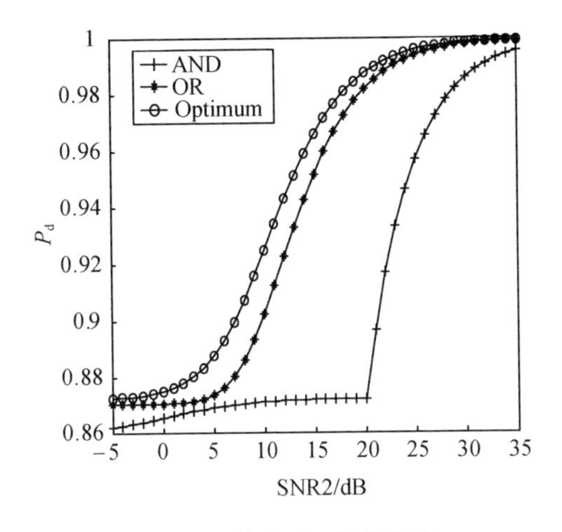

图 2.3　传感器 1 的信噪比为 20dB 时传感器 2 的信噪比与检测概率之间的关系(见彩图)

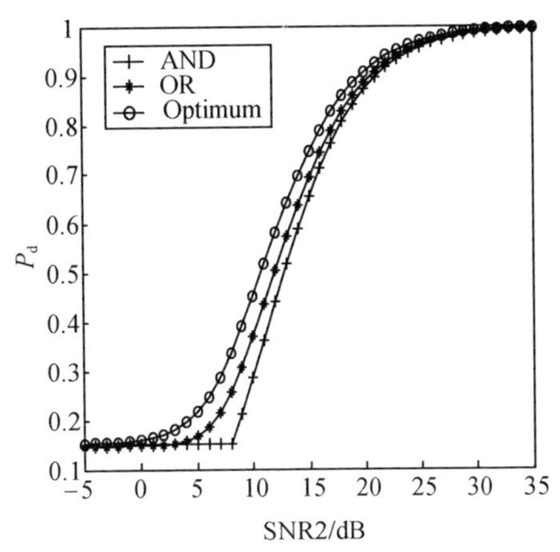

图 2.4　传感器 1 的信噪比为 8dB 时传感器 2 的信噪比与检测概率之间的关系(见彩图)

实际情况可能更复杂,此时“N 选 k”准则可能更实用。“N 选 k”准则是指,在 N 个传感器中只要有 k 个传感器认为目标存在融合中心,就认为目标存在的融合规则。“N 选 1”准则就是 OR 准则,而“N 选 N”准则就是 AND 准则。令$k=\lfloor N/2 \rfloor$,“N 选 k”准则就成了多数准则。

2.6　基于贝叶斯准则的最优化

在并行结构下,与分布式 NP 检测一样,分布式贝叶斯检测也是似然比检测,不同之处是检测器的阈值不同。值得注意的是该结论并不需要各局部传感器的观测信号统计独立[85]。极小化如下代价函数:

$$R_{\mathrm{B}} = C_{\mathrm{F}} \sum_{\boldsymbol{u}} \Pr(u_0 = 1 \mid \boldsymbol{u}) \Pr(\boldsymbol{u} \mid \mathrm{H}_0) - C_{\mathrm{D}} \sum_{\boldsymbol{u}} \Pr(u_0 = 1 \mid \boldsymbol{u}) \Pr(\boldsymbol{u} \mid \mathrm{H}_1) + C \tag{2.52}$$

式中:$C_{\mathrm{F}} = P_0(C_{10} - C_{00})$;$C_{\mathrm{D}} = (1 - P_0)(C_{01} - C_{11})$;$C = C_{01}(1 - P_0) + C_{00}P_0$;$P_0$ 为 H_0 发生的先验概率;$\boldsymbol{u}$ 为 N 个局部传感器的处理结果。

融合准则为

$$\frac{\Pr(\boldsymbol{u} \mid \mathrm{H}_1)}{\Pr(\boldsymbol{u} \mid \mathrm{H}_0)} \underset{u_0 = 0}{\overset{u_0 = 1}{\gtrless}} \frac{C_{\mathrm{F}}}{C_{\mathrm{D}}} \tag{2.53}$$

令 x_k 为传感器 k 的观测信号，则其局部判决规则为

$$\frac{f(x_k \mid \mathrm{H}_1)}{f(x_k \mid \mathrm{H}_0)} \underset{u_k=0}{\overset{u_k=1}{\gtrless}} \frac{\sum_{u^k} \int_{x^k} C_{\mathrm{F}} A(u^k) \Pr(u^k \mid \boldsymbol{x}^k) p(\boldsymbol{x}^k \mid x_k, \mathrm{H}_0) \mathrm{d}\boldsymbol{x}^k}{\sum_{u^k} \int_{x^k} C_{\mathrm{D}} A(u^k) \Pr(u^k \mid \boldsymbol{x}^k) p(\boldsymbol{x}^k \mid x_k, \mathrm{H}_1) \mathrm{d}\boldsymbol{x}^k} \tag{2.54}$$

式中

$$A(u^k) = \Pr(u_0 = 1 \mid u_k = 1, u^k) - \Pr(u_0 = 1 \mid u_k = 0, u^k) \tag{2.55}$$

$$\boldsymbol{x}^k = (x_1, x_2, \cdots, x_{k-1}, x_{k+1}, \cdots, x_N) \tag{2.56}$$

当各个传感器观测信号统计独立时，局部传感器的判决规则可以化简为

$$\frac{f(x_k \mid \mathrm{H}_1)}{f(x_k \mid \mathrm{H}_0)} \underset{u_k=0}{\overset{u_k=1}{\gtrless}} \frac{\sum_{u^k} C_{\mathrm{F}} A(u^k) \prod_{j=1, j\neq k}^{N} \Pr(u_j \mid \mathrm{H}_0)}{\sum_{u^k} C_{\mathrm{D}} A(u^k) \prod_{j=1, j\neq k}^{N} \Pr(u_j \mid \mathrm{H}_1)} \tag{2.57}$$

比较式(2.57)和式(2.43)可见，它们的结构相同，只是在阈值计算式中有小的差别，这也符合统计信号处理中贝叶斯和 NP 准则在某些情况下可互相转化的结论。求解上面的方程同样可以采用 PBPO 算法，由于不存在约束条件，相比 NP 检测，某些时候贝叶斯检测的计算难度会有一定程度的减小。

相对于并行结构，当只有两个局部传感器时，串行结构的最优性能不会差于并行结构的最优性能。这是很好理解的。因为在串行结构的后一个传感器可以同时完成局部传感器和融合中心的任务，这样，两个传感器的并行结构实际上是串行结构的一种[83]。但是这一结论并不能推广到多传感器系统。

在贝叶斯准则下，串行结构的最优检测准则仍然具有似然比检测形式。考虑两个传感器的串行结构，传感器 2 的检测准则为[139]

$$\frac{f(x_2 \mid \mathrm{H}_1)}{f(x_2 \mid \mathrm{H}_0)} \underset{u_2=0}{\overset{u_2=1}{\gtrless}} \frac{C_{\mathrm{F}} \Pr(u_1 \mid \mathrm{H}_0)}{C_{\mathrm{D}} \Pr(u_1 \mid \mathrm{H}_1)} \tag{2.58}$$

可以看出，当 u_1 不同时，阈值也会不同。也就是说，传感器 2 的判决阈值要根据传感器 1 的判决结果来选择。传感器 1 的判决准则为

$$\frac{f(x_1 \mid \mathrm{H}_1)}{f(x_1 \mid \mathrm{H}_0)} \underset{u_1=0}{\overset{u_1=1}{\gtrless}} \frac{C_{\mathrm{F}}[\Pr(u_2 = 1 \mid u_1 = 1, \mathrm{H}_0) - \Pr(u_2 = 1 \mid u_1 = 0, \mathrm{H}_0)]}{C_{\mathrm{D}}[\Pr(u_2 = 1 \mid u_1 = 1, \mathrm{H}_1) - \Pr(u_2 = 1 \mid u_1 = 0, \mathrm{H}_1)]} \tag{2.59}$$

联立式(2.58)和式(2.59)求解，即可得到相应的检测阈值。

采用串行结构时，一旦出现某一传感器故障，整个系统就会工作失常。局部传感器数目越多，采用串行结构的系统可靠性就越差，这就限制了串行结构的

应用。

分布式信号检测器的拓扑结构除了常见的并行结构和串行结构，还有树状反馈结构以及其他一些结构。Tang 等[83]讨论了几种较简单的树形结构下的检测准则，并且推广到多元判决的情况。将融合中心的判决结果反馈给局部检测器，局部检测器利用当前观测信息和融合中心反馈回的信息做出局部判决后传递给融合中心，融合中心再做出全局判决，这种方式能够提高性能[97]。但是，从融合中心反馈到局部传感器需要增加通信量。当然，也可以在局部传感器进行自身的反馈或者融合中心反馈到自身，这样甚至可以实现多步反馈，进一步提高性能[38, 55, 223-229]。需要注意的是，在利用反馈提高分布式信号检测系统性能时，必须保证在反馈过程中所观测的现象没有发生变化；否则，反馈可能会造成紊乱。

Alhakeem 等[68]提出了一种通用的分布式信号检测系统拓扑结构的表示方法，并将其进行推广。基本思想是采用通信矩阵来描述分布式信号检测系统的互联结构。例如，N 个传感器的串行结构的通信矩阵为

$$
\begin{array}{c} \\ \boldsymbol{D}= \end{array}
\begin{array}{c} \text{序号} \\ 1 \\ 2 \\ 3 \\ \vdots \\ N \end{array}
\begin{array}{c} \begin{array}{ccccc} 1 & 2 & 3 & \cdots & N \end{array} \\ \begin{bmatrix} 0 & 1 & 0 & \cdots & 0 \\ 0 & 0 & 1 & \cdots & 0 \\ 0 & 0 & 0 & \cdots & 0 \\ \vdots & \vdots & \vdots & \cdots & \vdots \\ 0 & 0 & 0 & \cdots & 0 \end{bmatrix} \end{array}
\tag{2.60}
$$

该矩阵共有 N 行 N 列，元素 $n_{ij}=1$，表示第 i 个传感器将处理结果传到了第 j 个传感器；$n_{ij}=0$，表示没有传递。这种表示方法可以方便地将融合中心纳入进来，只要设定融合中心序号为 0 即可，这时通信矩阵为 $(N+1)\times(N+1)$ 矩阵。例如，考虑了融合中心后，N 个局部传感器的并行结构通信矩阵为

$$
\begin{array}{c} \\ D= \end{array}
\begin{array}{c} \text{序号} \\ 1 \\ 2 \\ \vdots \\ N \\ 0 \end{array}
\begin{array}{c} \begin{array}{ccccc} 1 & 2 & \cdots & N & 0 \end{array} \\ \begin{bmatrix} 0 & 0 & \cdots & 0 & 1 \\ 0 & 0 & \cdots & 0 & 1 \\ \vdots & \vdots & \cdots & \vdots & \vdots \\ 0 & 0 & \cdots & 0 & 1 \\ 0 & 0 & \cdots & 0 & 0 \end{bmatrix} \end{array}
\tag{2.61}
$$

在这种架构下，I_k 为传感器 k 接收到的其他传感器判决结果的集合，$x_k(1\leqslant k\leqslant N)$ 为传感器 k 的观测信号。在某些情况下，融合中心也有观测信号，可记为 x_0。串行结构中 $I_k=\{u_{k-1}\}$，并行结构中融合中心的 $I_0=\{u_1,u_2,\cdots,u_N\}$，其余则为空集。

此时，融合准则为

$$u_0=\begin{cases}1 & \left(\Lambda(I_0,x_0)>\dfrac{C_F}{C_D}\right)\\ 0 & \left(\Lambda(I_0,x_0)<\dfrac{C_F}{C_D}\right)\end{cases} \tag{2.62}$$

局部传感器检测准则为

$$u_k=\begin{cases}1 & \left(\Lambda(I_k,x_k)>\dfrac{C_F[\Pr(u_0=1\mid u_k=1,H_0)-\Pr(u_0=1\mid u_k=0,H_0)]}{C_D[\Pr(u_0=1\mid u_k=1,H_1)-\Pr(u_0=1\mid u_k=0,H_1)]}\right)\\ 0 & \left(\Lambda(I_k,x_k)<\dfrac{C_F[\Pr(u_0=1\mid u_k=1,H_0)-\Pr(u_0=1\mid u_k=0,H_0)]}{C_D[\Pr(u_0=1\mid u_k=1,H_1)-\Pr(u_0=1\mid u_k=0,H_1)]}\right)\end{cases} \tag{2.63}$$

可以看出，式(2.63)仍然是似然比检测，而且前面关于并行结构的一些结论实际上是这里的特例。系统的优化仍然可以采用PBPO方法。

2.7 软判决

分布式信号检测相对于集中式信号检测的主要优点是对通信容量的要求大大减小。在局部传感器进行二元判决时，数据量几乎压缩到了最小，但带来的结果是检测性能有一定程度的损失。所以，寻求通信容量和检测性能的折中很重要，除了极端的集中式信号检测和局部二元判决外，还有很多中间形式，如前面提到的局部检测统计量以及这里介绍的软判决。

软判决是局部传感器不做二元判决而做多元判决。例如四元判决，通信量是二元判决的2倍。Lee等[101]考虑了将检测空间划分为多于两部分的情况，并且建立了在NP准则下寻求最优划分的方法，评估了划分趋于无穷时检测器的渐近性能。结果表明，通信量从一次检测1bit上升到2bit或3bit带来的性能收益很明显，之后继续增加子空间数目收益不再明显。因此，可以考虑划分检测空间为4～8个子空间情况。Longo等[102]分析了在通信信道容量限制情况下，如何寻求检测空间的量化（划分）的问题。Gini等[207]利用信道容量公式，通过信道容量限制来决定合适的虚警概率，进而推导出最优检测器的形式。

2.8 二元累积检测

多脉冲积累是提高检测性能的一种非常有效的方法。在进行分布式二元积累检测时，每一个局部检测器都是一个二元积累接收机。Han等[230]研究了并行结构的分布式二元累积检测,其结构如图 2.5 所示。第 k 个局部检测器处理回波 r_{ki}生成一个二元判决 s_{ki}。$s_{ki}=0$,表示目标不存在;$s_{ki}=1$,表示目标存在。第 k 个双阈值检测器的第一个阈值用 $\boldsymbol{\eta}_{1k}$表示。在每个局部检测器中,判决 s_{ki}加起来产生统计量 S_k,即

$$S_k = \sum_{i=1}^{M_k} s_{ki} \tag{2.64}$$

S_k和第二阈值 $\boldsymbol{\eta}_{2k}$比较产生局部检测器 k 的判决 u_k。之后,二元局部判决结果的集合 $\boldsymbol{U}=(u_1,u_2,\cdots,u_N)$被传送的融合中心,融合中心做出目标是否存在的最终判决 u_0。

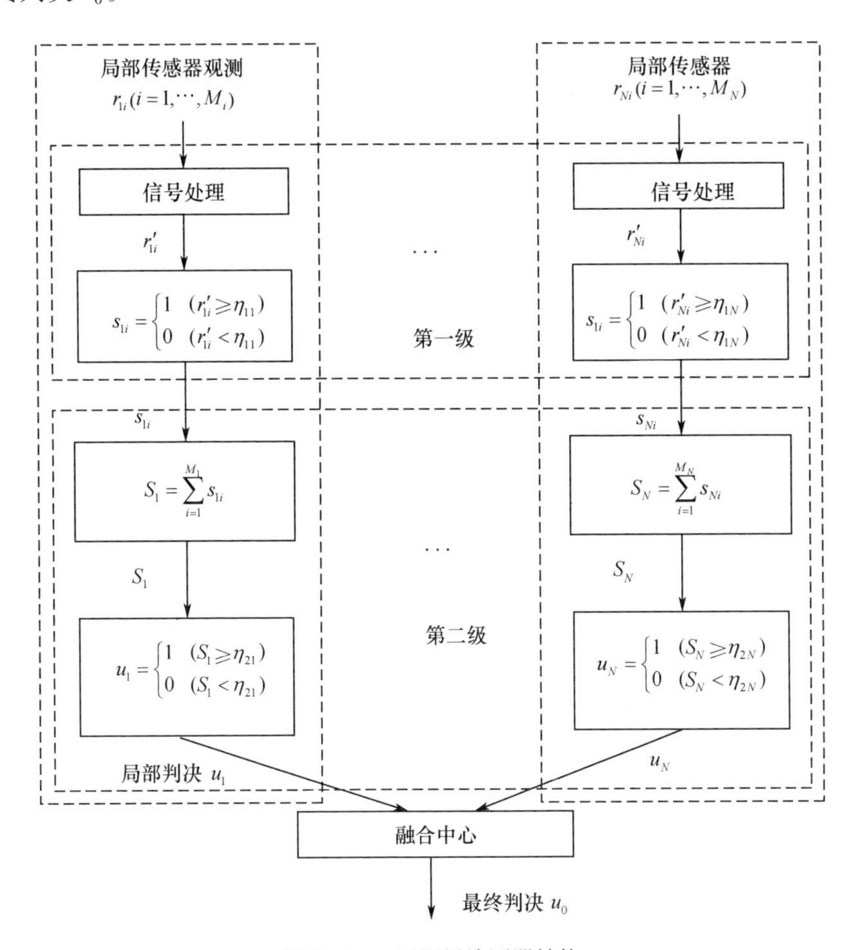

图 2.5　二元积累检测器结构

在上述架构下,Han 等推导出了最优的两级检测准则和融合准则,它们都具有似然比检测形式。融合准则为

$$\Pr(u_0=1)=\begin{cases}1 & \left(\dfrac{\Pr(\boldsymbol{U}\mid \mathrm{H}_1)}{\Pr(\boldsymbol{U}\mid \mathrm{H}_0)}>T\right)\\ \delta & \left(\dfrac{\Pr(\boldsymbol{U}\mid \mathrm{H}_1)}{\Pr(\boldsymbol{U}\mid \mathrm{H}_0)}=T\right)\\ 0 & \left(\dfrac{\Pr(\boldsymbol{U}\mid \mathrm{H}_1)}{\Pr(\boldsymbol{U}\mid \mathrm{H}_0)}<T\right)\end{cases} \tag{2.65}$$

传感器 k 的第一级检测准则为

$$\frac{f(r'_{ki}\mid \mathrm{H}_1)}{f(r'_{ki}\mid \mathrm{H}_0)}\underset{s_{ki}=0}{\overset{s_{ki}=1}{\gtrless}}\eta_{1k} \tag{2.66}$$

传感器 k 的第二级检测准则为

$$\frac{\Pr(S_k\mid \mathrm{H}_1)}{\Pr(S_k\mid \mathrm{H}_0)}\underset{u_k=0}{\overset{u_k=1}{\gtrless}}\eta_{2k} \tag{2.67}$$

T、η_{1i}和 η_{2i}都是耦合到一起的,需要联合求解。为了便于求解,一般只寻求某些特殊情况和特定的融合准则下的最优解。

第3章 分布式CFAR检测

3.1 引　　言

在雷达工作时,云、雨和地物等背景杂波或者噪声都是长时非平稳的。如果检测阈值不能随着背景杂波或噪声的变化而自适应地调整,检测器的虚警概率就会发生急剧变化。严重时,过高的虚警率会导致后续的处理设备过载,即使信噪比很高也可能无法检测到目标。因此,在强干扰中提取信号,不仅要求有一定的信噪比,而且要求检测器具有恒虚警性能。恒虚警率处理单元,已经成为具有自动检测功能的现代雷达系统必不可少的组成部分。

从起初的CA-CFAR、OS-CFAR,发展到今天的频域CFAR、参数化CFAR等,CFAR处理方法灵活、手段多样[231]。

将传统的CFAR处理应用到分布式信号检测中就形成了分布式CFAR检测。当各局部传感器观测数据独立时,可以直接使用各种传统的CFAR方法。Barkat等[113,114]率先研究了并行结构下各局部传感器采用传统CA-CFAR的分布式信号检测问题,比较了并行结构和串行结构下各个传感器采用CA-CFAR的分布式信号检测器的性能。在集中式CFAR处理中,背景杂波是否均匀对CFAR性能影响很大,分布式CFAR检测中也存在着背景均匀与否的问题。Uner等[29]和Elias-Fuste等[116]针对非均匀背景,研究了局部传感器采用OS-CFAR检测器的分布式信号检测算法。Blum等[28]和Longo等[115]考虑了融合准则对OS-CFAR的检测阈值的影响。Mathur等[232]针对Swerling I和Swerling III型目标,推导了分布式CFAR检测的渐近性能。Gini等[30]给出了威布尔分布杂波下基于二元积累检测的分布式CFAR检测方案。Gowda等[122]对分布式CA-CFAR和OS-CFAR检测在威布尔和K分布等杂波下的性能进行了分析。

局部传感器除了将局部二元判决结果送到融合中心外,还可以送更多的信息到融合中心。在各传感器观测信号统计独立条件下,Amirmehrabi等[52]提出了一种基于局部统计量的 CFAR 方法,即(S+OS)分布式 CFAR 检测器。局部传感器 i,首先从自身的 R_i 个参考单元采样 $y_{i1},y_{i2},\cdots,y_{iR_i}$ 中选出某一有序统计量 $y_{i(k_i)}$,然后将观测信号 x_i 和 $y_{i(k_i)}$ 同时传递到融合中心。融合中心从 $y_{1(k_1)}$,$y_{2(k_2)},\cdots,y_{N(k_N)}$ 中选出某一有序统计量,例如 Min-OS(最小 OS)和 Max-OS(最大 OS),并以此作为背景杂波功率水平估计,在此基础上,对 $x_1,\cdots,x_N$ 进行融合以得到目标有无的最终判决。局部传感器向融合中心同时传递信号和有序统计量能够改善分布式系统的性能,但并不都必须这样做。

Guan 等[32, 54]研究了三类基于局部检测统计量的分布式信号检测系统的检测性能,分别为 R(Ratio)类、S(Substract)类和 P(Plus)类。这三类方案囊括了典型的基于局部检测统计量的分布式信号检测策略。显然,相对于简单的二元和多元判决,局部检测统计量能携带更多的信息,有助于提高系统检测性能。当然,这是以增加通信带宽为代价的。

3.2 基于二元判决的分布式 CFAR 检测

在常见的 CFAR 处理器中,经平方律检波后的雷达视频距离采样,被顺序地送入长度为 $R+2R_s$ 的移位寄存器中,其中,R_s 表示检测单元一侧的保护单元的个数。前 $R/2$ 个采样和后 $R/2$ 个采样形成了参考窗口。参考窗口中的采样值经过处理后形成总的噪声功率估计量 Z。为了在一致的背景噪声环境下保持系统恒定的虚警概率 P_F,统计量 Z 乘以阈值加权系数 T 从而形成最终的自适应阈值 TZ。来自移位寄存器中心抽头的检测单元采样 X 和该自适应阈值 TZ 比较,以得到关于信号有无的判决结果。

假设检测的是 Swerling II 型目标,背景噪声是高斯的。此时,平方律检波器输出的是服从指数分布的随机变量,其概率密度函数为

$$f(x)=\frac{1}{\mu(1+\lambda)}\exp\left(-\frac{x}{\mu(1+\lambda)}\right)\qquad(x\geqslant 0)\tag{3.1}$$

式中:μ 为杂波功率;λ 为信杂比。在检测单元中没有目标和一致背景杂波条件下,即 H_0 假设下,$\lambda=0$;在检测单元中存在目标,即 H_1 假设下,$\lambda\neq 0$。在参考单元中,杂波功率总是等于 μ。同时,假设由参考单元和检测单元构成的 $R+1$ 个单元中的观测值是统计独立的。

在 CFAR 处理器中,虚警概率和检测概率为

$$P_f=\int_0^\infty \Pr(Y>TZ\mid Z,\mathrm{H}_0)f_z(z)\,\mathrm{d}z\tag{3.2}$$

$$P_d=\int^\infty \Pr(Y>TZ\mid Z,\mathrm{H}_1)f_z(z)\,\mathrm{d}z\tag{3.3}$$

3.2.1　分布式 CA－CFAR 检测

CA－CFAR 是指将参考单元采样值的平均值作为背景杂波功率估计的策略。传统的 CA－CFAR 检测结构如图 3.1 所示。

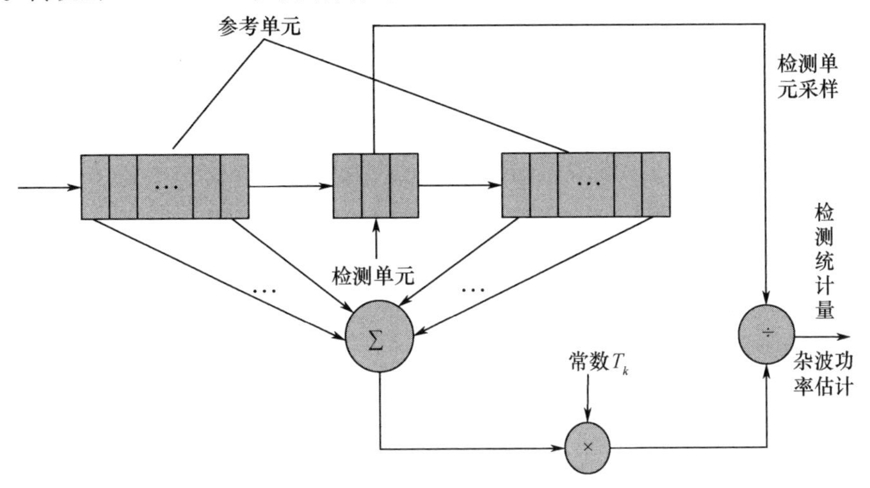

图 3.1　传统的 CA－CFAR 检测结构

设 $Y_{k1},\cdots,Y_{kR_k}$ 为传感器 k 的参考单元采样，R_k 为正整数，表示参考单元个数，则 CA－CFAR 按如下方式形成背景杂波功率水平估计：

$$Z_k = \sum_{l=1}^{R_k} Y_{kl} \tag{3.4}$$

当背景杂波均匀、参考窗中包含独立同指数分布采样时，CA－CFAR 检测器是具有最大检测概率的 CFAR 检测器。随着参考窗长度的增加，它的检测概率趋近于杂波功率先验已知时 NP 检测器的检测概率。

当参考单元采样 Y_{kl} 服从指数分布时，其概率密度函数如式（3.1）所示，只是信杂比 $\lambda=0$。z_k 服从 Γ 分布，其概率密度函数为

$$f_{Z_k}(z)=\frac{z^{R_k-1}}{\Gamma(R_k)\mu^{R_k}}\exp\left(-\frac{z}{\mu}\right) \qquad (z>0) \tag{3.5}$$

当 Swerling II 目标存在时，在第 k 个传感器，CA－CFAR 检测器的检测概率 $P_{\mathrm{d}k}$、虚警概率 $P_{\mathrm{f}k}$、信杂比 λ_k 和参考单元个数 R_k 之间满足

$$P_{\mathrm{d}k}=\left(1+\frac{T_k}{1+\lambda_k}\right)^{-R_k} \tag{3.6}$$

$$T_k=-1+P_{\mathrm{j}k}^{(-1/R_k)} \tag{3.7}$$

传感器 k 利用自己的观测结果 X_k 和阈值因子 T_k，利用式（3.8）做出目标是否存在的二元判决 u_k（$u_k=1$ 表示目标存在，$u_k=0$ 表示目标不存在）。

$$u_k=\begin{cases}1 & (X_k \geqslant T_k Z_k)\\ 0 & (X_k < T_k Z_k)\end{cases} \tag{3.8}$$

传感器 k 将自己的判决结果 u_k 送到融合中心。融合中心根据接收到的各个传感器的判决结果组成的矢量 $\boldsymbol{U}$，做出目标存在与否的最终判决。

$$\boldsymbol{U}=[u_1,u_2,\cdots,u_N] \tag{3.9}$$

当各个传感器的信杂比相等（假设均为 λ）、参考窗的大小给定时，分布式信号检测器可以通过下式进行优化[113]：

$$J(T_1,T_2,\cdots,T_N)=P_{\mathrm{D}}(T_1,T_2,\cdots,T_N)+\varepsilon[P_{\mathrm{F}}(T_1,T_2,\cdots,T_N)-P_{\mathrm{FA}}] \tag{3.10}$$

式中：$P_{\mathrm{D}}(T_1,T_2,\cdots,T_N)$ 为融合中心的检测概率；$P_{\mathrm{F}}(T_1,T_2,\cdots,T_N)$ 为融合中心的虚警概率；J 为需要最大化的目标函数；ε 为拉格朗日乘子；P_{FA} 为融合中心允许的最大虚警概率。

当可行解位于解空间内时，可以通过解下列方程组得到最佳参数：

$$\begin{cases}\dfrac{\partial J(T_1,T_2,\cdots,T_N)}{\partial T_i}=0 & (i=1,2,\cdots,N)\\ P_{\mathrm{F}}(T_1,T_2,\cdots,T_N)=P_{\mathrm{FA}}\end{cases} \tag{3.11}$$

当融合中心采用 AND 融合规则时，有

$$P_{\mathrm{D}}=\prod_{i=1}^{N}P_{\mathrm{d}i} \tag{3.12}$$

$$P_{\mathrm{F}}=\prod_{i=1}^{N}P_{\mathrm{f}i} \tag{3.13}$$

此时，目标函数为

$$J(T_1,T_2,\cdots,T_N)=\prod_{i=1}^{N}\left(\frac{1+\lambda}{1+\lambda+T_i}\right)^{R_i}+\varepsilon\left[\prod_{i=1}^{N}\frac{1}{(1+T_i)^{R_i}}-P_{\mathrm{FA}}\right] \tag{3.14}$$

当 $N=2$ 时，有[113]

$$T_1=T_2=-1+P_{\mathrm{FA}}{}^{-\frac{1}{R_1+R_2}} \tag{3.15}$$

3.2.2 分布式 OS – CFAR 检测

传统的 OS – CFAR 检测结构如图 3.2 所示。OS – CFAR 检测器对参考单元采样 $Y_1,Y_2,\cdots,Y_R$ 由小到大进行排序，得到 $Y_{(1)}\leqslant Y_{(2)}\leqslant\cdots\leqslant Y_{(R)}$，其中 $Y_{(k)}$ 表示第 k 个有序统计量，并从中选择第 k 个序值 $Y_{(k)}$ 作为背景杂波功率水平估计量 z，即

$$Z=Y_{(k)} \tag{3.16}$$

在一致的高斯背景噪声、Swerling II 型目标和平方律检波条件下，OS –

CFAR 检测器的虚警概率为

$$P_{\mathrm{f}} = \prod_{j=0}^{k-1} \frac{R - j}{R - j + T} \tag{3.17}$$

在分布式 CFAR 检测中，各传感器分别进行 CFAR 检测，然后将判决送到融合中心，由融合中心做出最终判决。各局部传感器采用的 CFAR 方法可以不同。一般来说，在均匀环境中 CA - CFAR 表现好于 OS - CFAR，在非均匀环境中则相反[231]。

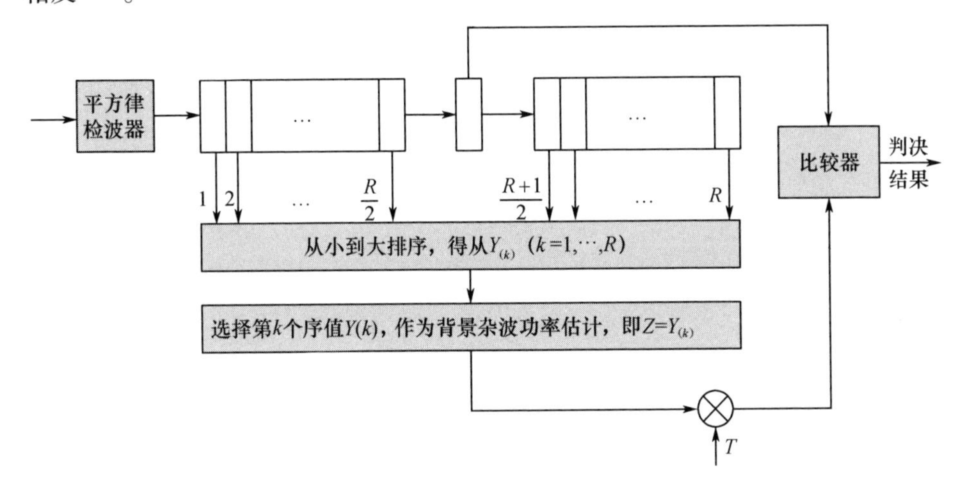

图 3.2 传统的 OS - CFAR 检测结构

在虚警概率 P_{f}、信杂比 λ、杂波样本数 R 和序值 k 均给定的条件下，OS - CFAR 检测器的检测概率为

$$P_{\mathrm{d}} = \prod_{j=0}^{k-1} \frac{R - j}{R - j + T(1 + \lambda)^{-1}} \tag{3.18}$$

在各个传感器相互独立、采用平方律检波且背景杂波均匀条件下，传感器 m 的 OS - CFAR 检测器的虚警与检测概率分别为

$$P_{\mathrm{f}m} = \prod_{j=0}^{k_m-1} \frac{(R_m - j)}{R_m - j + T_m} \quad (m = 1,2,\cdots,N) \tag{3.19}$$

$$P_{\mathrm{d}m} = \prod_{j=0}^{k_m-1} \frac{(R_m - j)}{R_m - j + T_m(1 + \lambda_m)^{-1}} \quad (m = 1,2,\cdots,N) \tag{3.20}$$

式中：k_m、R_m、T_m、λ_m分别为第 m 个传感器的阈值序值、参考窗长度、阈值加权系数和信杂比，且参考窗长度 R_m和信杂比 λ_m为已知值；N 为传感器数目。

在给定融合规则后，融合中心的全局检测概率 P_{D} 和虚警概率 P_{F} 由各传感器检测与虚警概率唯一确定。

分布式 OS - CFAR 检测的目标：在给定的融合规则和全局虚警概率 $P_{\mathrm{F}} = P_{\mathrm{f0}}$

的条件下，通过优化各个局部传感器的阈值序值和阈值加权系数，使全局检测概率 P_D 最大。

若给定各个传感器的阈值序值 $k_1,k_2,\cdots,k_N$，求解各个局部传感器的最优阈值加权系数，即最大化如下目标函数：

$$J((k_1,t_1),(k_2,T_2),\cdots,(k_N,T_N)) = P_D((k_1,t_1),(k_2,T_2),\cdots,(k_N,T_N)) + \varepsilon[P_{f0} - P_F((k_1,t_1),(k_2,T_2),\cdots,(k_N,T_N))] \tag{3.21}$$

式(3.21)的最大化可以通过求解如下方程组的方法来实现：

$$\begin{cases} \dfrac{\partial J((k_1,t_1),(k_2,T_2),\cdots,(k_N,T_N))}{\partial T_m} = 0 \qquad (m=1,2,\cdots,N) \\ P_F((k_1,t_1),(k_2,T_2),\cdots,(k_N,T_N)) = P_{f0} \end{cases} \tag{3.22}$$

N 个传感器分布式 OS－CFAR 检测器的设计问题，相当于在每种融合规则下求解 $\prod_{k=1}^{N} N_k$ 个上述偏微分方程组，选择具有最大检测概率的参数组合 $\{(k_1,T_1),(k_2,T_2),\cdots,(k_N,T_N)\}$，该参数就是该分布式系统的最佳参数。

按上述方法，理论上可以求得任意给定分布式信号检测系统的最佳参数和检测概率，但是其运算量与传感器数目呈指数关系。

雷达系统中，参考单元一般选取 8、16、24、32 等。在这种情况下，即使在 $N=3$ 和所有传感器的参考单元数为 16 的情况下，采用穷举法搜索最佳系统参数的计算时间也是相当惊人的，相当于求解 $16^3=4096$ 个四元非线性方程组，常规的搜索方法很难求解。因而只能采用启发式算法，如遗传算法[233-235]、模拟退火算法[236]及蚁群算法。

下面以小生境遗传算法为例说明分布式 OS－CFAR 检测器参数的优化方法。

3.2.3 基于小生境遗传算法的分布式 OS－CFAR 检测器优化

3.2.3.1 基本原理

传统的具有精英选择的遗传算法适宜于确定单峰函数的最优解，因为它仅仅收敛到搜索空间的某一点。然而，分布式 OS－CFAR 检测器的优化问题常导致求解多峰函数的最优解，因此需要确定多个局部或全局最优解。

小生境遗传算法是一种适用于多峰函数优化的遗传算法。该算法通过借鉴生物界中小生境这一现象，能够把群体中的各个体分散到多个峰，从而找到更多的局部最优解。Goldberg 在 1987 年提出了基于共享机制的小生境实现方法[ ]。这种实现方法的基本思想是，通过反映个体之间相似程度的共享函数来调整群体中各个体的适应度，从而在以后的群体进化过程中，算法能够根据这个调整后的新适应度来进行选择运算，以维护群体的多样性，创造出小生境的进化环境。

共享函数是表示群体之间关系密切程度的函数，用 $S(d_{ij})$ 表示，其中 d_{ij} 表示个体 i 和 j 之间的某种关系。共享度是某一个体在群体中共享程度的一种度量，定义为该个体与群体内其他个体之间的共享函数之和，即

$$S_i = \sum_{j=1}^{M} S(d_{ij}) \qquad (i = 1,2,\cdots,M) \tag{3.23}$$

计算出群体中各个体的共享度后，依据下式来调整各个个体的适应度：

$$\text{fitness}_i'(X) = \text{fitness}(X)/S_i \qquad (i=1,2,\cdots,M) \tag{3.24}$$

由于每一个体的遗传概率是由其适应度大小来控制，所以这种调整适应度的方法能够限制群体内个别个体的大量增加，从而维护了群体的多样性，并造就了一种小生境的进化环境。

本节采用的小生境遗传算法的基本思想：首先两两比较群体中各个体之间的距离，若这个距离在预先指定的距离 L 内，再比较两者之间适应度大小，并对其中适应度较低的个体施加一个较强的罚函数，降低其适应度。这样，在预先指定的某一距离 L 内的两个个体，其中较差的个体经处理后其适应度变得越差，它在后面的进化过程中被淘汰的概率也就越大。也就是说，在距离 L 内将只有一个优良的个体，维护了群体的多样性，又使得各个体之间保持一定的距离，并使得个体能够在整个约束空间中分散开来，实现了一种小生境算法。

3.2.3.2　算法描述

在给定的融合规则下，多传感器分布式 OS－CFAR 系统的检测概率是一个典型的多峰函数。用于分布式多传感器 OS－CFAR 检测系统优化时的算法描述如下：

1）随机生成初始种群

随机生成含有 M 个染色体的初始群体 $\text{pop}(t) = \{\text{pop}_1(t), \text{pop}_2(t), \cdots, \text{pop}_M(t)\}$，其中 $\text{pop}_i(t)$ 为群体中的第 i 个染色体。令 $t:=1$。第 i 个局部传感器的参数编码采用二进制编码，k_i 的编码长度 $L_i = \lceil \log_2(N_i) \rceil$，其编码记 C_{k_i}。阈值加权系数 T_i，由于是连续的实值变量，所以必须先进行离散化处理，这里选择编码位数为 16 位，相应的编码为 C_{T_i}。将 N 个局部传感器的参数连接起来形成一个染色体，如下所示：

$$\text{pop}_i(t) = C_{k_1}\#C_{T_1}\#C_{k_2}\#C_{T_2}\#\cdots\#C_{k_N}\#C_{T_N} \tag{3.25}$$

式中：#表示将相邻的二进制编码连接成一个二进制序列。

2）计算适应函数

对于群体 $\text{pop}(t)$ 中的每一个染色体 $\text{pop}_i(t)$，计算它的适应函数：

$$f_i = \text{fitness}(\text{pop}_i(t)) \tag{3.26}$$

3）根据适应函数值形成新的种群

按照个体适应函数值大小计算概率：

$$P_i = f_i\left(\sum_{j=1}^{M} f_j\right)^{-1} \quad (i = 1,2,\cdots,M) \tag{3.27}$$

并根据该概率，模拟轮盘赌方法，从 pop(t) 中随机选择一些染色体构成一个新的种群：

$$\text{newpop}(t) = \{\text{pop}_j(t) \mid j = 1,2,\cdots,M\} \tag{3.28}$$

4）变异操作

将 newpop(t) 中的各个体进行随机配对，对 $M/2$ 对个体进行单点交叉操作，得到一个新的群体 crosspop(t)。以较小的概率 $p_c = 0.02$ 使得染色体的一个基因发生变异，形成 mutpop($t+1$)。

5）小生境淘汰运算

将 pop(t) 和 mutpop(t) 组合成一个含有($M+M$)个个体的新群体，并求两两之间的汉明距离。如果该距离小于 1，则对适应度较小的个体赋予适应度惩罚值 10^{-10}。对比较后的($M+M$)个个体依据新的适应度进行降序排列，保留适应度最大的 M 个个体。

6）终止判决

若不满足终止条件，$t := t+1$，则转向 2）。若满足终止条件，则输出最优解，算法结束。

在算法运行过程中，记录每一代的最优解。

3.2.3.3 仿真实验

这里只考虑 AND 融合规则，其检测概率和虚警概率分别为

$$P_F = \prod_{i=1}^{N} P_{fi}$$

$$P_D = \prod_{i=1}^{N} P_{di} = \frac{k_f}{0.01(1-P_d) + P_f} \tag{3.29}$$

式中：k_f 为与虚警概率水平有关的分段加权系数，且有

$$k_f = \begin{cases} 10 & \left(1 < \dfrac{P_f}{P_{f0}}\right) \\ 100 & \left(0.1 < \dfrac{P_f}{P_{f0}} \leqslant 1\right) \\ 10 & \left(\dfrac{P_f}{P_{f0}} \leqslant 0.1\right) \end{cases} \tag{3.30}$$

考虑5个传感器并行分布式信号检测系统。每个传感器采用OS-CFAR检测器。参数设置:各个传感器的参考单元均为{32,16,16,32,16},信杂比为{10,7,10,3,15},整个系统的虚警率为10^{-4},种群规模$M=200$。遗传算法的变异概率为0.02。比较采用搜索到的最佳参数配置时系统的检测概率。算法运行时,每次的起始状态由程序随机生成,算法到100代时终止。

算法仿真结果表明,小生境算法运行20次搜索到的最优解相差不大,20个解均值为0.6514,标准差为0.0066,但每一个最优解所对应的系统参数配置各不相同。这也从另一方面说明分布式OS-CFAR检测系统的参数优化问题是一个多峰函数优化问题。所搜索到的各个传感器的最佳阈值序值为{2,1,1,1,14},最佳阈值加权系数为{0.1947,0.0238,0.1038,0.0146,7.4091},融合中心的检测概率为0.6564。

二元判决是对局部传感器观测信息的最大程度压缩,但这是以牺牲系统的性能为代价的。在设定检测器参数时,全局最优参数的求解是极其复杂的,一般情况下只能采用启发式算法来求取次优解。同时,由于雷达目标通常是非合作的,且非合作目标的信杂比是先验未知的,所以各个传感器观测信号的信杂比是未知的。此时一种可行的方法是认为各个传感器的局部检测器是相同的,融合中心利用“N选k”融合准则融合各个传感器的判决结果。

随着通信系统性能的提高,局部传感器可以向融合中心传递更多的信息,基于局部检测统计量的分布式信号检测算法应运而生。它不仅能够携带更多的信息,而且大大简化了系统的优化设计工作。

3.3 多传感器CFAR检测在NP意义上的最优形式

只考虑并行结构的分布式CFAR检测器。检测器根据观测信号做出目标有无的二元判决,信号模型为

$$\begin{cases} H_1: & X_i = |s_i + c_i| \\ H_0: & X_i = |c_i| \end{cases} \quad (i=1,2,\cdots,N) \tag{3.31}$$

式中:s_i为传感器i接收到的目标回波信号;c_i为杂波回波;X_i为检测单元回波包络。

N个局部处理器的检测单元采样构成矢量$\boldsymbol{X}=[X_1,X_2,\cdots,X_N]$,$\boldsymbol{X}$的各分量之间可以是相关的。设在第$i$个传感器的局部处理器$\mathrm{LP}_i(i=1,\cdots,N)$中,由$N_i$个参考单元采样构成集合$\boldsymbol{Y}_i=\{Y_{i1},Y_{i2},\cdots,Y_{iN_i}\}$,并由$\boldsymbol{Y}_i$根据特定的CFAR算法形成$\mathrm{LP}_i$的背景杂波功率水平估计$Z_i$。当传感器$i$单独检测时,检测器结构如下:

$$u_i=\begin{cases}1 & (X_i\geqslant T_iZ_i)\\0 & (X_i<T_iZ_i)\end{cases}\tag{3.32}$$

因此,检测器将传感器 i 的观测空间分成了互补的两个部分,即接受域 Γ_0^i 和拒绝域 Γ_1^i,且有

$$\Gamma_0^i=\{X_i\mid X_i<T_iZ_i\}\tag{3.33}$$

$$\Gamma_1^i=\{X_i\mid X_i\geqslant T_iZ_i\}\tag{3.34}$$

令 $\boldsymbol{Z}=[Z_1,Z_2,\cdots,Z_N]$表示各个传感器背景杂波功率水平估计值构成的向量。假设 $\boldsymbol{Y}_i$和 $\boldsymbol{Y}_j(i\neq j)$之间是统计独立的,因此 Z_i 和 $Z_j(i\neq j)$之间是统计独立的。于是有

$$f_{\boldsymbol{Z}}(\boldsymbol{Z})=p(Z_1,Z_2,\cdots,Z_N)=\prod_{k=1}^{N}p(Z_k)\tag{3.35}$$

NP 意义上的最优化是将总的虚警概率 P_{F} 限定在某一可以接受的水平 P_{FA},寻求使检测概率 P_{D} 最大化(等价于漏报概率 P_{M}最小化)的检测策略。

在本节中,如无特殊说明,令 P_{FA}代表融合中心允许的虚警概率的最大值。

假设观测信号的概率密度函数不包含点质量,那么最优局部处理和最优融合准则均不需要随机化检验[70],所以对于 H_1对 H_0的二元假设检验,待检测信号的值域总可以分成两个互补的区间,即接受域(接受假设 H_0成立)和拒绝域(拒绝假设 H_0成立)。令 Γ_0、Γ_1分别表示 $\boldsymbol{X}$ 的接受域和拒绝域(对于 CFAR 检测,Γ_0和 Γ_1间的边界是 $\boldsymbol{Z}$ 的函数,由于 $\boldsymbol{X}$ 的各分量之间可能是相关的,该边界也可能是 $\boldsymbol{X}$ 的函数)。于是,无论采用局部二元量化,还是采用局部多元量化,分布式 CFAR 检测利用 NP 准则进行优化的目标函数均可以表示为

$$\begin{aligned}J&=P_M+\varepsilon[P_{\mathrm{F}}-P_{\mathrm{FA}}]\\&=\int_{\Delta}\left[\int_{\Gamma_0}p(\boldsymbol{X}\mid\boldsymbol{Z},\mathrm{H}_1)\,\mathrm{d}\boldsymbol{X}\right]p(Z)\,\mathrm{d}\boldsymbol{Z}+\\&\quad\varepsilon\left[\int_{\Delta}\left[\int_{\Gamma_1}p(\boldsymbol{X}\mid\boldsymbol{Z},\mathrm{H}_0)\,\mathrm{d}\boldsymbol{X}\right]p(\boldsymbol{Z})\,\mathrm{d}\boldsymbol{Z}-P_{\mathrm{FA}}\right]\\&=\varepsilon(1-P_{\mathrm{FA}})+\int_{\Delta}\int_{\Gamma_0}[p(\boldsymbol{X}\mid\boldsymbol{Z},\mathrm{H}_1)-\varepsilon p(\boldsymbol{X}\mid\boldsymbol{Z},\mathrm{H}_0)]\,\mathrm{d}\boldsymbol{X}p(Z)\,\mathrm{d}\boldsymbol{Z}\end{aligned}\tag{3.36}$$

式中:ε 为拉格朗日乘子;$p(\boldsymbol{X}\mid\boldsymbol{Z},\mathrm{H}_i)$为 $\boldsymbol{X}$ 在 $\mathrm{H}_i(i=0,1)$成立以及 $\boldsymbol{Z}$ 已知条件下的条件概率密度函数;Δ 为 $\boldsymbol{Z}$ 的值域;$p(\boldsymbol{Z})$为 $\boldsymbol{Z}$ 的概率密度函数。

为了考虑 $\boldsymbol{X}$ 各分量间的相关性,将 $\boldsymbol{X}$ 的条件概率密度函数做如下分解:

$$\begin{aligned}p(\boldsymbol{X}\mid\boldsymbol{Z},\mathrm{H}_i)&=f_{\boldsymbol{Z},i}(X_1)f_{\boldsymbol{Z},i}(X_2\mid X_1)\cdots f_{\boldsymbol{Z},i}(X_N\mid X_1,X_2,\cdots,X_{N-1})\\&=\prod_{k=1}^{N}f_{\boldsymbol{Z},i}(X_k\mid\tilde{\boldsymbol{X}}_k)\end{aligned}\tag{3.37}$$

式中

$$f_{\boldsymbol{Z},i}(X_k\mid X_1,X_2,\cdots,X_{k-1})=p(X_k\mid X_1,X_2,\cdots,X_{k-1},Z,\mathrm{H}_i)$$

$$= p(X_k \mid X_1, X_2, \cdots, X_{k-1}, \mathrm{H}_i) \tag{3.38}$$

$$\widetilde{\boldsymbol{X}}_k = [X_1, \cdots, X_{k-1}] \quad (k = 2, \cdots, N) \tag{3.39}$$

同时,令 $\widetilde{\Gamma}_k$、Γ_k分别表示 $\widetilde{\boldsymbol{X}}_k$和 X_k的接受域,式(3.36)的积分部分为

$$\begin{aligned}
&\int_\Delta \int_{\Gamma_0} [p(\boldsymbol{X} \mid \boldsymbol{Z}, \mathrm{H}_1) - \varepsilon p(\boldsymbol{X} \mid \boldsymbol{Z}, \mathrm{H}_0)] \mathrm{d}\boldsymbol{X} p(\boldsymbol{Z}) \mathrm{d}\boldsymbol{Z} \\
&= \int_\Delta \int_{\Gamma_0} [p(\boldsymbol{X} \mid \mathrm{H}_1) - \varepsilon p(\boldsymbol{X} \mid \mathrm{H}_0)] \mathrm{d}\boldsymbol{X} p(\boldsymbol{Z}) \mathrm{d}\boldsymbol{Z} \\
&= \int_\Delta \int_{\Gamma_0} \left[p(X_1 \mid \mathrm{H}_1) \prod_{k=2}^{N} p(X_k \mid \widetilde{\boldsymbol{X}}_k, \mathrm{H}_1) - \varepsilon p(X_1 \mid \mathrm{H}_0) \prod_{k=2}^{N} p(X_k \mid \widetilde{\boldsymbol{X}}_k, \mathrm{H}_0) \right] \\
&\quad \times \left[\prod_{k=1}^{N} p(Z_k) \right] \mathrm{d}\boldsymbol{X} \mathrm{d}\boldsymbol{Z}
\end{aligned} \tag{3.40}$$

对于 $a \in \{0,1\}$,有

$$\begin{aligned}
&\int_\Delta \int_{\Gamma_0} p(X_1 \mid \mathrm{H}_a) \prod_{i=2}^{N} p(X_i \mid \widetilde{\boldsymbol{X}}_i, \mathrm{H}_a) \prod_{i=1}^{N} p(Z_i) \mathrm{d}\boldsymbol{X} \mathrm{d}\boldsymbol{Z} \\
&= \int_\Delta \int_{\Gamma_0} p(X_1 \mid \mathrm{H}_a) \prod_{i=2}^{N-1} p(X_i \mid \widetilde{\boldsymbol{X}}_i, \mathrm{H}_a) p(X_N \mid \widetilde{\boldsymbol{X}}_N, \mathrm{H}_a) \prod_{i=1}^{N-1} p(Z_i) p(Z_N) \mathrm{d}\boldsymbol{X} \mathrm{d}\boldsymbol{Z} \\
&= \int_{\widetilde{\Delta}_N} \int_{\widetilde{\Gamma}_N} p(X_1 \mid \mathrm{H}_a) \prod_{i=2}^{N-1} p(X_i \mid \widetilde{\boldsymbol{X}}_i, \mathrm{H}_a) \prod_{i=1}^{N-1} p(Z_i) \\
&\quad \cdot \left[\int_{\Delta_N} \left[\int_{\Gamma_N(\widetilde{\boldsymbol{X}}_N, Z_N)} p(X_i \mid \widetilde{\boldsymbol{X}}_i, H_a) \mathrm{d}X_N \right] p(Z_N) \mathrm{d}Z_N \right] \mathrm{d}\widetilde{\boldsymbol{X}}_N \mathrm{d}\widetilde{\boldsymbol{Z}}_N
\end{aligned} \tag{3.41}$$

式中:$\widetilde{\boldsymbol{Z}}_k = [Z_1, Z_2, \cdots, Z_{k-1}]\ (k = 2, \cdots, N)$;$\widetilde{\boldsymbol{\Delta}}_k$为 $\widetilde{\boldsymbol{Z}}_k$的值域;$\boldsymbol{\Delta}_k$为 Z_k的值域;$\Gamma_k(\widetilde{\boldsymbol{X}}_k, Z_k)$表示 X_k的判决域边界为 $\widetilde{\boldsymbol{X}}_k$和 Z_k的函数。

引理 3.1　存在随机变量 S_N使式(3.42)成立。

$$\int_{\Delta_N} \left[\int_{\Gamma_N(\widetilde{\boldsymbol{X}}_N, Z_N)} p(X_N \mid \widetilde{\boldsymbol{X}}_N, \mathrm{H}_a) \mathrm{d}X_N \right] p(Z_N) \mathrm{d}Z_N = \int_{\Theta_{0N}(\widetilde{\boldsymbol{X}}_N)} p(S_N \mid \widetilde{\boldsymbol{X}}_N, \mathrm{H}_a) \mathrm{d}S_N \tag{3.42}$$

式中:Θ_{0N}为 S_N的接受域;$\Theta_{0N}(\widetilde{\boldsymbol{X}}_N)$表示 S_N的判决域边界为 $\widetilde{\boldsymbol{X}}_N$的函数。

证明:各个传感器观测信号 X_i之间存在相关性使得 T_i与 $\widetilde{\boldsymbol{X}}_i$也有关系,相应地调整 Γ_0^i和 Γ_1^i的大小。若令 $S_N = \dfrac{X_N}{Z_N}$,则有

$$\begin{aligned}
&\int_{\Delta_N} \left[\int_{\Gamma_N(\widetilde{\boldsymbol{X}}_N, Z_N)} p(X_N \mid \widetilde{\boldsymbol{X}}_N, \mathrm{H}_a) \mathrm{d}X_N \right] p(Z_N) \mathrm{d}Z_N = \Pr(X_N \geqslant T_N(\widetilde{\boldsymbol{X}}_N) Z_N) \\
&= \Pr\left(\frac{X_N}{Z_N} \geqslant T_N(\widetilde{\boldsymbol{X}}_N) \right) = \Pr(S_N \geqslant T_N(\widetilde{\boldsymbol{X}}_N))
\end{aligned}$$

所以,S_N的判定域边界为 $\tilde{\boldsymbol{X}}_N$的函数。用 Θ_{0N}表示 S_N的接受域,用$p(S_N \mid \tilde{\boldsymbol{X}}_N, \mathrm{H}_a)$表示给定 $\tilde{\boldsymbol{X}}_N$时 S_N的条件概率密度函数,则有

$$\Pr(S_N \geqslant T_N(\tilde{\boldsymbol{X}}_N)) = \int_{\Theta_{0N}(\tilde{\boldsymbol{X}}_N)} p(S_N \mid \tilde{\boldsymbol{X}}_N, \mathrm{H}_a) \mathrm{d}S_N$$

综上所述,式(3.42)成立。

根据引理3.1,式(3.41)变为

$$\int_{\tilde{\Delta}_N}\int_{\tilde{\Gamma}_N} p(X_1 \mid \mathrm{H}_a)\prod_{i=2}^{N-1} p(\boldsymbol{X}_i \mid \tilde{X}_i, \mathrm{H}_a)\prod_{i=1}^{N-1} p(Z_i)$$
$$\left[\int_{\Theta_{0N}(\tilde{\boldsymbol{X}}_N)} p(S_N \mid \tilde{\boldsymbol{X}}_N, \mathrm{H}_a)\mathrm{d}S_N\right]\mathrm{d}\tilde{\boldsymbol{X}}_N \mathrm{d}\tilde{\boldsymbol{Z}}_N$$
$$=\int_{\tilde{\Delta}_{N-1}}\int_{\tilde{\Gamma}_{N-1}} p(X_1 \mid \mathrm{H}_a)\prod_{i=2}^{N-2} p(X_i \mid \tilde{\boldsymbol{X}}_i, \mathrm{H}_a)\prod_{i=1}^{N-2} p(Z_i)\left\{\int_{\Delta_{N-1}}\left[\int_{\Gamma_{N-1}(\tilde{\boldsymbol{X}}_{N-1}, Z_{N-1})}\right.\right.$$
$$\left.\left.\int_{\Theta_{0N}(\tilde{\boldsymbol{X}}_N)} p(X_{N-1}, S_N \mid \tilde{\boldsymbol{X}}_{N-1}, \mathrm{H}_a)\mathrm{d}S_N \mathrm{d}X_{N-1}\right] p(Z_{N-1})\mathrm{d}Z_{N-1}\right\}\mathrm{d}\tilde{\boldsymbol{X}}_{N-1}\mathrm{d}\tilde{\boldsymbol{Z}}_{N-1} \tag{3.43}$$

引理3.2 存在随机变量 S_{N-1}使式(3.44)成立。

$$\int_{\Delta_{N-1}}\left[\int_{\Gamma_{N-1}(\tilde{\boldsymbol{X}}_{N-1})}\int_{\Theta_{0N}(\tilde{\boldsymbol{X}}_N)} p(X_{N-1}, S_N \mid \tilde{\boldsymbol{X}}_{N-1}, \mathrm{H}_a)\mathrm{d}S_N \mathrm{d}X_{N-1}\right] p(Z_{N-1})\mathrm{d}Z_{N-1}$$
$$=\int_{\Theta_{0(N-1)}(\tilde{\boldsymbol{X}}_{N-1})}\int_{\Theta_{0N}(\tilde{\boldsymbol{X}}_{N-1}, S_{N-1})} p(X_{N-1}, S_N \mid \tilde{\boldsymbol{X}}_{N-1}, \mathrm{H}_a)\mathrm{d}S_N \mathrm{d}S_{N-1} \tag{3.44}$$

用与证明引理3.1类似的方法可以证明引理3.2。

根据引理3.2,由式(3.43)可得

$$\int_{\tilde{\Delta}_{N-1}}\int_{\tilde{\Gamma}_{N-1}} p(X_1 \mid \mathrm{H}_a)\prod_{i=2}^{N-2} p(X_i \mid \tilde{\boldsymbol{X}}_i, \mathrm{H}_a)\prod_{i=1}^{N-2} p(Z_i)$$
$$\left[\int_{\Theta_{0(N-1)}(\tilde{\boldsymbol{X}}_{N-1})}\int_{\Theta_N(\tilde{\boldsymbol{X}}_{N-1}, S_{N-1})} p(S_{N-1}, S_N \mid \tilde{\boldsymbol{X}}_{N-1}, \mathrm{H}_a)\mathrm{d}S_N \mathrm{d}S_{N-1}\right]\mathrm{d}\tilde{\boldsymbol{X}}_{N-1}\mathrm{d}\tilde{\boldsymbol{Z}}_{N-1}$$
$$=\int_{\tilde{\Delta}_{N-2}}\int_{\tilde{\Gamma}_{N-2}} p(X_1 \mid \mathrm{H}_a)\prod_{i=2}^{N-3} p(X_i \mid \tilde{\boldsymbol{X}}_i, \mathrm{H}_a)\prod_{i=1}^{N-3} p(Z_i)\left\{\int_{\Delta_{N-2}}\left[\int_{\Gamma_{N-2}(\tilde{\boldsymbol{X}}_{N-2})}\int_{\Theta_{0(N-1)}(\tilde{\boldsymbol{X}}_{N-1})}\right.\right.$$
$$\int_{\Theta_{0N}(\tilde{\boldsymbol{X}}_{N-1}, S_{N-1})} p(X_{N-2}, S_{N-1}, S_N \mid \tilde{\boldsymbol{X}}_{N-2}, \mathrm{H}_a)$$
$$\left.\left.\mathrm{d}S_N \mathrm{d}S_{N-1}\mathrm{d}X_{N-2}\right] p(Z_{N-2})\mathrm{d}Z_{N-2}\right\}\mathrm{d}\tilde{\boldsymbol{X}}_{N-2}\mathrm{d}\tilde{\boldsymbol{Z}}_{N-2} \tag{3.45}$$

以此类推,式(3.41)可演变为

$$
\begin{aligned}
&\int_{\Delta}\int_{\Gamma_0} p(X_1 \mid \mathrm{H}_a) \prod_{i=2}^{N} p(X_i \mid \tilde{\boldsymbol{X}}_i, \mathrm{H}_a) \prod_{i=1}^{N} p(Z_i)\, \mathrm{d}\boldsymbol{X} \mathrm{d}\boldsymbol{Z} \\
&= \int_{\Theta_{01}} \int_{\Theta_{02}(\tilde{S}_2)} \cdots \int_{\Theta_{0(N-1)}(\tilde{S}_{N-1})} \int_{\Theta_{0N}(\tilde{S}_N)} p(S_1, \cdots, S_{N-1}, S_N \mid \mathrm{H}_a)\, \mathrm{d}S_N \mathrm{d}S_{N-1} \cdots \mathrm{d}S_2 \mathrm{d}S_1
\end{aligned}
\tag{3.46}
$$

式中: $\tilde{\boldsymbol{S}}_k = [S_1, S_2, \cdots, S_{k-1}]$。将式(3.46)简记为 $\int_{\Theta_0} f_a(\boldsymbol{S})\, \mathrm{d}\boldsymbol{S}$, 其中 $\boldsymbol{S} = [S_1, S_2, \cdots, S_N]$, Θ_a 表示接受 H_a 成立时 $\boldsymbol{S}$ 的值域。目标函数 J 经化简可得

$$
J = \varepsilon(1 - P_{\mathrm{FA}}) + \int_{\Theta_0} [f_1(\boldsymbol{S}) - \varepsilon f_0(\boldsymbol{S})]\, \mathrm{d}\boldsymbol{S} \tag{3.47}
$$

在雷达的量化位数较小时,数字化后的雷达观测信号是有可能包含点质量的,随着量化位数的增加,可以假设局部观测的概率不包含点质量。在此假设下,最优的局部处理和融合准则都是确定性的,不包含随机化检验[70]。于是,使目标函数 J 最小化的检验应该是如下的确定性似然比检验:

$$
\Lambda(\boldsymbol{S}) = \frac{p(\boldsymbol{S} \mid \mathrm{H}_1)}{p(\boldsymbol{S} \mid \mathrm{H}_0)} = \frac{p(S_1, S_2, \cdots, S_N \mid \mathrm{H}_1)}{p(S_1, S_2 \cdots, S_N \mid \mathrm{H}_0)} \underset{\mathrm{H}_0}{\overset{\mathrm{H}_1}{\gtrless}} \varepsilon \tag{3.48}
$$

式中: ε 应满足限制条件

$$
P_{\mathrm{F}} = \int_{\Theta_1} p(\boldsymbol{S} \mid \mathrm{H}_0)\, \mathrm{d}\boldsymbol{S} = \int_{\varepsilon}^{\infty} p(\Lambda \mid \mathrm{H}_0)\, \mathrm{d}\Lambda = P_{\mathrm{FA}} \tag{3.49}
$$

若各个传感器的观测信号是彼此独立的,则有

$$
p(S \mid \mathrm{H}_a) = \prod_{k=1}^{N} p(S_k \mid \mathrm{H}_a) \tag{3.50}
$$

此时,如果局部传感器向融合中心传递 S_k,则分布式检测具有与集中式检测相同的性能。集中式也就无必要检测。这也是研究分布式检测的一个动因。

若各个传感器的观测信号是相关的,在相关性已知的前提下,局部处理器可以向融合中心传递 S_k。融合中心利用它们之间的相关性设置阈值,进行统计判决。

总之,无论各个传感器的观测信号是否独立,都可以在局部传感器进行压缩性预处理,之后送到融合中心进行融合、统计判决。

3.4　R 类分布式信号检测方案

在 R 类分布式信号检测方案中,局部检测统计量定义如下:

$$R_i = \frac{x_i}{z_i} \tag{3.51}$$

式中:x_i为第 i 个局部传感器检测单元的观测样本;z_i为由相应的 CFAR 策略所形成的背景杂波功率水平估计,它可以利用各种传统 CFAR 方法获得,如 CA、OS 等。

各局部传感器将 R_i传递到融合中心,在融合中心完成如下判决:

$$\sum_{i=1}^{N} R_i \underset{H_0 \text{ 成立}}{\overset{H_1 \text{ 成立}}{\gtrless}} T \tag{3.52}$$

T 可根据检测器所允许的虚警概率以及背景杂波特性获得,这里采用的融合规则是求和融合(SUM)。

下面讨论利用 CA－CFAR 和 OS－CFAR 算法产生 Z_i的 R 类局部检测统计量,相应的 R 类局部检测统计量分别用 CA－R 和 OS－R 表示。因此,CA－R 的 Z_i为

$$Z_i = \sum_{j=1}^{N_i} Y_{ij} \tag{3.53}$$

OS－R 的 Z_i为

$$Z_i = Y_{i(k_i)} \tag{3.54}$$

式中:$Y_{i(k_i)}$为对 $Y_{ij}(j=1,\cdots,N_i)$进行由小到大排序得到的第 k_i个样值;k_i为 LP_i的 OS 算法序值,也称为单站序值。

在瑞利包络杂波中,平方律检波的输出包络服从为指数分布。对于 Swerling Ⅱ目标,检测单元采样的概率密度函数为

$$f_{X_i}(x) = \frac{1}{\mu_i(1+\lambda_i)}\exp\left[-\frac{x}{\mu_i(1+\lambda_i)}\right] \quad (x \geqslant 0) \tag{3.55}$$

式中:λ_i为 LP_i的信杂比;μ_i为 LP_i的背景杂波功率。

设 Y_{ik}为 LP_i中只包含杂波的参考单元采样,则其概率密度函数和累积分布函数分别为

$$f_{Y_{ik}}(y) = \frac{1}{\mu_i}\exp\left(-\frac{y}{\mu_i}\right) \quad (y \geqslant 0) \tag{3.56}$$

$$F_{Y_{ik}}(y) = 1 - \exp\left(-\frac{y}{\mu_i}\right) \quad (y \geqslant 0) \tag{3.57}$$

设 Y_{im}为 LP_i包含强干扰的参考单元采样,则其概率密度函数和累积分布函数分别为

$$f_{Y_{im}}(y) = \frac{1}{\mu_i(1+\beta_i)}\exp\left[-\frac{y}{\mu_i(1+\beta_i)}\right] \quad (y \geqslant 0) \tag{3.58}$$

$$F_{Y_{im}}(y)=1-\exp\left[-\frac{y}{\mu_i(1+\beta_i)}\right]\qquad(y\geqslant 0)\tag{3.59}$$

式中:β_i为强干扰与杂波的平均功率之比。假设每个局部处理器的所有分辨单元采样间是统计独立的,并且各传感器观测间也是统计独立的。

3.4.1 CA - R 的统计特性

对于 R 类局部检测统计量,其概率分布函数为

$$F_{S_i}(y_i)=\Pr(S_i<y_i)=1-\Pr\left(\frac{X_i}{Z_i}\geqslant y_i\right)=1-\Pr(X_i\geqslant y_iZ_i)\tag{3.60}$$

式中

$$\begin{aligned}\Pr[X_i\geqslant y_iZ_i]&=\int_0^\infty\left[\int_{y_iz_i}^\infty f_{X_i}(x)\,\mathrm{d}x\right]f_{Z_i}(z_i)\,\mathrm{d}z_i\\&=\int_0^\infty f_{Z_i}(z_i)\exp\left[-\frac{y_i}{\mu_i(1+\lambda_i)}z_i\right]\mathrm{d}z_i\\&=\Phi_{Z_i}(u)\Big|_{u=\frac{y_i}{\mu_i(1+\lambda_i)}}\end{aligned}\tag{3.61}$$

式中:$\Phi_{Z_i}(u)$为 Z_i的特征函数。

对于 CA - R,杂波功率水平估计 Z_i由 CA 方法产生,如式(3.53)所示。根据参考单元采样间的统计独立性假设,可得如下的同时适用于均匀杂波背景和非均匀杂波背景的 Z_i的特征函数:

$$\Phi_{Z_i}(u)=[1+u\mu_i(1+\beta_i)]^{-m_i}(1+\mu_iu)^{-N_i+m_i}\tag{3.62}$$

在多目标环境中 m_i 代表干扰目标数,在杂波边缘环境中 m_i代表强杂波单元数。于是,CA - R 的 S_i的累积分布函数为

$$F_{S_i}(y_i)=1-\left(1+y_i\frac{1+\beta_i}{1+\lambda_i}\right)^{-m_i}\left(1+\frac{y_i}{1+\lambda_i}\right)^{-N_i+m_i}\qquad(y_i>0)\tag{3.63}$$

概率密度函数为

$$f_{S_i}(y_i)=\frac{m_i(1+\beta_i)/(1+\lambda_i)}{\left(1+y_i\frac{1+\beta_i}{1+\lambda_i}\right)^{m_i+1}\left(1+\frac{y_i}{1+\lambda_i}\right)^{N_i-m_i}}+\frac{(N_i-m_i)/(1+\lambda_i)}{\left(1+y_i\frac{1+\beta_i}{1+\lambda_i}\right)^{m_i}\left(1+\frac{y_i}{1+\lambda_i}\right)^{N_i-m_i+1}}\tag{3.64}$$

在均匀杂波背景中,S_i的累积分布函数可以通过令

$$F_{S_i}(y_i)=1-\left(1+y_i\frac{1+\beta_i}{1+\lambda_i}\right)^{-m_i}\left(1+\frac{y_i}{1+\lambda_i}\right)^{-(N_i-m_i)}\tag{3.65}$$

或 $m_i=0$ 得到。由式(3.63)和式(3.64)可知,S_i的统计特性与 μ_i无关。因此,CA - R 局部检测统计量是 CFAR 的。

3.4.2 OS－R 的统计特性

对于 OS－R，杂波功率水平估计 Z_i 由 OS 方法产生，Z_i 的概率密度函数为

$$f_{Z_i}(z_i)=H_i[N_i,k_i;m_i,\beta_i;w_i(z_i)] \qquad (z_i>0) \tag{3.66}$$

式中

$$H_i[N_i,k_i;m_i,\beta_i;w_i(z_i)] = \sum_{i_1=k_i}^{N_i}\sum_{i_2=\max(0,i_1-m_i)}^{\min(i_1,N_i-m_i)}\binom{N_i-m_i}{i_2}\binom{m_i}{i_1-i_2}\sum_{j_1=0}^{i_2}\binom{i_2}{j_1}(-1)^{j_1}\sum_{j_2=0}^{i_1-i_2}\binom{i_1-i_2}{j_2}(-1)^{j_2}w_i(z_i) \tag{3.67}$$

$$w_i(z_i) = -\frac{a_i}{\mu_i}\exp\left(-\frac{a_i z_i}{\mu_i}\right) \tag{3.68}$$

$$a_i=j_1+N_i-m_i-i_2+(j_2+m_i-i_1+i_2)/(1+\beta_i) \tag{3.69}$$

在多目标环境中 m_i 代表干扰目标数，在杂波边缘环境中 m_i 代表强杂波单元数。在均匀杂波背景中，Z_i 的概率密度函数可以通过令 $\beta_i=0$ 或 $m_i=0$ 得到。Z_i 的特征函数为

$$\Phi_{Z_i}(u)=H_i\left(N_i,k_i;m_i,\beta_i;\frac{-1}{1+u\mu_i/a_i}\right) \tag{3.70}$$

S_i 的概率分布函数为

$$F_{S_i}(y_i)=1+H_i\left(N_i,k_i;m_i,\beta_i;\frac{a_i(1+\lambda_i)}{y_i+a_i(1+\lambda_i)}\right) \tag{3.71}$$

S_i 的概率密度函数为

$$f_{S_i}(y_i)=H_i(N_i,k_i;m_i,\beta_i;q_i(y_i)) \tag{3.72}$$

式中

$$q_i(y_i) = -\frac{a_i(1+\lambda_i)}{[y_i+a_i(1+\lambda_i)]^2} \tag{3.73}$$

由式(3.70)和式(3.71)可知，S_i 的统计特性与 μ_i 无关。因此，OS－R 是 CFAR 的。

3.5 S 类分布式信号检测方案

S 类局部检测统计量定义如下：

$$S_i=X_i-TZ_i \tag{3.74}$$

融合中心做如下检测：

$$\sum_{i=1}^{N} S_i \underset{H_0 \text{ 成立}}{\overset{H_1 \text{ 成立}}{\gtrless}} \tag{3.75}$$

式中：X_i 与 Z_i 的定义与 R 类相同；T 根据所要求的虚警概率设定。

3.5.1　CA－S 的统计特性

对于 S 类方案，式(3.74)定义的 $S_i(i=1,\cdots,N)$ 的累积分布函数为

$$\boldsymbol{F}_{S_i}(y_i)=\Pr[S_i<y_i]=1-\Pr[X_i-TZ_i\geqslant y_i] \tag{3.76}$$

令 $Z_i'=TZ_i$，则 Z_i' 的特征函数为

$$\boldsymbol{\Phi}_{Z_i'}(u)=\int_0^{\infty} f_{Z_i'}(z_i')\exp(-uz_i')\mathrm{d}z_i'=\int_0^{\infty} f_{Z_i}(z_i)\exp(-uTz_i)\mathrm{d}z_i=\boldsymbol{\Phi}_{Z_i}(Tu) \tag{3.77}$$

在以 CA 为局部处理器的方案中，杂波功率水平估计 Z_i 由 CA 方法产生，因此有

$$\begin{aligned}\boldsymbol{\Phi}_{Z_i'}(u) &= [1+Tu\mu_i(1+\beta_i)]^{-m_i}(1+Tu\mu_i)^{-N_i+m_i}\\ &= \sum_{n_1=1}^{m_i}\frac{A_{i,n_1}}{[1+Tu\mu_i(1+\beta_i)]^{n_1}}+\sum_{n_2=1}^{N_i-m_i}\frac{B_{i,n_2}}{(1+Tu\mu_i)^{n_2}}\end{aligned} \tag{3.78}$$

式中

$$A_{i,n_1}=\frac{(1+\beta_i)^{-(m_i-n_1)}}{(m_i-n_1)!}\left\{\frac{\mathrm{d}^{m_i-n_1}}{\mathrm{d}u^{m_i-n_1}}\left[\frac{1}{(1+u)^{N_i-m_i}}\right]\right\}\Bigg|_{u=-\frac{1}{1+\beta_i}} \tag{3.79}$$

$$B_{i,n_2}=\frac{1}{(N_i-m_i-n_2)!}\left\{\frac{\mathrm{d}^{N_i-m_i-n_2}}{\mathrm{d}u^{N_i-m_i-n_2}}\left[\frac{1}{(1+u(1+\beta_i))^{m_i}}\right]\right\}\Bigg|_{u=-1} \tag{3.80}$$

则 Z_i' 的概率密度函数为

$$f_{Z_i'}(z)=\sum_{n_1=1}^{m_i}A_{i,n_1}g\left[n_1,\frac{1}{T\mu_i(1+\beta_i)};z\right]+\sum_{n_2=1}^{N_i-m_i}B_{i,n_2}g\left(n_2,\frac{1}{T\mu_i};z\right)\quad(z>0) \tag{3.81}$$

式中：$g(n,\alpha;z)$ 为自由度 n、参数 α 的 Γ 分布。

当 $y_i>0$ 时，有

$$\Pr(X_i-TZ_i\geqslant y_i)=\int_0^{+\infty}\left[\int_{y_i+z}^{\infty} f_{X_i}(x)\mathrm{d}x\right]f_{Z_i'}(z)\mathrm{d}z \tag{3.82}$$

式中

$$\int_0^{+\infty}\left[\int_{y_i+z}^{\infty} f_{X_i}(x)\,\mathrm{d}x\right] g(n,\alpha;z)\,\mathrm{d}z$$

$$= \exp\left[-\frac{y_i}{\mu_i(1+\lambda_i)}\right]\frac{\alpha^n}{\Gamma(n)}\int_0^{+\infty} z^{n-1}\exp\left[-\left(\alpha+\frac{1}{\mu_i(1+\lambda_i)}\right)z\right]\mathrm{d}z$$

$$= \exp\left[-\frac{y_i}{\mu_i(1+\lambda_i)}\right]\left[\frac{\alpha\mu_i(1+\lambda_i)}{1+\alpha\mu_i(1+\lambda_i)}\right]^n \tag{3.83}$$

经推导可得,CA－S 在 $y_i>0$ 时的累积分布函数为

$$F_{S_i}(y_i)=1-g_i\exp\left(-\frac{y_i}{\mu_i(1+\lambda_i)}\right) \tag{3.84}$$

其概率密度函数为

$$f_{S_i}(y_i)=\frac{g_i}{\mu_i(1+\lambda_i)}\exp\left(-\frac{y_i}{\mu_i(1+\lambda_i)}\right) \tag{3.85}$$

式中

$$g_i=\sum_{n_1=1}^{m_i}\frac{A_{i,n_1}}{\left[1+\frac{T(1+\beta_i)}{1+\lambda_i}\right]^{n_1}}+\sum_{n_2=1}^{N_i-m_i}\frac{B_{i,n_2}}{\left[1+\frac{T}{1+\lambda_i}\right]^{n_2}} \tag{3.86}$$

当 $y_i<0$ 时,有

$$\Pr(X_i-TZ_i\leqslant y_i)=\int_{-y_i}^{+\infty}\int_0^{y_i+z} f_{X_i}(x)\,\mathrm{d}x f_{Z_i'}(z)\,\mathrm{d}z \tag{3.87}$$

式中

$$\int_{-y_i}^{+\infty}\left[\int_0^{y_i+z} f_{X_i}(x)\,\mathrm{d}x\right] g(n,\alpha;z)\,\mathrm{d}z$$

$$=\int_{-y_i}^{+\infty}\left[1-\exp\left(-\frac{y_i+z}{\mu_i(1+\lambda_i)}\right)\right]\frac{\alpha^n}{\Gamma(n)}z^{n-1}\exp(-\alpha z)\,\mathrm{d}z$$

$$=-\exp(\alpha y_i)\sum_{j=0}^{n-1}\frac{(-1)^{j+1}}{\Gamma(j+1)}\left[\alpha^j-\left[\frac{\alpha\mu_i(1+\lambda_i)}{1+\alpha\mu_i(1+\lambda_i)}\right]^n\left[\alpha+\frac{1}{\mu_i(1+\lambda_i)}\right]^j\right]y_i^j \tag{3.88}$$

于是,CA－S 在 $y_i<0$ 时的累积分布函数为

$$F_{S_i}(y_i)=\exp\left[\frac{y_i}{T\mu_i(1+\beta_i)}\right]\times$$

$$\sum_{n_1=1}^{m_i}\left\{A_{i,n_1}\sum_{j=0}^{n_1-1}\frac{(-1)^j}{\Gamma(j+1)}\left[1-\left(1+\frac{T(1+\beta_i)}{1+\lambda_i}\right)^{j-n_1}\right]\left(\frac{y_i}{T\mu_i(1+\beta_i)}\right)^j\right\}+$$

$$\exp\left(\frac{y_i}{T\mu_i}\right)\sum_{n_2=1}^{N_i-m_i}B_{i,n_2}\sum_{j=0}^{n_2-1}\frac{(-1)^j}{\Gamma(j+1)}\left[1-\left(1+\frac{T}{1+\lambda_i}\right)^{j-n_2}\right]\left(\frac{y_i}{T\mu_i}\right)^j \tag{3.89}$$

其概率密度函数为

$$
\begin{aligned}
f_{S_i}(y_i) &= \exp\left[\frac{y_i}{T\mu_i(1+\beta_i)}\right] \times \\
&\sum_{n_1=1}^{m_i}\left\{A_{i,n_1}\sum_{j=0}^{n_1-1}\frac{(-1)^j}{\Gamma(j+1)}\left[1-\left(1+\frac{T(1+\beta_i)}{1+\lambda_i}\right)^{j-n_1}\right]\frac{y_i^j}{[T\mu_i(1+\beta_i)]^{j+1}}\right\}+ \\
&\exp\left[\frac{y_i}{T\mu_i(1+\beta_i)}\right] \\
\sum_{n_1=1}^{m_i}&\left\{A_{i,n_1}\sum_{j=0}^{n_1-1}\frac{(-1)^j}{\Gamma(j)}\left[1-\left(1+\frac{T(1+\beta_i)}{1+\lambda_i}\right)^{j-n_1}\right]\frac{y_i^{j-1}}{[T\mu_i(1+\beta_i)]^{j}}\right\}+ \\
&\exp\left(\frac{y_i}{T\mu_i}\right)\sum_{n_2=1}^{N_i-m_i}\left\{B_{i,n_2}\sum_{j=0}^{n_2-1}\frac{(-1)^j}{\Gamma(j+1)}\left[1-\left(1+\frac{T}{1+\lambda_i}\right)^{j-n_2}\right]\frac{y_i^j}{(T\mu_i)^{j+1}}\right\}+ \\
&\exp\left(\frac{y_i}{T\mu_i}\right)\sum_{n_2=1}^{N_i-m_i}\left\{B_{i,n_2}\sum_{j=0}^{n_2-1}\frac{(-1)^j}{\Gamma(j)}\left[1-\left(1+\frac{T}{1+\lambda_i}\right)^{j-n_2}\right]\frac{y_i^{j-1}}{(T\mu_i)^{j}}\right\} \qquad (3.90)
\end{aligned}
$$

式中:m_i在多目标环境中代表干扰目标数,在杂波边缘环境中代表强杂波单元数。在均匀背景中,S_i的概率密度函数可以通过令 $\beta_i=0$ 或 $m_i=0$ 得到。

3.5.2 OS－S 的统计特性

对于 OS－S,Z_i由 OS 方法产生。令 $Z_i'=TZ_i$,于是 Z_i'的概率密度函数为

$$f_{Z_i'}(z)=\frac{1}{T}H_i[N_i,k_i;m_i,\beta_i;w_i(z/T)] \qquad (z>0) \tag{3.91}$$

当 $y_i>0$ 时,有

$$
\begin{aligned}
\Pr[X_i-TZ_i\geqslant y_i] &= \int_0^{+\infty}\left[\int_{y_i+z}^{\infty}f_{X_i}(x)\,\mathrm{d}x\right]f_{Z_i'}(z)\,\mathrm{d}z \\
&= \frac{1}{T}H_i\left[N_i,k_i;m_i,\beta_i;\int_0^{+\infty}\exp\left[-\frac{y_i+z}{\mu_i(1+\lambda_i)}\right]\right. \\
&\quad \left.\left(-\frac{a_i}{\mu_i}\right)\exp\left(-\frac{a_iz}{T\mu_i}\right)\mathrm{d}z\right] \\
&= H_i\left[N_i,k_i;m_i,\beta_i;\frac{-a_i}{a_i+T/(1+\lambda_i)}\exp\left[-\frac{y_i}{\mu_i(1+\lambda_i)}\right]\right]
\end{aligned}
\tag{3.92}
$$

OS－S 在 $y_i>0$ 时的累积分布函数为

$$F_{S_i}(y_i)=1-H_i[N_i,k_i;m_i,\beta_i;b_i]\exp\left[-\frac{y_i}{\mu_i(1+\lambda_i)}\right] \tag{3.93}$$

其概率密度函数为

$$f_{S_i}(y_i)=\frac{H_i[N_i,k_i;m_i,\beta_i;b_i]}{\mu_i(1+\lambda_i)}\exp\left[-\frac{y_i}{\mu_i(1+\lambda_i)}\right] \tag{3.94}$$

式中

$$b_i = -\frac{a_i}{a_i + Q_i}$$

$$Q_i = \frac{T}{1 + \lambda_i}$$

a_i由(3－69)式定义。

当$y_i<0$时,有

$$\begin{aligned}\Pr[X_i - TZ_i < y_i] &= \int_{-y_i}^{+\infty}\int_0^{y_i+z} f_{X_i}(x) f_{Z_i'}(z)\,\mathrm{d}x\mathrm{d}z \\ &= \frac{1}{T}H_i\left[N_i,k_i;m_i,\beta_i;\int_{-y_i}^{+\infty}\left[1-\exp\left(-\frac{y_i+z}{\mu_i(1+\lambda_i)}\right)\right]\right. \\ &\quad \left.\left(-\frac{a_i}{\mu_i}\right)\exp\left(-\frac{a_i z}{T\mu_i}\right)\mathrm{d}z\right] \\ &= H_i\left[N_i,k_i;m_i,\beta_i;\frac{-T/(1+\lambda_i)}{a_i+T/(1+\lambda_i)}\exp\left(\frac{a_i y_i}{T\mu_i}\right)\right] \end{aligned} \tag{3.95}$$

需要注意的是,$\int_{-y}^{+\infty} -a\exp(-ax)\mathrm{d}x = -\exp(ay)$ 在 $a=0$ 时是不成立的。因此,对式(3.95)进行修正可得 OS－S 在 $y_i<0$ 时的累积分布函数,即

$$F_{S_i}(y_i) = H_i\left[N_i,k_i;m_i,\beta_i;\left[1-\delta(a_i)\right]\frac{-T(1+\lambda_i)}{a_i+T(1+\lambda_i)}\exp\left(\frac{a_i y_i}{T\mu_i}\right)\right] \tag{3.96}$$

式中:δ(・)为δ函数。

S_i概率密度函数为

$$f_{S_i}(y_i) = H_i\left[N_i,k_i;m_i,\beta_i;\frac{-a_i/\mu_i/(1+\lambda_i)}{a_i+T/(1+\lambda_i)}\exp\left(\frac{a_i y_i}{T\mu_i}\right)\right] \tag{3.97}$$

其累积分布函数为

$$F_{S_i}(y_i) = H_i\left[N_i,k_i;m_i,\beta_i;\frac{-T/(1+\lambda_i)}{a_i+T/(1+\lambda_i)}\exp\left(\frac{a_i y_i}{T\mu_i}\right)\right] + C \tag{3.98}$$

式中:C为常数项。

式(3.94)和式(3.97)构成的概率密度函数在整个取值区间上的积分值等于1,且式(3.94)和式(3.97)在$y_i=0$处相等,因此,概率密度函数在$y_i=0$处无冲激函数项。因此,式(3.93)和式(3.98)在$y_i=0$处相等。根据这一相等关系再利用$H_i[N_i,k_i;m_i,\beta_i;1]=0$就可以解得$C=1$。于是,OS－S 在$y_i<0$时的概率分布函数和概率密度函数分别为

$$F_{S_i}(y_i) = 1 + H_i\left[N_i,k_i;m_i,\beta_i;c_i\exp\left(\frac{a_i y_i}{T\mu_i}\right)\right] \tag{3.99}$$

$$f_{S_i}(y_i) = H_i\left[N_i,k_i;m_i,\beta_i;\frac{a_i c_i}{T\mu_i}\exp\left(\frac{a_i y_i}{T\mu_i}\right)\right] \tag{3.100}$$

式中

$$c_i = -\frac{Q_i}{a_i + Q_i} \tag{3.101}$$

式(3.99)和式(3.100)中：m_i在多目标环境中代表干扰目标数，在杂波边缘环境中代表强杂波单元数。在均匀背景中，S_i的概率密度函数可以通过令 $\beta_i = 0$ 或 $m_i = 0$ 得到。

3.5.3　S 类局部检测统计量在 SUM 融合准则下的基本模型

这里只考虑并行网络结构。各局部处理器分别将各自的局部检测统计量传送到融合中心，在融合中心按 SUM 融合形成全局检测统计量 G，然后进行式(3.75)所示的统计判决。用 CA－S－SUM 和 OS－S－SUM 分别表示基于 CA－S 和 OS－S 局部检测统计量和 SUM 融合的上述分布式 CFAR 检测方案。

假设 $S_i(i=1,\cdots,N)$之间是统计独立的，则在 H_0或 H_1假设为真的条件下，全局检测统计量 $G>0$ 的概率为

$$\begin{aligned} \Pr[G > 0] &= \underset{\sum_{i=1}^{N} y_i > 0}{\int\cdots\int} f_{S_1,S_2,\cdots,S_N}(y_1, y_2, \cdots, y_N)\,\mathrm{d}y_1\mathrm{d}y_2\cdots\mathrm{d}y_N \\ &= \underset{\sum_{i=1}^{N} y_i > 0}{\int\cdots\int} \prod_{i=1}^{N} f_{S_i}(y_i)\,\mathrm{d}y_1\mathrm{d}y_2\cdots\mathrm{d}y_N \end{aligned} \tag{3.102}$$

然而，直接利用式(3.102)计算是非常繁琐的，可以采用下面变通的方法。由于前面假设 $T_1 = T_2 = \cdots = T_N = T$，于是有

$$G = \sum_{i=1}^{N} S_i = \sum_{i=1}^{N} X_i - T\sum_{i=1}^{N} Z_i \tag{3.103}$$

令

$$\begin{cases} X = \sum_{i=1}^{N} X_i \\ Z = \sum_{i=1}^{N} Z_i \end{cases} \tag{3.104}$$

则有

$$\Pr(G > 0) = \Pr(X - TZ > 0) = \int_0^{+\infty}\int_{Tz}^{\infty} f_X(x) f_Z(z)\,\mathrm{d}x\mathrm{d}z \tag{3.105}$$

式中：$f_X(x)$、$f_Z(z)$分别为 X 和 Z 的概率密度函数。

若检测单元采样的概率密度函数由式(3.55)给出，则 X 的特征函数为

$$\Phi_X(t) = E(\mathrm{e}^{\mathrm{j}tx}) = \prod_{i=1}^{N} \frac{1}{1 - \mathrm{j}\mu_i(1 + \lambda_i)t} \tag{3.106}$$

上式可以展开成如下部分分式形式：

$$\Phi_X(t) = \sum_{k=1}^{N} \frac{C_k}{[1 - \mathrm{j}\mu_k(1+\lambda_k)t]^{n_k}} \tag{3.107}$$

定义 $\mu_k(k=1,\cdots,N)$ 之间的相对比例系数为

$$\rho_k = \mu_k/\mu_1 \quad (k=1,\cdots,N) \tag{3.108}$$

容易验证，当 $\rho_i(i=1,\cdots,N)$ 确定时，C_i 与 $\mu_i(i=1,\cdots,N)$ 无关。根据特征函数与概率密度函数之间的关系可得

$$f_X(x) = \sum_{i=1}^{N} \frac{C_i}{\Gamma(n_i)[\mu_i(1+\lambda_i)]^{n_i}} x^{n_i-1} \exp\left(-\frac{x}{\mu_i(1+\lambda_i)}\right) \tag{3.109}$$

于是有

$$\int_{Tz}^{\infty} f_X(x)\mathrm{d}x = \sum_{i=1}^{N} C_i \sum_{k=0}^{n_i-1} \left[\frac{Tz}{\mu_i(1+\lambda_i)}\right]^k \frac{1}{k!} \exp\left[-\frac{Tz}{\mu_i(1+\lambda_i)}\right] \tag{3.110}$$

则 $G>0$ 的概率为

$$\begin{aligned}\Pr(G>0) &= \int_0^{+\infty} \sum_{i=1}^{N} C_i \sum_{k=0}^{n_i-1} \left[\frac{Tz}{\mu_i(1+\lambda_i)}\right]^k \frac{1}{k!} \exp\left[-\frac{Tz}{\mu_i(1+\lambda_i)}\right] f_Z(z)\mathrm{d}z \\ &= \sum_{i=1}^{N} C_i \sum_{k=0}^{n_i-1} \left(\frac{Q_i}{\mu_i}\right)^k \frac{1}{k!} \frac{\mathrm{d}^{(k)}\Phi_Z(u)}{\mathrm{d}u^{(k)}}\bigg|_{u=\frac{\mathrm{j}Q_i}{\mu_i}}\end{aligned} \tag{3.111}$$

式中：$Q_i = \dfrac{T}{1+\lambda_i}$；$\Phi_Z(u)$ 为 Z 的特征函数。

由此可见，求得 Z 的特征函数，即可得 $\Pr(G>0)$。

对于 CA－S，Z_i 的特征函数为

$$\Phi_{Z_i}(t) = \frac{1}{[1+\mathrm{j}t\mu_i(1+\beta_i)]^{m_i}(1+\mathrm{j}t\mu_i)^{N_i-m_i}} \tag{3.112}$$

由于 $Z_i(i=1,\cdots,N)$ 间是统计独立的，因此式(3.104)定义的 Z 的特征函数是 Z_i 的特征函数之积。CA－S－SUM 的全局检测统计量 $G\geqslant 0$ 的概率为

$$\begin{aligned}\Pr(G\geqslant 0) = \sum_{i=1}^{N} C_i \sum_{k=0}^{n_i-1} \Bigg\{ \left(\frac{Q_i}{\mu_i}\right)^k \frac{1}{k!} \frac{\mathrm{d}^{(k)}}{\mathrm{d}t^{(k)}} \\ \left[\prod_{l=1}^{N} \frac{1}{[1+\mathrm{j}t\mu_l(1+\beta_l)]^{m_l}(1+jt\mu_l)^{N_l-m_l}}\right]\Bigg|_{u=\frac{jQ_i}{\mu_i}} \Bigg\}\end{aligned} \tag{3.113}$$

一般而言，式(3.113)与 μ_i 有关，因此，CA－S－SUM 不是 CFAR 的。但是，当 μ_i 之间的相对比例系数 ρ_i 确定时，CA－S－SUM 的 $\Pr(G\geqslant 0)$ 与 μ_i 无关，这时是 CFAR 的。

通过适当地设置式(3.113)中各变量的值，可以计算 CA－S－SUM 在均匀背景和多目标环境中的检测概率以及杂波边缘环境中的虚警概率。T 值是根据给定的在均匀背景中的虚警概率设计值 P_{FA} 计算的。

对于 OS－S，Z_i的概率密度函数由式(3.66)给出，Z_i的特征函数为

$$\Phi_{Z_i}(u)=H_i\left(N_i,k_i;m_i,\beta_i;-\frac{a_i}{\mu_i u+a_i}\right) \tag{3.114}$$

由于 $Z_i(i=1,\cdots,N)$间是统计独立的，因此 Z 的特征函数是 Z_i的特征函数之积。于是，OS－S－SUM 的全局检测统计量 $G\geqslant 0$ 的概率为

$$\Pr(G\geqslant 0)=\sum_{i=1}^{N}C_i\sum_{k=0}^{n_i-1}\left(\left(\frac{Q_i}{\mu_i}\right)^k\frac{1}{k!}\frac{\mathrm{d}^{(k)}}{\mathrm{d}u^{(k)}}\left[\prod_{l=1}^{N}H_l\left[N_l,k_l;m_l,\beta_l;\frac{-a_l}{\mu_l u+a_l}\right]\right)\right|_{t=\frac{jQ_i}{\mu_i}} \tag{3.115}$$

当μ_i之间的相对比例系数确定时，OS－S－SUM 的 $\Pr(G\geqslant 0)$与μ_i无关，这时是 CFAR 的。通过适当地设置式(3.115)中各变量的值，可以计算 OS－S－SUM 在均匀背景和多目标环境中的检测概率以及杂波边缘环境中的虚警概率。

3.6　P 类分布式信号检测方案

P 类局部检测统计量定义为

$$P_i=(X_i,Z_i) \tag{3.116}$$

它等价于 S＋OS 类的局部检测统计量。在融合中心进行的检测如下：

$$f(X_1,\cdots,X_N)\ \underset{H_0\ 成立}{\overset{H_1\ 成立}{\gtrless}}\ T\cdot g(Z_1,\cdots,Z_N) \tag{3.117}$$

式中：$f(\cdot)$为 $X_1,\cdots,X_N$的某一函数；$g(\cdot)$是 $Z_1,\cdots,Z_N$的某一函数。

对于 P 类方案，局部处理器 i 形成检测单元采样 X_i和背景杂波功率水平估计 Z_i，并把它们同时传送给融合中心。融合中心融合各个传感器形成的 P 类局部检测统计量，形成全局检测统计量 G，然后进行如下全局判决：

$$G\ \underset{H_0\ 成立}{\overset{H_1\ 成立}{\gtrless}}\ T \tag{3.118}$$

式中：G 为 X_i和 $Z_i(i=1,\cdots,N)$的函数。

若

$$G=\sum_{i=1}^{N}\frac{X_i}{Z_i} \tag{3.119}$$

则此方案的性能等价于对 R 类局部检测统计量进行 SUM 融合的方案。考虑到对数据的压缩，应该采用 R 类局部检测统计量。

另一类融合方法是对 X_i和 $Z_i(i=1,\cdots,N)$分别进行融合得到全局检测统计

量 G_1 和 G_2，然后进行如下全局判决：

$$G_1 \underset{\text{H}_0\ \text{成立}}{\overset{\text{H}_1\ \text{成立}}{\gtrless}} TG_2 \tag{3.120}$$

式中：G_1 由 $X_i(i=1,\cdots,N)$ 根据一定的融合算法形成。

例如 SUM 融合

$$G_1 = \sum_{i=1}^{N} X_i \tag{3.121}$$

G_2 由 $Z_i(i=1,\cdots,N)$ 融合形成。考虑两种通常的融合算法。一个是 SUM 融合，即

$$G_2 = \sum_{i=1}^{N} Z_i \tag{3.122}$$

另一个是 OS 融合，即

$$G_2 = Z_{(l)} \tag{3.123}$$

显然，在形成 G_1 和 G_2 时，若均采用 SUM 融合算法，这种基于 P 类局部检测统计量的分布式 CFAR 检测方法，等价于采用相同局部 CFAR 算法产生 $Z_i(i=1,\cdots,N)$ 并且 $T_1=T_2=\cdots=T_N$ 的基于 S 类局部检测统计量的分布式 CFAR 检测。然而，S 类局部检测统计量的数据形式比 P 类局部检测统计量简单，可以使局部处理器与融合中心间的通信数据量减半。而且，S 类局部检测统计量的因子 T_i 在各局部处理间可以不相等，可能会获得更好的性能。所以，在均采用 SUM 融合形成 G_1 和 G_2 时，P 类局部检测统计量是不可取的，应改用 S 类局部检测统计量。

因此，本节只考虑采用 OS 融合形成 G_2，并且用 SUM 融合形成 G_1。在这种条件下，当 $N=2$ 时，Amirmehrabi 等[52]提出的 Max－OS、Min－OS 分别是 $l=2$ 和 $l=1$ 的特例。

3.6.1 OS 融合形成的 G_2 的统计特性

OS 融合形成的 G_2 是对 $Z_i(i=1,\cdots,N)$ 进行由小到大排序得到的第 l 个样本。假设 $Z_i(i=1,\cdots,N)$ 之间是统计独立的，则 G_2 的概率密度函数为[237]

$$f_{G_2}(y) = \frac{1}{(N-l)!\ (l-1)!}{}^{+}|\boldsymbol{V}|^{+} \tag{3.124}$$

式中：$\boldsymbol{V}$ 为 $N\times N$ 阶矩阵，且有

$$\boldsymbol{V} = \begin{bmatrix} \boldsymbol{M}_1 \\ \boldsymbol{M}_2 \end{bmatrix}$$

其中

$$\boldsymbol{M}_1=\begin{bmatrix} F_{Z_1}(y) & F_{Z_2}(y) & \cdots & F_{Z_N}(y) \\ \vdots & \vdots & \ddots & \vdots \\ F_{Z_1}(y) & F_{Z_2}(y) & \cdots & F_{Z_N}(y) \end{bmatrix}_{(l-1)\times N}$$

$$\boldsymbol{M}_2=\begin{bmatrix} f_{Z_1}(y) & f_{Z_2}(y) & \cdots & f_{Z_N}(y) \\ 1-F_{Z_1}(y) & 1-F_{Z_2}(y) & \cdots & 1-F_{Z_N}(y) \\ \vdots & \vdots & \ddots & \vdots \\ 1-F_{Z_1}(y) & 1-F_{Z_2}(y) & \cdots & 1-F_{Z_N}(y) \end{bmatrix}_{(N-l+1)\times N}$$

$|^{+}\boldsymbol{V}|^{+}$表示 $\boldsymbol{V}$ 的置换行列式，其求法与 $\boldsymbol{V}$ 的行列式求值相似，只不过没有负号，即各种组合项均相加。

3.6.2　Max - OS 和 Min - OS

Amirmehrabi 等[52]提出的 Max - OS 和 Min - OS 采用 SUM 融合形成 G_1，采用 OS 融合形成 G_2，并且形成局部背景杂波功率水平估计 Z_i的算法为 OS 算法。但是，他们只得到了 Max - OS 和 Min - OS 在各局部处理器的背景杂波功率水平相等且局部观测信噪比相等条件下的检测性能公式。关键[54]给出了 Max - OS 和 Min - OS 在无上述两个相等约束条件下的检测性能公式。

首先，无论是 Max - OS 还是 Min - OS，$G_1 \geqslant TG_2$的概率均可以表示为

$$\Pr(G_1 \geqslant TG_2) = \int_0^{\infty}\int_{Ty}^{\infty} f_{G_1}(x) f_{G_2}(y)\,\mathrm{d}x\mathrm{d}y \tag{3.125}$$

假设检测单元采样仍然服从式(3.55)的分布，则当 N=2 时可得

$$\int_{Ty}^{\infty} f_{G_1}(x)\,\mathrm{d}x = \frac{Q_2\mu_1\exp\left(-\dfrac{Q_1}{\mu_1}y\right) - Q_1\mu_2\exp\left(-\dfrac{Q_2}{\mu_2}y\right)}{Q_2\mu_1 - Q_1\mu_2} \tag{3.126}$$

式中：$Q_i = \dfrac{T}{1+\lambda_i}$。

对于 Max - OS 和 Min - OS，分别有 $G_2=\max(Z_1,Z_2)$ 和 $G_2=\min(Z_1,Z_2)$，其概率密度函数分别为

$$f_{\mathrm{Max-OS}-G_2}(y) = f_{Z_1}(y)F_{Z_2}(y) + f_{Z_2}(y)F_{Z_1}(y) \tag{3.127}$$

$$f_{\mathrm{Min-OS}-G_2}(y) = f_{Z_1}(y) + f_{Z_2}(y) - [f_{Z_1}(y)F_{Z_2}(y) + f_{Z_2}(y)F_{Z_1}(y)] \tag{3.128}$$

式中：$f_{Z_i}(y)$由式(3.66)给出；$F_{Z_i}(y)$为

$$F_{Z_i}(y) = H_i\left[N_i, k_i; m_i, \beta_i; \exp\left(-\frac{a_i}{\mu_i}y\right)\right] \tag{3.129}$$

Max - OS 和 Min - OS 的 G_2的概率密度函数分别为

$$f_{\text{Max-OS-}G_2}(y) = \mathrm{H}\left[-\left(\frac{a_1}{\mu_1}+\frac{a_2}{\mu_2}\right)\exp\left[-\left(\frac{a_1}{\mu_1}+\frac{a_2}{\mu_2}\right)z\right]\right] \tag{3.130}$$

$$f_{\text{Min-OS-}G_2}(y) = \mathrm{H}_1\left[-\frac{a_1}{\mu_1}\exp\left(-\frac{a_1}{\mu_1}y\right)\right] + \mathrm{H}_2\left[-\frac{a_2}{\mu_2}\exp\left(-\frac{a_2}{\mu_2}y\right)\right] - \mathrm{H}\left[-\left(\frac{a_1}{\mu_1}+\frac{a_2}{\mu_2}\right)\exp\left[-\left(\frac{a_1}{\mu_1}+\frac{a_2}{\mu_2}\right)z\right]\right] \tag{3.131}$$

式中:$\mathrm{H}(x) = \mathrm{H}_1[N_1,k_1;m_1,\beta_1;\mathrm{H}_2(N_2,k_2;m_2,\beta_2;x)]$,$\mathrm{H}_i(x)$是$\mathrm{H}_i(N_i,k_i;m_i,\beta_i;x)$的简化表示。

下面计算在H_0或H_1假设为真的条件下$G_1 > TG_2$的概率。对于 Max - OS,有

$$\Pr(G_1 > TG_2) = \mathrm{H}\left[-\frac{[(Q_1+a_1)\rho+Q_2+a_2](a_1\rho+a_2)}{[(Q_1+a_1)\rho+a_2](a_1\rho+Q_2+a_2)}\right] \tag{3.132}$$

式中:$\rho = \mu_2/\mu_1$。

对于 Min - OS,有

$$\Pr(G_1 > TG_2) = \mathrm{H}_1\left[-\frac{[(Q_1+a_1)\rho+Q_2]a_1}{(Q_1+a_1)(a_1\rho+Q_2)}\right] + \mathrm{H}_2\left[-\frac{(Q_1\rho+Q_2+a_2)a_2}{(Q_1\rho+a_2)(Q_2+a_2)}\right] - \mathrm{H}\left[-\frac{[(Q_1+a_1)\rho+Q_2+a_2](a_1\rho+a_2)}{[(Q_1+a_1)\rho+a_2](a_1\rho+Q_2+a_2)}\right] \tag{3.133}$$

3.6.3 Max - CA 和 Min - CA

与 Max - OS 和 Min - OS 相对应,若利用 CA 算法形成 Z_i,则分别用 Max - CA 和 Min - CA 表示。Z_i的特征函数为

$$\Phi_{Z_i}(t) = \frac{1}{[1+\mathrm{j}t\mu_i(1+\beta_i)]^{m_i}(1+\mathrm{j}t\mu_i)^{N_i-m_i}} \tag{3.134}$$

由此可得 Z_i的概率密度函数和累积分布函数分别为

$$f_{Z_i}(x) = \sum_{j_1=0}^{N_i-m_i-1} r_{1,j_1}x^{j_1}\exp\left(-\frac{x}{\mu_i}\right) + \sum_{j_2=0}^{m_i-1} r_{2,j_2}x^{j_2}\exp\left(-\frac{x}{\mu_i(1+\beta_i)}\right) \tag{3.135}$$

$$F_{Z_i}(x) = 1 + \sum_{j_3=0}^{N_i-m_i-1} r_{3,j_3}x^{j_3}\exp\left(-\frac{x}{\mu_i}\right) + \sum_{j_4=0}^{m_i-1} r_{4,j_4}x^{j_4}\exp\left(-\frac{x}{\mu_i(1+\beta_i)}\right) \tag{3.136}$$

Max - CA 和 Min - CA 的 G_2的概率密度函数与$f_{Z_i}(x)$和 $F_{Z_i}(x)$的关系分别由式(3.127)和式(3.128)给出。由此可见,Max - CA 和 Min - CA 的 G_2的概率密度函数是若干项 Γ 分布的线性组合,因此可以得 G_2的特征函数 $\Phi_{G_2}(u)$。

$$\Pr(G_1 > TG_2) = \frac{Q_2\mu_1\Phi_{G_2}(u)\big|_{u=Q_1/\mu_1} - Q_1\mu_2\Phi_{G_2}(u)\big|_{u=Q_2/\mu_2}}{Q_2\mu_1 - Q_1\mu_2} \tag{3.137}$$

可以证明,在$\rho = \mu_2/\mu_1$确定时,式(3.137)与μ_1和μ_2取值无关。此时,Max - CA

和 Min－CA 是 CFAR 的。

3.7　三类局部检测统计量比较

从通信量上考虑,R 类局部检测统计量和 S 类局部检测统计量需要的通信量相等,而 P 类局部检测统计量的通信量是它们的 2 倍。

从检测性能上考虑,合理设计的 P 类分布式信号检测方案的性能至少不会低于 S 类和 R 类的性能。

在各个传感器背景杂波独立同分布时,S 类局部检测统计量是较好的选择。当各个传感器观测到的杂波不服从相同的分布时,恒虚警处理应该在局部完成,此时应该选择 R 类局部检测统计量。在各个传感器的背景杂波独立同分布且信杂比未知时,应该采用 P 类局部检测统计量。这样,利用各个传感器自己估计出的背景杂波功率可以更精确地估计杂波功率,利用各个检测单元采样以设计合适的传感器间的信号积累算法。

第4章 非参数分布式信号检测

4.1 引　言

当假设的背景杂波模型与实际不符时，参数 CFAR 处理就失去了 CFAR 能力。非参数方法实际上是一种非线性变换，它将未知的概率密度函数映射为已知的形式，然后用固定阈值实现 CFAR，而不是形成自适应阈值。

非参数检测的单次扫掠的虚警概率很高，需要多次扫掠积累来降低虚警概率，因此需要处理的采样数很多，并且在高斯背景下 CFAR 损失较大，可达几分贝。然而，参数 CFAR 与背景失配时的损失更大。此外，随着雷达分辨率的提高，雷达杂波已经不满足高斯假设，而呈现出威布尔分布、K 分布等非高斯分布。虽然杂波概率模型可以参数化地表示，但在信号加杂波的概率分布难以有闭式解时也难以得到最佳检测性能。如在威布尔杂波和 SwerlingII 目标条件下，信号加杂波包络的 PDF 不能得到闭式解，因而难以得到最佳检测器的结构，此时基于参数检测的检测器也是次优的。这就削弱了参数化检测的优势。因而，在非高斯杂波中，采用非参数检测器是很有优势的。同时，随着数字信号处理器件性能的提高，运算量大的缺点将难以阻碍非参数检测器在实际中应用。

符号检测器和 Wilcoxon 检测器是两种常用的非参数检测器，它们需要匹配于发射信号的单脉冲匹配滤波，这往往是不可实现的。因此采用正交双通道设置便构成修正的符号检测器和 Wilcoxon 检测器[231]。无论是符号检测还是 Wilcoxon 检测以及它们的修正型，对相干脉冲的检测都是做中值偏移检验。然而对于非相干脉冲链，每个脉冲的相位是随机的，因此不能做中值偏移检验。两样本符号和两样本 Wilcoxon 检测可以克服这个限制。广义符号检测器[238, 239]（也称为秩和检测器）和秩二元积累检测器（RQ）[240]是两种两样本符号检测器，Mann – Whitney 检测器是两样本 Wilcoxon 检测器。

在高斯背景杂波下，基于符号检验的检测器性能相对最优参数检测器的检测性能损失很大，采用条件检验可以使性能获得很大改善，实现的复杂性增加也很小。基于秩的检测器通常比基于符号检验的检测器的性能好,然而求秩的计算量在大采样数时很大。

下面看一个简单的例子。在标准正态分布噪声中检测一个强度为0.5的确定性信号,采用贝叶斯准则,正确判决的代价为0,错误判决的代价为1。各个传感器的观测样本数均为12,采用AND融合准则。表4.1列出了符号检测器和Wilcoxon检测器在不同虚警概率下的检测概率。在给定条件下,符号检测器的检测概率比Wilcoxon检测器低了大约0.1。所以,充分利用符号和秩信息能够提高非参数检测器的性能。

表4.1 符号检测器与Wilcoxon检测器在不同虚警概率下的检测概率

虚警概率	检测概率	
	符号检测器	Wilcoxon 检测器
0.08	0.718	0.832
0.12	0.787	0.880
0.16	0.832	0.910

随着对分布式信号检测研究的深入,非参数分布式信号检测也得到了一定程度的关注。Han等[124]研究了局部检测器采用符号检测器和恒域限幅检测器的分布式信号检测,各局部处理器向融合中心传送二元判决。他们对融合中心采用AND准则和OR准则情况下检测系统的性能进行了研究,指出在广义高斯模型下,非参数检测器的性能比基于高斯分布的最优检测器性能要好。

Viswanathan等[126]研究了广义高斯噪声下各局部处理器向融合中心传送Wilcoxon统计量的分布式信号检测系统,提出三种融合中心的检验统计量,并分析了系统的渐进性能。结果表明,在重拖尾的非高斯噪声中,局部传感器采用非参数检测器时系统的检测性能优于局部传感器采用高斯噪声下的最优参数检测器的性能。最佳阈值需要在所有可能的单调性检验中寻找,当传感器数目较多时,从所有可能的单调性检验寻找一个最佳检验在计算上是很困难的。

在通信带宽受限情况下,基于Wilcoxon统计量的分布式信号检测系统可以将各个局部处理器形成的Wilcoxon统计量先进行量化,之后把量化结果传送给融合中心。量化阈值可以通过求解一组方程来获得,融合中心根据各个局部决策的线性函数进行最终判决。实验结果表明[241],这种检测器的性能在相同的通信带宽和错误率下优于非量化方案。

针对加性噪声中基于符号和秩的随机信号的局部最优检测问题,在假设各个传感器的观测信号是相关的且观测噪声是彼此统计独立的这两个条件下,Blum等[11]给出了局部最优的传感器检测统计量的解析式,并据此找出了最佳的分布式信号检测策略。他们的实验表明,该分布式信号检测方案对噪声统计特性的变化并不敏感。

Al - Hussaini 等[125]研究了广义符号检测器在分布式信号检测中的应用。在他们的方案中,各个局部传感器利用广义符号检验形成二元局部判决并送给融合中心,融合中心采用“N 选 k”融合准则做出最终判决。因为高斯噪声下存在最佳检测,所以非参数检测肯定不如参数检测。

在局部传感器向融合中心传递广义符号检测统计量时,各个传感器信杂比相等时,采用将各个检测统计量直接相加是一个很好的选择,即采用直接求和融合(DSF)准则;当各个传感器的信杂比差异较大时,应该将信杂比很低的局部检测统计量丢弃,即采用删除求和融合(CSF)准则[5]。当各个传感器的信杂比未知且可能时变时,简单的删除求和融合也不能保持稳健的检测性能,就应该采用基于删除求和的加权融合准则[242]。

对由 N 个相同的非参数检测器构成的并行分布式信号检测系统的研究表明[127],当各个传感器的样本数无限增加时,分布式系统和集中式系统有相同的渐近性能;当传感器数目和每个传感器接收的样本个数之积恒定时,系统的检测性能保持不变。

4.2 广义符号检测器

广义符号检测器是一种对接收信号进行多脉冲检测的两样本符号检测器[239]。设 M 为脉冲积累数,$X_i(i=1,\cdots,M)$为给定辨识单元中第 i 个脉冲的回波信号,X_{0i}为杂波回波,X_{1i}为信号加杂波回波,$y_{ij}(j=1,\cdots,R)$为 X_i的杂波的参考信号。广义符号检测统计量通过下面方法形成:

$$T = \sum_{i=1}^{M}\sum_{j=1}^{R} 1_{[y_{ij},\infty)}(X_i) \tag{4.1}$$

在满足下列条件时,GSD 是非参数的:

(1) 对于每一个 i,X_{0i}和 y_{ij}是独立同分布的;

(2) $\sum_{j=1}^{R} 1_{[y_{ij},\infty)}(X_{0i})\ (i=1,\cdots,M)$ 是独立的。

相应的检测策略为

$$T \underset{\text{目标不存在}}{\overset{\text{目标存在}}{\gtrless}} S \tag{4.2}$$

式中:S 为与虚警概率 P_{fa}对应的检测阈值,虚警概率为

$$P_{fa} = \Pr[T \geqslant S \mid H_0] = \sum_{k=S}^{M\cdot R} \Pr[T = k \mid H_0] \tag{4.3}$$

对于每一个 i,定义

$$T_i = \sum_{j=1}^{R} 1_{[y_{ij},\infty)}(X_{0i}) \tag{4.4}$$

则 T_i 等于 r 的概率为

$$\Pr[T_i = r] = \frac{1}{R+1} \quad (0 \leqslant r \leqslant R) \tag{4.5}$$

T_i 的母函数为

$$G_i(s) = \sum_{r=0}^{R} \left(\frac{1}{R+1}\right) s^r = \frac{s^{1+R} - 1}{(s-1)(R+1)} \tag{4.6}$$

由于 $T_i(i=1,\cdots,M)$ 是独立同分布的随机变量,所以 M 项和的母函数为各项母函数的乘积,T 的母函数为

$$G(s) = \left(\frac{s^{1+R} - 1}{(s-1)(R+1)}\right)^M \tag{4.7}$$

则有

$$\Pr[T = k \mid \mathrm{H}_0] = \frac{1}{k!} \frac{\mathrm{d}^k G(s)}{\mathrm{d}s^k}\bigg|_{s=0} \tag{4.8}$$

给定 P_{fa}、R 和 M,检测阈值 S 可以由式(4.3)确定。

由于广义符号检测统计量 T 的取值为离散值,因而广义符号检验存在一个最小可达到的虚警概率 P_{famin},且有

$$P_{\mathrm{famin}} = (R+1)^{-M} \tag{4.9}$$

当设定的虚警概率不小于 P_{famin} 时,有时可能需要采用随机化检验才能满足算法给定的虚警概率。采用随机化检验的检测器结构为

$$\Pr(\mathrm{H}_1 \text{ 成立}) = \begin{cases} 1 & (T > S) \\ \varepsilon & (T = S) \\ 0 & (T < S) \end{cases} \tag{4.10}$$

4.3　广义符号检测器在各种杂波模型中的检测性能

广义符号检测器是一种两样本的非参数检测器,对于一大类分布都能保持恒定的虚警概率。随着雷达分辨率的提高,雷达杂波不再服从高斯分布,其幅度分布也就不再服从瑞利分布。为此,出现了许多雷达杂波的分布模型[231],如威布尔分布、K 分布以及为了建模极不均匀 SAR 杂波幅度分布而提出的 G_A^0 分布[243]等。

在独立同分布的雷达杂波中检测 Swerling II 目标的问题等价于如下的二元假设检验问题：

$$\begin{cases} \mathrm{H}_0: & X_j = c_j \\ \mathrm{H}_1: & X_j = \sqrt{v_j^2 + c_j^2 + 2v_j c_j \cos(\theta_j - \phi_j)} \end{cases} \quad (j = 1, \cdots, M) \tag{4.11}$$

式中：M 为脉冲积累数；ν_j 为第 j 个脉冲的目标回波信号包络；θ_j为相应的目标回波信号相位；ϕ_j为杂波相位，均服从$[0,2\pi)$上的均匀分布；c_j为相应的杂波包络。ν_j 服从参数为 λ 的瑞利分布，其概率密度函数为

$$f_{v_j}(v) = \frac{2v}{\lambda}\exp\left(-\frac{v^2}{\lambda}\right) \quad (v > 0, \lambda > 0) \tag{4.12}$$

这里考虑下面给出的四种杂波分布模型。

4.3.1 瑞利分布

瑞利分布是最早被提出的雷达杂波的幅度分布。对于低分辨率雷达而言，当雷达分辨单元中包含大量小的散射体时，雷达杂波的幅度就服从瑞利分布。其概率密度函数为

$$f_{\mathrm{R}}(x) = \frac{2x}{\mu}\exp\left(-\frac{x^2}{\mu}\right) \quad (x > 0, \mu > 0) \tag{4.13}$$

4.3.2 威布尔分布

威布尔分布是一种两参数的分布族，能够用来拟合介于瑞利分布和对数正态分布之间的杂波。其概率密度函数为

$$f_{\mathrm{W}}(x) = \frac{\alpha}{\beta}\left(\frac{x}{\beta}\right)^{\alpha-1}\exp\left[-\left(\frac{x}{\beta}\right)^{\alpha}\right] \tag{4.14}$$

式中：α 为形状参数；β 为尺度参数，且有

$$\begin{cases} E[x] = \beta\Gamma(1 + \alpha^{-1}) \\ E[x^2] = \beta^2\Gamma(1 + 2\alpha^{-1}) \end{cases} \tag{4.15}$$

其中：$\Gamma(x)$为 Γ 函数[244]。由此可见，α 越小，威布尔分布的拖尾就越严重。

4.3.3 *K* 分布

K 分布杂波包络的概率密度函数为

$$f_K(x) = \frac{4\beta}{\Gamma(\alpha)}(\beta x)^{\alpha}K_{\alpha-1}(2\beta x) \tag{4.16}$$

式中：$K_\nu(\cdot)$为第二类修正贝塞尔函数；β 为尺度参数；α 为形状参数。

K 分布杂波的二阶原点矩为

$$E(x^2)=\alpha\beta^{-2} \tag{4.17}$$

值得指出的是，当 $\alpha=\dfrac{1}{2}$ 时，K 分布就变成均值为 $\dfrac{1}{2\beta}$ 的指数分布；当 $\alpha\to\infty$ 时，K 分布就变成瑞利分布。α 越小，K 分布的拖尾就越严重。对高分辨率雷达杂波包络模型的研究表明，K 分布可以在很宽的范围内很好地与观测数据匹配。

4.3.4　G_A^0 分布

G_A^0 分布是一种能建模城区之类极不均匀 SAR 杂波幅度的概率分布模型，其概率密度函数为

$$f_{G_A^0}(x)=\frac{2n^n\Gamma(n-\alpha)\gamma^{-\alpha}x^{2n-1}}{\Gamma(n)\Gamma(-\alpha)(\gamma+nx^2)^{n-\alpha}} \quad (-\alpha,\gamma,x>0) \tag{4.18}$$

式中：n 为视数。

该分布能描述极端不均匀的 SAR 场景，当 $\alpha\geqslant-1$ 时，服从 G_A^0 分布的随机变量的方差无穷大，这相当于极端不均匀场景，此时已经没有办法用传统的信杂比来衡量信号相对于杂波的强度。这里只考虑 $\alpha<-1$ 的情况。

4.3.5　广义符号检测器的性能分析

下面考察广义符号检测器在上述条件下的检测性能。虚警概率设定为 10^{-6}，每脉冲参考单元数为 16。

在均匀的瑞利包络杂波、平方律检波条件下，CA－CFAR[245] 是最优的恒虚警检测策略。因而 CA－CFAR 作为一个基准来衡量广义符号检测器在瑞利包络杂波中的检测性能。在脉冲积累数分别为 8、16 和 48 时，它们的检测性能如图 4.1 所示。

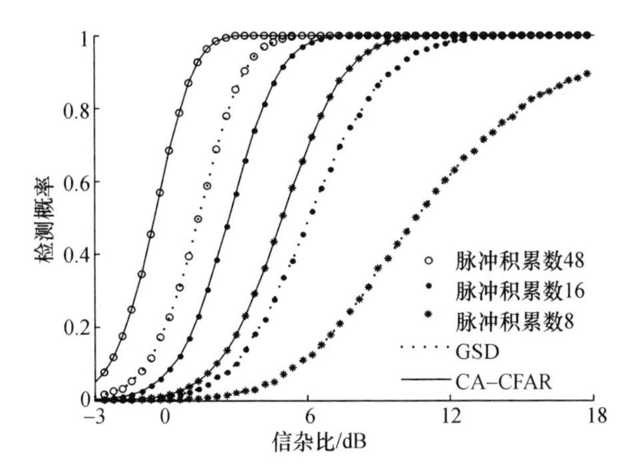

图 4.1　GSD 和 CA－CFAR 在瑞利包络杂波中的检测性能

当脉冲积累数从8变为16再变为48时，GSD和CA-CFAR的检测性能都有了较大的提高。但是GSD的检测性能明显差于CA-CFAR。虽然GSD很早已提出，但是在雷达信号检测中并没有得到广泛应用。这是因为早期雷达的分辨率较低，高斯假设能很好地与实际情况符合。随着雷达分辨率的提高，雷达杂波包络常常偏离瑞利分布，呈现出威布尔分布、K分布或者G_A^0分布的特征，而在后两种分布下并没有有效的恒虚警策略，因而研究广义符号检测器在这三类杂波中的检测性能就变得很有意义。

在虚警概率为10^{-6}达到0.9检测概率时，图4.2给出了GSD在威布尔分布杂波中检测Swerling II型目标需要的信杂比随杂波形状参数的变化情况。图4.3给出了同样条件下，GSD需要的信杂比随K分布和G_A^0分布的形状参数的变化情况。由图4.2和可知，广义符号检测器在达到0.9检测概率时需要的信杂比在杂波的拖尾特性越明显时越小。对于威布尔分布，当形状参数$\alpha>1$时，达到0.9检测概率需要的信杂比的变化并不明显。由图4.3可知，K分布的形状参数$\alpha>1$和G_A^0分布的形状参数$\alpha<-1$时，达到给定检测性能所需的信杂比随形状参数的变化并不明显。同时，在这三种分布中，GSD达到给定性能所需要的信杂比的最大值变化也不明显。在表4.2所列的几种条件下，在达到给定的检测性能时，在这三种非瑞利杂波中GSD需要的信杂比与在瑞利包络杂波中GSD需要的信杂比之差都在1dB内。在表4.2中的威布尔分布、K分布和G_A^0分布的信杂比是指GSD在虚警概率为10^{-6}时达到0.9检测概率所需的信杂比的最大值。由此可见，不管杂波的分布如何改变，只要信杂比没有发生明显的变化，GSD的检测概率就不会发生明显的变化。这些都充分说明了GSD在高分辨率雷达杂波中具有良好的检测性能。

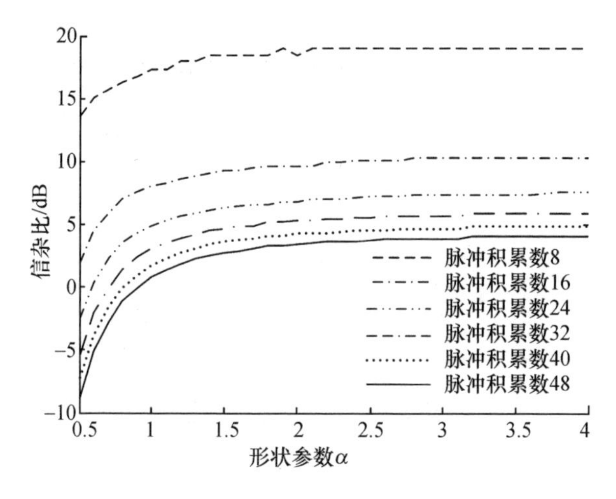

图4.2 GSD需要的信杂比与威布尔杂波参数的关系曲线

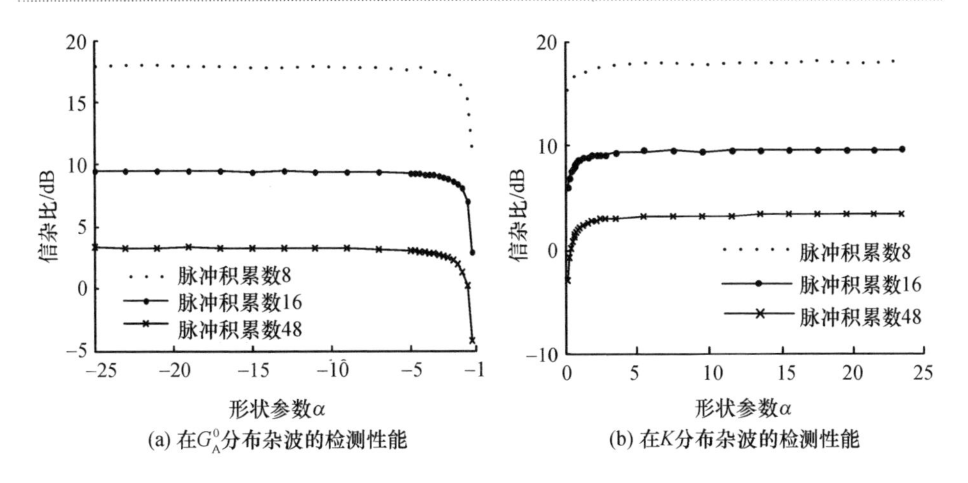

(a) 在G_A^0分布杂波的检测性能　(b) 在K分布杂波的检测性能

图 4.3　GSD 需要的信杂比与 K 分布和 G_A^0 分布形状参数的关系曲线

表 4.2　GSD 在检测概率 0.9 虚警概率 10^{-6} 时所需的信杂比(dB)

脉冲积累数	瑞利分布	威布尔分布	K 分布	G_A^0 分布
8	18.2	19.1	18	18.1
16	9.6	10.3	9.5	9.5
48	3.4	4.1	3.3	3.3

4.4　基于局部二元判决的非参数分布式信号检测

4.4.1　分布式广义符号检测器

假设各个局部处理器采用广义符号检测器。系统阈值参数可以通过以下三个步骤计算：

(1) 设整个分布式信号检测系统的虚警概率为 P_F。对于每一个 $k(k=1,\cdots,N)$，利用

$$P_F = \sum_{i=k}^{N} \binom{N}{i} P_j^i (1 - P_j)^{N-i}$$

可以求出局部检测器的虚警概率 $P_f = e_k$。

(2) 对于每一个 $S(S=1,\cdots,M \cdot R)$，由

$$P_f = \sum_{k=S}^{M\cdot R} \left(\frac{1}{2}\right)^{M\cdot R} C_{M\cdot R}^k$$

可求得相应的 $P_f = b_m (m=1,\cdots,M \cdot R)$。

(3) 计算随机化因子。假设 $b_m < e_k < b_{m+1}$，则随机化因子为

$$\rho = \frac{e_k - b_m}{b_{m+1} - e_k} \tag{4.19}$$

此时,局部检测器的检测策略为

$$\Pr(\mathrm{H}_1 \text{ 成立}) = \begin{cases} 1 & (d_{\mathrm{GS}} > S) \\ \rho & (d_{\mathrm{GS}} = S) \\ 0 & (d_{\mathrm{GS}} < S) \end{cases} \tag{4.20}$$

4.4.2 基于局部二元判决的分布式 Mann – Whitney 检测器

4.4.2.1 Mann – Whitney 检测器

Mann – Whitney 检测器是一种对 N 个相干处理间隔(CPI)中的窄带视频接收信号构成的相干脉冲链 $S_i(t)$ $(i=1,\cdots,N)$进行检测的两样本 Wilcoxon 检测策略[231]。在对检测单元信号进行检测时,对于每个 CPI,检测单元中由同相和正交匹配滤波器的输出包络形成观测 $W_i(i=1,\cdots,N)$,且假设在每个 CPI 中由检测单元 W_i周围的参考单元采样形成一个纯杂波或噪声参考单元集合$\{y_{kj} | j=1,\cdots,R\}$。定义 Mann – Whitney 检测统计量为

$$d_{\mathrm{ManW}} = \sum_{i=1}^{N} \sum_{k=1}^{N} \sum_{j=1}^{R} u(W_i - y_{kj}) \tag{4.21}$$

在多 CPI 观测间隔上由采样 $W_i(i=1,\cdots,N)$和 $y_{ij}(j=1,\cdots,R)$ 对信号$s_i(t)$进行检测的 Mann – Whitney 检测策略为

$$\Pr(\mathrm{H}_1 \text{ 成立}) = \begin{cases} 1 & (d_{\mathrm{ManW}} \geqslant S) \\ 0 & (d_{\mathrm{ManW}} > S) \end{cases} \tag{4.22}$$

式中:S 是与要求的 P_{fa}对应的检测阈值。

Mann – Whitney 检测器在满足下列条件下是非参数的:

(1) 对于每个 CPI,采样 W_i 和 $y_{ij}(i=1,\cdots,N;j=1,\cdots,R)$是独立同分布的。

(2) 在目标存在时,设检测单元采样 W 的分布函数为 $F_W(w)$,参考单元采样的分布函数为 $F_Y(y)$,则有 $F_W(w) > F_Y(w)$。即目标存在时的概率密度函数相对于只有噪声或杂波时的概率密度函数有一个正的偏移。

在杂波或噪声中,由于 Mann – Whitney 检测统计量 d_{ManW}的统计特性不依赖于杂波或噪声的具体分布,那么检测阈值 S 也不依赖于杂波和噪声的分布形式,因而 Mann – Whitney 检测器具有 CFAR 性能。

Wilcoxon 秩和检验统计量为

$$d_{\mathrm{wrs}} = \sum_{i=1}^{N} R_i \tag{4.23}$$

式中:R_i为 W_i在$\{W_1, y_{11}, \cdots, y_{1R}, W_2, y_{21}, \cdots, y_{2R}, \cdots, W_N, y_{N1}, \cdots, y_{NR}\}$中的秩。将

集合$\{W_1,y_{11},\cdots,y_{1R},W_2,y_{21},\cdots,y_{2R},\cdots,W_N,y_{N1},\cdots,y_{NR}\}$中的元素从小到大进行排序,最小的元素的秩为 1,最大的元素的秩为 $N\times(R+1)$。

Mann – Whitney 检验和 Wilcoxon 秩和检验本质上是等价的,这从下式可以看出:

$$d_{\text{wrs}}=d_{\text{ManW}}+\frac{N\times(N+1)}{2} \tag{4.24}$$

因而,Mann – Whitney 检验的阈值参数的计算可以转化为 Wilcoxon 秩和检验的阈值参数的计算。

计算 Mann – Whitney 检测器的阈值参数,需要知道统计量 d_{ManW} 的分布函数。通过计算 d_{wrs}的概率质量函数(PMF)可以得到 d_{ManW} 的概率质量函数。d_{wrs} 的概率质量函数为

$$\Pr(d_{\text{wrs}}=k)=J_{\text{w}}(N(R+1),N,k)\left(\binom{N(R+1)}{N}\right)^{-1} \tag{4.25}$$

式中:$J_{\text{w}}(N\times(R+1),N,k)$为在$\{1,2,\cdots,N(R+1)\}$中取 N 个元素且这 N 个元素的和等于 k 的不同取法的总数。

J_{w}可以通过列出所有的组合数,然后计算等于 k 的不同组合的数目来得到。也可以通过下列递归的方法求解:

$$J_{\text{w}}(N+R+1,N,k)=\begin{cases}J_{\text{w}}(N+R,N,k)+J_{\text{w}}(N+R,N-1,k-N-R-1) \\ \quad\left(\dfrac{N(N+1)}{2}\leqslant k\leqslant\dfrac{N(N+2R+1)}{2}\right) \\ J_{\text{w}}(N+R,N-1,k-N-R-1) \\ \quad\left(\dfrac{N(N+2R+1)}{2}<k\leqslant\dfrac{N(N+2R+3)}{2}\right)\end{cases} \tag{4.26}$$

上面给出了精确计算 Mann – Whitney 检验统计量的分布的方法,但是当样本量很大时,上述方法的计算量是非常大的,运算次数不小于$\binom{N(R+1)}{N}$。当样本量很大时,计算是不可能的。

为了解决大样本情况下的阈值计算方法,有如下两种:

(1) 高斯近似法。当样本量很大时,d_{wrs}近似服从高斯分布,即

$$\frac{d_{\text{wrs}}-E(d_{\text{wrs}})}{\sqrt{\operatorname{var}(d_{\text{wrs}})}}\sim\mathcal{N}(0,1) \tag{4.27}$$

式中 $E(d_{\text{wrs}})=\dfrac{N(N+R+1)}{2}$,$\operatorname{var}(d_{\text{wrs}})=\dfrac{NR(N+R+1)}{12}$

利用式(4.24)可以得到 Mann - Whitney 检验统计量的分布,从而得到所需的阈值。但是,这种方法在虚警概率很小时有可能使实际虚警概率和设定的虚警概率之间误差很大,甚至达到1个数量级。当然在虚警率为 10^{-2} 时这种方法的精度还是比较高的。在雷达实际应用中,通常要求 10^{-6} 甚至更低的虚警概率,这时就不能通过高斯近似的方法,而应该采用下列方法。

(2) 蒙特卡罗模拟法。为了使模拟的结果可信,至少要采用 10^8 次仿真实验来确定虚警概率 10^{-6} 时的阈值。由于 d_{ManW} 是离散的,所以可以采用的阈值是有限的。进行 10^8 次仿真实验,统计实验结果中超出给定阈值的次数并除以实验的总次数就可得到相应的虚警概率。本节相关阈值的仿真均是采用该方法。

4.4.2.2 分布式 Mann - Whitney 检测器

广义符号检测器假定对每一个 CPI,采样 W_i 和 $y_{ij}(j=1,\cdots,R)$ 是独立同分布的。如果采样 W_i 和 $y_{ij}(i=1,\cdots,N;j=1,\cdots,R)$ 是独立同分布的,即各个传感器的各个脉冲的参考单元采样是独立同分布的,局部检测器就可以采用 Mann - Whitney 检测器。

分布式 Mann - Whitney 检测器是局部传感器采用 Mann - Whitney 检测器进行局部判决的分布式信号检测器。

4.4.2.3 Swerling - II 目标在瑞利杂波中的检测性能

考虑一个多传感器并行分布式信号检测系统,各个传感器脉冲积累数均为 $M=16$,每脉冲的参考单元均为 $R=16$ 个。设融合中心的虚警概率 $P_{\mathrm{F}}=10^{-6}$。在瑞利包络杂波中,平方律检波的输出包络服从指数分布。对于 Swerling II 目标,检测单元采样的概率密度函数为

$$f_X(x)=\frac{1}{\mu(1+\lambda)}\exp\left[-\frac{x}{\mu(1+\lambda)}\right](x\geqslant 0) \tag{4.28}$$

式中:μ 为背景噪声功率水平;λ 为检测单元的信杂比。

假设各个传感器观测统计独立。参考单元采样的概率密度函数为

$$f_X(x)=\frac{1}{\mu}\exp\left[-\frac{x}{\mu}\right](x\geqslant 0) \tag{4.29}$$

表4.3列出了在达到95%的检测概率时,多传感器并行分布式广义符号检测器相对单传感器广义符号检测器信杂比改善。由表4.3可以看出,两传感器系统比单传感器系统的信杂比改善最明显,达到3.5dB。随着传感器个数目的增加,信杂比的改善变得越来越不明显。5个传感器就能达到信杂比改善7dB的目标。

表 4.3　多传感器并行分布式广义符号检测器相对单传感器广义符号检测器的信杂比改善

测试条件	瑞利包络杂波,平方律检波,Swerling II 目标						
传感器数目/个	2	3	4	5	6	7	8
达到 95% 检测概率时信杂比改善/dB	3.5	5.3	6.5	7.2	8.0	8.5	9.0

表 4.4　多传感器并行分布式 Mann – Whitney 检测器相对单传感器 Mann – Whitney 检测器的信杂比改善

测试条件	瑞利包络杂波,平方律检波,Swerling II 目标						
传感器数目/个	2	3	4	5	6	7	8
检测概率 0.95 时信杂比改善/dB	3.3	5.2	6.4	7.1	7.8	8.4	8.8

多传感器并行分布式 Mann – Whitney 检测器相对单传感器 Mann – Whitney 检测器的信杂比改善见表 4.4。由表 4.4 可以看出,随着传感器个数的增加,只需 5 个传感器就可以使检测概率达到 95% 时所需的信杂比比单传感器 Mann – Whitney 检测器减少 7dB。就分布式 Mann – Whitney 检测器而言,随着局部传感器个数的增加,整个系统的检测性能得到了明显提升。

4.4.2.4　Swerling – II 目标在 K 分布杂波中的检测性能

本小节研究在 K 分布杂波中检测瑞利分布目标。也就是说,在无目标假设 H_0 成立条件下,检测单元采样被认为是独立同分布的 K 分布杂波;在有目标假设 H_1 成立条件下,检测单元采样被认为是瑞利信号加 K 分布杂波。参数为 λ_i 的瑞利分布目标信号的概率密度函数为

$$f_X(x)=\frac{2x}{\lambda_i}\exp\left(-\frac{x^2}{\lambda_i}\right) \tag{4.30}$$

可认为杂波是服从形状参数 α_i 和尺度参数 β_i 的 K 分布杂波。在均匀背景情况下,第 i 个传感器的检测单元采样 $W_{ij}(i=1,\cdots,N;j=1,\cdots,M)$ 的参考单元采样 $y_{ijk}(k=1,\cdots,R_{ij})$ 是独立同分布且服从形状参数 α_i 和尺度参数 β_i 的 K 分布。第 i 个传感器的信杂比为

$$\mathrm{SCR}_i=\frac{\lambda_i\beta_i^2}{\alpha_i} \tag{4.31}$$

K 分布随机变量 Y 可以通过两个随机变量乘积的形式来产生:

$$Y=U\cdot V \tag{4.32}$$

式中:V 为广义 Γ 分布标量随机变量,代表杂波局部均值水平,它具有较长的相关时间,不受频率捷变的影响其概率密度函数为

$$f_V(v)=\frac{2^{\alpha+1}}{\Gamma(\alpha)}\beta^{2\alpha}v^{2\alpha-1}\exp(-2\beta^2v^2)\qquad(0\leqslant v<\infty) \tag{4.33}$$

U 为快起伏的瑞利散斑分量,具有较短的相关时间其概率密度函数为

$$f_U(u) = u\exp\left(-\frac{u^2}{2}\right) \qquad (0 \leqslant u < \infty) \tag{4.34}$$

信号加杂波的幅度随机变量 X_i 可以通过下式产生:

$$X_i = [v_i^2 + c_i^2 + 2v_i c_i \cos\varphi_i]^{1/2} \tag{4.35}$$

式中:v_i 为服从参数 λ_i 的瑞利分布;c_i 服从形状参数 α_i 和尺度参数 β_i 的 K 分布,φ_i 为 $(0,2\pi)$ 上的均匀分布。

考虑两种情况,杂波的形状参数和尺度参数均为0.5以及杂波的形状参数和尺度参数均为2。在这两种情况下,研究广义符号检测器和 Mann - Whitney 检测器在 K 分布包络杂波中检测 Swerling II 目标时的性能。系统的检测概率 P_{d} 通过10000次蒙特卡罗仿真来计算。

在 K 分布包络杂波中检测 Swerling II 目标时,多传感器信号检测比单传感器信号检测性能有了很大的提高,见表4.5。随着传感器数目的增多,系统的检测性能有了明显提高。在形状和尺度参数均为0.8的 K 分布杂波中,达到95%检测概率时,五传感器系统需要的信噪比比单传感器系统减少8dB。但是,在形状参数和尺度参数均为2的 K 分布杂波中,在达到95%检测概率时,五传感器系统相对于单传感器系统的信杂比改善为7.6dB。可见,在不同的杂波背景下检测系统的性能有一定的差异。广义符号检测器的检测概率是与具体的杂波分布和信噪比有关的。但是它的虚警概率与杂波的具体分布无关,只要信号加噪声或杂波样本与纯噪声或杂波样本的中位数存在一定的偏离即可。这种偏离的程度就决定了信号检测的性能。不同的形状和尺度参数的 K 分布杂波的偏离程度各不相同,从而导致了信号检测性能的差异。可以预见,如果信号加噪声的分布和纯噪声分布的均值相同而方差不同,这时广义符号检测器将不能将两者区分开来。因而对这类信号检测问题,广义符号检测器是不适用的。

表4.5 分布式广义符号检测器比单传感器广义符号检测器的信杂比改善

测试条件	形状和尺度参数均为0.8的 K 分布包络杂波						
传感器数目/个	2	3	4	5	6	7	8
达到95%检测概率时信杂比改善/dB	3.82	5.46	7.0	8.05	8.61	9.19	9.84
测试条件	形状和尺度参数均为2的 K 分布包络杂波						
传感器数目/个	2	3	4	5	6	7	8
达到95%检测概率时信杂比改善/dB	3.63	5.46	6.83	7.59	8.22	8.96	9.43

4.5 删除求和融合准则

考虑并行信号检测网络。每一个传感器都对同一现象进行观测,各个传感

器的局部处理器对各自的观测信号独立进行处理形成局部检测统计量，送到数据融合中心进行融合处理以得到目标有无的全局判决。在独立同分布的威布尔杂波中检测 Swerling II 目标的问题等价于如下的二元假设检验问题：

$$\begin{cases} \mathrm{H}_0: & X_{ij} = c_{ij} \\ \mathrm{H}_1: & X_{ij} = \sqrt{v_{ij}^2 + c_{ij}^2 + 2v_{ij}c_{ij}\cos(\theta_{ij} - \varphi_{ij})} \end{cases} \quad (i=1,\cdots,N;j=1,\cdots,M_i) \tag{4.36}$$

式中：N 为传感器数目；M_i 为传感器 i 的脉冲积累数；ν_{ij}为传感器 i 的第 j 个脉冲的目标回波信号包络；ν_{ij}服从参数为 λ_i 的瑞利分布，即

$$f_{vij}(v) = \frac{2v}{\lambda_i}\exp\left(-\frac{v^2}{\lambda_i}\right) \quad (v>0,\lambda_i>0) \tag{4.37}$$

θ_{ij}为相应的目标回波信号相位，φ_{ij}为杂波相位，均服从$[0,2\pi)$上的均匀分布；c_{ij}是相应的杂波包络，服从威布尔分布。c_{ij}的概率密度函数为

$$f_{c_{ij}}(c) = \frac{\alpha_i}{\beta_i}\left(\frac{c}{\beta_i}\right)^{\alpha_i-1}\exp\left(-\left(\frac{c}{\beta_i}\right)^{\alpha_i}\right) \quad (c>0,\ \alpha_i>0,\ \beta_i>0) \tag{4.38}$$

式中：α_i、β_i分别为威布尔分布的形状参数和尺度参数。对于典型的地杂波和海杂波，用韦布尔分布拟合时，韦布尔分布的形状参数为 0.5 ~ 2[246]。

传感器 i 的局部处理器利用式(4.1)形成广义符号检测统计量 T_i，并把它传送给融合中心。融合中心利用接收到的各个传感器的信号进行融合处理，得到目标有无的全局判决。

4.5.1　直接求和融合

直接求和融合(DSF)的判决规则为

$$\Pr(\text{目标存在}) = \begin{cases} 1 & (T_{\text{sum}} > S) \\ \delta & (T_{\text{sum}} = S) \\ 0 & (T_{\text{sum}} < S) \end{cases} \tag{4.39}$$

式中

$$T_{\text{sum}} = \sum_{i=1}^{N} T_i$$

令

$$T' = \{T_{11},\cdots,T_{1M_1},\cdots,T_{N1},\cdots,T_{NM_N}\} = \{T'_1,T'_2,\cdots,T'_l,\cdots,T'_{M_1+M_2+\cdots+M_N}\} \tag{4.40}$$

$$L = M_1 + M_2 + \cdots + M_N$$

则有

$$T_{\text{sum}} = \sum_{k=1}^{N} T_k = \sum_{k=1}^{N} \sum_{i=1}^{M_k} \sum_{j=1}^{R} 1_{[y_{kij},\infty)}(W_{ki}) = \sum_{l=1}^{L} T_l^1 = \sum_{l=1}^{L} \sum_{j=1}^{R} 1_{[y_{lj},\infty)}(W_l) \tag{4.41}$$

因此,对于基于广义符号检测统计量的 N 传感器并行分布式信号检测器而言,求和融合的性能等价于脉冲积累数为 L 的广义符号检测器的性能,此时分布式广义符号检测和集中式广义符号检测具有相同的性能。

融合中心阈值可以采用式(4.3)计算。

4.5.2 删除求和融合

在各个局部传感器的脉冲积累数 M_i 均相同且等于 M 时,将 T_i 从小到大排序,记为 $T_{(1)} \leqslant T_{(2)} \leqslant \cdots \leqslant T_{(N)}$,删除其中 r 个最小值,将剩余的相加可得检测统计量:

$$T_{\text{csum}} = \sum_{k=r+1}^{N} T_{(k)} \tag{4.42}$$

将 T_{csum} 与阈值比较可得到目标是否存在的最终判决结果。该方法称为删除求和融合。

在 $N=3$ 时,删除求和融合准则可推导出两种融合方法:$T = T_{(3)}$ 和 $T = T_{(2)} + T_{(3)}$。前者相当于二元局部判决的 OR 准则,因而只考虑后一种情况。没有信号时,T_i 是独立同分布的,其累积分布函数 $F(x)$ 和概率密度函数 $f(x)$ 可以通过式(4.8)得到。$T_{(2)}$ 和 $T_{(3)}$ 的联合概率分布函数和联合概率密度函数分别为

$$F_{23}(x,y) = \Pr(T_{(2)} < x,\ T_{(3)} < y) = \begin{cases} 3F^2(x)[F(y) - F(x)] + F^3(x) & (x < y) \\ F^3(y) & (x \geqslant y) \end{cases} \tag{4.43}$$

$$f_{23}(x,y) = \begin{cases} F_{23}(x,y) - F_{23}(x-1,y) - F_{23}(x,y-1) + F_{23}(x-1,y-1) & (x < y) \\ 3F^2(y)f(x) & (x \geqslant y) \end{cases} \tag{4.44}$$

设融合中心的阈值为 S,融合中心进行如下判决:

$$\Pr(\text{目标存在}) = \begin{cases} 1 & (T_{\text{csum}} > S) \\ \delta & (T_{\text{csum}} = S) \\ 0 & (T_{\text{csum}} < S) \end{cases} \tag{4.45}$$

式中:$T_{\text{csum}} = T_{(2)} + T_{(3)}$。

虚警概率为

$$
\begin{aligned}
P_{\mathrm{F}} &= \Pr(T_{\mathrm{csum}} \geqslant S+1 \mid \mathrm{H}_0) + \delta \Pr(T_{(2)} + T_{(3)} = S \mid \mathrm{H}_0) \\
&= \begin{cases}
\sum\limits_{T_{(3)}=t}^{N} \sum\limits_{T_{(2)}=S+1-T_{(3)}}^{T_{(3)}} f_{23}(T_{(2)},T_{(3)}) + \delta \sum\limits_{T_{(2)}=1}^{t-1} f_{23}(T_{(2)},S-T_{(2)}) 1_{[T_{(2)},\infty)}(S-T_{(2)}) & (S=2t-1) \\
\sum\limits_{T_{(3)}=t+1}^{N} \sum\limits_{T_{(2)}=S+1-T_{(3)}}^{T_{(3)}} f_{23}(T_{(2)},T_{(3)}) + \delta \sum\limits_{T_{(2)}=1}^{t} f_{23}(T_{(2)},S-T_{(2)}) 1_{[T_{(2)},\infty)}(S-T_{(2)}) & (S=2t)
\end{cases}
\end{aligned}
\tag{4.46}
$$

式中：t 为非负整数。

给定 P_{F}，融合中心的阈值可以通过式(4.46)得到。

虽然删除求和融合准则从概念上讲并不是最好的处理方式，可是当各个传感器的信杂比先验未知且相差很大时，采取直接求和方法会使检测性能有很大的损失，删除性能很差的传感器的信号会使总的检测性能得到改善。这从后面的仿真分析中也可看到。就多雷达分布式信号检测系统而言，每一部雷达的威力范围都可以划分为警戒区域和核心区域[247]。警戒区域是指区域中某一目标能否被探测到取决于目标相对于雷达的飞行姿态。核心区域是指区域中的目标能否被探测到仅取决于雷达系统本身而与目标的飞行姿态无关。不同的雷达从不同的角度观测某一目标时，在该目标位于各个雷达的警戒区时，其 RCS 会随着它相对于各雷达的运动姿态的不同而有很大的差异，导致各个雷达回波信号的信杂比有很大差异，此时应删除信杂比很低的信号。如果认为 N 个雷达中总会有 k 个雷达的回波信号的信杂比较高，就可以采用删除 $N-k$ 个最小值的方案。$k=1$ 相当于 OR 准则。如果观测目标位于各个雷达的核心区，则可以采用直接求和融合方法。

删除求和融合的缺点是要求各个传感器的脉冲积累数和每脉冲参考单元数均相同，而直接求和融合只要求各个传感器的每脉冲参考单元数目相等。

4.5.3　仿真实验及结果

各个传感器的脉冲积累数均为 16，每脉冲参考单元数也为 16，融合中心的虚警概率为 10^{-6}。由于三传感器时删除最小的两个有序统计量相当于 OR 准则，因而删除求和准则只研究删除最小值一种情况。令 SCR_i 代表第 i 个传感器的信杂比。实验中检测概率均采用 2 万次蒙特卡罗实验获得。

Gini 等[30]提出了一种威布尔杂波下基于二元积累的分布式恒虚警检测方法。包络检波结果经过对数放大器后，威布尔分布就变成了 Gumbel 分布。根据参考样本利用极大似然估计得到杂波的形状和位置参数，进而形成检测阈值。

对检测结果进行二元积累后，局部传感器的二元判决结果通过并行网络送到融合中心。融合中心利用“N 选 k”准则对各个传感器的判决结果进行融合。

图 4.4 给出了各个传感器信杂比相同时融合中心达到 0.9 的检测概率时各个传感器所需的最小信杂比与威布尔分布的形状参数 α 的关系曲线。可见，在各个传感器信杂比相同时，直接求和融合的性能最好。在威布尔分布的形状参数 $\alpha>1$ 时，删除求和的性能比 AND 准则和“3 选 2”准则都好；$\alpha\leqslant1$，删除求和的性能比 AND 准则的性能差但比“3 选 2”准则的性能好。因而采用局部检测统计量的检测方案对提高分布式信号检测的性能是有效的。当各个传感器信杂比相同时，删除部分信息造成了有用信息的损失，致使删除求和准则的性能降低。还可以看到，随着 α 的减小，采用各种融合准则的分布式广义符号检测器的检测性能都有了提高，这是因为它们都是基于广义符号检验。当观测样本和参考样本之间的差异越明显时，广义符号检测器的性能就越好，α 越小，威布尔分布就越偏离瑞利分布，融合中心达到相同的检测性能所需的信杂比就越低。

图 4.4 给出的分布式恒虚警检测的性能曲线，是假设威布尔分布的形状参数已知时采用最佳局部判决阈值和融合准则得出的。直接求和融合的检测性能好于分布式恒虚警检测。删除求和准则、AND 准则和“3 选 2”准则的性能在杂波形状参数处于[0.5,2]之间的大部分时候都优于分布式恒虚警检测，而典型的地杂波和海杂波的形状参数都在[0.5,2]内[246]。随着 α 的变化，最佳的分布式恒虚警检测局部判决阈值和融合准则都会发生变化[30]，而直接求和准则的阈值则是固定的。

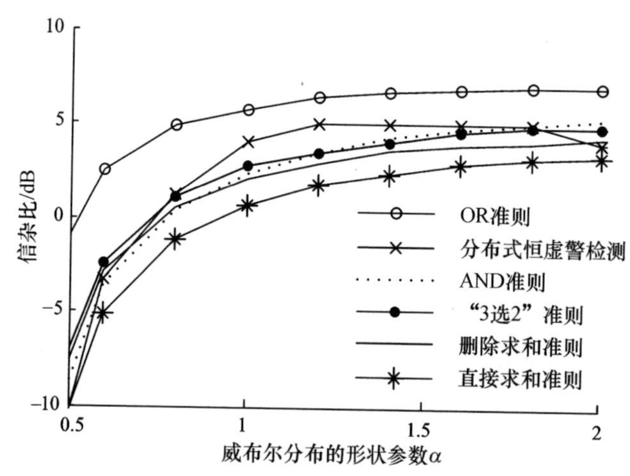

图 4.4　信杂比与威布尔分布的形状参数 α 关系曲线

分布式恒虚警检测是威布尔杂波下的参数化方法，造成直接求和融合的性能优于分布式恒虚警检测的原因是多方面的：①分布式恒虚警检测所采用的检测器是次优的。由于在威布尔分布下信号加杂波的概率密度函数难以解析地表示,因而最佳检测器的结构是得不到的。②广义符号检测器本身具有较好的性能。在高斯噪声和 Swerling II 目标下,$P_d = 0.5$, $P_f = 10^{-6}$, $M = 48$ 时,广义符号检测器比 48 脉冲平方律检波器所需的信杂比仅高了 2dB[239]。③分布式恒虚警检测采用双阈值检测。双阈值检测比多脉冲平方律检测性能要差,与最优非相干积累相比,信杂比损失为 1 ~ 2.5dB。④DBI 是基于局部二元判决的,基于二元判决的分布式信号检测方案性能比基于局部检测统计量的分布式信号检测方案的性能差,因此在威布尔杂波下,相对于参数检测,采用广义符号检测是很有优势的。

图 4.5 给出了两个传感器的信杂比相等而第三个传感器的信杂比 SCR_3 分别为 -30 dB、-15 dB、-10 dB、-5 dB 时直接求和、删除求和与“3 选 2”三种准则下检测性能随信杂比变化曲线。此时威布尔分布的形状参数 $\alpha = 1$。在这几种情况下,删除求和准则与“3 选 2”准则的检测性能曲线是重合的,它们不受第三个传感器的影响,而直接求和准则的检测性能受到了严重的影响。各个传感器信杂比相差不大时,直接求和准则具有最好的性能。由图 4.5 可以看出,当 $SCR_3 = -5$dB 时,直接求和融合的性能已经超过了其他几种融合方案,虽然此时第三个传感器单独检测时的检测性能是很差的,但是它对整个系统性能的提升具有明显的作用。

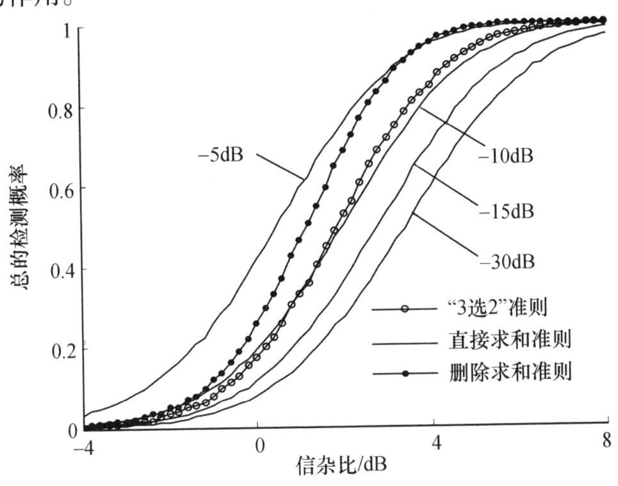

图 4.5　分布式广义符号检测器的检测性能曲线

在只有一个传感器信杂比为 20dB,而其余传感器信杂比为 -10dB 时,仿真显示直接求和融合的检测概率为 0.5,而 OR 融合的检测概率近似为 1,而在各个传感器信杂比相同时 OR 融合相对于直接求和融合却有至少 5dB 的信杂比损失。在信杂比差异很大时直接求和融合反而使系统的性能急剧恶化。求和融合相当于非相干积累，当各个传感器的信杂比相差很大时，不同传感器之间的信号积累所带来的信号功率的增加没有杂波功率增加得多，积累反而使总的信杂比降低了，这样必然带来检测性能的降低。采用删除求和融合，删除信杂比极低的信号能使总的信杂比得到提高。因而，在部分传感器的信杂比很低时应采用删除求和准则。

基于局部检测统计量的分布式信号检测方法能有效提高检测性能。在威布尔杂波和 Swerling II 型目标下，基于直接求和融合准则的分布式广义符号检测能获得比文献[30]中参数化方法更好的检测性能，并且此时分布式信号检测达到了集中式信号检测的性能。在多雷达分布式信号检测中可根据各个雷达观测数据质量的先验信息选用合适的删除求和准则。

4.6 基于删除求和的加权融合

如果有 $k(k\geqslant 0)$ 个局部检测统计量不含有目标信息，在融合时去掉这些统计量不会使系统的性能恶化。删除最小的 k 个有序统计量，并把其余的加起来就形成了下列删除求和融合：

$$G_{\text{CSF\_}k} = \sum_{i=k+1}^{N} S_{(i)} \tag{4.47}$$

令 CSF_k 代表删除最小 k 个有序统计量的删除求和融合。CSF_k 的判决阈值为 t，则融合中心总的虚警概率为

$$\begin{aligned} P_{\mathrm{F}} &= \Pr\left\{\sum_{i=k+1}^{N} S_{(i)} \geqslant t\right\} \\ &= 1 - \sum_{S_{(N)}=0}^{t-1} \sum_{S_{(N-1)}=0}^{t-1-S_{(N)}} \cdots \sum_{S_{(k+1)}=0}^{t-1-\sum_{i=k+2}^{N} S_{(i)}} \frac{N!}{\prod_{i=k+1}^{N} n_i !} F^k(S_{(k+1)}) \prod_{i=k+1}^{N} f(S_{(i)}) \end{aligned} \tag{4.48}$$

若 $k=0$，则 CSF 就成了 DSF；若 $k=N-1$，则 CSF 就成了最大有序统计量融合。当目标的 RCS 表现出很强的方向性时，各个雷达的信杂比的相对强弱关系是先验未知的。如果仅有 k 个雷达的信杂比非常低（如小于 -10dB）而其余雷达具有非常高的信杂比，则 CSF_k 无疑会具有比其他 CSF 更好的检测性能。但是在具有极低信杂比的雷达数目时变时，除 $k=N-1$ 外的其他 CSF_k 都不能总是保持良好性能。为此，下节给出了适用于这种信杂比时变场景的融合算法。

4.6.1 算法

为了在稳健性和检测性能间取得平衡，本节提出的基于删除求和的加权融

合(CSWF)综合了直接求和融合和各种删除求和融合。通过权矢量 $\boldsymbol{W}=(w_1, w_2,\cdots,w_N)$ 来调节各种融合算法的相对重要程度,其中,$w_{k+1}(k=1,\cdots,N-1)$ 是在各种 CSF 和 DSF 中 CSF_k 的性能最好的概率,w_1 是 DSF 性能最好的概率。如果已知各个雷达的信杂比的联合概率分布,$\boldsymbol{W}$ 就可以通过蒙特卡罗仿真得到。

如果没有关于各个雷达的信杂比的先验知识,则可令

$$w_k=\frac{1}{N} \tag{4.49}$$

这意味着,各种融合算法具有相同的地位。

由上述可知,$w_k(k=1,2,\cdots,N)$ 具有下列性质:

$$\sum_{k=1}^{N} w_k = 1 \qquad (w_k \geqslant 0) \tag{4.50}$$

CSWF 的融合规则为

$$G_{\text{cswf}} = \left(\sum_{k=1}^{N} 1_{[t_k,\infty)} \left(\sum_{i=k}^{N} S_{(i)} \right) \right) \underset{\text{目标不存在}}{\overset{\text{目标存在}}{\gtrless}} 1 \tag{4.51}$$

式中:$t_k(k=1,\cdots,N)$ 为初次判决的阈值并且有 $t_1 \geqslant t_2 \geqslant \cdots \geqslant t_N$。令 $\boldsymbol{T}$ 为阈值矢量,即 $\boldsymbol{T}=\{t_1,\cdots,t_N\}$。如果在 N 次初步判决中有一个判决是目标存在,最终的融合结果就是目标存在。

令

$$P_{\text{fk}} = \Pr\left\{ \sum_{i=k}^{N} S_{(i)} \geqslant t_k \right\} \qquad (k=1,2,\cdots,N) \tag{4.52}$$

给定融合中心的虚警概率 P_{F} 和权矢量 W,阈值矢量 T 必须满足下列两个条件:

(1) 若 $w_k=0$,则 $P_{\text{fk}}=0$。

(2) 若 $1 \leqslant k,j \leqslant N, w_k>0$ 和 $w_j>0$, 则 $P_{\text{fk}}:P_{\text{fj}}=w_k:w_j$。

假设系统允许的总的虚警概率为 P_{FA}。

事实上,DSF 和 CSF 是 CSWF 的特例。若 $w_1=1$,则 CSWF 就成为 DSF;若 $w_{k+1}=1$,CSWF 就成为 CSF_k。因而 CSWF 综合进了各种删除求和融合。合适的权矢量可以使 CSWF 兼有稳健性和高检测性能。

令 $b=M\cdot R$,融合中心总的虚警概率为

$$P_{\text{F}}(t_1,\cdots,t_k,\cdots,t_N) = 1-\Pr\left\{ \sum_{i=1}^{N} S_{(i)} < t_1,\cdots,\sum_{i=k}^{N} S_{(i)} < t_k,\cdots,S_{(N)} < t_N \right\} \tag{4.53}$$

$$\Pr\left\{\sum_{i=1}^{N}S_{(i)}<t_1,\cdots,\sum_{i=k}^{N}S_{(i)}<t_k,\cdots,S_{(N)}+S_{(N-1)}<t_{N-1},S_{(N)}<t_N\right\}$$

$$=\sum_{S_{(N)}=0}^{\min\{t_N-1,b\}}\sum_{S_{(N-1)}=0}^{\min\{S_{(N)},t_{N-1}-1-S_{(N)}\}}\cdots\sum_{S_{(k)}=0}^{\min\{S_{(k+1)},t_k-1-\sum_{i=k+1}^{N}S_{(i)}\}}$$

$$\cdots\sum_{S_{(1)}=0}^{\min\{S_{(2)},t_1-1-\sum_{i=2}^{N}S_{(i)}\}}\frac{N!}{\prod_{i=1}^{N}n_i!}\prod_{k=1}^{N}f(S_{(k)}) \tag{4.54}$$

式中:n_1为$S_{(1)},S_{(2)},\cdots,S_{(N)}$中与$S_{(1)}$相等的有序统计量的个数;$n_i(2\leqslant i\leqslant N)$为大于$S_{(i-1)}$但等于$S_{(i)}$的有序统计量的个数。

令

$$F(t_1,\cdots,t_k,\cdots,t_N)=\Pr\left\{\sum_{i=1}^{N}S_{(i)}<t_1,\cdots,\sum_{i=k}^{N}S_{(i)}<t_k,\cdots,S_{(N)}<t_N\right\} \tag{4.55}$$

则有

$$F(t_1+1,\cdots,t_k,\cdots,t_{N-1},t_N)=F(t_1,\cdots,t_k,\cdots,t_{N-1},t_N)+$$

$$\sum_{S_{(N)}=0}^{\min\{t_N,b\}}\sum_{S_{(N-1)}=0}^{\min\{S_{(N)},t_{N-1}-1-S_{(N)}\}}\cdots\sum_{S_{(k)}=0}^{\min\{S_{(k+1)},t_k-1-\sum_{i=k+1}^{N}S_{(i)}\}}$$

$$\cdots\sum_{S_{(1)}=\min\{S_{(2)},t_1-1-\sum_{i=2}^{N}S_{(i)}\}}^{\min\{S_{(2)},t_1-\sum_{i=2}^{N}S_{(i)}\}}\frac{N!}{\prod_{k=1}^{N}n_i!}\prod_{k=1}^{N}f(S_{(k)}) \tag{4.56}$$

$$F(t_1,\cdots,t_k+1,\cdots,t_{N-1},t_N)=F(t_1,\cdots,t_k,\cdots,t_{N-1},t_N)+$$

$$\sum_{S_{(N)}=0}^{\min\{t_N,b\}}\sum_{S_{(N-1)}=0}^{\min\{S_{(N)},t_{N-1}-1-S_{(N)}\}}\cdots\sum_{S_{(k)}=\min\{S_{(k+1)},t_k-1-\sum_{i=k+1}^{N}S_{(i)}\}}^{\min\{S_{(k+1)},t_k-\sum_{i=k+1}^{N}S_{(i)}\}}$$

$$\cdots\sum_{S_{(1)}=0}^{\min\{S_{(2)},t_1-1-\sum_{i=2}^{N}S_{(i)}\}}\frac{N!}{\prod_{k=1}^{N}n_i!}\prod_{k=1}^{N}f(S_{(k)}) \tag{4.57}$$

$$F(t_1,\cdots,t_k,\cdots,t_{N-1}+1,t_N)=F(t_1,\cdots,t_k,\cdots,t_{N-1},t_N)+$$

$$\sum_{S_{(N)}=0}^{\min\{t_N,b\}} \sum_{S_{(N-1)}=\min\{S_{(N)},t_{N-1}-1-S_{(N)}\}}^{\min\{S_{(N)},t_{N-1}-S_{(N)}\}} \cdots \sum_{S_{(k)}=0}^{\min\{S_{(k+1)},t_k-1-\sum_{i=k+1}^{N}S_{(i)}\}} \cdots \sum_{S_{(1)}=0}^{\min\{S_{(2)},t_1-1-\sum_{i=2}^{N}S_{(i)}\}} \frac{N!}{\prod_{k=1}^{N} n_i!} \prod_{k=1}^{N} f(S_{(k)}) \tag{4.58}$$

$$F(t_1,t_2,\cdots,t_k,\cdots,t_N+1) = F(t_1,t_2,\cdots,t_k,\cdots,t_N) + \sum_{S_{(N)}=t_N}^{\min\{t_N,b\}} \sum_{x_{(N-1)}=0}^{\min\{x_{(N)},t_{N-1}-1-S_{(N)}\}} \cdots \sum_{S_{(k)}=0}^{\min\{S_{(k+1)},t_k-1-\sum_{i=k+1}^{N}S_{(i)}\}} \cdots \sum_{S_{(1)}=0}^{\min\{S_{(2)},t_1-1-\sum_{i=2}^{N}S_{(i)}\}} \frac{N!}{\prod_{k=1}^{N} n_i!} \prod_{k=1}^{N} f(S_{(k)}) \tag{4.59}$$

如果 $t_1 \leqslant t'_1,\cdots,t_k \leqslant t'_k,\cdots,t_N \leqslant t'_N$ 且 $P_{\mathrm{F}}(t_1,\cdots,t_k,\cdots,t_N)$ 已知，则 $P_{\mathrm{F}}(t'_1,\cdots,t'_k,\cdots,t'_N)$ 可以通过式(4.54)~式(4.59)获得。

4.6.2 仿真实验及结果

考虑威布尔杂波和 Swerling II 目标模型。令传感器数 $N=4$，每个传感器的脉冲积累数 $M=16$，每脉冲参考单元数 $R=16$，融合中心总的虚警概率 $P_{\mathrm{ftot}}=10^{-6}$。在下面的讨论中，令 SCR_i 表示第 i 个传感器的信杂比并假设 SCR_1 是 $\mathrm{SCR}_1,\cdots,\mathrm{SCR}_4$ 中最大的一个。令 $w_k=N^{-1}$，权矢量 $\boldsymbol{W}$ 可记为 $\boldsymbol{W}_1=(0.25,0.25,0.25,0.25)$，可以求得 CSWF 的阈值矢量 $\boldsymbol{T}_1=(707,559,399,222)$。设威布尔分布的形状参数 $\alpha_i=1$，其概率密度函数如式(4.38)所示。CSF_1，CSF_2 和 CSF_3 的阈值可通过式(4.48)获得。DSF 的阈值也可以通过式(4.48)得到。所有的检测概率均通过 20000 次蒙特卡罗实验得到。

图 4.6 给出了 CSWF、DSF、CSF_1、CSF_2 和 CSF_3 在 4 个传感器的信杂比相等、1 个传感器的信杂比为 0 其余相等、2 个传感器的信杂比为 0 其余的相等、只有 1 个传感器的信杂比不为 0 这四种极端条件下的检测性能。在上述四种情况下，在上述五种融合规则中，最佳的融合规则分别是 DSF、CSF_1、CSF_2 和 CSF_3。当检测概率大于 0.5 小于 0.95 时，性能最差的融合算法相对于性能最好的融合算法的信杂比损失最少为 3.5dB，最大达到 8dB。在这四种极端情况下，总体性能最差的是 DSF 和 CSF_1。特别是在只有 1 个传感器的信杂比不为 0 时，只有 CSWF 和 CSF_3 性能较好，其他三种的检测性能损失是不能忍受的，如图 4.6(c)所示。在这五种融合算法中，CSWF 的检测性能总是处于第二位，

相对于性能最佳的融合算法的性能损失不超过0.7dB。除了在只有1个传感器的信杂比不为0时,CSWF相对于CSF_3的信杂比损失为0.7dB,其他情况下,在检测概率为0.9时,CSWF需要的信杂比比CSF_3分别低了2.3dB、4.0dB和5.2dB。总的来说,CSWF的检测性能比CSF_3好得多。

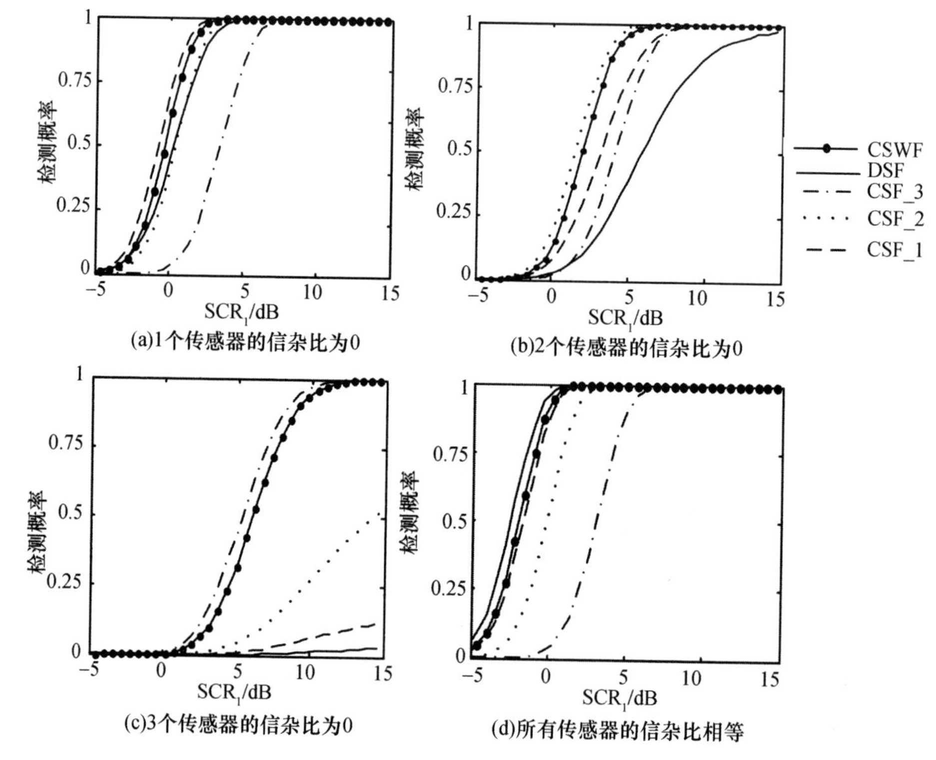

图4.6 四种极端情况下的检测性能

注:所有传感器分为两组,一组的信杂比与SCR_1相同,另一组的信杂比为0的。权矢量$\boldsymbol{W}_1=(0.25, 0.25, 0.25, 0.25)$。

在其他信杂比组合下,CSWF也具有良好的性能。图4.7给出了在各个传感器的信杂比保持固定的比例关系时各个融合算法的检测性能。与性能最好的融合准则相比,CSWF的信杂比损失在0.7dB以内。当各个传感器的信杂比差异不是很大时,如不大于10 dB,CSF_3的性能总是最差的。这可以从图4.7(b)、(d)看出。这也说明了,CSF_3的检测性能比检测系统所能达到的性能有很大的差距,而CSWF总是能提供稳健的检测性能。

下面考察不同的权矢量对CSWF的检测性能的影响。设$SCR_1,\cdots,SCR_4$是独立同分布的随机变量,均服从[−30dB, 15dB]区间上的均匀分布。通过蒙特卡罗仿真,可得最佳的CSWF权矢量$\boldsymbol{W}_2=(0.185, 0.383, 0.318, 0.114)$,而最佳

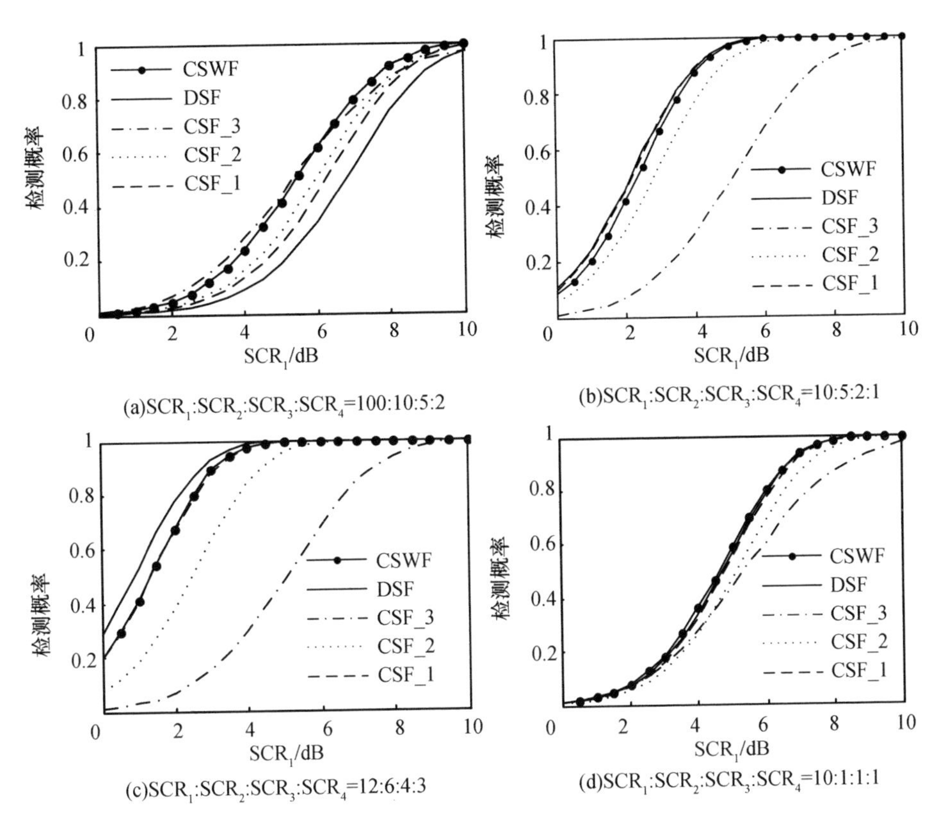

(a) $SCR_1:SCR_2:SCR_3:SCR_4=100:10:5:2$

(b) $SCR_1:SCR_2:SCR_3:SCR_4=10:5:2:1$

(c) $SCR_1:SCR_2:SCR_3:SCR_4=12:6:4:3$

(d) $SCR_1:SCR_2:SCR_3:SCR_4=10:1:1:1$

图 4.7　在不同的信杂比关系下的检测概率曲线

注：权矢量 $\boldsymbol{W}_1=(0.25,0.25,0.25,0.25)$。图中所示的信杂比之比是数值比而不是分贝比。

阈值 $\boldsymbol{T}_2=(711,557,397,223)$。图 4.8 给出了当 n 从 1 变化到 4 时 CSWF 在不同权矢量下的检测性能。图中 $n=k$ 表示 $4-k$ 个传感器的信杂比为 0，而其余 k 个传感器的信杂比相等且不为 0。随着信杂比不等于 0 的传感器数目的增加，CSWF 的检测概率也相应地增加。由于 w_k 越大，CSWF 在 $n=N-k+1$ 时检测概率就越高，所以，当 n 等于 1 和 4 时，权矢量为 $\boldsymbol{W}_1$ 时 CSWF 的检测性能优于权矢量为 $\boldsymbol{W}_2$ 时 CSWF 的检测性能；反之，在 n 等于 2 和 3 时，权矢量为 $\boldsymbol{W}_2$ 时 CSWF 的检测性能优于权矢量为 $\boldsymbol{W}_1$ 时 CSWF 的性能。从图 4.8 可以看出，它们之间的性能差距并不明显。在各个雷达的信杂比独立且均为 [−30dB, 15dB] 上的均匀分布时，经过 2 万次蒙特卡罗仿真，在 $\boldsymbol{W}_1$ 和 $\boldsymbol{W}_2$ 条件下 CSWF 的检测概率分别为 0.644、0.642。它们的性能非常接近，这也可以从 $\boldsymbol{T}_1$ 和 $\boldsymbol{T}_2$ 非常接近得出。因而，CSWF 的检测性能对于权矢量的变化并不是非常敏感，这也从另一方面说明了 CSWF 的稳健性。

下面假设各个传感器的信杂比的变化范围为 [−30dB, 15dB]。检测性能函

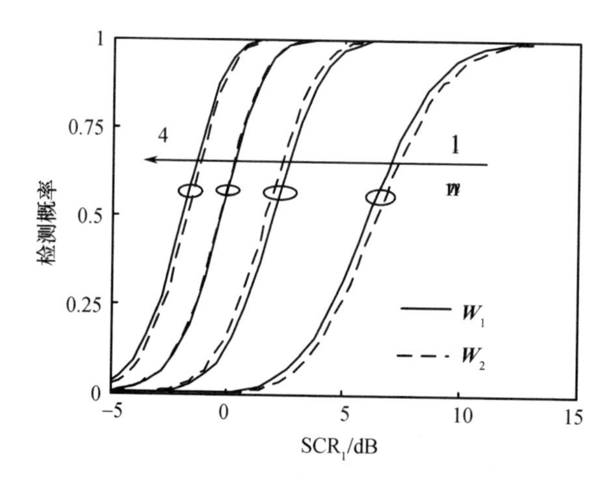

图 4.8　CSWF 在不同的权矢量下的检测概率

数 $\Phi(p)$ 也通过 20000 次蒙特卡罗实验获得，这样可保证在 $\Phi(p)\geqslant 0.1$ 时 $\Phi(p)$ 的估计值的相对偏差小于 3% 的置信度为 90%。检测性能函数曲线的仿真结果如图 4.9 所示。在这种条件下，CSWF 具有最好的性能。

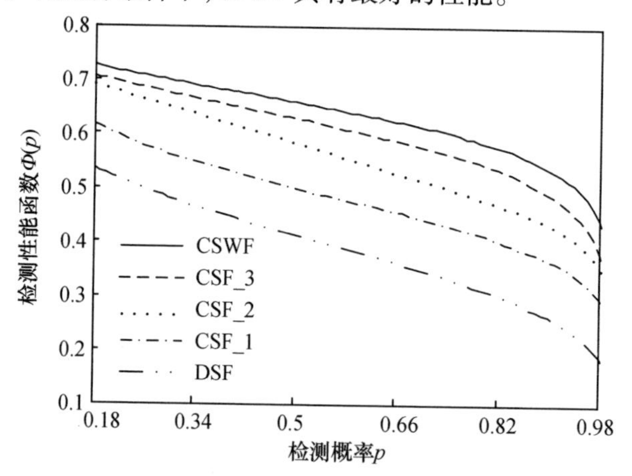

图 4.9　检测性能函数曲线

4.7　基于 Bootstrap 的分布式信号检测

相关杂波下，杂波的相关性对于非参数分布式信号检测器的虚警概率影响巨大。随着杂波相关性的增强，检测器的虚警概率会出现较大幅度的增加，因此，相关杂波下使用以上非参数分布式信号检测器都应该慎重。这促使人们寻找一种新的检测方法，以便能更好地控制相关杂波下检测器的虚警概率。

Bootstrap 作为一种统计方法,为解决小样本信号检测提供了很好的思路。其基本思想:通过对杂波样本数据做有放回的重复抽样,来获得多个不同的检测统计量,然后通过对这些检测统计量的处理来获得检测阈值,最后利用得到的检测阈值来完成检测。由于该方法不需要预先知道杂波或干扰的分布、相关系数等知识,因而具有良好的适应性。

Bootstrap 是美国统计学家 Efron 于 1979 年提出的[248],经过数十年的发展,该方法得到了极大的丰富和发展。例如:Hall[249]关于 Bootstrap 以及 Edgeworth 展开的工作;Efron 和 Tibshirani 关于 Bootstrap 在标准误的估计、各种复杂数据结构、回归分析、偏差估计、与 Jackknife 的对比、区间估计、置换检验、交叉验证等方面的相关理论和应用的著作[250];Shao 等关于 Jackknife 和 Bootstrap 理论和应用的著作[251];Davison 等关于 Bootstrap 方法和应用的著作[252];Lahiri 关于重抽样方法在非独立数据中应用的著作[253]。

Zoubir 和 Ong 等[254-261]将 Bootstrap 这种统计方法引入到信号处理当中,获得了一种基于 Bootstrap 的检测方法。他们主要是利用 Bootstrap 对一些典型的信号检测问题进行了研究,且这些研究只局限于单个传感器的目标检测。同时,由于单一的 Bootstrap 检测器的虚警概率要达到雷达系统所要求的 10^{-6} 的水平存在很大困难,而分布式信号检测允许局部传感器有较高的虚警概率,所以将 Bootstrap 检测引入到分布式信号检测系统中是可行的。

本节首先对 Bootstrap 检测器的检测原理和适用于相关数据下的 Moving Block Bootstrap 进行阐述,然后将 Moving Block Bootstrap 引入分布式信号检测中,详述基于局部二元判决的 Bootstrap 分布式检测(LBDDBD)和基于局部检测统计量的 Bootstrap 分布式检测(LTSDBD),并且对它们在相关威布尔分布、K 分布杂波下的虚警概率变化情况进行仿真分析。

4.7.1 基于 Bootstrap 的检测

Bootstrap 检测的基本思想:首先通过对杂波样本数据做有放回的重复抽样来获得多个不同的检测统计量,然后通过对这些检测统计量的处理来获得检测阈值,最后利用得到的检测阈值来完成检测。Bootstrap 检测原理框图[259]如图 4.10 所示。

设 M 为脉冲累计数,$X_i(i=1,\cdots,M)$ 为给定辨识单元中第 i 个脉冲回波信号,X_{0i} 为杂波回波,X_{1i} 为信号加杂波回波,$x_{ij}(j=1,\cdots,R)$ 为 X_i 的参考信号。基于 Bootstrap 信号检测的步骤如下:

(1) 计算检测统计量 $\hat{\theta}=\hat{\theta}(X_{1i})(i=1,\cdots,M)$。

(2) 计算检测阈值 T:

① 对于 $1\leqslant i\leqslant M, 1\leqslant j\leqslant R$,从杂波参考信号 x_{ij} 中随机选择 M 个杂波信号

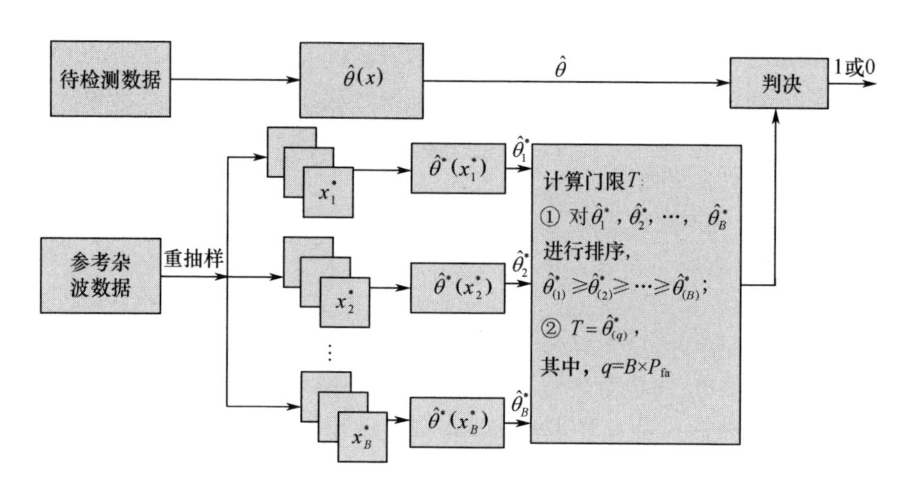

图 4.10　Bootstrap 检测原理框图

$x_1^*, x_2^*, \cdots, x_M^*$;

② 计算检测统计量 $\hat{\theta}_1^* = \hat{\theta}(x_i^*)(i=1,\cdots,M)$;

③ 重复步骤①和②,获得 $\hat{\theta}_1^*, \hat{\theta}_2^*, \cdots, \hat{\theta}_B^*$;

④ 对 $\hat{\theta}_1^*, \hat{\theta}_2^*, \cdots, \hat{\theta}_B^*$ 按照从大到小的顺序进行排序得到 $\hat{\theta}_{(1)}^* \geqslant \hat{\theta}_{(2)}^* \geqslant \cdots \geqslant \hat{\theta}_{(B)}^*$,得到 $T=\hat{\theta}_q^*$,其中 $q=B\times P_{\mathrm{fa}}$,$P_{\mathrm{fa}}$ 为检测器设定的虚警概率。

(3) 进行判决,如果 $\hat{\theta}\geqslant T$,则判决为 1 表示目标存在;否则,判决为 0,表示目标不存在。

该方法适用于杂波统计独立的情况,当杂波相关时,由于数据的相关性对于检测具有重要影响,因此需要考虑保持数据的相关性不被破坏。此时可以使用针对相关数据提出 Moving Block Bootstrap[260]。基于 Moving Block Bootstrap 目标检测的原理框图如图 4.11 所示。

Moving Block Bootstrap 检测能保留一定的数据相关性,利用该方法可以完成相关杂波下的目标检测。当然,与独立杂波下 Bootstrap 检测类似,该方法在实现 10^{-6} 虚警概率的检测时需要大量计算,浪费大量时间。为此,可以将 Moving Block Bootstrap 引入分布式信号检测系统中完成相应的检测,这样既可以降低局部检测器的计算量,又可以提高系统的检测性能。

在雷达杂波中检测 Swerling II 目标的问题,等价于如下的二元假设检验问题[5]:

$$\begin{cases} \mathrm{H}_0: X_i = c_i \\ \mathrm{H}_1: X_i = \sqrt{v_i^2 + c_i^2 + 2v_i c_i \cos(\theta_i - \phi_i)} \end{cases} \quad (i=1,2,\cdots,N) \tag{4.60}$$

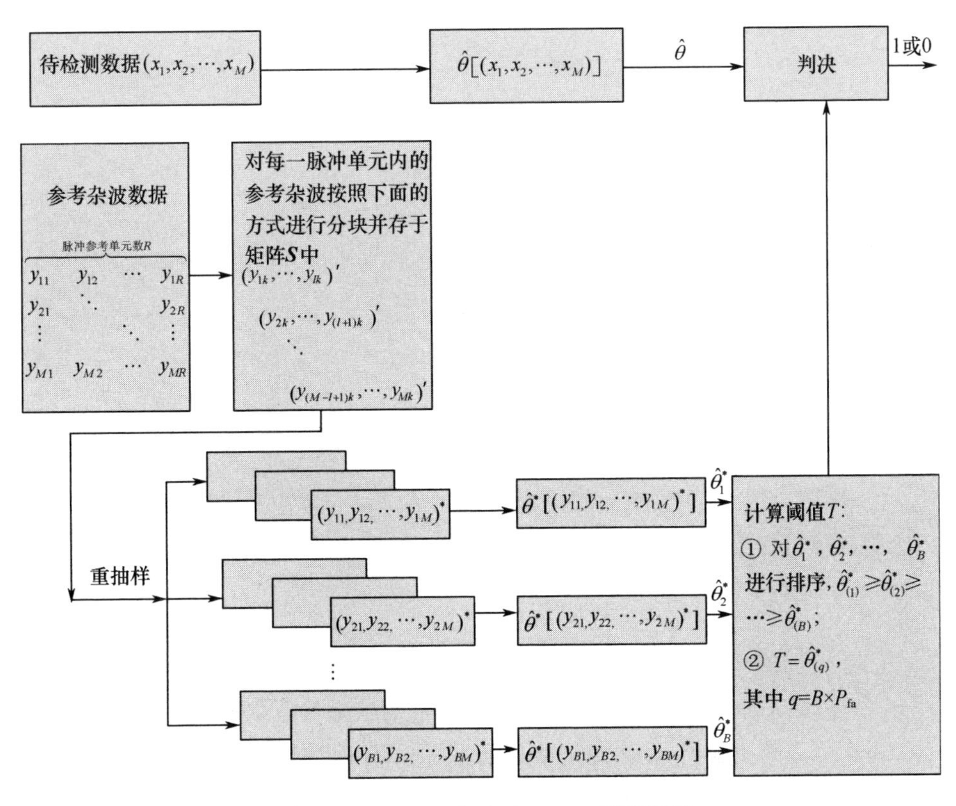

图 4.11　Moving Block Bootstrap 原理框图

式中：θ_i为相应的目标回波信号相位，ϕ_i为杂波相位，均服从$[0,2\pi]$上的均匀分布；c_i为相应的杂波包络；N为检测器的脉冲累积单元数；v_i为第i个脉冲的目标回波信号包络，v_i服从参数为λ的瑞利分布，即

$$f_{v_i}(v)=\frac{2v}{\lambda}\exp\left(-\frac{v^2}{\lambda}\right)\qquad(v>0,\lambda>0)\tag{4.61}$$

4.7.2　基于局部二元判决的分布式 Bootstrap 检测

假设分布式信号检测系统采用“N选k”融合准则，且假设局部传感器具有相同的检测性能，即$P_{di}=P_d$，$P_{fi}=P_f$。

基于局部二元判决的分布式 Bootstrap 检测的检测步骤如下：

（1）对于给定的全局虚警概率P_F计算局部传感器的虚警概率P_f。

（2）对于第i个传感器，完成如下所述的 Bootstrap 检验：

① 设定分块数据长度l；

② 将参考杂波序列$y_{i1k},y_{i2k},\cdots,y_{iMk}$按照

$$(y_{i1k},\cdots,y_{ilk})'$$
$$(y_{i2k},\cdots,y_{i(l+1)k})'$$
$$\ddots$$
$$(y_{i(M-l+1)k},\cdots,y_{iMk})'$$

生成 $M-l+1$ 个数据序列,其中 $1\leqslant k\leqslant R$;

③ 将②产生的 $R(M-l+1)$ 个数据序列存储于矩阵 $\boldsymbol{S}$;

④ 从 $\boldsymbol{S}$ 中随机选择 $|M/l|$ 数据序列,构成长度为 M 的 Bootstrap 重抽样序列 $y_{i1}^*,\cdots,y_{iM}^*$,利用该序列构成新的参考杂波单元;

⑤ 计算统计量 $T^* = \sum_{k=1}^{M} y_{ik}^*$;

⑥ 重复步骤④和⑤获得统计量序列 $T_1^*,T_2^*,\cdots,T_B^*$,其中 B 为 Bootstrap 重抽样次数,一般令 $B=[20/P_{\mathrm{f}}]$;

⑦ 将 $T_1^*,T_2^*,\cdots,T_B^*$ 按照降序排列得到 $T_{(1)}^*\geqslant\cdots\geqslant T_{(B)}^*$,当 $T>T_{(q)}^*$ 时,局部传感器判决目标出现,同时令 $u_i=1$,否则令 $u_i=0$,其中 $q=[P_{\mathrm{f}}\times B]$,$[\ \cdot\ ]$表示取整,$T=\sum_{j=1}^{M} x_{ij}$。

(3) 将局部传感器二元判决结果累积求和 $u=u_1+\cdots+u_N$。如果 $u\geqslant k$,则 $u_0=1$,判决结果是目标出现;否则,$u_0=0$,判决结果是目标未出现。

由于该方法不用预先知道杂波信息,所以其适应性很强。下面将对该分布式信号检测方法的检测性能进行分析。

首先,对 LBDDBD 与 LBDDGSD 在独立 K 分布下的检测性能进行仿真。图 4.12 反映的是两种检测器信杂比与检测概率之间的关系曲线。当累积脉冲数 $M=18$ 时,融合中心的虚警概率为 5.25×10^{-6};当累积脉冲数 $M=30$ 时,融合中心的虚警概率为 4.51×10^{-6}。从图 4.12 中可以看出:独立杂波下,基于局部二元判决的分布式 Bootstrap 检测器检测性能要比分布式广义符号检测器弱;达到相同的检测概率的情况下,前者要比后者损失大概 3dB 的信杂比。这说明基于局部二元判决的 Bootstrap 分布式检测器不适合应用在独立杂波环境下。

由于相关杂波下目标检测的一个难点就是虚警概率的控制问题,因此下面重点对基于局部二元判决的分布式 Bootstrap 检测器在相关 K 分布杂波下的虚警概率变化情况进行分析。将 LBDDGSD 与 LBDDBD 进行对比实验分析。两者都采用“5 选 4”的融合准则。仿真实验中融合中心的虚警概率设定为 10^{-6}。假设杂波数据是 m 相依的。图 4.13 为仿真实验中 K 分布相关杂波相关系数。从图 4.13 中可以发现,情况 1 至情况 4 杂波间的相关性不断增强,其中按情况 1 产生的杂波近似独立分布。

下面分析杂波形状参数对两检测器虚警概率的影响。K 分布杂波形状参数

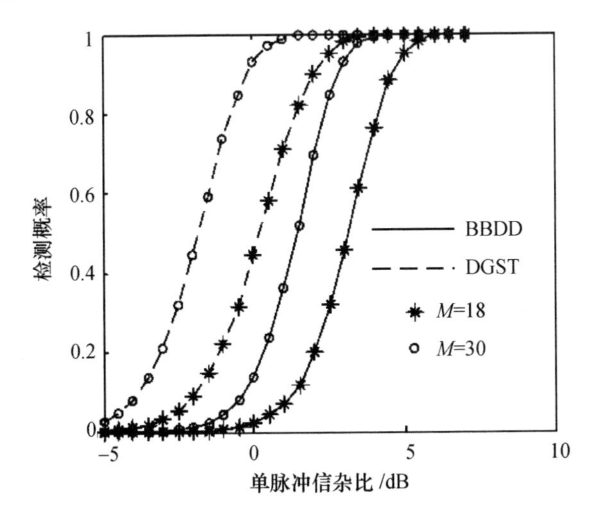

图 4.12　信杂比与检测概率关系曲线

注:BBDD 代表基于局部二元判决的分布式 Bootstrap 检测器,
DGST 代表基于局部二元判决的分布式广义符号检测器。

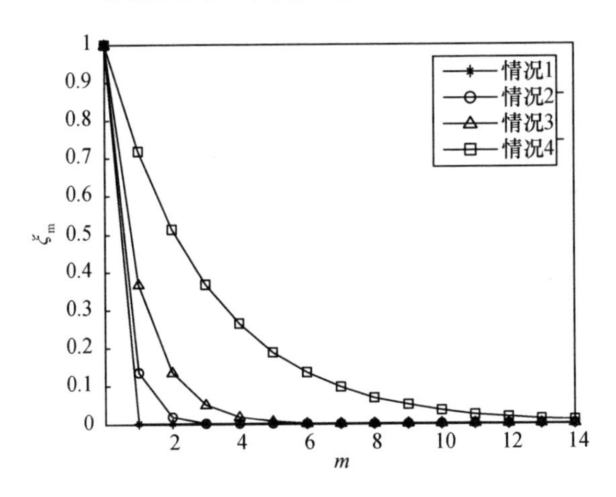

图 4.13　K 分布杂波相关系数

越小,其分布越偏离瑞利分布。图 4.14 是 K 分布杂波形状参数与虚警概率之间的关系曲线。局部检测器的脉冲累积单元数 $M=30$,每脉冲参考单元数 $R=20$,LBDDBD 的分块数据大小 $l=6$。从图 4.14 中可以发现,杂波间的相关性越强,LBDDBD 的虚警概率就越小于 LBDDGSD 的虚警概率。例如,在杂波相关性最强的情况 4 下,LBDDGSD 的虚警概率在 10^{-2}左右,而 LBDDBD 在 10^{-4}左右。在杂波相关性较明显的情况下,LBDDBD 的虚警概率控制能力优于 LBDDGSD。同时杂波形状参数的改变,对 LBDDBD 的虚警概率的影响很小。

脉冲累积单元数和每脉冲参考单元数是检测器中很重要的两个参数,下面

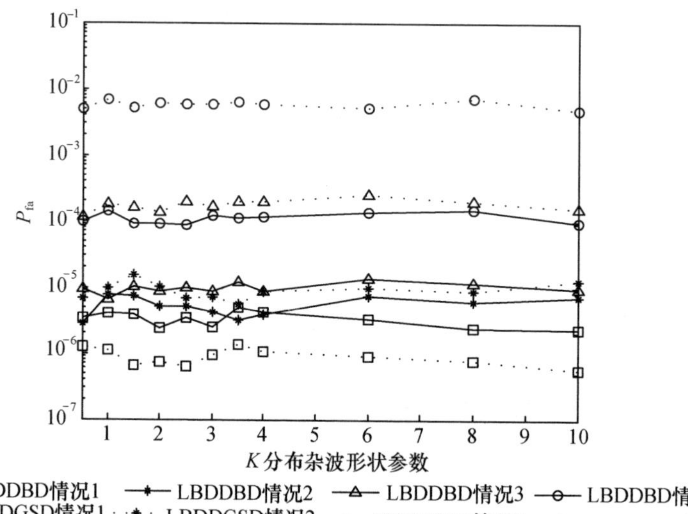

图 4. 14　杂波形状参数与虚警概率关系曲线

分析这两个参数对检测器虚警概率的影响。图 4. 15 反映的是脉冲累积单元数对检测器虚警概率的影响。杂波的形状参数为 0. 5,每脉冲参考单元数取 20。从图 4. 15 中可以发现,在杂波相关性不是很强的情况 1 到情况 3 下,LBDDBD 的虚警概率随着脉冲累积单元数的增加有略微下降的趋势,而在情况 4 下,虽然 LBDDBD 的虚警概率有所上升,但是上升幅度相对于 LBDDGSD 小很多。因此,增加脉冲累积单元数,在杂波相关性较弱的情况下,可以降低 LBDDBD 的虚警概率。但是,在杂波相关性较强的情况下,不能通过此法降低 LBDDBD 的虚警概率。图 4. 16 反映的是每脉冲参考单元数对检测器虚警概率的影响。杂波的形状参数为 0. 5,脉冲累积单元数取 18。从图 4. 16 中可以发现,增加每脉冲参考单元数会降低 LBDDBD 的虚警概率,杂波相关性越强,增加每脉冲参考单元数后 LBDDBD 的虚警概率降低幅度就越大。这是因为,LBDDBD 需要对杂波采样进行重抽样以估计检测阈值,越多的参考杂波单元,就能获得越详细的杂波信息,所以对检测阈值的估计也就越准确。因此,在计算条件允许的情况下,采用 LBDDBD 检测目标时,可适当增加每脉冲参考单元数,以获得更充分的杂波信息。但是 LBDDGSD 没有这种特性,增加每脉冲参考单元数反而会增加其虚警概率。

由于 LBDDBD 采用的是 Moving Block Bootstrap,因此数据块长度的大小对检测器的检测性能具有重要的影响。检测过程中,数据块长度过小会破坏杂波数据的相关性,而过大又会减少 Bootstrap 重采样可选数据块的个数,从而降低准确性,因此在选择分块数据长度时要折中考虑。已有文献对该问题未进行过

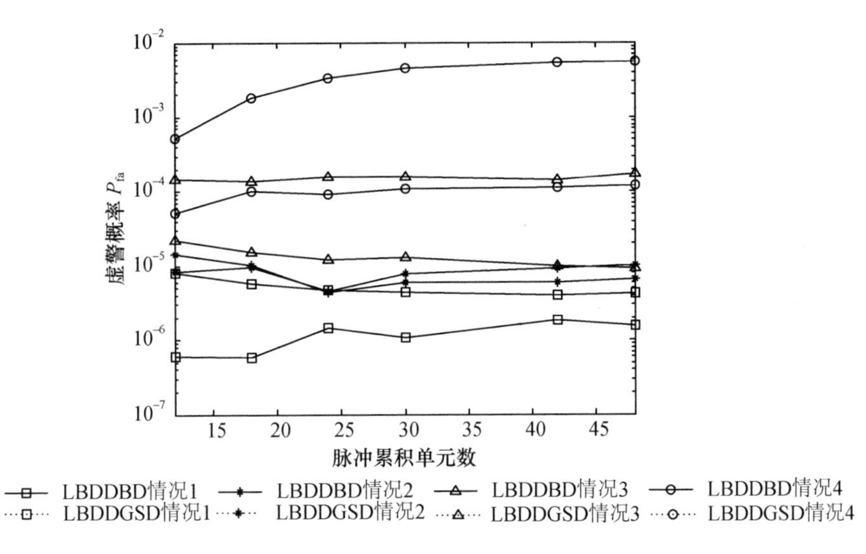

图 4.15　脉冲累积单元数与检测器虚警概率之间的关系曲线

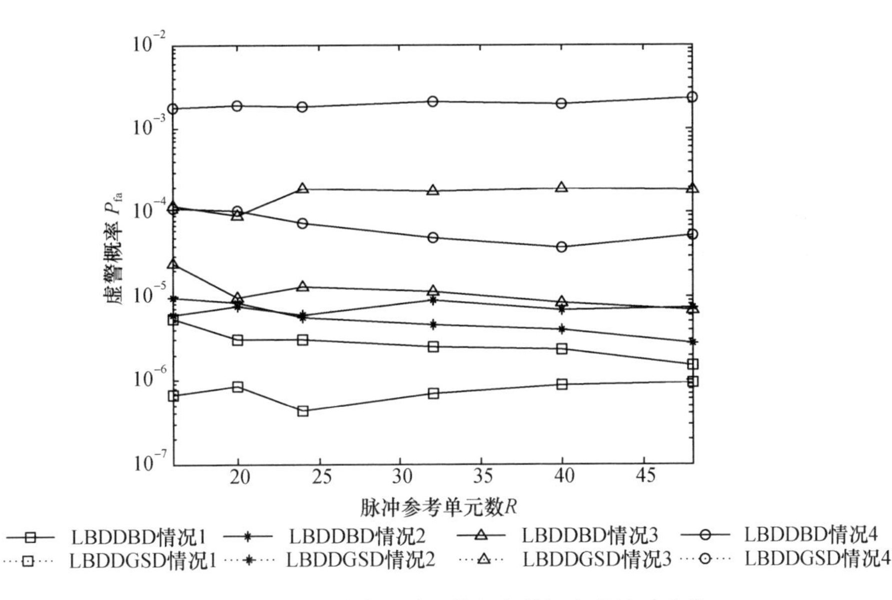

图 4.16　每脉冲参考单元数与虚警概率的关系曲线

详细研究,文献[260]中只提到可假设分块数据长度 $l = \left|\sqrt{M}\right|$。考虑到数据块长度的选择与数据相关性的长度有关,因此实验中另外选择 6 种杂波相关系数。这 6 种杂波相关系数遵循的原则是,从情况 1 到情况 6 杂波的相关性越来越强。在情况 1 到情况 4 杂波的相关长度小于脉冲累积单元数的长度,情况 5 和情况 6 中杂波的相关长度大于脉冲累积单元数的长度,如图 4.17 所示。

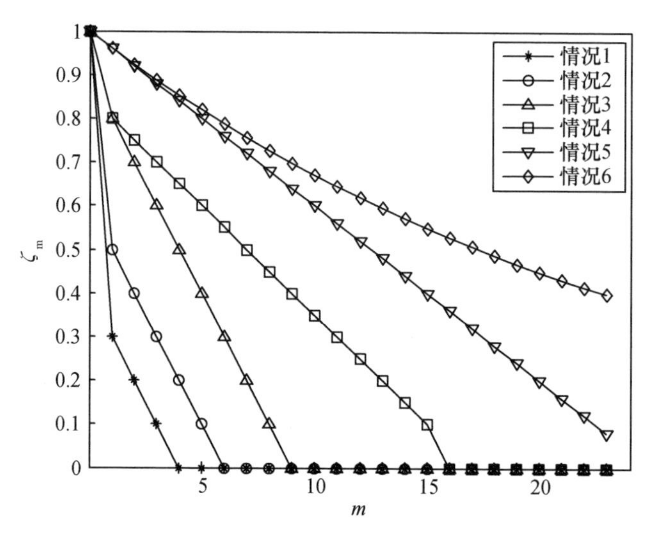

图 4.17 K 分布杂波相关系数

图 4.18 是数据块长度与虚警概率之间的关系曲线。从图 4.18 中可以看出,当杂波相关长度小于脉冲累积单元数时,数据块长度增加到一定的程度就不能降低检测器的虚警概率。这是由于分块数据长度一定时就能保证杂波的相关性不因数据分块而受到破坏,因此杂波的相关性对检测器的影响降到了最低。当杂波相关长度大于脉冲累积单元数时,应尽量增加分块数据长度,这样才能保证检测器的虚警概率尽量接近设计值。受篇幅限制,此处未列出其他脉冲累积单元数下分块数据长度与虚警概率之间的关系曲线,但实验结果与此相似。因此,实际使用中应充分考虑杂波的相关性,谨慎选择分块数据长度。

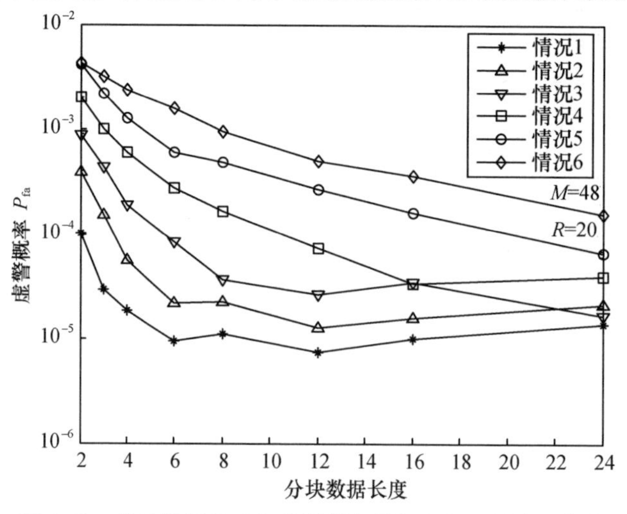

图 4.18 分块数据长度与检测器虚警概率之间的关系曲线

通过上面分析可以得出结论：在相关 K 分布杂波下，LBDDBD 的虚警控制能力优于 LBDDGSD；杂波形状参数的变化对 LBDDBD 的虚警概率影响不大；在计算条件允许的情况下，适当增加 LBDDBD 的每脉冲参考单元数可以更好地控制虚警概率；为保证 LBDDBD 的虚警概率接近指定值，应充分考虑杂波相关长度与脉冲累积单元数之间的大小关系，谨慎选择分块数据长度。

4.7.3　基于局部检测统计量的分布式 Bootstrap 检测

前面分析的是基于局部二元判决的分布式 Bootstrap 检测，通过实验分析可以看到，相对于 LBDDGSD，该方法在相关杂波下具有良好的恒虚警控制能力。但是局部检测器采用二元判决存在的问题是损失了一部分的局部检测信息。如果能利用好局部检测信息，就可改善分布式信号检测器的性能。下面研究 LTSDBD。该方法与 LBDDBD 的最大区别是对局部检测统计量和判决阈值的处理方式不相同。LBDDBD 传送到融合中心的是局部判决结果，即目标出现与否的结论，而 LTSDBD 传送到融合中心的是经过预处理的局部检测信息，因此，LTSDBD 利用了更多的局部检测信息，其检测性能在直观上应该是优于 LBDDBD。在分布式 Bootstrap 检测中，如果将局部检测统计量和局部判决阈值同时传送到融合中心，再在融合中心对这些量进行处理就构成了 LTSDBD。该方法的检测步骤如下：

（1）对于给定的全局虚警概率 P_F 计算局部传感器的虚警概率 P_f。

（2）对于第 i 个传感器，完成如下所述的 Moving Block Bootstrap 获得局部判决阈值和信号检测统计量。

① 设定分块数据长度 l；

② 将参考杂波序列 $y_{i1k}, y_{i2k}, \cdots, y_{iMk}$ 按照

$$(y_{i1k}, \cdots, y_{ilk})'$$
$$(y_{i2k}, \cdots, y_{i(l+1)k})'$$
$$\ddots$$
$$(y_{i(M-l+1)k}, \cdots, y_{iMk})'$$

生成 $M-l+1$ 个数据序列，其中 $1 \leqslant k \leqslant R$；

③ 将②产生的 $R(M-l+1)$ 个数据序列存储于矩阵 $\boldsymbol{S}$；

④ 从 $\boldsymbol{S}$ 中随机选择 $|M/l|$ 数据序列构成长度为 M 的 Bootstrap 重抽样序列 $y_{i1}^*, \cdots, y_{iM}^*$，利用该序列构成新的参考杂波单元；

⑤ 计算统计量 $T^* = \sum_{k=1}^{M} y_{ik}^*$；

⑥ 重复步骤④和⑤，获得统计量序列 $T_{1i}^*, T_{2i}^*, \cdots, T_{Bi}^*$，其中 B 为 Bootstrap 重抽样次数，一般令 $B = [20/P_f]$；

⑦ 将 $T_{1i}^*, T_{2i}^*, \cdots, T_{Bi}^*$ 按照降序排列得到 $T_{(1)}^* \geqslant \cdots \geqslant T_{(B)}^*$，获得局部检测器的判决阈值 $T_i^* = T_{qi}^*$ 和局部信号检测统计量 $S_i = \sum_{j=1}^{M} x_{ij}$，其中 $q = [P_f \times B]$，$[\cdot]$ 表示取整；

(3) 将局部判决阈值 T_i^* 和局部信号检测统计量 S_i 传送至融合中心，计算全局判决阈值 $T = \sum_{i=1}^{N} T_i^*$ 和检测统计量 $S = \sum_{i=1}^{N} S_i$。当 $S \geqslant T$ 时，判决目标出现；当 $S < T$ 时，目标未出现。

由于不需要预先知道杂波的分布参数等信息，因此该方法的适用性和 LBDDBD一样强。同时，由于获得了更多的局部检测信息，因此检测性能又优于 LBDDBD。下面对 LTSDBD 在相关 K 分布杂波下的虚警概率控制能力和检测性能进行分析，分析过程增加了基于局部检测统计量的分布式广义符号检测 (LTSDGSD) 进行对比，LTSDGSD 采用直接求和融合准则。图 4.19 是仿真实验中相关 K 分布杂波的相关系数。

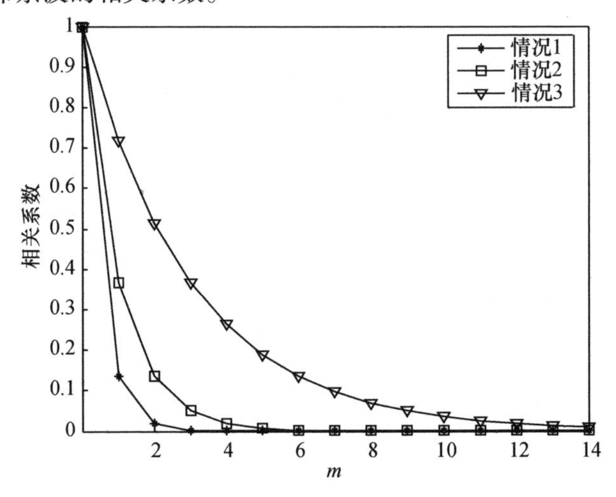

图 4.19　相关 K 分布杂波相关系数

受计算条件的限制，下面的仿真实验中，融合中心虚警概率 $P_F = 10^{-4}$，蒙特卡罗仿真实验次数为 10^6。相关 K 分布杂波形状参数为 0.5。LBDDBD 采用"3 选 2"融合准则。两种检测方法的分块数据长度 $l = 4$。为便于进行对比，LTSDGSD采用直接求和融合准则。图 4.20 是脉冲累积单元数与检测器虚警概率关系曲线。相关 K 分布杂波的形状参数为 0.5，每脉冲参考单元数 $R = 8$。从图 4.20 中可以发现，LTSDBD 的虚警概率总是小于 LBDDBD 的虚警概率，杂波相关性越强，两者之间的虚警概率差距越小。当杂波相关性不强（如情况 1）时，LTSDGSD 的虚警概率在脉冲累积单元数小于 24 时低于 LTSDBD 和 LBDDBD 的

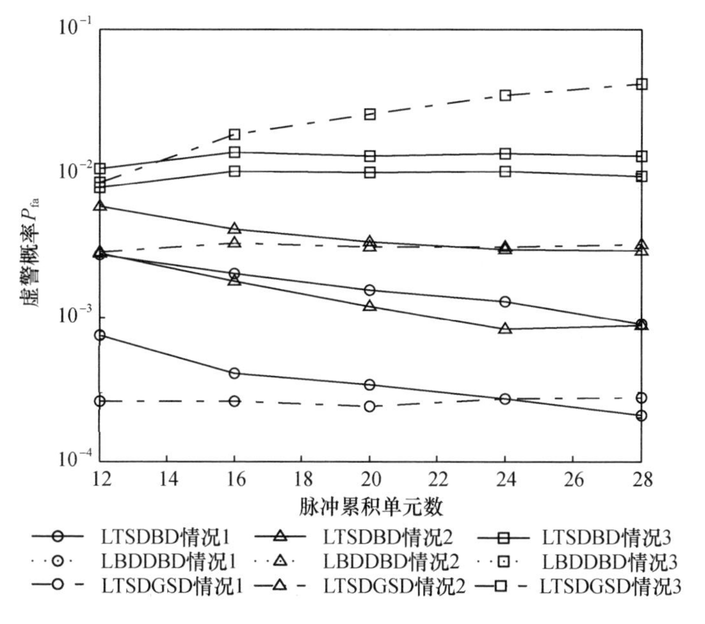

图 4.20　脉冲累积单元数与检测器虚警概率的关系曲线

虚警概率,增加脉冲累积单元数可以使 LTSDBD 的虚警概率低于 LTSDGSD 的虚警概率,又因为增加脉冲累积单元数在杂波相关性不强(如情况 1、情况 2)时会降低 LTSDBD 的虚警概率,因此总体上 LTSDBD 的虚警概率控制能力要强于 LTSDGSD 和 LBDDBD。图 4.21 是每脉冲参考单元数与检测器虚警概率之间的关系曲线。实验中脉冲累积单元数 $M=12$。从图 4.21 中可以发现,当每脉冲参考单元数高于 12 时,不管杂波的相关性如何,LTSDBD 的虚警概率控制能力都优于 LTSDGSD 和 LBDDBD。同时,由于增加每脉冲参考单元数使 LTSDBD 和 LBDDBD 获得了更多的杂波数据分块,因此对检测阈值的估计更加准确,从而降低了虚警概率,但是分布式广义符号检测器没有这一特性。

图 4.22 是相关 K 分布杂波下,LTSDBD 和 LBDDBD 的检测概率与信杂比之间的关系。脉冲累积单元数 $M=24$,每脉冲参考单元数 $R=16$。由于 LTSDBD 利用的是局部检测器的局部判决阈值和局部检测统计量,因此其检测性能在理论上要优于 LBDDBD。但是从图 4.22 中可以看出,只有当检测概率高于 0.4 时,LTSDBD 的检测性能才好于 LBDDBD,当信杂比比较低时,LBDDBD 的检测概率高于 LTSDBD。这是因为实验中 LTSDBD 的虚警概率为 1.2095×10^{-4},而 LBD-DBD 的虚警概率为 6.381×10^{-4}。可见,在小信杂比的情况下,虚警概率对检测器的影响导致了 LBDDBD 的检测概率高于 LTSDBD 的检测概率。

通过上面的分析不难发现:相关 K 分布杂波下,LTSDBD 的虚警概率控制能力总体上是强于 LBDDBD 和 LTSDGSD;增加脉冲累积单元数和每脉冲参考单元

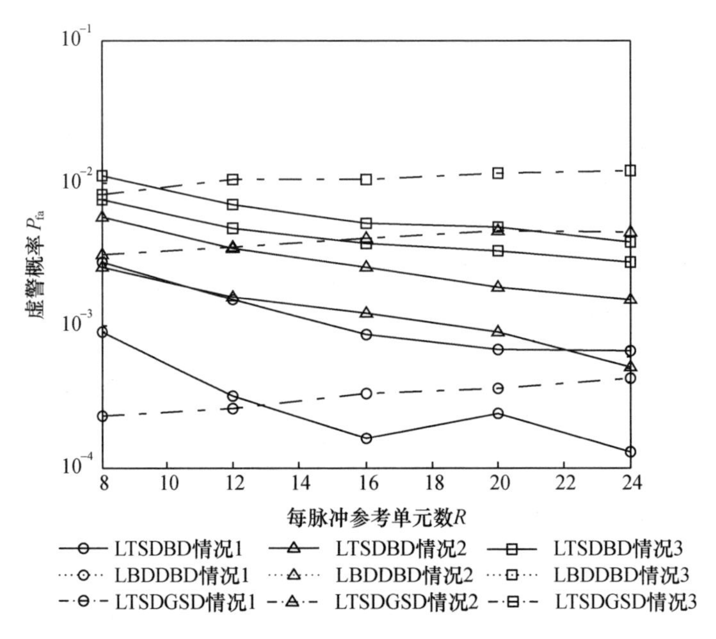

图 4.21 每脉冲参考单元数与检测器虚警概率关系曲线

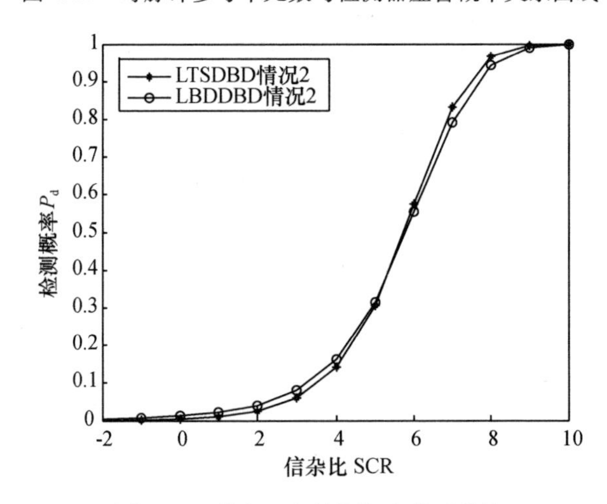

图 4.22 信杂比与检测概率关系曲线

注:LTSDBD 虚警概率 $P_{fa}=1.2095\times10^{-4}$,LBDDBD 虚警概率 $P_{fa}=6.281\times10^{-4}$。

数可以使 LTSDBD 具有更好的虚警概率控制能力;由于 LTSDBD 的虚警概率小于 LBDDBD 的虚警概率,导致小信杂比的情况下,LTSDBD 的检测概率小于 LBDDBD的检测概率,但是随着信杂比的升高,LTSDBD 的检测概率还是大于 LBDDBD 的检测概率。

目前,对分布式非参数信号检测的研究还处于初始阶段。非参数检测经过数十年的发展已经积累了大量的方法，如符号检验、Wilcoxon 检验、Fisher－Yates 检验、Normal Scores 检验、van der Waerden 检验、Spearman rho 检验、Kendal Tau 检验和置换检验（PT）等[6]。条件检验、核方法非参数概率密度函数估计等非参数技术为信号检测提供了许多方法。而现有的方法主要是基于符号检测器和 Wilcoxon 检测器设计的。将现有的非参数方法用于分布式信号检测，分析比较它们在各种情况下的性能，并根据实际问题的要求改进现有方案和提出新的分布式信号检测方案，都是需要深入研究的问题。

第5章 基于无线传感器网络的分布式信号检测

5.1 引 言

无线传感器网络由于诸多的优点得到了研究者的极大关注[143]。典型的无线传感器网络,由许多体积较小、价格较低的低功耗传感器组成,它们被放置在特定的环境中搜集信息。对无线传感器网络的研究包括多方面的内容[61, 63, 136, 144, 159, 160, 166, 262-282],其中,利用无线传感器网络构成的分布式信号检测系统的决策融合问题是本章研究的重点。

对于分布式信号检测系统而言,传统的做法是把融合中心的决策融合和局部传感器与融合中心的通信分开考虑[139],并认为局部传感器和融合中心间的通信是可靠的。但是对于无线传感器网络而言,由于局部传感器的能量和带宽的限制,采用提高局部传感器的发射功率或者利用高效的编码技术来保证通信的可靠性等方法并不总是可行的。为此,Chen 等[64, 157, 158]深入研究了局部传感器的判决结果通过无线衰落信道进行传输后的决策融合问题。他们采用的并行融合系统模型如图 5.1 所示,图中:u_k为第 k 个传感器的二元判决结果,h_k为信道增益,n_k为信道噪声,y_k为融合中心接收到的来自第 k 个传感器的经过信道衰落和噪声污染的观测信号。各个局部传感器独立地搜集和处理原始信号,进行局部判决并把判决结果通过衰落信道传送给融合中心。融合中心根据接收到的各个传感器的局部处理结果进行融合处理,做出目标是否存在的最终判决 u_0。

基于瞬时信道状态信息和局部传感器的性能指数(检测概率和虚警概率),Chen 等[64]给出了最优的基于似然比的融合准则。然而,对于资源受限的无线传感器网络而言,获得瞬时信道状态信息的代价可能过于高昂。为此,Chen 等[157, 158]又提出了基于信道统计量的似然比检验(LRT-CS)。显然,得到无线信道的统计分布比得到信道的瞬时增益代价要小得多。在只有信道统计分布和局部传感器性能指数信息时,LRT-CS 是最优的融合方法。

但是在实际的系统中,除非感兴趣的目标是合作目标,否则,局部传感器的

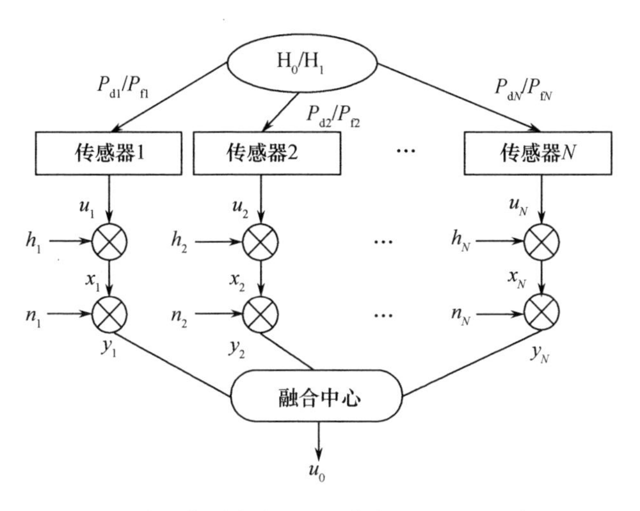

图 5.1　存在信道衰落和噪声条件下的并行融合模型

检测概率是很难事先确定的。采用 LRT - CS,必须先假设局部传感器的性能指数先验已知,在局部传感器实际的检测概率与系统设计时假设的检测概率存在差异时,LRT - CS 的检测性能就会恶化。对于 Nakagami 衰落信道而言,LRT - CS 需要计算无穷级数,复杂的计算也限制了它的实际应用。因此,本章给出了两种次优的融合准则。它们实现简单,在局部传感器的检测概率未知时,具有与 LRT - CS 类似的性能。

5.2　问题描述

本章研究图 5.1 所示的由 N 个传感器构成的并行分布式信号检测系统。假设各个传感器的观测是统计独立的。分别用 P_{fk} 和 P_{dk} 代表第 k 个传感器的虚警概率和检测概率。第 k 个传感器独自地搜集信息并做出自己的判决 u_k。如果 $u_k=1$,即它认为目标存在,则它向融合中心发送信号;若 $u_k=0$,即它认为目标不存在,则该传感器保持沉默。这种工作机制能够节约能量,在能量首先的无线传感器网络中很有优势[157]。融合中心接收到的来自第 k 个传感器的信道输出为

$$y_k=\begin{cases}n_k & (u_k=0)\\ h_k e^{j\phi_k}+n_k & (u_k=1)\end{cases} \tag{5.1}$$

式中:n_k 为实部和虚部的方差均为 σ_k^2 且均值为 0 的复高斯噪声。因此,$E[|n_k|^2]=2\sigma_k^2$,这里假设各个信道的噪声是统计独立的。Nakagami 衰落信道模型是常用的平衰落信道模型,其包络服从如下分布:

$$f(h_k)=2\frac{m^m}{\Omega^m\Gamma(m)}h_k^{2m-1}\exp\left(-\frac{mh_k^2}{\Omega}\right)\qquad (h_k\geqslant 0)\tag{5.2}$$

式中：$\Omega=E(h_k^2)$；$\Gamma(\cdot)$为 Γ 函数；m 为不小于 0.5 的形状参数，用来建模不同的信道状况（当 $m=1$ 时，Nakagami 信道就成了瑞利信道）。

融合中心利用 $y_k(k=1,\cdots,N)$ 做出目标有无的最终判决。

令 $z_k=|y_k|^2$，即接收机采用平方律检波。在 Nakagami 衰落信道下，有[157]

$$\begin{cases}p(z_k\mid u_k=0)=\dfrac{1}{2\sigma_k^2}\mathrm{e}^{-\frac{z_k}{2\sigma_k^2}}\\[2ex] p(z_k\mid u_k=1)=\dfrac{1}{\Gamma(m)}\left(\dfrac{m}{\Omega}\right)^m\dfrac{\exp\left(-\dfrac{z_k}{2\sigma_k^2}\right)}{2\sigma_k^2}\displaystyle\sum_{i=0}^{\infty}\dfrac{(i+m-1)!z_k^i(2\sigma_k^2)^{m-i}}{(i!)^2(1+2\sigma_k^2m\Omega^{-1})^{i+m}}\end{cases}\tag{5.3}$$

5.3 基于信道统计量的似然比检验

Chen 等[157, 158]提出的 LRT-CS，即

$$\Lambda_{\text{LRT-CS}}=\sum_{k=1}^{N}\log\left(\frac{P_{\mathrm{d}k}p(z_k\mid u_k=1)+(1-P_{\mathrm{d}k})p(z_k\mid u_k=0)}{P_{\mathrm{f}k}p(z_k\mid u_k=1)+(1-P_{\mathrm{f}k})p(z_k\mid u_k=0)}\right)\tag{5.4}$$

在信道信噪比趋近于 0 时，可以得到式（5.4）的一个近似形式，Chen 称为 ED（Energy Detector）[157]，即

$$\Lambda_{\mathrm{ED}}=\sum_{k=1}^{N}z_k\tag{5.5}$$

其实，ED 就是直接求和融合，即 SUM 融合，为了上下文的一致，这里 ED 改称为 SUM。

SUM 明显的缺点是，如果部分 z_k 只含有噪声，直接相加的结果就是增加了噪声的功率，从而使总的信噪比降低，这会导致检测系统总的检测概率降低。由于局部传感器向融合中心传送的信号中存在一定的虚警信息，为了在融合中心进行融合处理时保持系统总的虚警概率，在新算法的设计中，还要把以较大概率来自局部传感器的虚警数据剔除。

5.4 基于删除的混合融合

5.4.1 算法描述

融合中心接收到的来自各个传感器的信号 $z_1,z_2,\cdots,z_N$ 可能来自三种情况，

即信道噪声、局部传感器的虚警和局部传感器正确判决出目标存在。前两种都是对融合中心的判决有损害的,因此必须尽可能地减小它们的影响。

首先,利用各个信道的噪声功率对信号 $z_1,\cdots,z_N$ 进行归一化,这样,纯噪声的信道输出就变形为标准的指数分布。归一化后结果记为

$$x_k = \frac{z_k}{2\sigma_k^2}(k=1,\cdots,N) \tag{5.6}$$

其次,将 $x_1,x_2,\cdots,x_N$ 从小到大排序,结果记为

$$x_{(1)} < x_{(2)} < \cdots < x_{(N)} \tag{5.7}$$

由于假设各个信道的噪声是独立高斯噪声,在局部传感器不发送信号条件下,经过平方律检波和归一化后,$x_1,\cdots,x_N$ 变为独立同分布的指数分布。一般来讲,信号加噪声的幅度比纯噪声的幅度高的概率要大于比纯噪声的幅度低的概率,所以,经过排序后,序值最高的几个有序统计量是最有可能来自局部传感器的虚警的。为了消除局部传感器虚警的影响,只需删除若干个序值最大的有序统计量。但是这些有序统计量更有可能是来自局部传感器正确判决的结果,因此必须进行折中处理。如果某一个有序统计量来自局部传感器虚警的概率大于融合中心所容许的虚警概率或者差不多,则从控制虚警率的角度考虑,排除这些数据是合理的。设融合中心所容许的虚警概率为 P_{fa},则可以把局部传感器的虚警的出现概率大于 P_{fa} 的数据丢弃掉。

令 $\alpha_{\mathrm{f}k}$ 表示在目标不存在的条件下至少有 k 个传感器做出目标存在的判决的概率。当局部传感器的虚警概率相等且都等于 P_{flocal} 时,有

$$\alpha_{\mathrm{j}k} = \sum_{j=k}^{N} \frac{N!}{(N-j)!j!} P_{\mathrm{flocal}}^{j} (1 - P_{\mathrm{flocal}})^{N-j} \tag{5.8}$$

则删除的最大有序统计量的数目为

$$L_{\mathrm{u}} = \sum_{k=1}^{N} 1_{(P_{\mathrm{fa}},\infty)}(\alpha_{\mathrm{f}k}) \tag{5.9}$$

再次,消除纯信道噪声数据的影响。在各个信道的噪声独立同分布条件下,纯噪声数据取最低序值的概率是最高的。因此,只需找出这些数据即可。为此,要利用一些关于局部传感器检测概率的先验知识,尽管局部传感器的检测概率的确切知识是先验未知的,但是像至少有 60% 的传感器能同时观测到目标这样的一般性信息也是存在的。如至少有 60% 的传感器能同时观测到目标,则此时可以将序值最小的 40% 的有序统计量删除。

删除了 L_{u} 个最大的有序统计量和 L_{d} 个最小有序统计量的之后,剩余的有序统计量为

$$x_{(L_{\mathrm{d}}+1)} < x_{(L_1+1)} < \cdots < x_{(N-L_{\mathrm{u}})} \tag{5.10}$$

对于这组数据,采用如下融合准则:

$$D_1 + D_2 \underset{\text{目标不存在}}{\overset{\text{目标存在}}{\substack{\geqslant \\ <}}} 1 \tag{5.11}$$

式中

$$D_1 = \begin{cases} 1 & \left(d_1 = \sum_{k=L_d+1}^{N-L_u} x_{(k)} > T_1\right) \\ 0 & \left(d_1 = \sum_{k=L_d+1}^{L_u-1} x_{(k)} \leqslant T_1\right) \end{cases}; \quad D_2 = \begin{cases} 1 & (d_2 = x_{(N-L_u)} > T_2) \\ 0 & (d_2 = x_{(N-L_u)} \leqslant T_2) \end{cases}$$

这种方法称为基于删除的混合融合(CMF)准则。通过删除以较大的概率来自局部传感器虚警的信道输出和来自信道噪声的信道输出,CMF 获得了具有较高质量的数据,通过对这些数据的混合处理,增加了它们对局部传感器检测概率变化的适应能力。

5.4.2 检测阈值的确定

式(5.11)所确定的融合准则有两个判决阈值,即 T_1 和 T_2。CMF 事实上是两种检测器检测结果的逻辑 OR 运算,只要有一个检测器认为目标存在,融合中心就认为目标存在。若 $x_{(L_1)}$,,…,$x_{(L_2)}$ 全部是来自局部传感器正确判决的结果,则 D_1 优于 D_2;若只有 $x_{(L_2)}$ 是来自目标的正确判决的结果,则 D_2 优于 D_1。其余情况介于这二者之间。而实际情况是先验未知的,因此最稳妥的办法是令 D_1 和 D_2 单独检测时虚警概率相同。

由于难以得到融合中心的虚警概率 P_{fa} 与检测阈值 T_1 和 T_2 的解析关系,这里采用仿真的方法来确定合适的检测阈值。其中包含两个关键问题:一是在给定 D_1、D_2 的虚警概率的条件下如何寻找 T_1、T_2;二是给定 T_1、T_2 条件下融合中心虚警概率的求解。这两个问题解决后,就可以采用二分法来寻找合适的阈值。第二个问题很容易解决,下面给出针对第一个问题的解决方法。

设 $D_k(k=1,2)$ 的虚警概率为 P_{fD_k},为寻找满足虚警概率要求的阈值,首先仿真产生 n 个与 d_k 同分布的独立样本,将它们从小到大排序:

$$d_{k(1)} \leqslant d_{k(2)} \leqslant \cdots \leqslant d_{k(n)} \tag{5.12}$$

若令阈值因子 $t_k = d_{k(l)}$ 且满足($l > n - l$),设

$$\hat{P}_{fD_k} = \Pr(d_k \geqslant d_{k(l)}) \tag{5.13}$$

则有

$$E[\hat{P}_{\mathrm{f}D_k}] = (n+1-l)(n+1)^{-1} \tag{5.14}$$

$$\mathrm{var}(\hat{P}_{\mathrm{f}D_k}) = \frac{l(n+1-l)}{(n+1)^2(n+2)} \tag{5.15}$$

$$\delta = \frac{\sqrt{\mathrm{var}(\hat{P}_{\mathrm{f}D_k})}}{E[\hat{P}_{\mathrm{f}D_k}]} = \left(\frac{l}{(n+1-l)(n+2)}\right)^{1/2} \tag{5.16}$$

根据精度δ以及$(l>n-l)$,就可以确定出相应的n和l。在算法仿真中均设定$\delta \leqslant 0.1$。

5.4.3 仿真实验及结果

为了便于评估CMF的性能,下面给出在同样条件下LRT-CS、LRT-CS-nominal和SUM的检测性能。LRT-CS-nominal是指在局部传感器的检测概率假定为某一数值时的LRT-CS。局部传感器实际的检测概率很可能与设定值是不一致的,通过LRT-CS-nominal可以看出LRT-CS在实际环境中的性能,也可以看出CMF与LRT-CS的差异。SUM给出了现有的简单易行的融合算法的性能,通过它可以看出CMF的性能改善程度。在下面分析中,假设局部传感器的虚警概率为0.05,融合中心的虚警概率为0.01。由式(5.9)可得$L_{\mathrm{u}}=2$。设Nakagami衰落信道的形状参数$m=2$。假定至少有60%的传感器能同时发现目标,则此时可以将序值最小的40%的有序统计量删除,即$L_{\mathrm{d}}=3$,CMF删除最小的三个有序统计量。事实上,CMF实际利用的只有$x_{(4)}$、$x_{(5)}$和$x_{(6)}$这三个有序统计量。

首先研究在各个无线信道的噪声功率和信道参数均相同条件下,当局部传感器的检测概率发生变化时上述四种融合算法的检测性能。仿真结果如图5.2所示。图中LRT-CS-nominal假设的局部传感器的检测概率均为0.5,λ为无线信道的信噪比。图5.2(a)中局部传感器的检测概率为0.1或0.5;图5.2(b)中局部传感器的检测概率为0.1或0.8。可以看出,在信道信噪比$\lambda=$0dB时,SUM和LRT-CS-nominal的检测性能几乎相等,这是因为SUM是LRT-CS小信噪比下的近似。CMF的检测性能虽然比它们差,但检测概率比它们只低了大约0.02。当信道信噪比$\lambda=10$dB,CMF虽然比LRT-CS-nominal的检测性能差,但它们的检测概率之差小于0.03,而此时CMF的检测概率比SUM的检测概率有了最高达0.25的提高。因此,在信道信噪比较高时,CMF的检测性能比SUM要高得多,在下面的蒙特卡罗仿真中不再考虑SUM算法。

其次假设各个信道的信道噪声功率见表5.1所列。此时各个融合算法的检测概率随局部传感器检测概率的变化情况如图5.3所示。

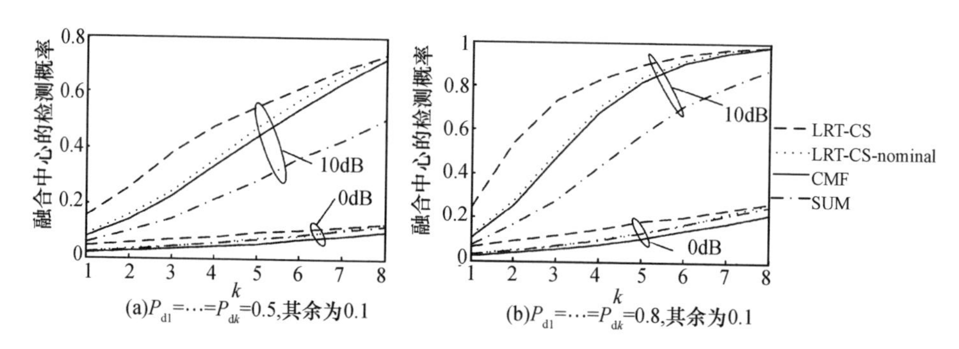

图 5.2 融合算法检测概率随局部传感器的检测概率的变化

表 5.1 各个 Nakagami 衰落信道的噪声功率

$2\sigma_2{}^1$	$2\sigma_2{}^2$	$2\sigma_3^2$	$2\sigma_4^2$	$2\sigma_5^2$	$2\sigma_6^2$	$2\sigma_7^2$	$2\sigma_8^2$
2	2	8	8	18	18	32	32

由图 5.3 可以看出，当 $\lambda=10$ dB 时，CMF 和 LRT – CS – nominal 具有类似的性能。比较它们的检测概率可知，差异在 0.04 以内，随着信道信噪比的降低，CMF 与 LRT – CS – nominal 的差距变大，$\lambda=6$dB 时 CMF 的检测概率最多比 LRT – CS – nominal 低 0.05，当 $\lambda=2$dB 时，这种差距最大达到 0.07。

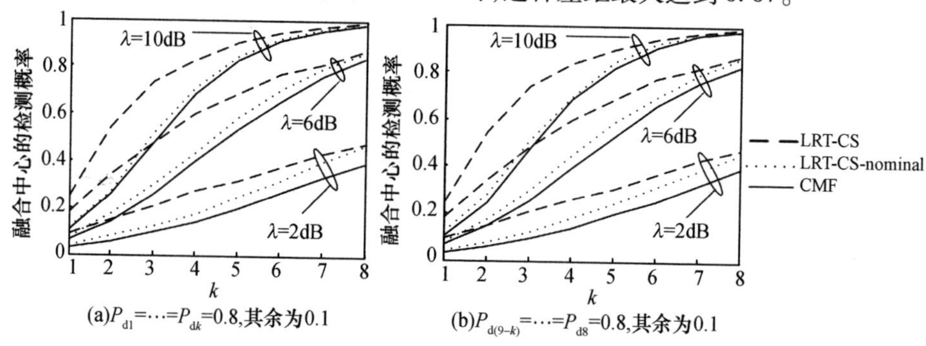

图 5.3 信道噪声功率不相同条件下融合算法检测性能

当 LRT – CS – nominal 的检测概率大于 0.5 时，比较 CMF 与 LRT – CS – Nominal 的检测概率，发现它们的差距都在 0.05 以内。当然，这些结果是在给定的条件下得出的，但是从这些结果中可以看出，CMF 的检测性能和局部传感器的检测概率未知时的 LRT – CS 的检测性能接近，且信道信噪比越高，它们的检测概率差异就越小。这在实际中是很重要的，因为当信道信噪比为 2dB 时，即使每个传感器的检测概率都为 0.8，理想的 LRT – CS 检测时融合中心的检测概率也可能不到 0.5，这当然是不可接受的。对于分布式信号检测而言，局部传感器的判决被它与融合中心的不可靠通信大打折扣，这从系统设计的角度讲也是不可接受的。考虑到 LRT – CS 需要复杂的运算并且在局部传感器的检测概率未知时 CMF 具有和 LRT－CS 接近的性能,在实际中完全可以用 CMF 取代 LRT－CS。

5.5　基于同指数分布检验的删除求和融合

5.5.1　算法描述

在融合 $z_1,\cdots,z_N$时,三种情况是必须考虑的:一是 z_k可能来自第 k 个传感器的虚警;二是 z_k 可能来自于信道噪声;三是 z_k来自于第 k 个传感器的正确判决。前两种情况对于融合是有害的,因为它们并不包含目标的信息。如果能够选择那些以高概率来自局部传感器正确判决的信号进行求和融合,它会优于 SUM。高质量数据的挑选方法如下:

首先,利用第 k 个传感器对应的信道噪声功率 $2\sigma_k^2$归一化 z_k,得

$$x_k = \frac{z_k}{2\sigma_k^2} \tag{5.17}$$

显然,当第 k 个传感感器的判决为 H_0时,x_k服从具有如下概率密度函数的指数分布:

$$f_E(x) = e^{-x}(x \geqslant 0) \tag{5.18}$$

x_k的累积分布函数为

$$F_E(x) = 1 - e^{-x}(x \geqslant 0) \tag{5.19}$$

其次,将 $x_1,x_2,\cdots,x_N$从小到大排序,并记为 $x_{(1)} \leqslant x_{(2)} \leqslant \cdots \leqslant x_{(N)}$。令 α_{fk}表示在 H_0成立条件下至少有 k 个传感器的局部判决是支持 H_1 成立的概率。若各个传感器的局部虚警概率均为 P_{flocal},则有

$$\alpha_{fk} = \sum_{j=k}^{N} \frac{N!}{j!(N-j)!} P_{flocal}(1 - P_{flocal})^{N-j} \tag{5.20}$$

若 α_{fk}大于融合中心的虚警概率,则最大的 k 个有序统计量来自局部传感器虚警的概率也可能比融合中心所允许的虚警概率高。因此,在融合中心进行融合时,从控制虚警率的角度出发,将 k 个最大的有序统计量丢弃是合理的。令 L 为丢弃掉一些最大有序统计量后剩余的统计量的数目,则有

$$L = \sum_{k=1}^{N} 1_{[0,P_{fa})}(\alpha_{fk}) \tag{5.21}$$

当局部传感器的虚警概率 $P_{flocal} = 0.05$ 且融合中心所允许的虚警概率 P_{fa}为 0.01 时,α_{fk}的数值见表 5.2。显然应该丢弃掉 $x_{(N)}$与 $x_{(N-1)}$。和 H_0成立时相比,在 H_1成立时,$x_{(N)}$和 $x_{(N-1)}$更有可能来自目标,丢弃它们将会损失有用信息。然而,由于这些数据的加入会明显地抬高融合中心的阈值,它反过来也会降低融合

中心的检测概率,两者之间需要一定的折中。

表 5.2 局部传感器虚警率等于 0.05 时 α_{fk} 的数值

α_{f1}	α_{f2}	α_{f3}	α_{f4}	α_{f5}	α_{f6}	α_{f7}	α_{f8}
0.34	0.057	0.0058	3.7×10^{-4}	1.5×10^{-5}	4.0×10^{-7}	6.0×10^{-9}	3.9×10^{-11}

如果 x_k 来自信道噪声,把它和其余数据相加会增加噪声的功率。实际上,发现目标的传感器的数目是随机的。首先假设 $x_{(1)}$ 是来自具有式(5.18)所示指数分布的有序统计量。如果 $x_{(k)}\,(k>1)$ 来自同一分布,而且 $x_{(k)}-x_{(1)}>t_k$ 是一个小概率事件。若事件 $x_{(k)}-x_{(1)}>t_k$ 发生,则 $x_{(k)}$ 和 $x_{(1)}$ 不是来自同一分布。事件 $x_{(k)}-x_{(1)}>t_k$ 发生的概率为

$$\begin{aligned}\delta_k &= \Pr(x_{(k)}-x_{(1)}>t_k)\\ &= \frac{(N-1)!}{(N-k)!(k-2)!}\sum_{s=0}^{k-2}\frac{(-1)^s}{N-k+s+1}\frac{(k-2)!}{s!(k-2-s)!}\left(1-\mathrm{e}^{-t_k(N-k+s+1)}\right)\end{aligned} \tag{5.22}$$

如果存在 $x_{(k)}$ 使 $x_{(k)}-x_{(1)}>t_k$ 成立,则可找出最小的 k 值并记为 $k_{\min}$,此时融合中心的检验统计量为

$$d_{k_{\min}} = \sum_{j=k_{\min}}^{L} x_{(j)} \tag{5.23}$$

如果没有 $x_{(k)}$ 使 $x_{(k)}-x_{(1)}>t_k$ 成立,则令 $k_{\min}=1$。这一事实表明,可能不存在 $x_{(k)}$ 来自信道噪声。因而,将它们加起来是一个好的选择。$k_{\min}$ 可能取 1,2,…,L 中的任意值。因此,融合中心应该事先确定 L 个检测阈值。

最终的判决规则为

$$d_{k_{\min}} \underset{\text{目标不存在}}{\overset{\text{目标存在}}{\underset{<}{\geqslant}}} T_{k_{\min}} \tag{5.24}$$

该算法的核心在于,利用了局部传感器的判决为 0 时信道输出经平方律检波和噪声方差归一化后服从指数分布这一特性,通过判断是否服从指数分布来选择合适的数据,因而称为基于同指数分布检验的删除求和融合(CSF-TIED)。

下面给出式(5.22)的推导。

令 $w_{rs}=x_{(s)}-x_{(r)}$,则 w_{rs} 的概率密度函数为[283]

$$\begin{aligned}f_{w_{rs}}(w) = C_{rs}\int_{-\infty}^{\infty} & F_E^{r-1}(x)f_E(x)\left[F_E(x+w_{rs})-F_E(x)\right]^{s-r-1}\times\\ & f_E(x+w_{rs})\left[1-F_E(x+w_{rs})\right]^{N-s}\mathrm{d}x\end{aligned} \tag{5.25}$$

令

$$C_N^{rs}=\frac{N!}{(r-1)!\ (s-r-1)!\ (N-s)!}$$

将式(5.18)和式(5.19)代入式(5.25),可得

$$\begin{aligned}
f_{w_{rs}}(w) &= C_N^{rs}\int_0^{\infty}(1-e^{-x})^{r-1}e^{-x}(e^{-x}-e^{-(x+w)})^{s-r-1}e^{-(x+w)}(e^{-(x+w)})^{N-s}dx\\
&= C_N^{rs}\int_0^{\infty}(1-e^{-x})^{r-1}e^{-(s-r)x}(1-e^{-w})^{s-r-1}e^{-(N-s+1)x}e^{-(N-s+1)w}dx\\
&= C_N^{rs}0\int_{-\infty}^{\infty}(1-e^{-x})^{r-1}e^{-(s-r)x}(1-e^{-w})^{s-r-1}e^{-(N-s+1)x}e^{-(N-s+1)w}dx\\
&= C_N^{rs}e^{-(N-s+1)w}(1-e^{-w})^{s-r-1}\int_0^{\infty}(1-e^{-x})^{r-1}e^{-(N-r+1)x}dx\\
&= C_N^{rs}e^{-(N-s+1)w}(1-e^{-w})^{s-r-1}\int_0^{\infty}-(1-e^{-x})^{r-1}e^{-(N-r)x}de^{-x}\\
&= C_N^{rs}e^{-(N-s+1)w}(1-e^{-w})^{s-r-1}\int_0^{1}(1-y)^{r-1}y^{N-r}dy\\
&= C_N^{rs}e^{-(N-s+1)w}(1-e^{-w})^{s-r-1}\sum_{k=0}^{r-1}\frac{(r-1)!}{k!(r-1-k)!}(-1)^k\int_0^1 y^{n+k-r}dy\\
&= C_N^{rs}e^{-(N-s+1)w}(1-e^{-w})^{s-r-1}\sum_{k=0}^{r-1}\frac{(r-1)!}{k!(r-1-k)!}\frac{(-1)^k}{N+k-r+1}
\end{aligned}\tag{5.26}$$

$$\begin{aligned}
\delta_k &= \Pr(x_{(k)}-x_{(1)}>t_k)=\int_{t_k}^{\infty}f_{w_{1s}}(w)dw\\
&= \frac{(N-1)!}{(N-k)!(k-2)!}\int_{t_k}^{\infty}(1-e^{-w})^{k-2}e^{-(N+1-k)w}dw\\
&= \frac{(N-1)!}{(N-k)!(k-2)!}\int_{t_k}^{\infty}\sum_{s=0}^{k-2}\frac{(-1)^s(k-2)!}{s!(k-2-s)!}(1-e^{-w})^{k-2}e^{-(N-k+s+1)w}dw\\
&= \frac{(N-1)!}{(N-k)!(k-2)!}\sum_{s=0}^{k-2}\frac{(-1)^s}{N-k+s+1}\frac{(k-2)!}{s!(k-2-s)!}(1-e^{-t_k(N-k+s+1)})
\end{aligned}\tag{5.27}$$

5.5.2 检测阈值的确定

令 $d_k=\sum_{j=k}^{L}x_{(j)}$。融合中心的虚警概率设为 P_{FA}。阈值 T_k 可以通过下述方法确定。

对任意的 $k=1,2,\cdots,N$,模拟产生 n 个与目标不存在时的 d_k 独立同分布的样本,将它们从小到大排序,记为

$$d_{k(1)}\leqslant d_{k(2)}\leqslant\cdots\leqslant d_{k(n)}\tag{5.28}$$

令 $T_k = d_{k(j)}(j > n - j)$，$\hat{P}_{\mathrm{FAk}} = \Pr(d_k > T_k)$，那么

$$\begin{cases} E[\hat{P}_{\mathrm{FAk}}] = \dfrac{n+1-j}{n+1} \\ \mathrm{std}(\hat{P}_{\mathrm{FAk}}) = \dfrac{1}{n+1}\sqrt{\dfrac{j(n+j-1)}{n+2}} \end{cases} \tag{5.29}$$

给定融合中心的虚警概率 P_{FA}和虚警概率估计的标准差后，可以确定 n。检测阈值 $T_k(k=1,\cdots,L)$也可通过上述方法确定。

5.5.3 数据选择阈值 t_k 的确定

式(5.22)中的 $\delta_k(k=2,\cdots,L)$是当 $x_{(1)}$和 $x_{(k)}$来自式(5.18)所示的指数分布，而统计判决的结果是它们不是来自同一分布的概率。假设 $\delta_2=\cdots=\delta_L=\delta$。给定 $\delta_k(k=2,\cdots,L)$，相应的 t_k可以通过式(5.22)得到。δ 的值对 CSF－TIED 的性能有重要的影响。如果 $\delta=1$，则有 $t_k=0$，此时 $x_{(k)}-x_{(1)}>t_k^*$恒成立。CSF－TIED 就成为 $x_{(2)},\cdots,x_{(L)}$的和。若令 $\delta=0$，则有 $t_k=\infty$。此时 CSF－TIED 就成为 $x_{(1)},\cdots,x_{(L)}$，其性能也不好。δ 的作用在于提供一个阈值去自适应地选择合适的数据进行融合，远小于系统的虚警概率率的 δ 是合适的。

5.5.4 仿真实验及结果

考虑如图 5.1 所示的具有 8 个传感器的并行分布式信号检测系统，即 $N=8$。融合中心的虚警概率 $P_{\mathrm{FA}}=0.01$，每个传感器的虚警概率均为 0.05。这些参数值与文献[157]中的相同。所有的无线信道均假设为 $m=2$ 的 Nakagami 平衰落信道。

在上述条件下，由 5.5.1 节可知，CSF－TIED 应该把最大的两个有序统计量即 $x_{(N)}$和 $x_{(N-1)}$剔除。因而，式(5.21)中的 $L=6$。令 $\delta_2=\delta_3=\cdots=\delta_6=0.005$。

为了评估 CSF－TIED 的性能，如同 5.4.3 节给出三个融合准则作为比较的基准，即 LRT－CS、LRT－CS－nominal 和 SUM。对于 LRT－CS－nominal 而言，假设局部传感器的检测概率均为 0.5。所有的检测概率都通过 10^5 次蒙特卡罗仿真实验得到。

(1) 假设所有的无线信道具有相同的噪声功率和信噪比。仿真结果如图 5.4 所示。当信道信噪比为 0 dB 时，SUM 和 LRT－CS－nominal 具有几乎相同的检测性能。这是因为 SUM 是 LRT－CS 的低信噪比下的近似。此时，CSF－TIED 的检测概率比 SUM 小 0.04。应该指出，此时 SUM 的最大检测概率不大于 0.3，而局部传感器的检测概率为 0.8，因此，信道信噪比太低会使系统总的检测概率大大降低，因此下面只考虑高信道信噪比的情况。当信道信噪比增加到 10dB时，CSF－TIED 的检测概率比 SUM 甚至高了 0.25，这是一个巨大的提高。

更重要的是，CSF－TIED 的检测概率只比 LRT－CS－nominal 小了不到 0.03。由于 CSF－TIED 在高信道信噪比时检测性能明显高于 SUM，而信道信噪比过低会使系统总的检测概率相对于单个传感器的检测概率大大降低，在下面的分析中忽略 SUM。

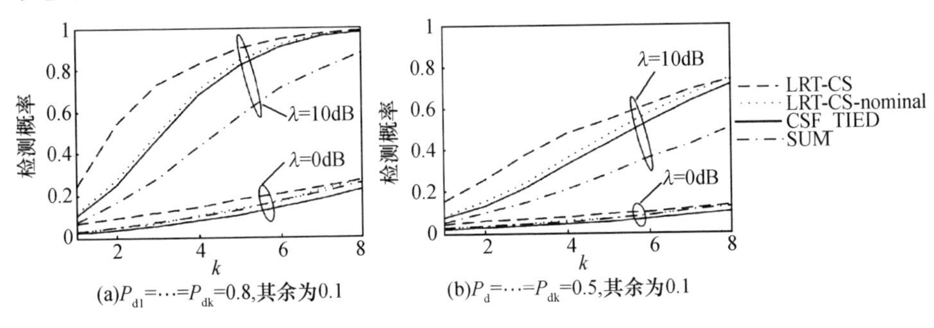

图 5.4　检测概率和信道信噪比的不同组合下融合算法的检测概率

（2）假设各个信道的信噪比相等但信道噪声功率见表 5.1 所列。最大的噪声功率是最小的 16 倍，这个差距是很明显的。仿真结果如图 5.5 和图 5.6 所示。当信道信噪比 $\lambda=10\text{dB}$ 时，CSF－TIED 的检测概率与 LRT－CS－nominal 的检测概率的差距不大于 4%。随着信道信噪比的降低，它们的差距变大。但是对于 $\lambda=2\text{dB}$ 和 $\lambda=6\text{dB}$，它们的差距仍小于 6%。

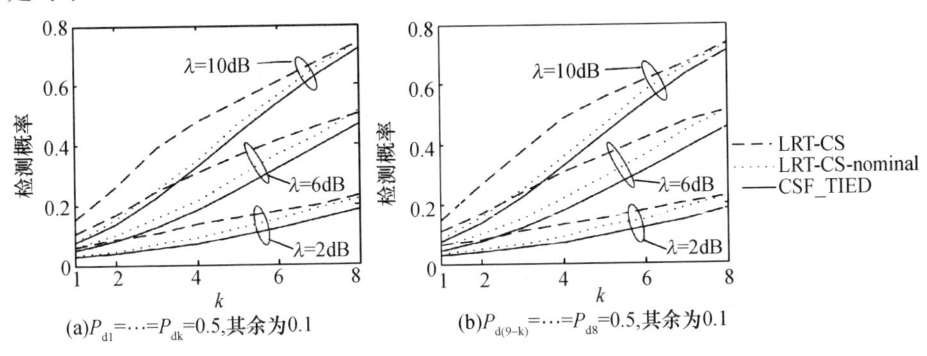

图 5.5　融合算法在信道噪声功率不同条件下的检测性能

（3）假设各个传感器与融合中心之间的无线信道的信噪比见表 5.3 所列。不同信道的信噪比之差最大达 6dB。仿真结果如图 5.7 所示。当$\bar{\lambda}=10\text{dB}$ 时，CSF－TIED 与 LRT－CS－nominal 的检测概率的最大差值不大于 0.03。当$\bar{\lambda}=6\text{dB}$ 和$\bar{\lambda}=2\text{dB}$ 时，它们的差距最大分别达到 0.05、0.12。相比 LRT－CS－nominal，在低信道信噪比和高局部传感器的检测概率时，CSF－TIED 存在严重的性能损失。然而，在高信道信噪比时，CSF－TIED 和 LRT－CS－nominal 具有类似的性能。

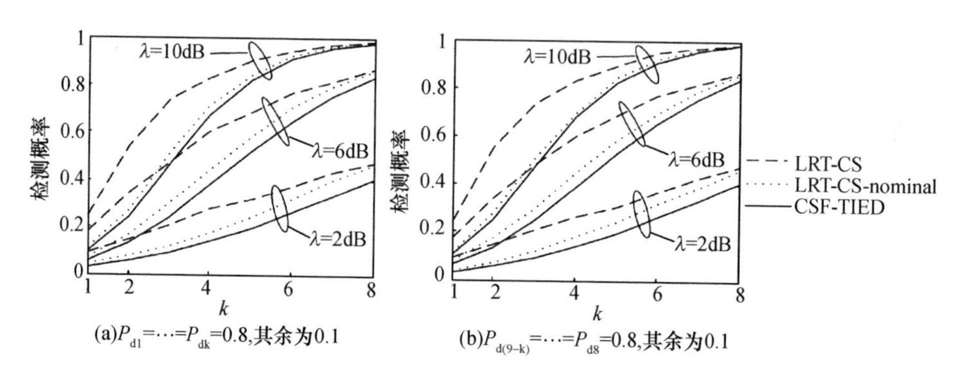

(a)$P_{d1}=\cdots=P_{dk}=0.8$,其余为0.1　　(b)$P_{d(9-k)}=\cdots=P_{d8}=0.8$,其余为0.1

图 5.6　各个融合算法在信道噪声功率不同时的检测性能

表 5.3　无线信道的信噪比(dB)

λ_1	λ_2	λ_3	λ_4	λ_5	λ_6	λ_7	λ_8
$\bar{\lambda}-3$	$\bar{\lambda}-2$	$\bar{\lambda}-1$	$\bar{\lambda}$	$\bar{\lambda}$	$\bar{\lambda}+1$	$\bar{\lambda}+2$	$\bar{\lambda}+3$

注:$\lambda_k(k=1,\cdots,8)$为第 k 个传感器与融合中心间的无线信道的信噪比;$\bar{\lambda}$为所有信道信噪比的分贝值的算术平均

从系统设计的观点来看,局部传感器和融合中心之间的通信不应该成为分布式信号检测系统的性能瓶颈。当信道信噪比很低时,LRT - CS 的性能也不好。例如,当 $P_{d1}=\cdots=P_{d8}=0.8$,$\lambda_1=\cdots=\lambda_8=2\text{dB}$ 时,LRT - CS 的检测概率为 0.5,这就失去了分布式信号检测的意义,因此,高的信道信噪比是必要的。

从图 5.7 还可以看出,CMF 和 CSF - TIED 的性能类似,但是 CSF - TIED 性能稍好于 CMF。这是因为 CSF - TIED 比 CMF 多利用了信道噪声经平方律检波后服从指数分布的先验信息,能够自适应地选择较高质量的数据,因而具有较高的检测性能。但是,它们的差距并不显著。

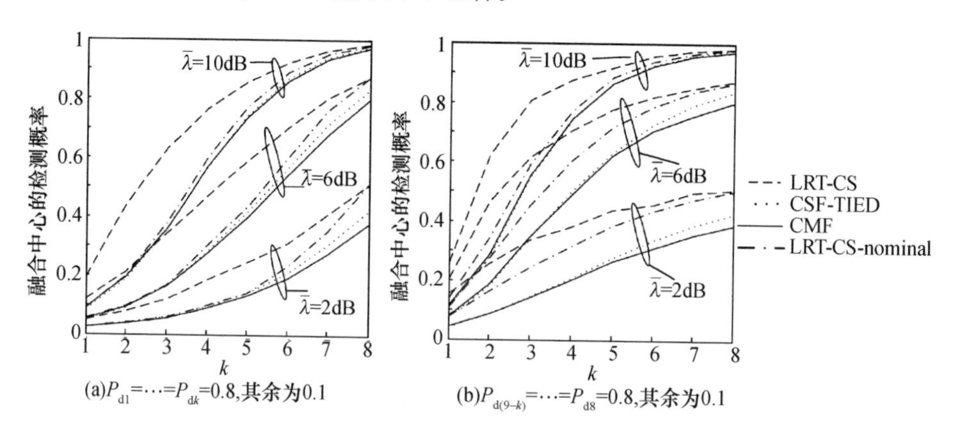

(a)$P_{d1}=\cdots=P_{dk}=0.8$,其余为0.1　　(b)$P_{d(9-k)}=\cdots=P_{d8}=0.8$,其余为0.1

图 5.7　融合算法的检测概率随各个信道的平均信噪比的变化情况

当融合经过 Nakagami 衰落信道传输的经过删除的二元判决时,文献[158]提出的 LRT - CS 需要局部传感器的检测概率、虚警概率和信道统计分布先验已知,且需要计算无穷级数。对于非合作目标而言,各个传感器的检测概率一般来说是先验未知。在这种条件下,LRT - CS 的性能有了一定程度的恶化。本章提出的 CMF 和 CSF - TIED,仅需要局部传感器的虚警概率和信道统计分布,在高信道信噪比和局部传感器的检测概率未知时具有和 LRT - CS 接近的性能。考虑到 LRT - CS 需要复杂的运算而局部传感器对非合作目标的检测概率一般来说是先验未知的,它们在实际中有望取代 LRT - CS。

就 CMF 和 CSF - TIED 这两种算法而言,CSF - TIED 由于利用了更多的先验信稍好的性能,但是它们的性能差距并不大。

第6章 基于探测和通信功率分配的分布式信号检测系统优化设计

6.1 引　　言

随着无线传感器网络研究和应用的深入，将雷达作为传感器而构成的无线雷达传感器网络[191,284-288]应运而生。利用质量仅仅数十千克、依靠太阳能电池板或者其他方式供电的便携式短距离雷达构成的无线雷达传感器网络检测低空目标，有独立的雷达系统不可比拟的优势。一是具有分集增益，通过空间分集和波形以及频率分集，各个雷达多角度和多方位信息的综合能有效地提高信噪比；二是传感器网络低成本、高冗余的设计原则为整个系统提供了较强的容错能力；三是传感器节点与探测目标的近距离接触大大消除了环境噪声对系统性能的影响；四是利用无线自组网技术，系统部署方便、快捷；五是系统可扩展性强，能够根据需要拓展系统的覆盖范围；六是雷达传感器网络单个节点的功能、造价和寿命都远低于大型雷达，在节点失效后，就可能采用新的节点对系统进行扩充，系统可以随着技术的进步而不断更新；七是合理设计各个雷达的脉冲重复频率，可以有效地降低系统中盲速出现的概率。因此，基于雷达传感器网络的雷达目标检测是当前的一个研究热点。

然而，利用雷达传感器网络进行低空目标检测还必须解决一些特有的问题：

首先，必须考虑系统的目标检测时延。检测时延是指从有传感器接收到目标回波信号到系统检测到目标经过的时间。它不仅与合作进行目标检测的传感器观测同一区域的时间差有关，也与检测器的结构（固定样本检测或者是序贯检测）有关，更与传感器网络的通信延时密切相关。雷达传感器网络所检测的目标速度变化范围很大，如悬停的直升机的速度近似为0，而巡航导弹的速度可以达到几马赫，这就使得系统的目标检测时延必须满足一定的限制。

其次，系统所受的约束和优化目标不同。雷达传感器节点的功率和通信带宽有限。对于一般的无线传感器网络而言，其设计目标是在节点处理能力、能量受限条件下，优化传感器网络的资源分配，以便在满足网络性能的条件下最大化地延长网络的使用寿命。而对于雷达传感器网络而言，节点的计算能力较强，可以采用复杂的信号处理算法，系统优化设计的目标是在节点功率、通信带宽和目标检测时延等条件的约束下，通过合理地设计网络拓扑结构、通信协议、信号检测阈值等参数，优化节点通信功率和目标探测功率的分配，使得网络的目标检测性能得到最大限度的提升。

上述差别，使得基于雷达传感器网络的目标检测不应直接采用现有方法，必须进行有针对性的研究才能最大限度地提升系统的目标检测能力。

利用多个地理上分布的传感器进行目标检测，即多传感器分布式信号检测已经有30多年历史了。大部分研究工作都假设局部传感器对信息进行压缩性预处理后，将结果无失真地送到融合中心，最终由融合中心做出目标存在与否的全局判决。这方面的工作给出了分布式信号检测的性能界。

最初的分布式信号检测算法并没有考虑通信不可靠问题。然而，随着无线自组织网络研究的深入，跨层优化成为通信系统降低功耗的首选。对于功率固定的传感器节点而言，通信功耗的降低就意味着用于目标探测的功耗可以增加，目标回波信号的信噪比就会相应提高，传感器系统的目标检测性能也相应提高。从这个角度讲，将传统上分离的目标检测和通信进行联合优化可以提高目标的检测性能。另外，传感器向融合中心所传递的信息量和传输质量之间有匹配关系。假设传感器的局部判决结果的虚警概率为0.001，而检测概率为0.8，那么利用误码率为10^{-5}的二元对称信道传输和利用误码率为10^{-7}的二元对称信道传输对系统的检测性能的影响几乎相同，而两种信道所消耗的能量是不同的。对每一种质量的局部判决，都存在传输质量与之相匹配的信道，过高的传输质量会浪费通信资源。

基于上述原因，系统地研究了以提高目标检测能力为目的的雷达传感器网络的优化设计方法。其核心就是节点功率分配的优化问题，涉及雷达探测信号发射功率的确定、通信信号发射功率的确定、检测阈值的确定、物理层通信模型、MAC协议、路由协议等问题，还与各个雷达如何协同以实现最大的分集效应等问题有关。

6.2　合适的信道传输质量及其确定方法

目前，节点能效问题成为WSN研究的一个热点问题。对于被动感知的WSN来说（如热敏传感器、湿敏传感器以及磁敏传感器网络），网络节点的功率主要用于无线传输，因此，在保持一定系统检测性能的前提下，要提高节点功率的利用效率，就需要分析无线信道传输质量对系统检测性能的影响，进而确定能够实现节点高能效的无线信道传输质量。换言之,就是在满足设定的系统检测性能的前提下,如何确定节点实现高能效时合适的信道传输质量的问题。下面将针对被动感知的 WSN,从信道的信噪比和误码率两个角度分析无线信道传输质量对系统检测性能的影响,并确定合适的信道传输质量。

WSN 一般能完成多种检测任务,在资源受限的条件下,可根据特定的任务要求使网络资源实现最优利用。在基于 WSN 的分布式检测系统中,功率分配的设计应满足整个网络的检测性能最优,即恒虚警条件下使全局检测概率最大。当传感器观测信号服从独立同分布的高斯或指数分布时,传感器节点采用相同的二元阈值处理法可以得到渐近最优的检测结果[263,265]。一般情况下,融合相似质量的局部判决会比融合存在较大质量差异的局部判决得到的融合结果更好,因此,假设 WSN 节点相互独立且具有相似的检测性能。此外,还假设传感器节点与融合中心之间的无线信道也是统计独立的。

随着信道传输质量的提高,系统检测性能会不断提升,但是其增长速度会逐步变缓,最终趋近于无差错传输条件下的检测性能。这样的话,就存在一个合适的信道传输质量,使得牺牲部分检测性能的同时降低对信道传输质量的要求,进而减小通信功耗,提高节点功率的使用效率。合适的信道传输质量,其实就是平衡系统检测性能和信道传输质量的要求而得到的一个值。超过该值时,即使改善无线信道传输质量,系统的检测性能也不会出现明显提升;低于该值时,改善无线信道传输质量将会明显提升系统的检测性能。

本节分别从信道 SNR 和误码率两个角度进行研究,下面分别介绍确定合适的信道 SNR 及信道误码率的方法。

确定合适的信道 SNR 的方法如下:

(1) 根据传感器节点的检测概率 P_{dk} 和虚警概率 P_{fk}、分布式信号检测系统的全局虚警概率 P_{ftot} 以及特定的融合准则,计算得到全局检测概率与信道 SNR 间的关系曲线。

(2) 找到某一信道 SNR 值 λ_{min},对于 $\forall \lambda > \lambda_{min}$,全局检测概率不会明显增大;对于 $\forall \lambda < \lambda_{min}$,全局检测概率会迅速减小。此时 λ_{min} 即为合适的信道 SNR。

(3) 根据合适的信道 SNR 值 λ_{min} 及相应的信道模型,可以计算出各传感器节点采用的通信功率。

确定合适的信道误码率的方法如下:

(1) 根据传感器节点的检测概率 P_{dk} 和虚警概率 P_{fk}、分布式信号检测系统的全局虚警概率 P_{ftot} 以及特定的融合准则,计算得到全局检测概率与信道误码率间的关系曲线。

(2) 找到某一信道误码率值 P_E,对于 $\forall p_e < P_E$,全局检测概率不会明显增大;对于 $\forall p_e > P_E$,全局检测概率会迅速减小。此时 P_E 即为合适的信道误码率。

(3) 根据合适的信道误码率值 P_E 及相应的信道模型,可以计算出各传感器节点采用的通信功率。

6.3 信道信噪比对 WSN 检测性能的影响

众所周知,无线信道传输质量会对融合中心的接收信号产生影响,进而影响整个网络的检测性能。信道信噪比作为信道传输质量的一个重要衡量指标,对分布式信号检测系统的检测性能具有重要影响。本节将采用四种融合准则着重分析信道 SNR 对 WSN 检测性能的影响。

6.3.1 检测模型

假设一个包含 N 个传感器的 WSN,用来检测观测区域内某一目标是否存在。传感器节点收集关于目标的信息并做出目标存在与否的二元判决,然后通过无线衰落信道将此判决传送到融合中心。假设第 k 个传感器的二元判决 $u_k \in \{-1,1\}$,其虚警概率 P_{fk}和检测概率 P_{dk}分别为

$$\begin{cases} P_{fk} = \Pr(u_k = 1 \mid H_0) \\ P_{dk} = \Pr(u_k = 1 \mid H_1) \end{cases} \tag{6.1}$$

每个局部判决 u_k通过衰落信道传输,则第 k 个传感器的信道输出为

$$y_k = h_k u_k + n_k \tag{6.2}$$

式中:h_k为衰落信道的幅度。

假设服从瑞利分布,其概率密度函数为

$$f_h(x) = \frac{2x}{\mu}\exp\left(-\frac{x^2}{\mu}\right)(x \geqslant 0) \tag{6.3}$$

n_k为均值为0、方差为 σ^2的高斯噪声,其概率密度函数为

$$f(x) = \frac{1}{\sqrt{2\pi}\sigma}\exp\left(-\frac{x^2}{2\sigma^2}\right) \tag{6.4}$$

则该信道的 SNR 为

$$\lambda_{SNR} = \frac{E[(u_k h_k)^2]}{E[n_k^2]} = \frac{E[(h_k)^2]}{E[n_k^2]} = \frac{\mu}{\sigma^2} \tag{6.5}$$

6.3.2 采用的融合准则

根据接收到的各传感器的局部判决结果,融合中心做出目标存在与否的最终判决。利用接收数据 y_k和其他可用的系统参数,采用特定融合准则计算融合中心的判决统计量 Λ 的值,进而做出最终判决。在此,主要采用了 LRT－CS 融合准则、Chair－Varshney 融合准则、MRC 融合准则和 EGC 融合准则[158]。

采用上述融合准则后，全局虚警概率和检测概率由下面的条件概率计算得到：

$$\begin{cases} P_{\mathrm{F}} = \Pr(\Lambda > T | H_0) + \delta \Pr(\Lambda = T | \mathrm{H}_0) \\ P_{\mathrm{D}} = \Pr(\Lambda > T | \mathrm{H}_1) + \delta \Pr(\Lambda = T | \mathrm{H}_1) \end{cases} \tag{6.6}$$

式中：T 为检测阈值；δ 为得到理想虚警概率的随机化因子。

6.3.3 性能分析

本节将在设定条件下，对不同融合准则的检测性能进行对比，并通过对仿真结果的分析，确定合适的信道 SNR。

6.3.3.1 节点检测性能改变时 $\lambda_{\min}$ 的变化情况

假设一个包含 8 个传感器节点的 WSN，每个传感器可能具有不同的检测性能，即虚警概率 P_{fk} 和检测概率 P_{dk} 可能不同；所有传感器节点与融合中心之间的无线信道为独立同分布的瑞利衰落信道，且具有相同的 SNR。此外，假设该 WSN 的全局虚警概率 $P_{ftot} = 0.001$。下面将研究传感器节点检测性能给定的情况下，系统检测性能随信道 SNR 的变化情况。

条件Ⅰ：假设传感器节点的虚警概率和检测概率均相同，且 $P_{dk} = 0.5$、$P_{fk} = 0.04$。

条件Ⅱ：假设传感器节点的检测概率与条件Ⅰ相同，但改变部分节点的虚警概率，令 $\boldsymbol{P}_{\mathrm{f}} = [0.05, 0.04, 0.05, 0.04, 0.05, 0.04, 0.05, 0.04]$，其中 $\boldsymbol{P}_{\mathrm{f}} = [P_{f1}, P_{f2}, \cdots, P_{fN}]$。

条件Ⅲ：假设传感器节点的检测概率与条件Ⅱ相同，令 $P_{fk} = 0.05$。

条件Ⅳ：假设传感器节点的检测概率与条件Ⅲ相同，令 $P_{fk} = 0.004$。

图 6.1 显示了条件Ⅰ时全局检测概率随信道 SNR 的变化曲线。由图可知，对于每种融合准则都存在一个合适的信道 SNR 值 $\lambda_{\min}$，超过 $\lambda_{\min}$ 时，即使增加传感器节点通信功率，提高信道 SNR，也不能明显提升系统检测性能；低于 $\lambda_{\min}$ 时，增加节点通信功率、提高信道 SNR，就可以有效提升系统检测性能。因此，当信道 SNR 为 $\lambda_{\min}$ 时，没有必要通过增加通信功率使得 λ_{SNR} 大于 $\lambda_{\min}$。当信道 SNR 大于 15dB 时，LRT - CS 和 EGC 融合准则的检测性能基本保持恒定，此时信道 SNR 越高就意味着通信功率浪费得越严重。对于 MRC 融合准则而言，信道 SNR 达到 10dB 就足够了；而在 Chair - Varshney 融合准则下，信道 SNR 要达到 20dB 才可以。

条件Ⅰ假设所有传感器具有相同的检测性能，但是事实上，即便是相同传感器所表现的检测性能也不尽相同，因为节点检测性能不仅与传感器硬件有关，还受到目标特性和周围环境状况的影响。图 6.2 示出了在条件Ⅱ时金属检测概率

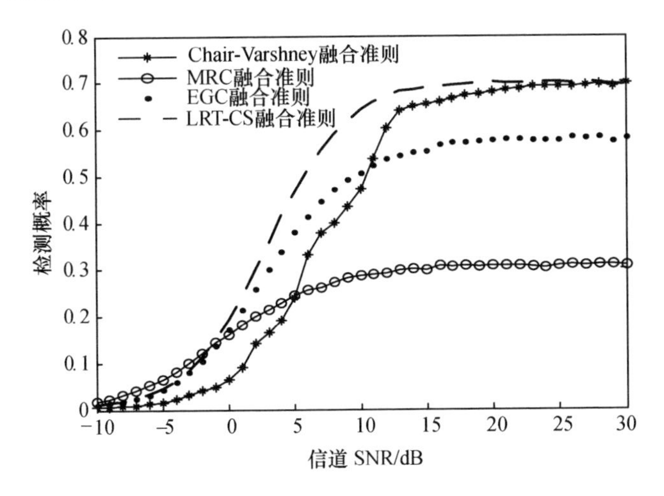

图6.1 条件Ⅰ时全局检测概率随信道SNR的变化曲线(见彩图)

随信道SNR的变化情况,其中有四个传感器节点的虚警概率由0.04变为0.05。对比图图6.1和图6.2不难发现,由于部分节点检测性能下降导致P_{D}略有减小。然而,对于LRT-CS和EGC融合准则来说,在信道SNR大于15dB时,P_{D}的增长非常小;对于Chair-Varshney和MRC融合准则而言,类似现象分别出现在信道SNR达到20dB和10dB的情况时。也就是说,条件Ⅱ时各融合准则的检测性能随信道SNR的变化情况与条件Ⅰ时类似。

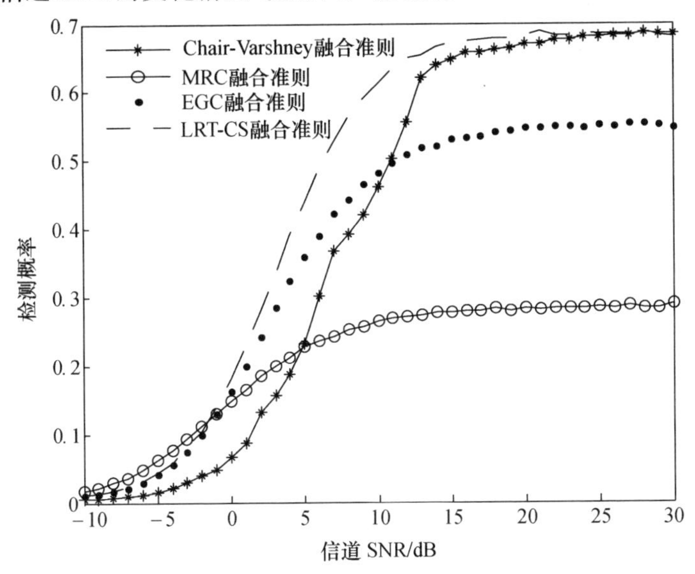

图6.2 条件Ⅱ时全局检测概率随信道SNR的变化曲线(见彩图)

在条件Ⅲ中,所有传感器节点的虚警概率均假设为0.05,其仿真结果如图

6.3 所示。对比图 6.2 和图 6.3 可以发现,随着部分节点虚警概率的提高,全局检测概率进一步减小。此外,还发现 Chair - Varshney 融合准则的曲线形状有所变化,信道 SNR 达到 15dB 后,P_D的增长变得非常缓慢;但是,其他融合准则的曲线形状基本不变,EGC、LRT - CS 融合准则的 $\lambda_{\min}$ 仍为 15dB,而 MRC 融合准则的 $\lambda_{\min}$ 仍为 10dB。

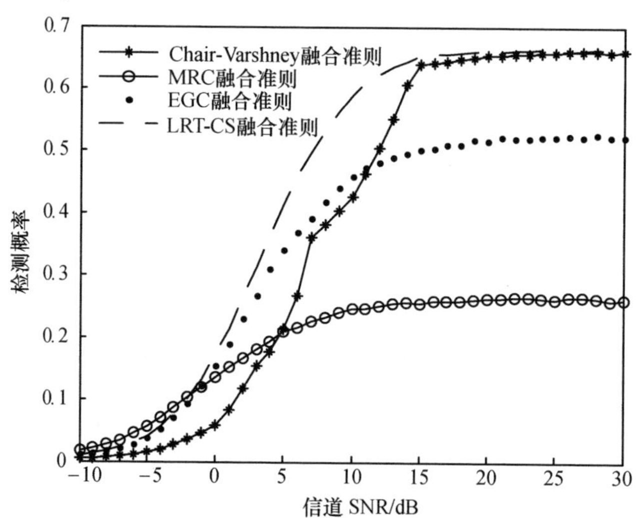

图 6.3　条件Ⅲ时全局检测概率随信道 SNR 的变化曲线(见彩图)

图 6.4 为条件Ⅳ的仿真结果。从图中可以看出,各融合准则下合适的信道 SNR 值 $\lambda_{\min}$。与图 6.3 对比不难发现,由于传感器节点检测性能的提升,各融合准则的系统检测性能都有明显提升。而且 Chair - Varshney 融合准则的曲线形状再次发生变化,其 $\lambda_{\min}$ 也改变为 24dB。但是,其他融合准则的曲线形状保持不变,相应的 $\lambda_{\min}$ 也与条件Ⅲ中相同。

上述仿真实验表明,随着实验条件的改变,EGC、LRT - CS 和 MRC 融合准则的 $\lambda_{\min}$ 保持不变,但是 Chair - Varshney 融合准则的 $\lambda_{\min}$ 变化明显,见表 6.1 所列。也就是说,相比 Chair - Varshney 融合准则,EGC、LRT - CS 和 MRC 融合准则对于节点检测性能变化的适应性更强。

表 6.1　各融合准则下合适的信道 SNR

融合准则	合适的信道 SNR/dB			
	条件Ⅰ	条件Ⅱ	条件Ⅲ	条件Ⅳ
LRT - CS	15	15	15	15
EGC	15	15	15	15
MRC	10	10	10	10
Chair - Varshney	20	20	15	24

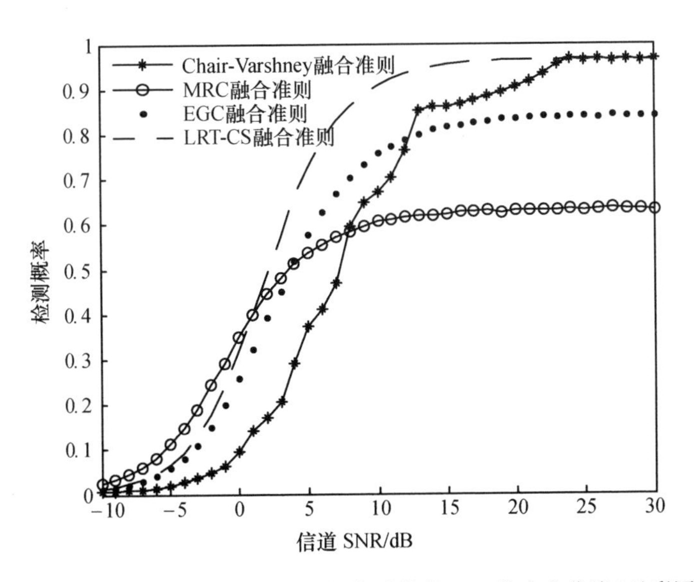

图6.4 假设条件Ⅳ时,全局检测概率随信道 SNR 的变化曲线(见彩图)

6.3.3.2 节点个数增加时 $\lambda_{\min}$ 的变化情况

上一小节采用四种融合准则研究了传感器节点检测性能不同时,信道 SNR 对系统检测性能的影响。下面将重点分析节点检测性能给定的情况下,节点个数增加时信道 SNR 对系统检测性能的影响。

假设每个传感器节点相互独立但完全相同,检测概率 $P_{dk}=0.7$,虚警概率 $P_{fk}=0.01$;所有传感器节点与融合中心间的无线信道为独立同分布的瑞利衰落信道;网络虚警概率 $P_F=0.001$。采用不同融合准则的情况下,WSN 节点个数 n 增加时,系统检测概率随信道 SNR 的变化情况如图 6.5 ~ 图 6.8 所示。

首先,图 6.5 ~ 图 6.8 所示的仿真结果验证了增加网络节点个数都会明显改善网络的检测性能的结论。此外,还可以看出采用不同融合准则时,合适的信道 SNR 值 $\lambda_{\min}$的变化情况也不尽相同。MRC 和 EGC 融合准则的 $\lambda_{\min}$基本保持不变,分别为 10dB 和 15dB;对于 LRT - CS 融合准则而言,其 $\lambda_{\min}$随节点个数的增多而不断降低;而 Chair - Varshney 融合准则的 $\lambda_{\min}$变化较大,而且其变化趋势无明显规律可循。上述四种融合准则下,节点个数增加时,各自合适的信道 SNR 值见表 6.2 所列。总之,这种寻求合适的无线信道传输质量的方法是可行的,利用得到的信道 SNR 值 $\lambda_{\min}$可以确定各传感器节点的通信功率。

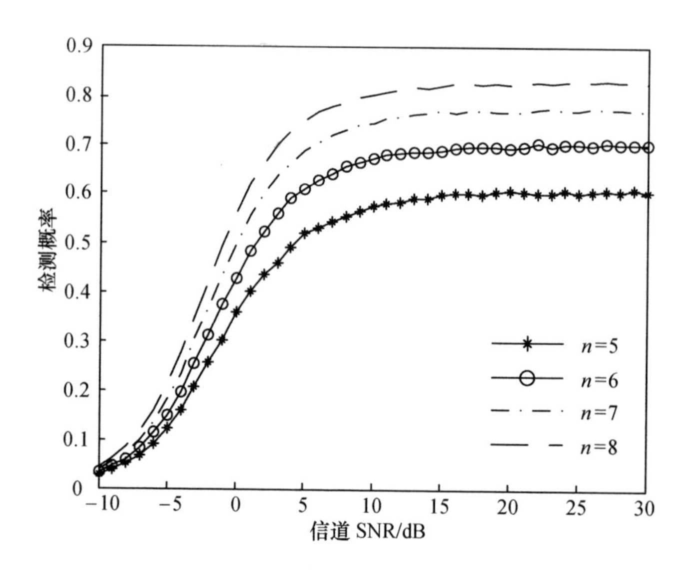

图 6.5　EGC 融合准则下，节点个数增多时全局检测概率的变化曲线（见彩图）

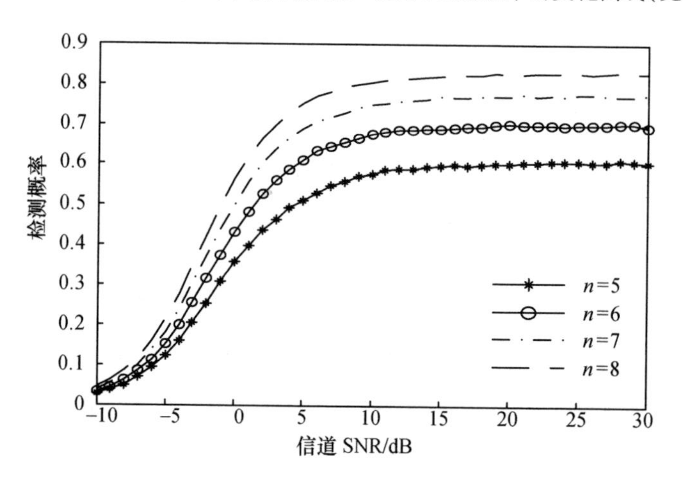

图 6.6　MRC 融合准则下，节点个数增多时全局检测概率的变化曲线（见彩图）

表 6.2　各融合准则下合适的信道 SNR

融合准则	合适的信道 SNR/dB			
	$n=5$	$n=6$	$n=7$	$n=8$
LRT - CS	18	15	12	10
EGC	15	15	15	15
MRC	10	10	10	10
Chair - Varshney	24	12	14	15

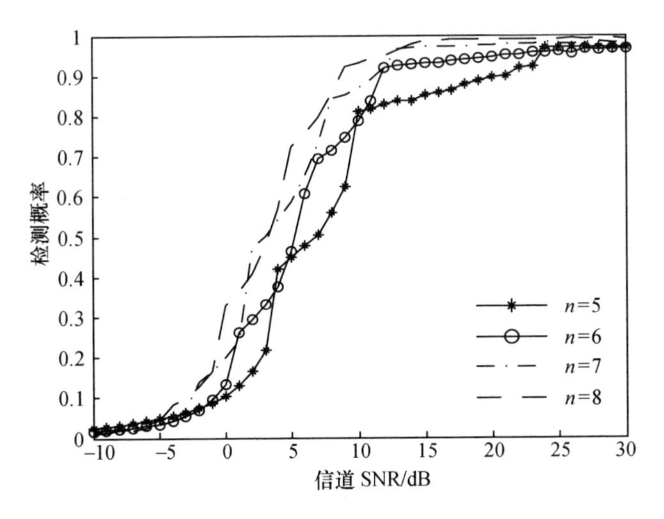

图6.7 Chair - Varshney 融合准则下,节点个数增多时全局检测概率的变化曲线(见彩图)

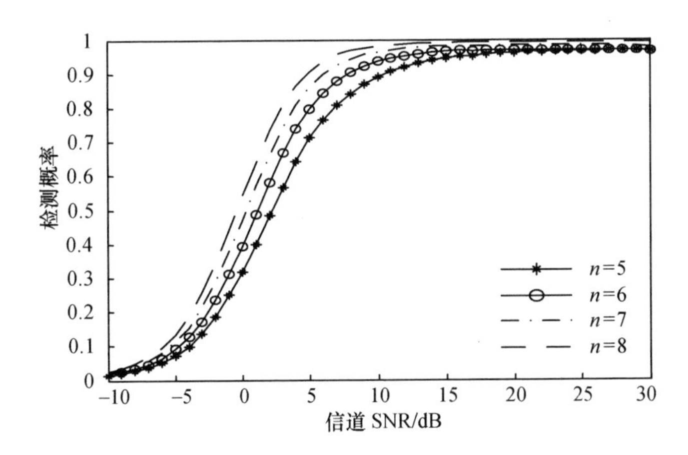

图6.8 LRT - CS 融合准则下,节点个数增多时全局检测概率的变化曲线(见彩图)

6.4 信道误码对 WSN 检测性能的影响

由于无线信道的开放性以及易受干扰的特点,融合中心可能难以准确接收到传感器发送的判决结果,致使整个网络的检测性能降低。误码率是表征信道传输质量的一种指标,也会对分布式信号检测系统的检测性能产生显著影响。本节将重点研究恒虚警条件下信道误码对系统检测性能的影响,并分析不同条件下该影响的变化情况。

6.4.1 存在信道误码时的融合准则

假设某 WSN 中具有 N 个传感器节点,用来对某一区域进行观测。第 k 个传感器节点获取观测信息并处理后,做出目标存在与否的二元初步判决 u_k($u_k=1$ 表示目标存在,$u_k=0$ 表示目标不存在),其检测概率和虚警概率可以表示为式(6.1)。然后将判决结果通过无线信道传输到融合中心,融合中心的接收机对接收到的信息 y_k进行量化判决后得到的估计值 u_{rk},融合中心根据 $\boldsymbol{u}_r=[u_{r1},u_{r2},\cdots,u_{rN}]$做出目标存在与否的最终判决 u_0($u_0=1$ 表示目标存在,$u_0=0$ 表示目标不存在)。融合中心的信息处理流程如图 6.9 所示。

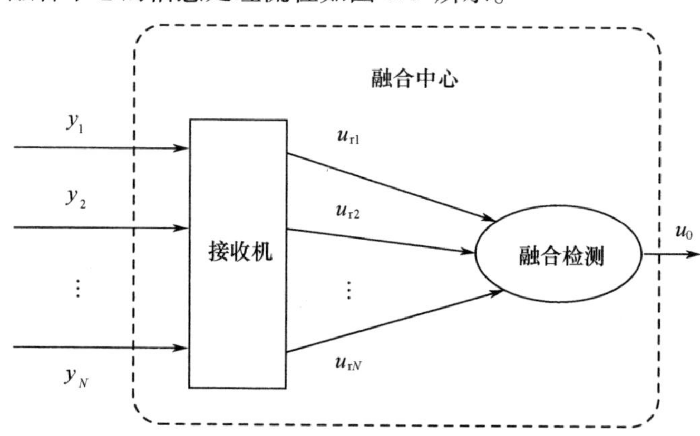

图 6.9 融合中心的信息处理流程

各个传感器的局部判决结果可以用矢量表示为 $\boldsymbol{u}=[u_1,u_2,\cdots,u_N]$,所有 N 个传感器的判决结果共有 2^N种可能,可以构成一个集合 $\boldsymbol{U}$。由于各传感器节点与融合中心之间的传输信道是相互独立的,则融合中心接收到的各节点判决信息也是相互独立的。融合中心接收到的来自传感器 k 的判决信息可以表示为

$$u_{rk}=\begin{cases}0 & (y_k>T_r)\\1 & (y_k<T_r)\end{cases} \tag{6.7}$$

式中:T_r为接收机的判决阈值;y_k为接收到的第 k 个传感器的信道输出。

由于 $y_1,y_2,\cdots,y_N$相互独立,则 $u_{r1},u_{r2},\cdots,u_{rN}$也是相互独立的,而且可以用矢量表示为 $\boldsymbol{u}_r=[u_{r1},u_{r2},\cdots,u_{rN}]$,其 2^N种矢量构成的集合可以用 $\boldsymbol{U}_r$来表示。

文献[158]中给出了利用 Chair – Varshney 融合准则计算判决统计量 $\Lambda_{\text{Chair-Varshney}}$的式子:

$$\Lambda_{\text{Chair-Varshney}}=\sum_{\text{sign}(y_k)=1}\log\frac{P_{dk}}{P_{fk}}+\sum_{\text{sign}(y_k)=-1}\log\frac{1-P_{dk}}{1-P_{fk}} \tag{6.8}$$

由于 u_{rk}用 0、1 码表示,因此,采用 Chair – Varshney 融合准则可以计算出判

决统计量：

$$\Lambda = \sum_{u_{rk}=1} \log \frac{P_{dk}}{P_{fk}} + \sum_{u_{rk}=0} \log \frac{1 - P_{dk}}{1 - P_{fk}} \tag{6.9}$$

根据各传感器节点的检测概率、虚警概率以及信道误码率 p_e，可以计算出各个 $\boldsymbol{u}$ 的概率，即每个 Λ 值的概率。首先假设目标不存在（H_0假设条件下），局部判决为 1，即 $u_k = 1$ 时的概率为 P_{fk}，局部判决为 0，即 $u_k = 0$ 时的概率为 $1 - P_{fk}$。各个传感器的判决结果为 $\boldsymbol{u} = [u_1, u_2, \cdots, u_N]$的概率为

$$\Pr(\boldsymbol{u}) = \prod_{k=1}^{N} P_{fk}^{u_k}(1 - P_{fk})^{1-u_k} \tag{6.10}$$

传感器节点输出为 $\boldsymbol{u}$、接收机判决结果为 $\boldsymbol{u}_r$的概率为

$$\begin{aligned}\Pr(\boldsymbol{u}_r | \boldsymbol{u}) = \prod_{k=1}^{N} \{ & \delta(u_{rk}) [\Pr(u_{rk} = 0/u_k = 1)\delta(u_k - 1) \\ & + \Pr(u_{rk} = 0/u_k = 0)\delta(u_k) + \delta(u_{rk} - 1) \\ & \times [\Pr(u_{rk} = 1/u_k = 1)\delta(u_k - 1) + \Pr(u_{rk} = 1/u_k = 0)\delta(u_k)]\}\end{aligned} \tag{6.11}$$

式中：$\delta(x) = \begin{cases} 1 & (x = 0) \\ 0 & (x \neq 0) \end{cases}$；$\Pr(u_{rk} = j/u_k = i)$ 为 $u_k = i$ 时 $u_{rk} = j$ 的条件概率，后面用 p_{ij}来表示。

误码率 p_e 与 p_{10}、p_{01}的关系为[289]

$$p_e = \Pr(u_k = 1)p_{10} + \Pr(u_k = 0)p_{01} \tag{6.12}$$

式中：$\Pr(u_k = 1)$ 为 $u_k = 1$ 的概率；$\Pr(u_k = 0)$ 为 $u_k = 0$ 的概率。

假设目标不存在（H_0假设条件下），由式（6.1）、式（6.12）可得

$$\begin{aligned} p_e &= \Pr(u_k = 1 | H_0)p_{10} + \Pr(u_k = 0 | H_0)p_{01} \\ &= P_{fk}p_{10} + (1 - P_{fk})p_{01} \end{aligned} \tag{6.13}$$

假设目标存在（H_1假设条件下），同理可得

$$\begin{aligned} p_e &= \Pr(u_k = 1 | H_1)p_{10} + \Pr(u_k = 0 | H_1)p_{01} \\ &= P_{dk}p_{10} + (1 - P_{dk})p_{01} \end{aligned} \tag{6.14}$$

由式（6.13）和式（6.14）可得

$$\Pr(\boldsymbol{u}_r) = \sum_{\boldsymbol{u} \in U} \Pr(\boldsymbol{u})\Pr(\boldsymbol{u}_r | \boldsymbol{u}) \tag{6.15}$$

由此可以得到 H_0假设条件下融合中心接收到的各种判决组合的概率，即可以获得判决统计量 Λ 的概率质量函数。同理，可以得到 H_1假设条件下 Λ 的概率质量函数。得到两种假设条件下 Λ 的概率分布后，根据全局虚警概率 P_F和式（6.16）可以确定判决阈值，进而计算全局检测概率：

$$\begin{aligned} P_F &= \Pr(\Lambda > T | H_0) + \delta\Pr(\Lambda = T | H_0) \\ P_D &= Pr(\Lambda > T | H_1) + \delta Pr(\Lambda = T | H_1) \end{aligned} \tag{6.16}$$

式中：T 为检测阈值；δ 为得到理想虚警概率的随机化因子。

6.4.2 信道误码对全局检测概率的影响

本实验中，假设某 WSN 中包含 4 个传感器，节点的虚警概率 $P_{fk}=[10^{-3}, 10^{-4}, 10^{-2}, 10^{-4}]$、检测概率 $P_{dk}=[0.76, 0.68, 0.8, 0.85]$，系统总的虚警概率 $P_F=10^{-6}$。假设无线信道为二元对称信道，即 $p_{10}=p_{01}=p_e$。采用上述假设条件，可以得到对全局检测概率 P_D 随信道误码率 p_e 的变化曲线，如图 6.10 所示。

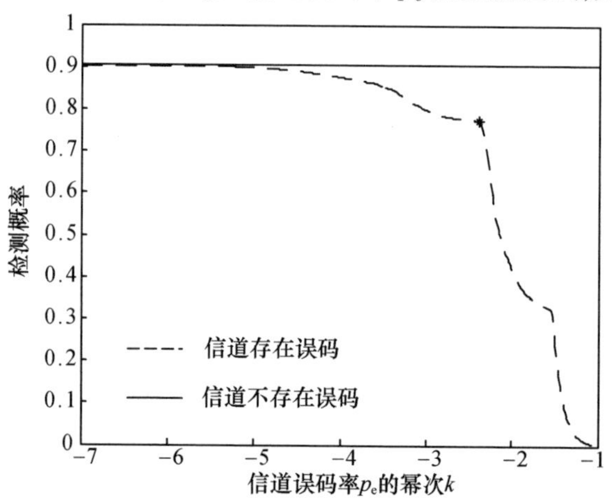

图 6.10 全局检测概率随信道误码率的变化曲线

图 6.10 中，实线表示信道不存在误码时的全局检测概率；虚线表示信道存在误码时，全局检测概率随信道误码率的变化曲线。可以看出，当信道误码率 $p_e<10^{-5.3}$时，全局检测概率与不存在误码时的检测概率基本相同；但是随着信道误码率的增大，全局检测概率 P_D逐步减小，当 p_e 大于星号对应的误码率时，全局检测概率会出现较显著下降，当 p_e 小于星号对应的误码率时，全局检测概率会只有小幅提升。该星号点所对应的误码率即为合适的信道误码率 P_E。显然，信道误码率越小标志着信道的传输质量越好，相应的系统检测概率也会越高。但是，当信道误码率等于 P_E 时，继续增大信道误码率会带来系统检测性能的显著恶化，而减小信道误码率仅能带来检测性能的小幅提升，而且会消耗更多的通信功率，对于能量受限的 WSN 而言，将会导致节点能效降低、使用寿命缩短等问题。因此，通过平衡系统检测性能和节点通信功率的要求，选取合适的信道误码率，有利于提高节点能效、延长节点甚至整个网络的使用寿命。

6.4.3 二元非对称信道条件下全局检测概率的变化情况

上一小节中研究了传感器节点到融合中心间的无线信道为二元对称信道的

情况下信道误码率对系统检测性能的影响,下面将着重研究无线信道为二元非对称信道($p_{10} \neq p_{01}$)的情况,针对 $p_{10}:p_{01}$ 的不同取值研究 P_D 的变化情况。假设WSN 中包含4个完全相同的传感器节点,$P_{dk}=0.7$、$P_{fk}=10^{-4}$,$P_{ftot}=10^{-6}$,$p_{10}:p_{01}$ 不同时 P_D 随 p_e 的变化曲线,如图6.11所示。

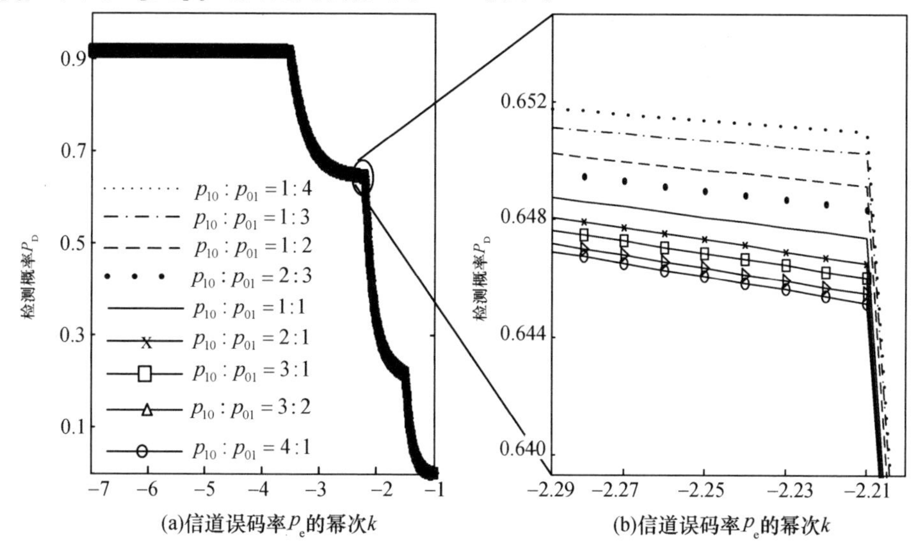

图6.11 $p_{10}:p_{01}$ 不同时 P_D 随 p_e 的变化曲线

由图6.11(a)可以看出,$p_{10}:p_{01}$ 的取值不同会对系统检测性能产生一定的影响,但是此时表现得并不十分明显。由图6.11(b)可以看出,在9个不同比值中,当 $p_{10}:p_{01}=1:4$ 时,也就是说二者比值最小时,P_D 的值最大,即系统检测性能最好。在这种情况下,$p_{10}:p_{01}$ 越小,信道误码对系统检测性能的影响越小。

在基于无线传感器网络的分布式信号检测系统中,功率分配的最终目标是优化传感器网络的整体检测性能,主要体现在恒虚警条件下的全局检测概率上。通过牺牲少量全局检测性能,可以使检测系统所需的传感器与融合中心间的通信质量要求显著降低。为了进一步明确通信质量对网络检测性能的影响,分别从信道 SNR 和信道误码率两个角度进行了研究。利用这种方法可以更准确地选取恰当的通信功率,在维持所需的网络检测性能的前提下,提高整个网络的能耗,进而延长节点及网络的使用寿命。

6.5 WSN 中节点功率联合优化问题研究

上述内容研究了被动感知的传感器节点的情况,本节将着重研究主动感知的传感器节点(如微型雷达或激光传感器等)的功率分配问题。此类节点会主动向监测区域发出探测波,接收目标反射回的观测信号后对其进行预处理,然后将处理结果通过无线信道传输到融合中心,融合中心对接收到所有传感器的处理结果进行融合,做出目标存在与否的最终判决,如图 6.12 所示。此类节点的功率主要用于传感器探测和无线通信的环节,本节针对适用于周边警戒的 WSN 展开研究,其特点为探测距离较短、通信距离较远,因此,通过合理分配节点功率将有助于提升整个网络的检测性能。

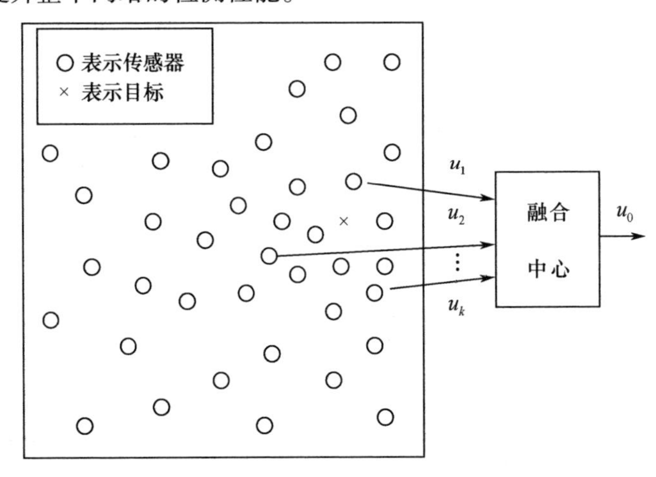

图 6.12　基于 WSN 的分布式信号检测系统示意图

在 WSN 的各种资源中,功率是最容易在各个模块之间调节的。在以信号检测为目的的 WSN 中,功率分配应该以优化系统的检测性能为目标,即最小化全局的检测错误概率,或者是在系统的虚警概率限制在某一水平之下时,最大化系统的检测概率。系统的所有资源都应该以此为目的进行分配。在设计基于 WSN 的分布式信号检测系统时,必须充分考虑下列不确定因素:一是传感器观测信号的质量可能会随着环境的改变、目标的不同而有所差异;二是传感器节点和融合中心之间由于信号衰减和无线信道的衰落而导致的传输不可靠问题。WSN 的一个显著的特点是传感器节点的功率、处理能力和通信带宽受限,这就使得信号检测算法必须充分考虑这些限制因素。

从以往的相关文献中可以得知,将探测和通信环节进行联合优化可以降低系统的能耗。如果给定系统的功率预算,通过对目标探测和网络通信的功率进行合理分配,可以实现最佳的目标检测性能,这样节点功率分配问题就变成了以系统检测性能为衡量标准的联合优化问题。本节在给定全局虚警概率的情况下,以最大化全局检测概率为目标,对功率受限的传感器节点的功率分配进行联合优化。

6.5.1　传感器节点功耗模型

考虑由 N 个微型雷达传感器构成的 WSN,用来检测进入网络覆盖区域内的目标,如人员、车辆和军事目标等。各传感器按照一定的模式发射电磁波对覆盖区域进行检测,对接收到的观测结果进行局部处理后,传输到融合中心。假设每个传感器节点都有确定的位置,传感器 $k(k=1,2,\cdots,N)$ 的坐标可以表示为 (x_k, y_k),融合中心的坐标为 (x_{fc}, y_{fc}),目标的坐标为 (x_t, y_t)。假设融合中心和各传感器节点之间通过无线衰落信道相连接。融合中心根据接收到的传感器局部处理结果,做出目标存在与否的最终判决,并将判决结果向后续处理模块传送。

一般情况下,由主动感知的传感器节点等构成的 WSN 中,探测和通信两个子系统消耗了节点功率的主要部分。下面将讨论上述两部分功率对整个系统检测性能的影响。

首先对传感器节点探测子系统进行研究,图 6.13 示出了探测子系统功耗模型的各组成部分,并定义了各部分的功率消耗情况。图中:P_{t0} 表示发送信号时信号处理环节消耗的功率;P_{de} 表示发送信号时功率放大器消耗的功率;P_{r0} 表示接收信号时信号处理环节消耗的功率;P_L 表示接收信号时低噪声放大器消耗的功率。可将探测功率 P_{sen} 分为发送和接收两部分的功率,即 P_T 和 P_R:

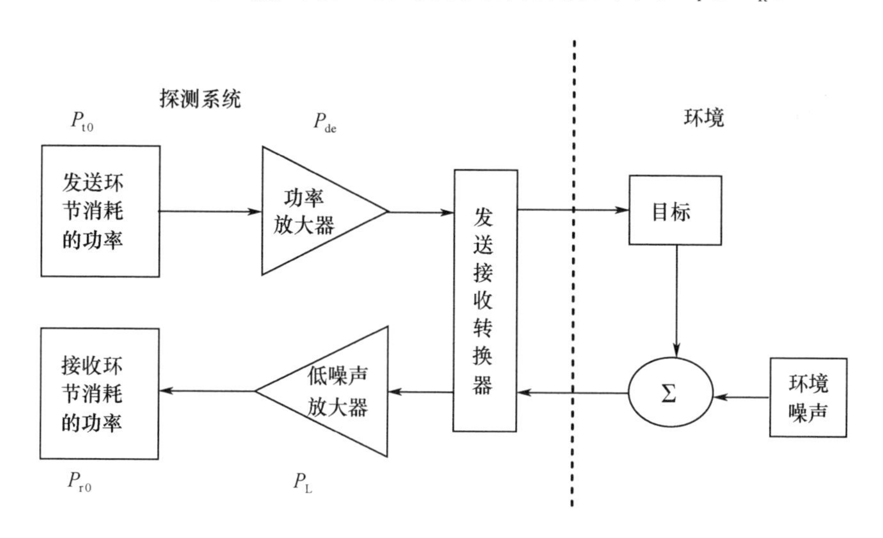

图 6.13　传感器节点探测系统功耗模型

$$\begin{cases} P_T = P_{t0} + P_{de}(R) \\ P_R = P_{r0} + P_L \end{cases} \tag{6.17}$$

式中:$P_{de}(R)$ 为探测距离 R 时功率放大器(PA)的功耗。由于 P_L 和 P_{r0} 与探测距离无关而与具体任务有关,不属于优化的内容,因此可以假定为常量,用 P_{R0} 表

示，即 $P_{R0}=P_{t0}+P_L$。因此，式(6.17)可以表示为

$$\begin{cases}P_T=P_{t0}+P_{de}(R)\\P_R=P_{R0}\end{cases}\tag{6.18}$$

如果发送天线采用全向天线，当目标与传感器之间的距离为 R 时，根据天线理论可知目标处的信号功率密度为

$$N_t=\frac{P_{de}}{4\pi R^2}\tag{6.19}$$

式中：功率密度 N_t的单位为 W/m^2。

但是若采用定向天线，信号功率被集中发送到某一指定方向，则该方向距离为 R 处的信号功率密度为

$$N_{td}=\frac{P_{de}G}{4\pi R^2}\tag{6.20}$$

式中：G 为天线增益。

一般情况下，雷达的发送和接收过程共用同一天线，根据天线理论可得天线增益 G 与天线有效接收面积 A_e($A_e=\rho_e A$，其中 ρ_e 为天线孔径效率，A 为天线的实际面积)之间的关系为

$$G=\frac{4\pi A_e}{\lambda^2}=\frac{4\pi\rho_e A}{\lambda^2}\tag{6.21}$$

式中：λ 为探测波长，$\lambda=c/f$(c 为光的传播速度，f 为电磁波频率)。

如果目标的雷达横截面积为 σ，则可得接收天线处的回波信号的功率密度为

$$N_r=\frac{P_{de}G}{4\pi R^2}\cdot\frac{\sigma}{4\pi R^2}\tag{6.22}$$

那么，接收信号的功率为

$$P_r=\frac{P_{de}G}{4\pi R^2}\cdot\frac{\sigma}{4\pi R^2}\cdot A_e=\frac{P_{de}G\sigma A_e}{(4\pi)^2R^4}\tag{6.23}$$

将 $A_e=G\lambda^2/4\pi$ 代入式(6.23)可得[290]

$$P_r=\frac{P_{de}G^2\lambda^2\sigma}{(4\pi)^3R^4}\tag{6.24}$$

用 R_k表示目标与传感器 k 之间的距离，即

$$R_k=\sqrt{(x_t-x_k)^2+(y_t-y_k)^2}\tag{6.25}$$

带宽为 B，噪声指数为 F 时，接收机的输出信号的信噪比 SNR_0为

$$SNR_0=\frac{\tau P_{de}G^2\lambda^2\sigma}{(4\pi)^3kT_eBFLR^4}\tag{6.26}$$

式中：k 为玻耳兹曼常数；T_e 为等效噪声温度；L 为雷达系统损耗；R 为雷达和目

标间距离；τ 为雷达探测波的脉冲宽度。

接收机的最小可检测信号功率为 $S_{\min}$ 与最小输出信噪比 $\mathrm{SNR}_{o_{\min}}$ 的关系为

$$S_{\min}=kT_{\mathrm{e}}BF\mathrm{SNR}_{o_{\min}} \tag{6.27}$$

如果用最小可检测信号功率 $S_{\min}$ 替换 P_{r}，则可得雷达的最大探测距离为

$$R_{\max}=\left[\frac{P_{\mathrm{de}}G^{2}\lambda^{2}\sigma}{(4\pi)^{3}S_{\min}}\right]^{1/4} \tag{6.28}$$

考虑到周围环境中存在加性噪声，可以将观测信号表示为[291]

$$y_k=\begin{cases} n_k & (\text{目标不存在的假设 } \mathrm{H}_0) \\ \sqrt{P_{\mathrm{r}}}+n_k & (\text{目标存在的假设 } \mathrm{H}_1) \end{cases} \tag{6.29}$$

式中：n_k表示均值为 0、方差 $\sigma^2=0.01$ 的高斯白噪声。

由于 n_k服从高斯分布，因此其概率密度函数为

$$f(x)=\frac{1}{\sqrt{2\pi\sigma^{2}}}\exp\left(-\frac{x^{2}}{2\sigma^{2}}\right) \tag{6.30}$$

则有

$$\begin{cases} \mathrm{H}_1: y_k\sim\mathcal{N}(0,\sqrt{\sigma^{2}}) \\ \mathrm{H}_0: y_k\sim\mathcal{N}(\sqrt{P_{\mathrm{r}}},\sigma^{2}) \end{cases} \tag{6.31}$$

对于传感器 k 的观测值，可以定义 H_1 状态下 y_k的条件概率密度函数为 $f(y_k|H_1)$，H_0条件下 y_k的条件概率密度函数为$f(y_k|H_0)$。两种假设条件下 y_k的似然比为

$$\begin{aligned} L(y_k)&=\frac{f(y_k|\mathrm{H}_1)}{f(y_k|\mathrm{H}_0)}=\frac{f_{N_k}(y_k-\sqrt{P_{\mathrm{r}}})}{f_{N_k}(y_k)} \\ &=\frac{\frac{1}{\sqrt{2\pi}\sigma}\exp\left(-\frac{(y_k-\sqrt{P_{\mathrm{r}}})^{2}}{2\sigma^{2}}\right)}{\frac{1}{\sqrt{2\pi}\sigma}\exp\left(-\frac{(y_k)^{2}}{2\sigma^{2}}\right)}=\exp\left(\frac{2y_k\sqrt{P_{\mathrm{r}}}-P_{\mathrm{r}}}{2\sigma^{2}}\right) \end{aligned} \tag{6.32}$$

对 $L(y_k)$取自然对数可得判决统计量，即

$$\Lambda_k=\ln L(y_k)=\frac{1}{2\sigma^{2}}(2\sqrt{P_{\mathrm{r}}}y_k-P_{\mathrm{r}}) \tag{6.33}$$

根据上述融合准则，可得各传感器节点的虚警概率和检测概率分别为

$$\begin{cases} P_{\mathrm{f}k}=P_{\mathrm{r}}(\Lambda_k>T_k|\mathrm{H}_0) \\ P_{\mathrm{d}k}=P_{\mathrm{r}}(\Lambda_k>T_k|\mathrm{H}_1) \end{cases} \tag{6.34}$$

式中：T_k为第 k 个传感器节点的判决阈值。

6.5.2　节点与融合中心之间的通信模型

假设 WSN 中包含 N 个传感器节点，且已知各节点的虚警概率为$\boldsymbol{P}_{\mathrm{f}}=[P_{\mathrm{f1}},$

$P_{f2},\cdots,P_{fk},\cdots,P_{fN}]$。由上述检测方法可得到传感器节点的检测概率$\boldsymbol{P}_d=[P_{d1},P_{d2},\cdots,P_{dk},\cdots,P_{dN}]$。通过分析通信子系统功耗模型,下面将研究通信功率对系统检测性能的影响。

图 6.14 为传感器节点通信子系统功耗模型。图中:P_{tp}、P_{rp}分别为发送和接收信号时基带数字信号处理电路消耗的功率;P_{tc}、P_{rc}分别为发送机和接收机前端电路消耗的功率;P_A为发送信号时功率放大器消耗的功率;P_L为接收信号时低噪声放大器消耗的功率。在此模型中,信号的接收环节由融合中心完成。一般情况下,认为融合中心可以提供足够的功率且具有充足的能源,研究通信功耗时可以不考虑接收部分的功耗。因此,第 k 个传感器所消耗的功率 $P_{com}=P_{tp}+P_{tc}+P_A(d)$,其中 $P_A(d)$表示传输距离为 d 时功率放大器消耗的功率。由于 P_{tp}和 P_{tc}与传输距离无关,因此可由常量 P_{t0}表示,则有 $P_{com}=P_{t0}+P_A(d)$。假设 PA 的漏极效率为 η_k,即 $\eta_k=\dfrac{P_{tk}}{P_{Ak}}$,其中,$P_{tk}$为 PA 的输出功率,$P_{Ak}$为 PA 的输入功率。综上可知,通信子系统消耗的功率可表示为

$$P_k^{com}=P_{t0}+P_{tk}(d_k)/\eta_k \tag{6.35}$$

式中:d_k为第 k 个传感器节点与融合中心间的距离,且有

$$d_k=\sqrt{(x_{fc}-x_k)^2+(y_{fc}-y_k)^2} \tag{6.36}$$

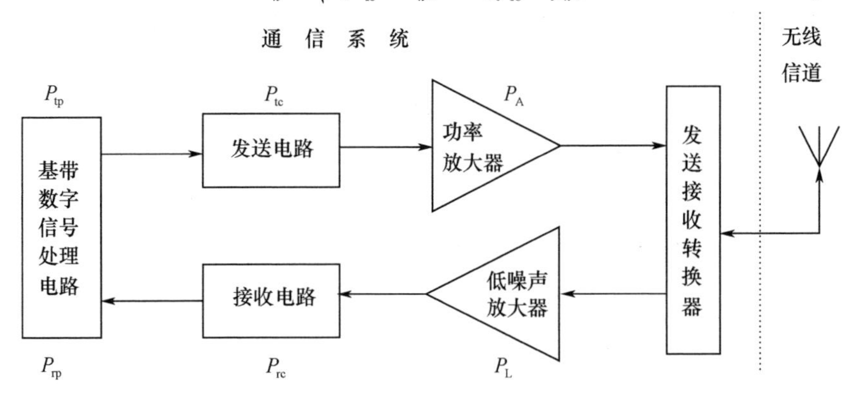

图 6.14 传感器节点通信系统功耗模型

考虑传输过程中的路径损耗问题[292],可以得到融合中心接收到来自第 k 个传感器的信号功率为

$$P_{rk}=P_{tk}/(\varepsilon d_k^{\alpha_k}) \tag{6.37}$$

式中:P_{rk}为融合中心接收到来自第 k 个传感器的信号功率;ε 为由天线特性决定的常数;α_k为路径损耗指数。

假设 α 取值为 2,则 P_{rk}可表示为

$$P_{rk}=P_{Ak}\eta_k/(\varepsilon d_k^2) \tag{6.38}$$

假设当传感器节点判定目标存在，即 $u_k=1$ 时，传感器向融合中心发送正值信号；当目标不存在，即 $u_k=-1$ 时，传感器向融合中心发送负值信号。此外，假设无线信道均为瑞利衰落信道，若信道含有均值为0、方差为 $\sigma_{w_k}^2$ 的加性高斯噪声，则融合中心接收到的信号可以表示为

$$r_k=\begin{cases}s_k+w_k & (u_k=1)\\ -s_k+w_k & (u_k=-1)\end{cases} \tag{6.39}$$

式中，s_k为瑞利衰落信道输出，其概率密度函数为

$$f_{s_k}(s)=\frac{2s}{P_{rk}}\exp\left(-\frac{s^2}{P_{rk}}\right) \tag{6.40}$$

当传感器 k 的局部判决 $u_k=1$ 时，融合中心接收到的信号 r_k的条件概率密度函数为

$$\begin{aligned}f(r_k|u_k=1)&=\int_0^{+\infty}\frac{2s}{P_{rk}}\exp\left(-\frac{s^2}{P_{rk}}\right)\frac{\exp\left(-\frac{(r_k-s)^2}{2\sigma_{w_k}^2}\right)}{\sigma_{w_k}\sqrt{2\pi}}\mathrm{d}s\\&=\frac{2}{\sqrt{2\pi}\sigma_{w_k}P_{rk}}\exp\left(-\frac{r_k^2}{2\sigma_{w_k}^2+P_{rk}}\right)\times\\&\quad\left[\frac{\sigma_{w_k}^2P_{rk}}{2\sigma_{w_k}^2+P_{rk}}\exp\left(-\frac{(ar_k)^2}{2}\right)+\sqrt{2\pi}ar_kQ(-ar_k)\right]\end{aligned} \tag{6.41}$$

式中

$$a=\sqrt{P_{rk}}/\sigma_{w_k}\sqrt{2\sigma_{w_k}^2+P_{rk}},Q(x)=\int_x^{\infty}\frac{1}{\sqrt{2\pi}}\mathrm{e}^{-\frac{t^2}{2}}\mathrm{d}t$$

同理可得，传感器 k 的局部判决为 $u_k=-1$ 时，融合中心接收到的信号 r_k的条件概率密度函数为

$$\begin{aligned}f(r_k|u_k=-1)&=\int_0^{+\infty}\frac{2s}{P_{rk}}\exp\left(-\frac{s^2}{P_{rk}}\right)\frac{\exp\left(-\frac{(r_k+s)^2}{2\sigma_{w_k}^2}\right)}{\sigma_{w_k}\sqrt{2\pi}}\mathrm{d}s\\&=\frac{2}{\sqrt{2\pi}\sigma_{w_k}P_{rk}}\exp\left(-\frac{r_k^2}{2\sigma_{w_k}^2+P_{rk}}\right)\times\\&\quad\left[\frac{\sigma_{w_k}^2P_{rk}}{2\sigma_{w_k}^2+P_{rk}}\exp\left(-\frac{(ar_k)^2}{2}\right)-\sqrt{2\pi}ar_kQ(ar_k)\right]\end{aligned} \tag{6.42}$$

由于

$$\begin{cases}f(r_k|H_1)=P_{dk}f(r_k|u_k=1)+(1-P_{dk})f(r_k|u_k=-1)\\ f(r_k|H_0)=P_{fk}f(r_k|u_k=1)+(1-P_{fk})f(r_k|u_k=-1)\end{cases} \tag{6.43}$$

因此可得

$$\frac{f(r_k|\mathrm{H}_1)}{f(r_k|\mathrm{H}_0)}=\frac{\dfrac{\sigma_{w_k}^2P_{\mathrm{r}k}}{2\sigma_{w_k}^2+P_{\mathrm{r}k}}\exp\left(-\dfrac{(ar_k)^2}{2}\right)+[P_{\mathrm{d}k}-Q(ar_k)]\sqrt{2\pi}ar_k}{\dfrac{\sigma_{w_k}^2P_{\mathrm{r}k}}{2\sigma_{w_k}^2+P_{\mathrm{r}k}}\exp\left(-\dfrac{(ar_k)^2}{2}\right)+[P_{\mathrm{f}k}-Q(ar_k)]\sqrt{2\pi}ar_k} \tag{6.44}$$

6.5.3 融合准则

采用 LRT – CS 融合准则[158],融合中心可依据接收到的 r_k 以及各传感器的 $P_{\mathrm{d}k}$、$P_{\mathrm{f}k}$ 计算判决统计量 Λ_{tot},即

$$\begin{aligned}\Lambda_{\mathrm{tot}}&=\log\left[\frac{f(r\mid\mathrm{H}_1)}{f(r\mid\mathrm{H}_0)}\right]\\&=\sum_{k=1}^{K}\log\left\{\frac{\dfrac{\sigma_{w_k}^2P_{\mathrm{r}k}}{2\sigma_{w_k}^2+P_{\mathrm{r}k}}\exp\left(-\dfrac{(ar_k)^2}{2}\right)+[P_{\mathrm{d}k}-Q(ar_k)]\sqrt{2\pi}ar_k}{\dfrac{\sigma_{w_k}^2P_{\mathrm{r}k}}{2\sigma_{w_k}^2+P_{\mathrm{r}k}}\exp\left(-\dfrac{(ar_k)^2}{2}\right)+[P_{\mathrm{f}k}-Q(ar_k)]\sqrt{2\pi}ar_k}\right\}\end{aligned} \tag{6.45}$$

式中

$$a=\sqrt{P_{\mathrm{r}k}}/\sigma_{w_k}\sqrt{2\sigma_{w_k}^2+P_{\mathrm{r}k}},Q(x)=\int_x^{\infty}\frac{1}{\sqrt{2\pi}}\mathrm{e}^{-\frac{t^2}{2}}\mathrm{d}t$$

同理,融合中心的虚警概率和检测概率可定义为

$$\begin{cases}P_{\mathrm{F}}=\Pr(\Lambda_{\mathrm{tot}}\geqslant T_{\mathrm{tot}}\mid\mathrm{H}_0)\\P_{\mathrm{D}}=\Pr(\Lambda_{\mathrm{tot}}<T_{\mathrm{tot}}\mid\mathrm{H}_1)\end{cases} \tag{6.46}$$

式中:T_{tot}为融合中心进行目标检测的判决阈值。

融合中心的最终判决为

$$u_0=\begin{cases}1 & (\Lambda_{\mathrm{tot}}\geqslant T_{\mathrm{tot}})\\0 & (\Lambda_{\mathrm{tot}}<T_{\mathrm{tot}})\end{cases} \tag{6.47}$$

式中:$u_0=1$ 表示目标存在;$u_0=0$ 表示目标不存在。

6.5.4 传感器节点的功率消耗情况分析

根据传感器节点的工作情况,节点的功耗可以划分为两类:一类是与距离有关的功耗;另一类是与距离无关的功耗。与距离有关的功耗又分为两类:一类是

在目标探测过程中产生的，也就是发射到空中的信号功率 P_k^{sen}，该功率与功率放大器的效率和天线的增益有关，假设总的效率为 η_k^{sen}，则该环节消耗的功率 P_{ktot}^{sen} 与发射到空中的信号功率 P_k^{sen} 之间的关系为

$$P_{ktot}^{sen} = P_k^{sen} / \eta_k^{sen} \tag{6.48}$$

对于雷达而言，P_k^{sen} 越大，目标回波信号越强，传感器节点的目标检测能力越强。通过调节 P_{ktot}^{sen} 的大小，就可以调节传感器节点的目标检测性能。另一类是传感器节点和融合中心之间无线通信所消耗的功率。当节点 k 发射到无线信道中的信号功率为 P_k^{com} 时，假设功率放大器和天线的总效率为 η_k^{com}，则节点用于无线通信环节的功率为

$$P_{ktot}^{com} = P_k^{com} / \eta_k^{com} \tag{6.49}$$

除发射目标探测信号和通信信号所消耗的功率外，其他环节所消耗的功率都是与距离无关的，这些功率对于处于工作状态的节点而言可以认为固定的，或者说虽然会有所波动，但是并不能够根据任务要求自由控制。如低噪声放大器的功耗、A/D 和 D/A 变换环节等，它们所消耗的功率可以认为是固定的。另外，为了维持传感器网络的正常运转，节点也需要消耗一定的能量，这部分功耗虽然较小，但会有所波动，当给定网络协议后，这部分功耗难以自由控制。为了便于研究，也可以认为此类功耗为固定值。

因此，这里所研究的功率分配是指，在对节点 k 其他环节进行预分配后，对剩余的节点功率预算在目标探测功率 P_{ktot}^{sen} 和传输局部检测结果的通信功率 P_{ktot}^{com} 之间进行分配。为方便起见，假设可用于自由分配的功率预算为 $P_k^{sen+com}$，则有

$$P_{ktot}^{sen} + P_{ktot}^{com} \leqslant P_k^{sen+com} \tag{6.50}$$

为了使得系统的检测性能最优，需要使传感器节点和融合中心之间的无线信道传输质量（如信噪比或者误码率）与传感器节点的目标探测能力相匹配。匹配是指能够使系统检测性能最优的探测功率 P_{ktot}^{sen} 和通信功率 P_{ktot}^{com} 之间的匹配。此时，必然有

$$P_{ktot}^{sen} + P_{ktot}^{com} = P_k^{sen+com} \tag{6.51}$$

这是因为如果存在 $\varepsilon > 0$ 使得 $P_{ktot}^{sen} + P_{ktot}^{com} + \varepsilon \leqslant P_k^{sen+com}$，那么当探测功率为 $P_{ktot}^{sen} + \varepsilon/2$ 且通信功率为 $P_{ktot}^{com} + \varepsilon/2$ 时，节点的探测性能和无线信道的传输质量都会有一定提高。尽管提高的量可能很小，但是此时的系统检测性能对于合理的融合准则而言是不会降低的。因此，能使系统检测性能达到最优的功率分配方案一定满足式(6.51)。合理的融合准则是指当任意一个局部传感器的检测性能提高时，该准则不会导致检测系统的检测性能降低。一个具有实用价值的融合准则必须满足该要求。

6.5.5 功率优化

一般而言,当整个系统具有最优检测性能时,各局部传感器的检测性能指数是不相等的。但是,当传感器数目较多时,采用完全相同的一组传感器节点具有渐近最优的性能。因此,假设各个传感器节点的探测能力和通信能力均相同,而且电源的额定功率也相同,假定各传感器节点用于探测和通信环节的功率预算为 $P_k^{\mathrm{sen+com}}$。

当给定融合中心的虚警概率 P_{F} 后,如何调整探测功率 $P_{k\mathrm{tot}}^{\mathrm{sen}}$ 和通信功率 $P_{k\mathrm{tot}}^{\mathrm{com}}$,使得全局检测概率 P_{dtot} 最大是节点功率联合优化的最终目标。全局检测概率 P_{dtot} 可以表示为包含传感器和融合中心判决阈值以及探测功率和通信功率的函数形式:

$$\begin{aligned} P_{\mathrm{dtot}} &\triangleq \Pr(\Lambda_{\mathrm{tot}} \geqslant T_{\mathrm{tot}} | H_1) \\ &= P_{\mathrm{D}}(T_1, P_{1\mathrm{tot}}^{\mathrm{sen}}, P_{1\mathrm{tot}}^{\mathrm{com}}, \cdots, T_k, P_{k\mathrm{tot}}^{\mathrm{sen}}, P_{k\mathrm{tot}}^{\mathrm{com}}, \cdots, T_N, P_{N\mathrm{tot}}^{\mathrm{sen}}, P_{N\mathrm{tot}}^{\mathrm{com}}, T_{\mathrm{tot}}) \end{aligned} \tag{6.52}$$

节点功率的联合优化可以等价为下述约束条件下的最优化问题:

$$\begin{cases} \max \quad P_{\mathrm{dtot}} \\ \mathrm{s.\,t.} \quad T_{\min} \leqslant T_k \leqslant T_{\max}, 0 < P_{k\mathrm{tot}}^{\mathrm{sen}} < P_{k\mathrm{tot}}^{\mathrm{sen+com}} \\ 0 < P_{k\mathrm{tot}}^{\mathrm{com}} < P_{k\mathrm{tot}}^{\mathrm{sen+com}} - P_{k\mathrm{tot}}^{\mathrm{sen}} \\ P_{\mathrm{F}} \leqslant P_{\mathrm{Fmax}} \end{cases} \tag{6.53}$$

式中:P_{Fmax} 为系统所允许的最大虚警概率;$P_{k\mathrm{tot}}^{\mathrm{sen+com}}$ 为用于探测和通信之间进行优化的功率预算;$T_{\max}$、$T_{\min}$ 分别为局部传感器判决阈值的上限和下限,可以根据系统的先验知识估计得到。为了找出探测功率 $P_{k\mathrm{tot}}^{\mathrm{sen}}$ 和通信功率 $P_{k\mathrm{tot}}^{\mathrm{com}}$ 的最佳分配方案,可以采用一种简单的方法。根据所允许的总功率 P_{node},设定一个充分小的功率增量 ΔP,且满足 $P_{\mathrm{node}} = L\Delta P$。令探测功率 $P_{k\mathrm{tot}}^{\mathrm{sen}}$ 依次取 $\Delta P, 2\Delta P, \cdots, L\Delta P$,且令通信功率 $P_{k\mathrm{tot}}^{\mathrm{com}} = P_{\mathrm{node}} - P_{k\mathrm{tot}}^{\mathrm{sen}}$,并计算全局检测概率 P_{dtot}。全局检测概率最大时对应的功率分配方案即为最佳方案。

6.5.6 性能分析

假设雷达的工作频率为 9375MHz,脉冲宽度为 10ns,$\eta_k^{\mathrm{sen}} = 0.18$,系统带宽为 100MHz,噪声指数 $F = 8\mathrm{dB}$,系统损失 $L = 4\mathrm{dB}$,等效噪声温度 $T_{\mathrm{e}} = 290\mathrm{K}$,天线增益 $G = 28\mathrm{dB}$。对于 $\mathrm{RCS} = 5\mathrm{m}^2$ 的目标,当发射功率为 3mW 时,在距离目标 150m 处雷达接收机收到的目标回波信号的功率为 −93dBm。在瑞利包络杂波环境下,通过平方率检波后,在虚警概率为 0.01 时,对于 Swerling II 型目标的检测概率为 0.5。

对于 IEEE 802.15.4 网络而言,接收机灵敏度的定义为接收机在接收 20B 数据包的情况下,误包率小于 1% 时对应的最小接收信号功率,此时要求相应的

误比特率小于 6.2×10^{-5}。若通信系统工作在 2.4GHz 频段，可采用 Shellhammer[293] 给出的 2.4GHz 的路径损耗模型(PLM)：

$$\mathrm{pl}(d)=\begin{cases}40.2+20\lg d & (d\leqslant 8\mathrm{m})\\ 58.5+33\lg\left(\dfrac{d}{8}\right) & (d>8\mathrm{m})\end{cases} \tag{6.54}$$

式中：pl(d)的单位为 dB；d 为传感器与融合中心间的距离。

假设传感器和融合中心的无线信道为二元对称信道，实际接收机系统相对于理想接收机的信噪比损耗为 5dB，功率放大器的漏极效率 $\eta_k=0.17$，误比特率为 0.001。当发射功率为 5dBm 时，接收机的灵敏度为 -95dBm，收发之间的最大距离为 102m；当发射功率为 15dBm 时，最大距离为 205m。

6.5.6.1 节点功率分配比例相同时的联合优化

假设一：假设 WSN 中包含 8 个传感器节点和 1 个融合中心，融合中心的坐标为(0,300)，目标的坐标为(0，-150)，所有传感器节点的 Y 轴坐标均为 0，X 轴坐标见表 6.3 所列；该网络元素的位置示意图如图 6.15 所示。假设各传感器采用相同的功率分配比例，且用于分配的功率预算 $P_k^{\mathrm{sen+com}}$ 均为 35mW，WSN 全局虚警概率 $P_{\mathrm{F}}=0.01$，各传感器节点的虚警概率 $P_{\mathrm{f}k}=0.05$。下面通过仿真实验，观察功率分配比例发生改变时，全局检测概率 P_{dtot} 的变化情况。

表 6.3 各传感器节点的 X 轴坐标(假设一)

传感器编号	1#	2#	3#	4#	5#	6#	7#	8#
X 轴坐标值/m	-60	-40	-20	0	20	40	60	80

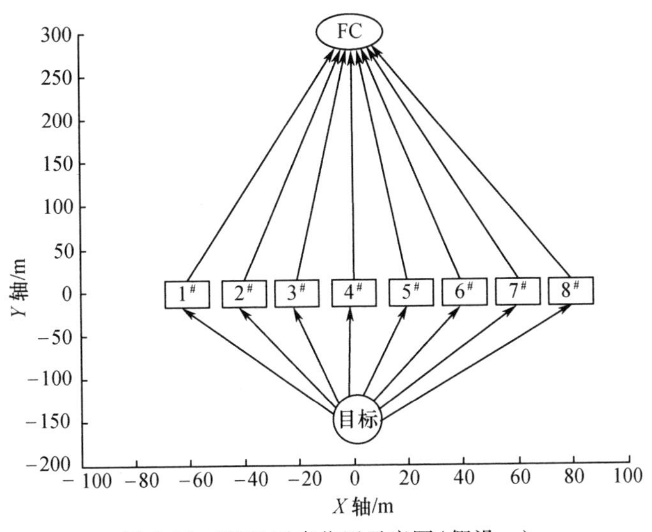

图 6.15 WSN 元素位置示意图(假设一)

图6.16示出了假设一条件下全局检测概率 P_{dtot} 的变化曲线。从图6.6可以看出,随着探测功率 P_{sen} 的增大,P_{dtot} 是先增后减的变化过程。也就是说,存在一个最佳的探测功率使得全局检测概率获得最大值,即各传感器节点探测功率 $P_{sen}=25.5\text{mW}$ 时,可得到最大全局检测概率 $P_{dtot}=0.800$。较差的分配方案,如节点功率预算平均分配,即探测功率和通信功率均为17.5mW时,全局检测概率仅为0.638。可见,联合优化后系统的检测概率比平均分配时提升了16.2%。因此,对于节点功率受限的WSN而言,根据工作条件合理分配节点功率,将会显著提高系统的检测性能。

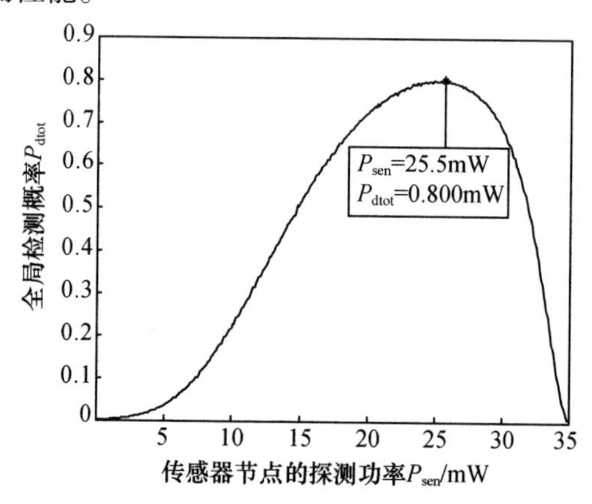

图6.16 假设一条件下全局检测概率相对节点探测功率的变化曲线

在假设一中,传感器节点的位置相对集中,且分布比较规律。下面将改变网络元素的坐标,但其他参数保持不变,观察此时系统检测性能随节点功率分配方案的变化情况。

假设二:假设融合中心的坐标为(20,260),目标的坐标为(-40,-50),8个传感器节点的坐标见表6.4所列。此时,该网络的元素位置示意图如图6.17所示。

表6.4 各传感器节点的坐标(假设二)

传感器编号	1#	2#	3#	4#	5#	6#	7#	8#
X 轴坐标值/m	-80	-40	-20	0	20	60	60	80
Y 轴坐标值/m	50	100	-150	150	200	50	150	-50

假设二条件下全局检测概率相对传感器节点探测功率的变化曲线如图6.18所示。从图6.18中可以看出,全局检测概率的变化趋势仍是先增后减的过程,与假设一类似。该条件下,最大的 $P_{dtot}=0.968$,此时各传感器节点的探测功率为22.7mW。对比图6.16和图6.18可以发现,图6.18中最大的 P_{dtot} 有一

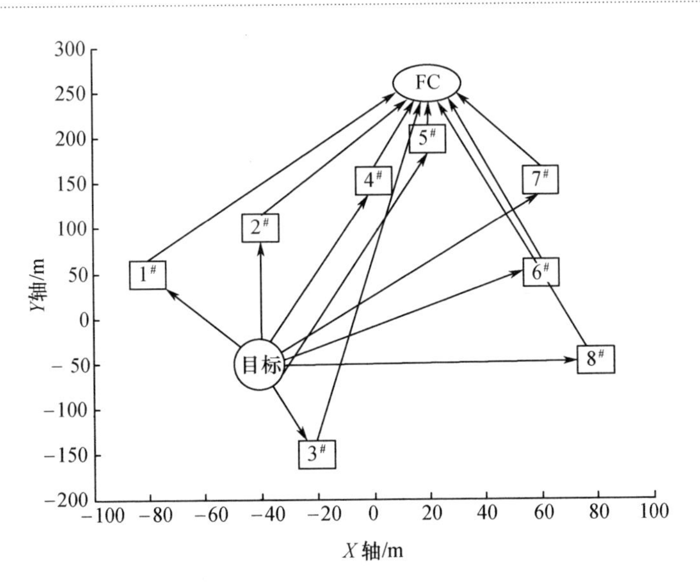

图6.17　WSN元素的位置示意图(假设二)

段持续的过程,即为曲线顶部的近似直线的部分。事实上,任何网络的检测概率都存在一个上限,传感器节点功率的优化只能无限接近该最佳检测性能,却不能使系统检测性能无限制地提高。

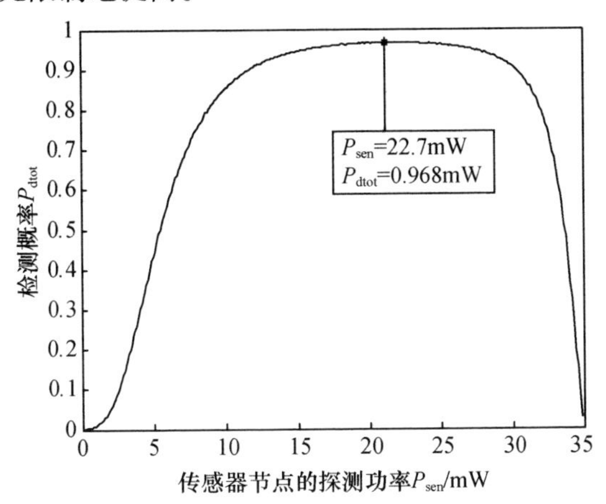

图6.18　假设二条件下全局检测概率相对节点探测功率的变化曲线

6.5.6.2　节点功率分配方案不同时的联合优化

对于各传感器节点来说,目标与传感器之间的距离 R 和传感器与融合中心之间的距离 d 的取值不尽相同,因此最佳分配方案中各节点的分配方案也应该有所差异。如果各节点功率均采用各自的最佳分配方案进行分配,理论上全局检测概率将达到最大值。下面以仿真的方法寻找各传感器节点的局部最优分配方案。

假设三:选取假设二中的1#、3#、5#、7#四个传感器节点以及目标和融合中心组成一个新的WSN,假设用于分配的功率预算 $P_k^{sen+com}=35\text{mW}$,WSN的全局虚警概率 $P_F=0.01$,各传感器节点的虚警概率 $P_{fk}=0.05$。仿真过程中,假设传感器 k 的探测功率服从0.1~35之间的均匀分布,而且所有传感器的探测功率统计独立。选取 2×10^5 组探测功率,采用 10^5 次蒙特卡罗实验的方法计算各组的全局检测概率 P_{dtot},最大 P_{dtot} 对应的各节点探测功率即为局部最优探测功率,从而得到局部最优的分配方案。图6.19示出了假设三条件下节点探测功率相同时全局检测概率的变化曲线。不难看出,随着传感器数目的减少,该系统检测性能相比假设二中系统检测性能出现了明显的恶化;相同条件下各传感器节点采用不同探测功率时得到的局部最优 $P_{dtot}=0.700$,相应传感器节点的探测功率 $P_{sen}=[13.5,9.8,28.0,21.9]$,全局检测概率提升了6.2%。

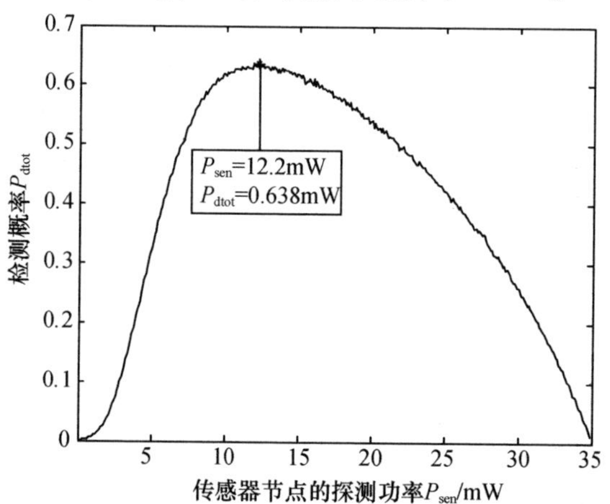

图6.19 假设三条件下节点探测功率相同时全局检测概率的变化曲线

假设四:选取假设二中的1#、2#、3#、4#、5#、6#六个传感器节点以及目标和融合中心组成一个新的WSN,其他参数与假设二相同。假设四条件下的仿真结果表明,当各传感器节点采用相同探测功率时,全局检测概率为0.918;当各节点采用不同探测功率时得到的最优全局检测概率 $P_{dtot}=0.964$,全局检测概率提高了4.6%。

如果继续增加网络节点数目,可以以假设二为实验条件,上一小节的仿真结果表明,当各传感器节点采用相同探测功率时,全局检测概率为0.968;若令假设二中的传感器节点均采用各自最优的分配方案,仿真得到的最优全局检测概率 $P_{dtot}=0.990$,系统检测性能大约提升了2.2%。由于全局检测概率存在理论上限，随着节点个数的增多，全局检测概率不断提高，进一步改善性能的空间也就越来越小。因此，随着WSN中传感器数目的增多，各节点采用相同分配方案进行功率分配时的系统检测性能会逐渐接近于各节点采用各自最佳分配方案时的最优检测性能，见表6.5所列。

表6.5　节点探测功率相同与否的性能对比

节点数目/个	节点探测功率相同		节点探测功率不同		性能提升/%
	最优检测概率	最优探测功率/mW	最优检测概率	最优探测功率/mW	
4	0.638	12.2	0.700	13.5、9.8、28.0、21.9	6.2
6	0.918	23.6	0.964	16.1、31.2、10.6、21.8、28.7、27.6	4.6
8	0.968	22.7	0.990	15.3、30.7、9.6、30.7、25.5、28.2、30.9、18.4	2.2

6.5.6.3　功率预算改变时系统检测性能的变化情况

在假设一中，设定各传感器节点的$P^{sen+com}=35\mathrm{mW}$，能得到最大的全局检测概率$P_{dtot}=0.80$。假设$P^{sen+com}$逐步增大，由45mW变化到70mW，观察假设一条件下，各种功率预算对应的最大全局检测概率的变化情况。

当$P^{sen+com}$由45mW变化到70mW时，由图6.20和表6.6可以看出，最大检测概率P_{dtot}从0.943持续增长到0.999，而且，随着$P^{sen+com}$的增大，最大的P_{dtot}增长逐步减缓。在本实验中，当$P^{sen+com}>55\mathrm{mW}$时最大$P_{dtot}>0.98$，所以，对于给定的$P_{dtot}$，可以从表6.6中得到最小的$P^{sen+com}$。此外，由图6.20可以看出，当$P^{sen+com}>55\mathrm{mW}$时，$P_{dtot}$的曲线形状近似为梯形，而且，$P^{sen+com}$越大，表示最大值的近似梯形上底持续的距离越长。通过本实验还发现，牺牲少量的系统检测性能可以显著减低功率预算$P^{sen+com}$，例如，系统检测概率从0.998降低到0.996时，传感器节点的功率预算可相应地从65mW减少到60mW。这样一来，就可以有效地减少传感器节点的能量消耗，进而延长传感器节点以及整个网络的使用寿命。

表6.6　不同功率预算对应的最大检测概率

功率预算$P^{sen+com}$/mW	45	50	55	60	65	70
最大全局检测概率P_{dtot}	0.943	0.975	0.990	0.996	0.998	0.999

本节给出的节点功率联合优化算法适用于网络拓扑确定的情况下，设定网络节点功率的分配方案。在WSN中，目标距离传感器节点越近，系统的检测性能越好。因此，在满足系统检测性能要求的前提下，节点功率分配方案只要使网络作用区域的边缘位置处的检测性能最大即可。

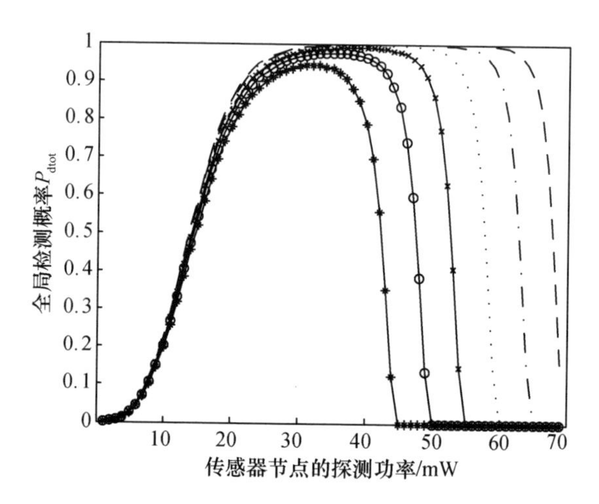

图 6.20　不同功率预算情况下全局检测概率的变化曲线(见彩图)

下面仍以微型雷达传感器网络为例讨论该算法的实际应用方法。

对于定向扫描的雷达节点,可以建立一个数据库,存储各方向上边缘位置所对应的满足系统检测要求的节点功率的分配方案,根据扫描方向动态选取相应的方案对节点功率进行分配。对于全向扫描的雷达节点,首先选择能够使所有边缘节点满足系统检测性能要求的分配方案,然后在这些分配方案中选择平均检测概率最大的分配方案,即为所选取的网络节点功率的分配方案。该算法适用于主动感知的 WSN,在网络构建时,即可确定节点功率的分配方案。一旦网络节点功率的分配方案确定以后,目标在该网络的作用区域运动时,节点功率的分配方案保持不变。

6.6　基于信息论的分布式信号检测系统功率优化设计

6.6.1　基于信息论的系统优化设计

信息论用来确定通信系统性能的极限。传统的信号检测理论是用统计决策理论来确定噪声中是否存在信号。Kullback 讨论了使用鉴别信息来研究假设检验问题。Middleton 利用基于信息论的代价函数优化信号检测系统。Csiszar 和 Blahut 把检测问题作为编码问题进行研究,基于误差指数函数对检测系统的渐进性能进行了分析。

在分布式检测应用中,无线传感器网络的设计目标是区别两种可能的假设,即 H_0或 H_1。这样一种检测能力对于监视应用来说是非常重要的。在目标监视应用中,一个目标在其速度和位置未估计前,必须首先被检测到。当前,分布式信号检测常在无线传感器网络的环境下进行讨论,而节点的感知单元可以基于雷达技术[286,287,294,295]，也可以基于红外、振动等其他技术。

随着无线传感器网络的发展，开始分析局部传感器和融合中心之间的传输链路存在信道衰落和噪声干扰情况下分布式信号检测系统的性能[63,158,160,170,296]。信道衰落可能导致融合中心所接收的局部判决是不可靠的，在资源受限的传感器网络中，这种情况尤为普遍。为了提高系统性能，采用信道均衡技术、分集技术和信道编码技术都是可行的方案。此外，将信号检测问题和通信问题进行联合优化则是当前一个重要的研究领域，这种联合优化对系统的设计和管理提出了严峻的挑战。

在通信不可靠情况下，Yang 等研究了采用雷达传感器的分布式信号检测系统中能量高效的路由问题，并提出了一种网络规模具有伸缩性的分布式高能效的检测框架，大大减少了对融合中心的依赖。Masazade 等[169]通过解一个多目标优化问题解决了分布式信号检测系统传感器阈值的求解问题。

尽管无线传感器网络中高能效的通信问题或信号检测问题都有很多论述，但是关于信号检测和通信之间的功率分配问题少有研究。文献[297]提出了一种适用于目标检测的基于 Kullback - Leibler 距离功率分配方法。在文献[298]中，数据通信中的误码率用于分配传输功率以提高系统总的检测能力。Zhang 等[299]则考虑了在单个传感器的功率以及各个传感器的总功率约束下系统检测性能的优化问题，所提出的功率分配方案达到了通信质量和局部传感器判决质量之间的平衡。但是，他们的贡献都是基于加性白高斯噪声信道，且没有考虑探测功率的优化。

因此，本节考虑采用雷达传感器的无线传感器网络，各个传感器通过瑞利衰落信道将它们的局部判决结果发送给融合中心，融合中心根据所接收的局部判决来判决某一 Swerling II 型目标是否存在。本节的主要贡献如下：一是提出并验证了一个分布式功率分配策略，推导了 J 散度的确切表达式；二是给出了融合中心接收信号的条件概率密度函数；三是假设了 Swerling II 型目标模型和瑞利衰落信道模型。

6.6.2　问题描述

假设 N 个传感器被部署在某一区域来检测某一目标是否存在。各个传感器发射特定的电磁信号到感兴趣的区域，以检测可能出现的目标，如人、车辆或军事目标。对于雷达类主动感知应用，一种典型的做法是将监控的区域划分成许多分辨单元，系统对各个分辨单元进行顺序探测来确定给定目标是否存在。假设传感器 k 的坐标为(x_k, y_k)。各个传感器搜集处于(x_t, y_t)的目标的信息，并做出局部判决，然后将判决结果通过瑞利衰落信道传送到融合中心。也就是说，这里采用的是并行分布式检测模型。假设融合中心 FC 位于(x_{fc}, y_{fc})。进一步地，假设雷达信号和通信信号的频率不同，且彼此独立。

传感器节点的功率消耗可以分成与距离有关的功率消耗和与距离无关的功率消耗。这里主要考虑两种与距离相关的功率消耗：一种是目标感知消耗的功率；另一种是传感器和融合中心之间通信的功率消耗。令 $P_{k\text{tot}}^{\text{sen}}$ 表示传感器 k 的探测功率，$P_{k\text{tot}}^{\text{com}}$ 表示传感器 k 向融合中心发送信息所消耗功率。当然，除了与距离有关的功率消耗外，其他环节所消耗的功率，如低噪声放大器、A/D 转换、D/A 转换、基带信号处理模块等，它们所消耗的功率也占据了总功耗的相当大比例；但是由于它们并不能进行自由调节，可以认为这部分功率是固定的或不可自由调节的。此外，为了维持网络的正常运行，传感器节点也要消耗一部分能量，这部分能量也可能会随着时间的变换而不断变化，但是并不是可以由设计者所调节的。因此，所考虑的传感器节点的功率分配问题，是指如何将可调节的共享功率预算在探测功率 $P_{k\text{tot}}^{\text{sen}}$ 与通信功率 $P_{k\text{tot}}^{\text{com}}$ 之间进行最佳分配。

假设所检测的目标平均 RCS 为 $\bar{\sigma}_{\text{ref}}$，距离雷达 R_{ref} 的一个 Sweling II 型目标。雷达发射的峰值功率为 $P_{\text{ref}}^{\text{sen}}$，平方率检波器输出的单脉冲信噪比为 λ_{ref}。根据自由空间雷达方程，对于平均 RCS 为 $\bar{\sigma}$ 的 Swerling II 型目标，假设它与雷达之间的距离为 R_k，而雷达的发射功率为 $P_{k\text{tot}}^{\text{sen}}$，则平方率检波器输出的单脉冲信噪比为

$$\lambda_k = R_k^4 P_{k\text{tot}}^{\text{sen}} \bar{\sigma} (R_{\text{ref}}^4 P_{\text{ref}}^{\text{sen}} \bar{\sigma}_{\text{ref}})^{-1} \lambda_{\text{ref}} \tag{6.55}$$

因而，所采用的感知信号模型如下：

$$\begin{cases} \text{H}_0 : f_{X_{kj}}(y_{kj}) = \dfrac{1}{\mu_k} \exp\left[-\dfrac{y_{kj}}{\mu_k} \right] \\ \text{H}_1 : f_{X_{kj}}(y_{kj}) = \dfrac{\exp\left[-\dfrac{y_{kj}}{\mu_k(1+\lambda_k)} \right]}{\mu_k(1+\lambda_k)} \end{cases} \tag{6.56}$$

式中：Y_{kj} 为第 k 个传感器的观测信号，$y_{kj} \geqslant 0$；λ_k 为检测单元的信噪比；μ_k 为噪声功率水平。

进一步假设传感器之间没有信息交流。传感器 k 根据自己的观测结果 x_k，独立做出二元判决 $u_k \in \{+1, -1\}$。令 M 为用于积累的脉冲数，R 为参考单元的个数，则传感器 k 的判决规则为

$$u_k = \begin{cases} 1 & \left(d_k = \left(\sum\limits_{j=1}^{R} Y_{kj} \right)^{-1} \sum\limits_{j=1}^{M} X_{ij} \geqslant \tau_k \right) \\ -1 & \left(d_k = \left(\sum\limits_{j=1}^{R} Y_{kj} \right)^{-1} \sum\limits_{j=1}^{M} X_{ij} < \tau_k \right) \end{cases} \tag{6.57}$$

式中：Y_{kj} 为参考单元样本；X_{ij} 为检测单元采样；τ_k 为由局部传感器虚警概率 P_{fk} 决定的局部判决阈值。

假设传感器 k 辐射到无线信道中的功率为 P_{tk}^{com}，功率放大器和天线总的效率为 η_k^{com}，则通信消耗的功率 P_{ktot}^{com} 可以表示为 $P_{ktot}^{com}=P_{tk}^{com}(\eta_k^{com})^{-1}$。当考虑到传输中产生的路径损耗时，融合中心接收到的来自传感器 k 的信号的功率为 $P_{rk}^{fc}=P_{tk}^{com}/(\varepsilon_k d_k^{\alpha_k})$，其中，$\varepsilon_k$ 为由天线特征所决定的常数，α_k 为路径损耗指数，d_k 为传感器 k 和融合中心之间的距离。

每个局部判决 u_k 都通过瑞利衰落信道传递到融合中心，来自传感器 k 的无线信道输出为

$$r_k=\sqrt{P_{rk}^{fc}}h_k u_k+w_k \tag{6.58}$$

式中：w_k 为均值 0、方差 $\sigma_{w_k}^2$ 的高斯白噪声；h_k 为信道增益，服从瑞利分布，其概率密度函数为

$f(h_k)=2h_k e^{-h_k^2}(h_k\geqslant 0)$。$r_k$ 的信道信噪比为

$$\lambda_{ck}=\frac{1}{E[(w_k)^2]}E[(\sqrt{P_{rk}^{fc}}h_k u_k)^2]=\frac{P_{rk}^{fc}}{\sigma_{w_k}^2} \tag{6.59}$$

在进行 BPSK 相干解调后，u_k' 和 u_k 不相等的概率，即错误概率 P_{ek}^{sym} 可以通过下式计算[300]：

$$P_{ek}^{sym}=\Pr(u'_k\neq u_k)=\frac{\int_0^{+\infty}f_{u_k=-1}(r_k)\mathrm{d}r_k+\int_{-\infty}^{0}f_{u_k=1}(r_k)\mathrm{d}r_k}{2}=\frac{1}{2}\left(1-\sqrt{\frac{\lambda_{ck}}{2+\lambda_{ck}}}\right) \tag{6.60}$$

这里考虑三种典型的融合规则：

一是 LRT－CS 融合[158]，它基于信道状态信息和局部传感器的性能指数。

二是 MRC 融合规则，它基于信道增益信息，即

$$\Lambda_{MRC}=\sum_{k=1}^{N}(P_{dk}-P_{fk})h_k r_k \tag{6.61}$$

三是 EGC 融合规则，即

$$\Lambda_{EGC}=\frac{1}{N}\sum_{k=1}^{N}r_k \tag{6.62}$$

它需要的先验信息最少。

融合中心的全局检测概率 P_D 和全局虚警概率 P_F 可以通过下式计算：

$$P_D=\Pr(\Lambda>\tau_{FC}|H_1) \tag{6.63}$$

$$P_F=\Pr(\Lambda>\tau_{FC}|H_0) \tag{6.64}$$

式中：τ_{FC} 是融合中心的判决阈值。

6.6.3　基于 *J* 散度的功率分配策略

在无线传感器网络中，集中的网络控制器的部署难度是比较大的，因而需要

一种分布式的功率分配策略。在这种方法中,每个节点确定自己的探测功率和通信功率。假设总的功率预算为 $P_k^{\text{sen}+\text{com}}$,那么 $P_{k\text{tot}}^{\text{sen}}+P_{k\text{tot}}^{\text{com}}\leqslant P_k^{\text{sen}+\text{com}}$。为了最大化系统的检测概率,目标探测功率和通信功率之间应满足

$$P_{k\text{tot}}^{\text{sen}}+P_{k\text{tot}}^{\text{com}}=P_k^{\text{sen}+\text{com}} \tag{6.65}$$

显然,假如融合中心接收到的局部判决统计量在两种假设下的 J 散度被最大化,则系统的检测性能也会相应地改善。因而,聚焦于如何将总功率预算 $P_k^{\text{sen}+\text{com}}$ 在 $P_{k\text{tot}}^{\text{sen}}$ 和 $P_{k\text{tot}}^{\text{com}}$ 合理分配这一问题。经推导,$f_{\text{H}_1}(r_k)$ 和 $f_{\text{H}_0}(r_k)$ 之间的 J 散度可计算如下:

$$\begin{aligned}J_{r_k} \triangleq\ & \frac{2(P_{\text{d}k}-P_{\text{lf}k})}{2(1+\lambda_{\text{c}k})}\sqrt{\frac{\lambda_{\text{c}k}}{1+\lambda_{\text{c}k}}}\int_{-\infty}^{\infty} r_k \text{e}^{-\frac{r_k^2}{2(1+\lambda_{\text{c}k})}}\left\{\log\left(\sqrt{2}+\sqrt{\frac{\pi\lambda_{\text{c}k}}{1+\lambda_{\text{c}k}}}\times\right.\right.\\ & \left[2P_{\text{d}k}-1+\text{erf}\left(\frac{r_k}{\sqrt{2}}\sqrt{\frac{\lambda_{\text{c}k}}{1+\lambda_{\text{c}k}}}\right)\right]r_k\text{e}^{-\frac{r_k^2\lambda_{\text{c}k}}{2(1+\lambda_{\text{c}k})}}\left.\right)-\log\left[\sqrt{2}+\right.\\ & \left.\left.\sqrt{\frac{\pi\lambda_{\text{c}k}}{1+\lambda_{\text{c}k}}}\left[2P_{\text{f}k}-1+\text{erf}\left(\frac{r_k}{\sqrt{2}}\sqrt{\frac{\lambda_{\text{c}k}}{1+\lambda_{\text{c}k}}}\right)\right]\left(r_k\text{e}^{-\frac{r_k^2\lambda_{\text{c}k}}{2(1+\lambda_{\text{c}k})}}\right)\right]\right\}dr_k\end{aligned} \tag{6.66}$$

然而,式(6.66)的计算涉及积分运算,实际中难以求解。为此,考虑分布 $f_{\text{H}_1}(u_k')$ 和 $f_{\text{H}_0}(u_k')$ 之间的 J 散度 $J_{u_k'}$ 作为检测性能的表征,并将它作为功率分配优化问题的目标函数。经过简单的推导,$J_{u_k'}$ 可表示为

$$\begin{aligned}J_{u_k} &\triangleq J(f_{\text{H}_1}(u'_k),f_{\text{H}_0}(u'_k)) = \sum_{u_k=0}^{1}(f_{\text{H}_1}(u'_k)-f_{\text{H}_0}(r_k))\log\frac{f_{\text{H}_1}(u'_k)}{f_{\text{H}_0}(u'_k)}\\ &=(P_{\text{d}k}-P_{\text{f}k})\sqrt{\frac{\lambda_{\text{c}k}}{2+\lambda_{\text{c}k}}}\left\{\log\frac{1-(1-2P_{\text{ld}k})\sqrt{\dfrac{\lambda_{\text{c}k}}{2+\lambda_{\text{c}k}}}}{1-(1-2P_{\text{lf}k})\sqrt{\dfrac{\lambda_{\text{c}k}}{2+\lambda_{\text{c}k}}}}\right.\\ &\quad\left.+\log\frac{1-(2P_{\text{lf}k}-1)\sqrt{\dfrac{\lambda_{\text{c}k}}{2+\lambda_{\text{c}k}}}}{1-(2P_{\text{d}k}-1)\sqrt{\dfrac{\lambda_{\text{c}k}}{2+\lambda_{\text{c}k}}}}\right\}\end{aligned} \tag{6.67}$$

6.6.4 数值仿真和结果

考虑一个具有 8 个传感器节点和 1 个融合中心的分布式信号检测系统,系统配置如图 6.21 所示。如无特殊说明,所有坐标的单位都为 m。融合中心的坐标为(50,450)。假设所有传感器的 Y 轴坐标为 0,它们的 X 轴坐标按照从传感器 1 到传感器 8 的顺序依次是 -180、-120、-60、0、60、100、160 和 220。同

时,假设目标位于(100, −150)。

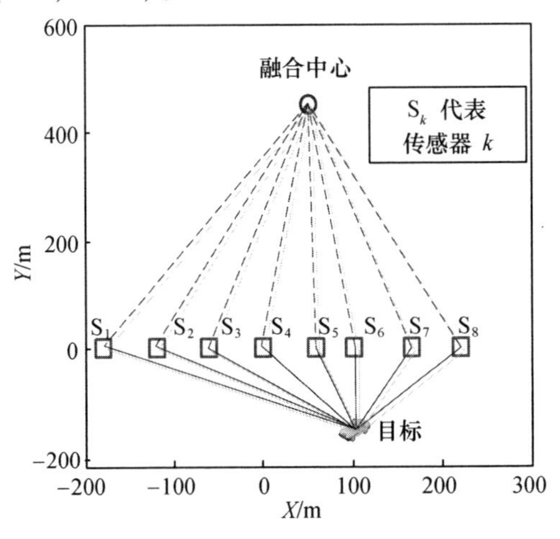

图 6.21　系统配置方案

假设融合中心要求的虚警概率为 0.001。每个雷达具有相同的标称检测性能。当各个雷达的脉冲积累数 $M=16$,每脉冲参考单元数 $R=32$ 时,针对距离雷达 200m,平均 RCS $=5\text{m}^2$ 的 Swerling II 目标,虚警概率为 0.01 时的检测概率为 0.5。假设通信系统工作在 2.4GHz 并采用由 Shellhammer[301] 给出的如下路径损耗模型:

$$\text{pl}(d)=\begin{cases}40.2+20\lg(d) & (d\leqslant 8\text{m})\\ 58.5+33\lg\left(\dfrac{d}{8}\right) & (d>8\text{m})\end{cases} \tag{6.68}$$

假设实际通信接收机相对于理想接收机的 SNR 损失为 1dB。进一步假设,对于二元对称单位功率瑞利衰落信道,当发射功率为 16dBm 时,在距离发射机 120m 处误码率等于 0.001 时,接收机灵敏度为 −90dBm。假设 $\eta_k^{\text{com}}=0.17$,每个传感器的总的功率预算 $P^{\text{sen+com}}=60\text{mW}$。这里,假设每个节点的通信功率位于区间 $[P_{\min}^{\text{com}},P_{\max}^{\text{com}}]=[0.01,59.99]$ 内。对于一个给定的功率分配方案,采 4×10^5 次蒙特卡罗实验来获得相应的检测概率。

为了验证所提方法的性能,下面给出两种集中式次优分配策略,通过这两种策略比较来说明方法的有效性。

第一种是相等功率分配策略(UPAS)。UPAS 假设所有节点的探测功率都相等,每个节点能够在感知模块和通信模块之间分配的功率预算为 $P^{\text{sen+com}}$。如果假设探测功率 $P_{k\text{tot}}^{\text{sensing}}=P^{\text{sensing}}$,那么通信功率 $P_{k\text{tot}}^{\text{com}}=P^{\text{sen+com}}-P^{\text{sen}}$。采用下述简单的方法可以获得好的 P^{sen} 值。根据总的功率预算 $P^{\text{sen+com}}$,确定充分小的功率增量 ΔP 且满足 $P^{\text{sen+com}}=L\Delta P$,其中 L 为整数。令探测功率 $P_{k\text{tot}}^{\text{sen}}$ 分别等于 ΔP,

$2\Delta P,\cdots,L\Delta P$,相应地,通信功率为 $P_{k\text{tot}}^{\text{com}}=P^{\text{sen+com}}-P_{k\text{tot}}^{\text{sen}}$。分别计算每种情况下融合中心的 P_{D}。最大 P_{D}所对应的功率分配方案就是 UPAS 意义上的最佳方案

第二种是基于融合中心接收到的符号错误概率相等这一原则来分配探测功率和通信功率(ISERPA)。在这一方案中,融合中心所接收到的各个传感器发送局部判决的符号错误概率都假设是相等的且为 $P_{\text{e}}^{\text{sym}}$,则传感器 k 所需的通信功率为

$$P_{k\text{tot}}^{\text{com}}=\frac{2\varepsilon_k d_k^{\alpha_k}(1-2P_{\text{e}}^{\text{sym}})^2}{\eta_k^{\text{com}}[1-(1-2P_{\text{e}}^{\text{sym}})^2]}\sigma_{w_k}^2 \tag{6.69}$$

而最佳的 $P_{\text{e}}^{\text{sym}}$ 则对应融合中心的最大全局检测概率 P_{D},可以通过在$[P_{\text{emin}}^{\text{sym}},P_{\text{emax}}^{\text{sym}}]$进行穷举搜索获得,其中 $P_{\text{emin}}^{\text{sym}}$ 由各个传感器所能够实现的最小符号错误概率决定,而 $P_{\text{emax}}^{\text{sym}}$ 则由所允许的最大符号错误概率所确定。

图 6.22 给出了散度 J 随着每个节点探测功率变化曲线。因为传感器节点和目标之间的距离各不相同,传感器节点与融合中心之间的距离也是各不相同的,因此每个传感器所获得的最大 J 是各不相同的。所获得的最大探测功率 $\zeta_{\text{sen}}=[P_{1\text{tot}}^{\text{sen}},P_{2\text{tot}}^{\text{sen}},\cdots,P_{N\text{tot}}^{\text{sen}}]=[45.52,47.63,47.93,42.81,34.37,31.96,36.48,44.92]$。从所获得的功率分配结果可以看出,所提出的功率分配方案是自适应的。当采用 UPAS 时,所获得的最佳探测功率随着融合准则的不同而不同。LRT - CS、MRC 和 EGC 所对应的最佳探测功率分别为 36.48mW、38.29mW 和 47.93mW。而由 ISERPA 所获得的最佳探测功率可以从图 6.23 看出。显然,此时,EGC 比 MRC 和 LRT - CS 需要更多的探测功率。

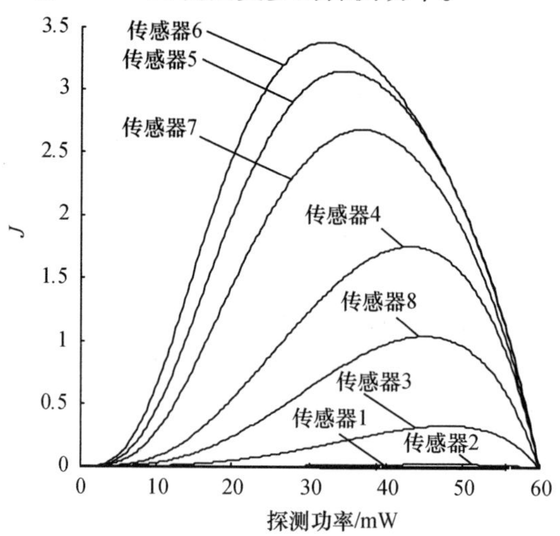

图 6.22　散度 J 随探测功率变化曲线

基于 J 的功率分配方案所获得的功率分配结果如图 6.23 所示。可见,在 8

个传感器中，传感器 6 所需要的探测功率最小。传感器 6 和需要检测的目标之间的距离是最短的，因而传感器 6 能够消耗较少的功率获得更大的检测性能。通过比较在不同融合准则下所获得的结果可以发现，ISERPA 和 UPAS 均依赖于所采用的特定融合准则，而所提方法则与采用的特定融合准则无关。对于信号检测系统中的功率分配问题，改善系统的检测性能是首要目标。

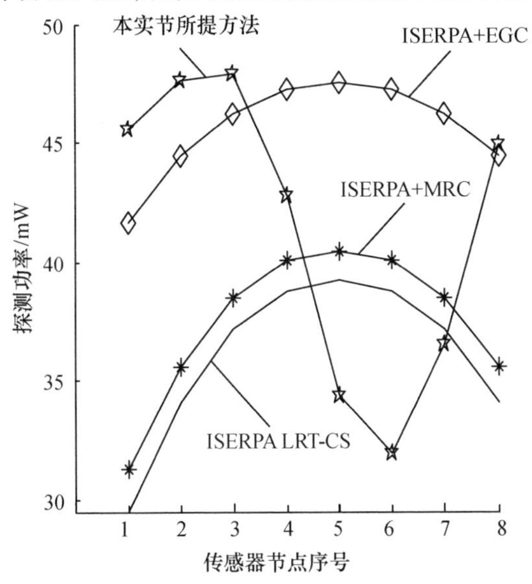

图 6.23　在不同功率分配准则和融合准则下的最佳探测功率

接下来考察不同功率分配策略所获得的系统级检测性能。模拟结果如图 6.24 所示。可见，本节所提方法的性能是最佳的。需要指出：UPAS 和 ISERPA 是集中式方法，需要计算全局检测概率；而本节所提方法仅仅需要各个传感器进行局部处理就可以，每个节点可以独立确定自己的探测功率。考虑到所提方法与特定的融合规则无关，因此，因而该方法是一种更一般性的功率分配方法。

最后，评估利用功率分配策略的分布式信号检测策略的检测概率与全局最优检测概率之间的差异。为方便起见，仅仅考虑两个传感器，即传感器 6 和传感器 7。融合中心采用 LRT－CS 融合准则，融合来自这两个传感器的局部判决结果，并做出全局判决。全局最优判决是通过穷举法所获得的。这样所获得的功率分配结果：传感器 6 的探测功率为 31.88mW，而传感器 7 的探测功率为 36.54mW，相应的全局检测概率为 0.57。在这种情况下所提方法的功率分配结果并没有随着参与融合的传感器个数的减小而发生变化，仍保持不变，而实际的检测概率为 0.56。可见所提方法的检测性能比最优功率分配方案的性能要差，但是差距很小，仅有 1.7%。这也从另一方面说明了所提方法的有效性。

面向分布式信号检测应用的无线传感器网络是一个专用的目标检测网络。

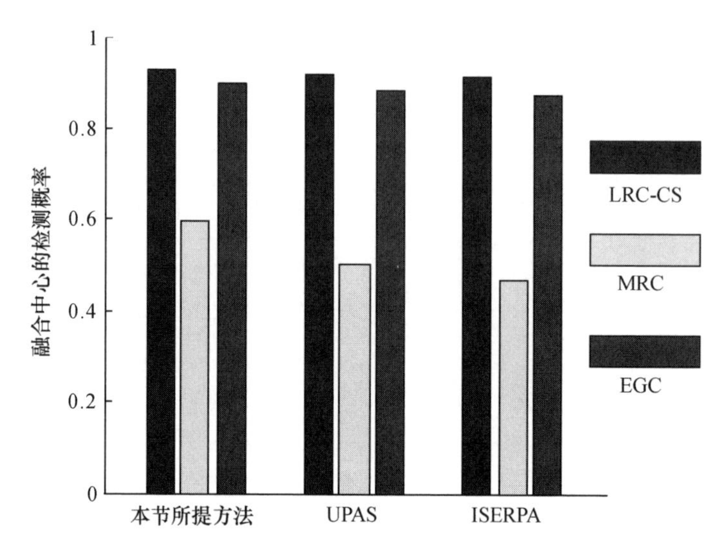

图 6.24　不同功率分配策略和融合准则下所实现的最佳检测概率(见彩图)

作为一种检测信息的有效度量方式,在文献中,散度 J 被用作检测系统全局功率分配优化的目标函数。本节则利用散度 J 来分配每个传感器节点的局部功率。所提方法的有效性通过蒙特卡罗模拟进行了验证。尽管所提方法是一种次优方法,但它的性能比采用穷尽搜索得到的集中式功率分配策略的性能要好,并且具有和所采用的融合规则无关的特性。因而所提方法是一种高检测性能的分布式功率分配方案。

第7章 信杂比未知时的分布式信号检测

7.1 引　　言

当信号检测从单传感器检测推广到多传感器检测后，信号检测问题变得复杂。传统的单传感器信号检测理论不能简单地加以采用。例如：在单传感器信号检测时，同一个相干处理间隔内的不同采样信号可以认为服从同样的统计规律；而在多传感器信号检测时，由于各个传感器的工作环境不同、部署的位置也可能有差异，来自同一现象的观测信号就可能存在差异。

由图7.1可知，对像B－26轰炸机这样的复杂目标进行观测时，不同的观测角度可能会导致目标的RCS有数十分贝的差异。因而，各个雷达从不同的角度对同一目标进行观测比从同一个角度观测好，前者可以使同一个目标在各个雷达上的RCS均最小的概率大大降低。因此，将各个传感器分别配置在不同位置

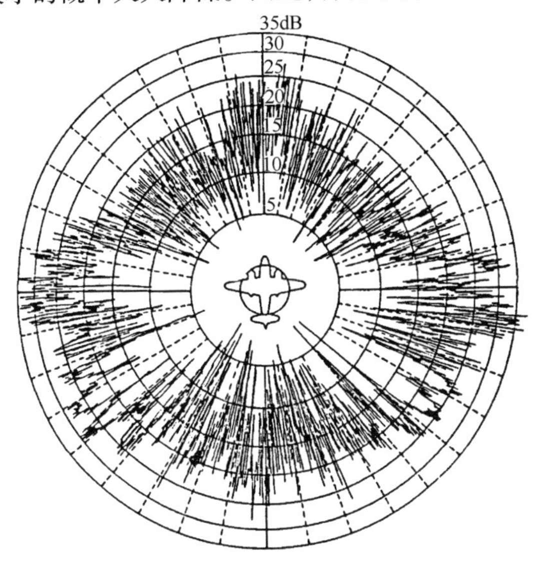

图7.1　波长为10cm时B－26轰炸机的实测RCS方向图[290]

的多传感器检测系统得到了深入研究，涌现了大量的研究成果。

当从各个传感器搜集到的信号可能服从不同的统计特性时，如何进行合理的统计判决是一个复杂的问题。对于一个检验问题而言，最优的情况是存在一致最大功效(UMP，也称为一致最优势)检验，次优的情况是能够找到一个在所有无偏检验中具有最大功效检验，即一致最大功效无偏(UMPU)检验。本章首先证明了在局部传感器的样本分布属于单调似然比(MLR)族时，多传感器信号检测中UMP检验并不存在；其次介绍在各个传感器的信杂比各不相同时，传统的检测概率随信杂比变化图只能描述不大于两个传感器的情况。为此，提出了多传感器信号检测算法的检测性能度量函数：检测性能函数 $\Phi(p)$ 和检测性能密度函数 $\varphi(p)$。为解决各个传感器信杂比各不相等条件下分布式稳健检测问题，随后给出了在局部传感器向融合中心传递多元判决和局部检测统计量两种条件下，检测性能稳健的分布式信号检测算法，并对算法的性能进行了仿真。

7.2 问题描述

在目标存在的假设 H_1 和只有杂波存在的假设 H_0 条件下，观测信号模型可用下式描述[30]：

$$\begin{cases} H_1: & y_{ij} = s_{ij} + c_{ij} \\ H_0: & y_{ij} = c_{ij} \end{cases} \quad (i=1,2,\cdots,N;\ j=1,2,\cdots,M_i) \tag{7.1}$$

式中：y_{ij}、s_{ij}、c_{ij}分别为传感器 i 的第 j 个脉冲的接收信号、目标回波信号和杂波的复包络；N 为传感器个数；M_i 为第 i 个传感器的脉冲积累数。

当采用包络检波器时，检波器输出为

$$\begin{cases} H_1: & x_{ij} = |s_{ij} + c_{ij}| = \sqrt{|s_{ij}|^2 + |c_{ij}|^2 + 2|s_{ij}||c_{ij}|\cos\varphi_{ij}} \\ H_0: & x_{ij} = |c_{ij}| \end{cases}$$

$$(i=1,2,\cdots,N;j=1,2,\cdots,M_i) \tag{7.2}$$

式中：φ_{ij}为 s_{ij}和 c_{ij}间的相位差，服从[0,2π]上均匀分布。

当采用平方律检波器时，检波器输出为

$$\begin{cases} H_1: & x_{ij} = |s_{ij} + c_{ij}|^2 \\ H_0: & x_{ij} = |c_{ij}|^2 \end{cases} \tag{7.3}$$

当采用 Swerling Ⅱ型目标模型时，目标回波信号包络 $v_{ij} = |s_{ij}|$服从瑞利分布，其概率密度函数为

$$fv_{ij}(v) = \frac{2v}{\lambda}\exp\left(-\frac{v^2}{\lambda}\right)(v>0,\lambda>0) \tag{7.4}$$

在瑞利包络杂波中检测 Swerling Ⅱ型目标时，平方律检波器输出 x_{ij}服从指数分

布,其概率密度函数为

$$f(x_{ij})=\frac{1}{\mu_i(1+\lambda_i)}\exp\left(-\frac{x_{ij}}{\mu_i(1+\lambda_i)}\right) \tag{7.5}$$

式中:μ_i、λ_i 分别为第 i 个传感器的杂波功率和信杂比。

7.3 信杂比不相等条件下一致最大功效校验不存在的证明

7.3.1 瑞利杂波、Swerling Ⅱ目标和平方律检波

考虑下列检测问题:

$$\begin{cases} H_1: \quad x_{ij}\sim f_1(x_{ij};\mu_i,\lambda_i)=\dfrac{\exp\left(-\dfrac{x_{ij}}{\mu_i(1+\lambda_i)}\right)}{\mu_i(1+\lambda_i)} \\ H_0: \quad x_{ij}\sim f_0(x_{ij};\mu_i)=\dfrac{1}{\mu_i}\exp\left(-\dfrac{x_{ij}}{\mu_i}\right) \end{cases}$$

$$(\mu_i>0;\lambda_i\geqslant 0;j=1,2,\cdots,M_i;i=1,2,\cdots,N) \tag{7.6}$$

式中:μ_i 为第 i 个传感器的杂波功率;λ_i 为第 i 个传感器的信杂比;N 为传感器个数,M_i 为第 i 个传感器的脉冲积累数。

假设各个传感器的杂波功率已知,但是信杂比未知。当目标存在时,各个传感器的信杂比满足

$$\lambda_i\geqslant 0,\ \sum_{i=1}^{N}\lambda_i>0 \tag{7.7}$$

在 H_1 条件下,各个传感器的信杂比未知,此时的检测问题是一个复合假设检验问题[301]。下面用反证法证明该信号检测问题不存在 UMPT。

式(7.6)所示的信号检测问题的样本空间为

$$\begin{aligned}\boldsymbol{X}=\{\boldsymbol{x}\,|\,\boldsymbol{x}=(x_{11},\cdots,x_{1M_1},\cdots,x_{k1},\cdots,x_{kM_k},\cdots,x_{N1},\cdots,x_{NM_N}),\\ x_{ij}>0,i=1,\cdots,N,j=1,\cdots,M_i\}\end{aligned} \tag{7.8}$$

设式(7.6)所示的信号检测问题存在一个虚警概率为 $\alpha(0<\alpha<1)$ 的 UMP 检验 $\varphi^*(x)$,检验信号存在判决域为 $\boldsymbol{X}_1^*$,则有

$$\boldsymbol{X}_1^*=\{\boldsymbol{x}\,|\,\varphi^*(\boldsymbol{x})=1,\boldsymbol{x}\in\boldsymbol{X}\}\ \ (\boldsymbol{X}_1^*\subset\boldsymbol{X}) \tag{7.9}$$

因为 $\varphi^*(x)$ 的虚警概率 $\alpha<1$,所以

$$\boldsymbol{X}_1^*\neq\boldsymbol{X} \tag{7.10}$$

对于任意的 $1 \leqslant k \leqslant N$，考虑下列信号检测问题：

$$\begin{cases} \mathrm{H}_1: & x_{ij} \sim f_1(x_{ij};\mu_i,\lambda_i) = \dfrac{1}{\mu_i(1+\lambda_i)}\exp\left(-\dfrac{x_{ij}}{\mu_i(1+\lambda_i)}\right) \\ \mathrm{H}_0: & x_{ij} \sim f_0(x_{ij};\mu_i) = \dfrac{1}{\mu_i}\exp\left(-\dfrac{x_{ij}}{\mu_i}\right) \end{cases}$$

$$\left(\lambda_k > 0; \sum_{i=1,i\neq k}^{N} \lambda_i = 0; \mu_i > 0; \lambda_i \geqslant 0; j = 1,2,\cdots,M_i; i = 1,2,\cdots,N\right) \tag{7.11}$$

该检验的似然比为

$$\begin{aligned} \Lambda_k(\boldsymbol{x}) &= \prod_{i=1}^{N}\prod_{j=1}^{M_i}\frac{f_1(x_{ij};\mu_i,\lambda_i)}{f_0(x_{ij};\mu_i)} = \frac{\prod\limits_{i=1}^{N}\dfrac{1}{(\mu_i(1+\lambda_i))^{M_i}}\exp\left(-\dfrac{1}{\mu_i(1+\lambda_i)}\sum\limits_{j=1}^{M_i}x_{ij}\right)}{\prod\limits_{i=1}^{N}\left(\dfrac{1}{\mu_i}\right)^{M_i}\exp\left(-\dfrac{1}{\mu_i}\sum\limits_{j=1}^{M_i}x_{ij}\right)} \\ &= \frac{\dfrac{1}{(1+\lambda_k)^{M_k}}\exp\left(-\dfrac{1}{\mu_k(1+\lambda_k)}\sum\limits_{j=1}^{M_k}x_{kj}\right)}{\exp\left(-\dfrac{1}{\mu_k}\sum\limits_{j=1}^{M_k}x_{kj}\right)} \\ &= \frac{1}{(1+\lambda_k)^{M_k}}\exp\left(\frac{\lambda_k}{\mu_k(1+\lambda_k)}\sum_{j=1}^{M_k}x_{kj}\right) \\ &= \frac{1}{(1+\lambda_k)^{M_k}}\exp\left(\frac{\lambda_k}{\mu_k(1+\lambda_k)}T_k(\boldsymbol{x})\right) \end{aligned} \tag{7.12}$$

式中：$T_k(\boldsymbol{x}) = \sum\limits_{j=1}^{M_k} x_{kj}$。

对于任意的 $0 \leqslant \lambda_{k1} < \lambda_{k2}$，有

$$\begin{aligned} \Lambda_{k21}(\boldsymbol{x}) &= \prod_{j=1}^{M_k}\frac{f_1(x_{kj};\mu_k,\lambda_{k2})}{f_1(x_{kj};\mu_k,\lambda_{k1})}\prod_{\substack{i=1\\i\neq k}}^{N}\prod_{j=1}^{M_i}\frac{f_1(x_{ij};\mu_i,\lambda_i)}{f_1(x_{ij};\mu_i,\lambda_i)} \\ &= \frac{(\mu_k(1+\lambda_{k1}))^{M_k}}{(\mu_k(1+\lambda_{k2}))^{M_k}}\exp\left(-\frac{1}{\mu_k(1+\lambda_{k2})}\sum_{j=1}^{M_k}x_{kj}\right)\exp\left(\frac{1}{\mu_k(1+\lambda_{k1})}\sum_{j=1}^{M_k}x_{kj}\right) \\ &= \left(\frac{1+\lambda_{k1}}{1+\lambda_{k2}}\right)^{M_k}\exp\left(\frac{(\lambda_{k2}-\lambda_{k1})}{\mu_k(1+\lambda_{k2})(1+\lambda_{k1})}\sum_{j=1}^{M_k}x_{kj}\right) \\ &= \left(\frac{1+\lambda_{k1}}{1+\lambda_{k2}}\right)^{M_k}\exp\left(\frac{(\lambda_{k2}-\lambda_{k1})T_k(x)}{\mu_k(1+\lambda_{k2})(1+\lambda_{k1})}\right) \end{aligned} \tag{7.13}$$

显然，$\Lambda_{k21}(\boldsymbol{x})$ 只依赖于 $T_k(\boldsymbol{x})$ 且是 $T_k(\boldsymbol{x})$ 的单调增函数。因此，式(7.11)所示的检验问题的样本分布族是 MLR 族。所以，存在形如

$$\varphi^k(\boldsymbol{x}) = \begin{cases} 1 & (T_k(\boldsymbol{x}) > t_k) \\ \delta & (T_k(\boldsymbol{x}) = t_k; 0 \leqslant \delta \leqslant 1) \\ 0, & (T_k(\boldsymbol{x}) < t_k) \end{cases} \tag{7.14}$$

的虚警概率为 α 的 UMP 检验。

根据 NP 引理,式(7.11)所示的检验问题的 UMPT 一定具有式(7.11)的形式。因此,该 UMPT 存在且形式唯一。根据检验的虚警概率 α 和阈值 t_k 的关系式

$$\int_{t_k}^{\infty} \frac{x^{M_k-1}}{(M_k - 1)!\mu_k^{M_k}} \exp\left(-\frac{x}{\mu_k}\right) \mathrm{d}x = \alpha \tag{7.15}$$

可解出 t_k 的具体值。

由于 $\boldsymbol{x}$ 的 PDF 连续,所以 $T_k(\boldsymbol{x}) = t_k$ 的概率为 0。因此,δ 的取值不会影响检验的功效。式(7.11)所示检测问题的任意一个 UMP 检验的信号存在域都包含集合 $\boldsymbol{X}^k$,即

$$\boldsymbol{X}^k = \{\boldsymbol{x} \mid \boldsymbol{x} = (x_{11}, \cdots, x_{1M_1}, \cdots, x_{k1}, \cdots, x_{kM_k}, \cdots, x_{N1}, \cdots, x_{NM_N}), \\ \sum_{j=1}^{M_k} x_{kj} > t_k, x_{ij} > 0, i = 1, \cdots, N, j = 1, \cdots, M_i\} \tag{7.16}$$

由于在 H_1 条件下,式(7.11)所示问题的参数集是式(7.6)所示问题的参数集的一个子集,而 $\varphi^*(x)$ 是后者的一个 UMP 检验,因此,$\varphi^*(x)$ 也是前者的一个 UMP 检验,由于任意 UMP 检验都具有式(7.14)所示的形式,所以有

$$\boldsymbol{X}^k \subset \boldsymbol{X}_1^* \tag{7.17}$$

将 k 从 $1 \sim N$ 遍历一遍,可得

$$\bigcup_{k=1}^{N} \boldsymbol{X}^k \subset \boldsymbol{X}_1^* \tag{7.18}$$

令 $A = \bigcup_{k=1}^{N} \boldsymbol{X}^k$,$B$ 为 A 的补集,即 $B = A^c$,则有

$$B = \{\boldsymbol{x} \mid \boldsymbol{x} = (x_{11}, \cdots, x_{1M_1}, \cdots, x_{k1}, \cdots, x_{kM_k}, \cdots, x_{N1}, \cdots, x_{NM_N}), \\ \sum_{j=1}^{M_i} x_{ij} \leqslant t_i, x_{ij} > 0, i = 1, \cdots, N, j = 1, \cdots, M_i\} \tag{7.19}$$

因为
$$\Pr(\boldsymbol{x} \in B \mid \mathrm{H}_0) = \prod_{k=1}^{N} \int_0^{t_k} \frac{x^{M_k-1}}{(M_k - 1)!\mu_k^{M_k}} \exp\left(-\frac{x}{\mu_k}\right) \mathrm{d}x_k = (1 - \alpha)^N \tag{7.20}$$

$$\Pr(\boldsymbol{x} \in A \mid \mathrm{H}_0) + \Pr(\boldsymbol{x} \in B \mid \mathrm{H}_0) = 1 \tag{7.21}$$

$$\Pr(\boldsymbol{x} \in A \mid \mathrm{H}_0) \leqslant \Pr(\boldsymbol{x} \in X_1^* \mid \mathrm{H}_0) \tag{7.22}$$

所以 $1-(1-\alpha)^N \leqslant \alpha$，即

$$(1-\alpha)^N+\alpha \geqslant 1 \tag{7.23}$$

因为 $0<\alpha<1$，所以 $(1-\alpha)^N<1-\alpha$，可得

$$(1-\alpha)^N+\alpha<1 \tag{7.24}$$

显然，式(7.23)和式(7.24)矛盾。因此，式(7.6)所示的信号检测问题不存在水平为 α 的 UMP 检验。由于式(7.14)所示的检测器是无偏的，且在式(7.6)所示的信号检测问题的某一参数子集上是 UMP 的，因此，式(7.6)所示的检测问题也不存在 UMPU 检测器。

总之，式(7.6)所示的检测问题既不存在 UMP 检验也不存在 UMPU 检验。

7.3.2 单传感器样本分布属于 MLR 族时 UMPT 的不存在性

下面考虑其他杂波和目标模型下 UMPT 是否存在的问题。

若单个传感器的样本分布属于 MLR 族，则可以仿照 7.3.1 节的处理方法证明此时多传感器检测不存在 UMPT。

当第 k 个传感器的样本分布属于 MLR 分布族时，它利用自己的接收信号 $x_{k1},\cdots,x_{kM_k}$ 进行检测时存在 UMPT，而且这种检验的形式如式(7.14)所示。利用和 7.3.1 节类似的步骤，可以证明此时式(7.2)所示的检测问题不存在 UMPT。

由上可知，当单传感器样本分布属于 MLR 族时，式(7.2)所示的检测问题不存在 UMPT。

7.3.3 单传感器检测时存在 UMP 检验但样本分布不属于 MLR 族

在各个传感器单独检测时存在 UMP 检验，但是样本分布族不属于 MLR 族时，多传感器检测的 UMPT 是否不存在还需要进一步研究。

事实上，瑞利杂波、Swerling Ⅱ 目标和平方律检波条件下的检测问题是雷达信号处理领域研究得最为深入，也是数学上最容易处理的问题。在这种条件下，不存在 UMP 和 UMPU 检测器。在威布尔杂波和 Swerling Ⅱ 目标模型下，目标存在时式(7.2)所示的线性检波器的输出 x_{ij} 难以得到闭式解，更不用说似然比的闭式表示了。而且指数分布是威布尔分布参数的一个特例，当采用平方律检波时，检波器输出就是指数分布，指数分布下没有 UMP 检验也就说明了威布尔分布下也没有 UMP 检验。K 分布杂波的 PDF 中存在贝塞尔函数，在 K 分布杂波中也难以得到似然比的闭式解。虽然在数学上不严格，但可以推测，在各个传感器的信杂比各不相同时，式(7.2)所示的信号检测问题不存在 UMPT。

7.4 UMPT 不存在条件下的检测策略

当各个传感器的信杂比各不相同时,多传感器检测问题难以寻找一个 UMP 检验,这也就导致了各种各样次优解的出现。UMPT 对于未知参数的所有值都产生最大的检测概率。当 UMPT 不存在时,可以使用贝叶斯方法,贝叶斯方法要求对未知参数指定 PDF,并且需要进行多重积分。对于式(7.6)所示的检测问题,当假设传感器 i 的杂波功率 μ_i 已知,而信杂比 λ_i 服从$[\lambda_{\min},\lambda_{\max}]$上的均匀分布时,由贝叶斯方法可以得到下列似然比:

$$\Lambda(x) = \prod_{i=1}^{N}\prod_{j=1}^{M_i}\frac{E_i\left(\dfrac{-x_{ij}}{\mu_i(1+\lambda_{\max})}\right)-E_i\left(\dfrac{-x_{ij}}{\mu_i(1+\lambda_{\min})}\right)}{(\lambda_{\max}-\lambda_{\min})\exp\left(-\dfrac{x_{ij}}{\mu_i}\right)} \tag{7.25}$$

式中:$E_i(x)$为指数积分[244],且有

$$E_i(x) = \int_{-\infty}^{x} t^{-1}\mathrm{e}^{t}\mathrm{d}t \tag{7.26}$$

若 $\Lambda(\boldsymbol{x})$大于某一阈值,则认为目标存在。由于在式(7.25)中存在指数积分,这就使得检测器的实现极其复杂。

UMPT 不存在时,也可以采用 GLRT,而 GLRT 需要进行极大似然估计。在各个传感器的信杂比各不相同时,GLRT 的性能并不好,这可以从后面的蒙特卡罗仿真中看出。但是 GLRT 检验的检测器结构非常简单,不像由贝叶斯方法推导出的检测器那样需要指数积分。

由上可知,若各个传感器单独检测时样本分布族是 MLR 族,则在各个传感器的信杂比各不相同时,多传感器检测不存在 UMPT。基于样本空间的确定划分的检测方法,检测性能只能做到在部分参数集上最优,而在其他参数集上的性能则会很差,表现在检测概率上就是在某些信杂比组合上的检测概率很高,而在另一些信杂比组合上则很低。总之,采用样本空间确定划分的检测器的检测性能不能在信杂比发生变化时具有稳健性。遗憾的是,经典的似然比检验在忽略检测概率为 0 的样本集合后,都可以认为是采用样本空间确定性划分的检测器。如果一个检测算法能综合利用多种对样本空间进行确定性划分的简单检测器,尽管在某个检测器性能最佳的参数集上该算法的性能不是最优的,但是其总体检测性能会优于任意一个它所利用的检测器。基于这一思想,本书给出了几种在各个传感器信杂比各不相同条件下检测性能稳健的算法。

7.5 分布式信号检测算法的检测性能度量

若各个传感器单独检测时样本分布族是 MLR 族,则当各个传感器的信杂比各不相同时,多传感器检测不存在 UMP 检验。这样,如何衡量各个检测算法的性能就成为一个需要解决的问题。当各个传感器的信杂比彼此相等时,利用检测概率随信杂比的变化曲线可以容易地比较各种算法的优劣。但是当各个传感器的信杂比不相等时,这种方法只能衡量两个传感器检测算法的性能。因此,有必要提出新的度量方法。

7.5.1 定义

考虑简单的原假设 H_0 针对复合的被择假设 H_1 的假设检验问题。设样本分布具有密度族(连续或离散)$\{f(x,\theta),\theta\in\Theta\}$,$\Theta_0\cap\Theta_1=\varnothing,\Theta_0\subset\Theta,\Theta_1\subset\Theta$。则该检验问题为

$$H_0:\theta\in\Theta_0\leftrightarrow H_1:\theta\in\Theta_1 \tag{7.27}$$

给定虚警概率 P_{fa},对于 $\forall\theta\in\Theta_1$,根据检测算法,可以得到一个与 θ 和 P_{fa} 有关的检测概率 $P_D(\theta/P_{fa})$。

定义如下的检测性能函数:

$$\Phi(p)=\begin{cases}\dfrac{\int_{\theta\in\Theta_1}1_{[p,\infty)}(P_D(\theta/P_{fa}))\mathrm{d}\theta}{\int_{\theta\in\Theta_1}\mathrm{d}\theta} & (\theta\text{ 取连续值})\\[2ex] \dfrac{\sum_{\theta\in\Theta_1}1_{[p,\infty)}(P_D(\theta/P_{fa}))}{\sum_{\theta\in\Theta_1}1_{[0,\infty)}(P_D(\theta/P_{fa}))} & (\theta\text{ 取离散值})\end{cases} \tag{7.28}$$

其中指示函数 $1_F(x)$ 的定义为

$$1_F(x)=\begin{cases}1 & (x\in F)\\ 0 & (x\notin F)\end{cases} \tag{7.29}$$

显然有,$\Phi(0)=1,\Phi(1)=0$,对 $\forall 0<p<1$,有 $0\leqslant\Phi(p)\leqslant 1$。

如果 θ 连续取值,且是二维的,则 $\Phi(p)$ 等于所有检测概率大于 p 的点所占的面积与所有参数所构成的图形的面积之比。

令

$$\varphi(p)=-\frac{\mathrm{d}}{\mathrm{d}p}\Phi(p) \tag{7.30}$$

则 $\varphi(p)$ 为检测性能函数 $\Phi(p)$ 在 p 处的变化率,即检测性能密度函数。不同的

融合算法在 p 处的 $\varphi(p)$ 的大小,表征了使它们的检测概率落入 p 的某一邻域的参数 θ 构成的集合的相对大小。

对于雷达信号检测来讲,太低的检测概率对于检测是没有意义的。在雷达中,一般认为大于 0.5 的检测概率才是有意义的。因此,如果 A 融合算法的检测性能密度函数在 $p \geqslant 0.5$ 时比 B 融合算法的检测性能密度函数值要大,就认为 A 融合算法比 B 融合算法更优秀。从数学上来看,式(7.28)是不严密的,分母可能出现取值无限大的情况;但对于物理可实现的传感器而言,影响其性能的参数都是有一定范围的。因而,这种情况在实际中是不可能出现的。

7.5.2　单传感器信号检测

瑞利包络杂波、平方律检波和 Swerling Ⅱ 目标模型下的单脉冲检测的信号模型为

$$\begin{cases} \mathrm{H}_0: & x \sim f(x) = \mathrm{e}^{-x} \\ \mathrm{H}_1: & x \sim f(x) = \dfrac{1}{1+10^{\lambda/10}} \mathrm{e}^{-\frac{x}{1+10^{\lambda/10}}} (\lambda_{\min} \leqslant \lambda \leqslant \lambda_{\max}) \end{cases} \tag{7.31}$$

式中:$\lambda_{\min}$、$\lambda_{\max}$分别是以分贝表示的信杂比的最小值和最大值。采用 LRT 时,检测概率 P_{D} 与虚警概率 P_{fa}、信杂比 λ 之间的关系为

$$P_{\mathrm{D}}(\lambda) = P_{\mathrm{fa}}^{\frac{1}{1+10^{\lambda/10}}} \tag{7.32}$$

令

$$p_{\min} = P_{\mathrm{fa}}^{\frac{1}{1+10^{\lambda_{\min}/10}}}, p_{\max} = P_{\mathrm{fa}}^{\frac{1}{1+10^{\lambda_{\max}/10}}}$$

则有

$$p_{\min} \leqslant P_{\mathrm{D}}(\lambda) \leqslant p_{\max} \tag{7.33}$$

可见,当限制了样本参数的取值时,检测概率的取值范围也就相应地被限制。

当 $p_{\min} \leqslant p \leqslant p_{\max}$ 时,有

$$\begin{aligned} \Phi(p) &= \int_{\lambda_{\min}}^{\lambda_{\max}} 1_{[p,\infty)} \left(P_{\mathrm{fa}}^{\frac{1}{1+10^{\lambda/10}}}\right) \mathrm{d}\lambda \left[\int_{\lambda_{\min}}^{\lambda_{\max}} \mathrm{d}\lambda\right]^{-1} \\ &= \int_{10\lg\left(\frac{\ln P_{\mathrm{fa}}}{\ln p}-1\right)}^{\lambda_{\max}} \frac{1}{\lambda_{\max} - \lambda_{\min}} \mathrm{d}\lambda = \frac{\lambda_{\max} - 10\lg\left(\dfrac{\ln P_{\mathrm{fa}}}{\ln p} - 1\right)}{\lambda_{\max} - \lambda_{\min}} \end{aligned} \tag{7.34}$$

因此

$$\Phi(p_{\min}) = 1, \Phi(p_{\max}) = 0, 0 \leqslant \Phi(p) \leqslant 1 \tag{7.35}$$

当 $p_{\min} < p < p_{\max}$ 时,有

$$\varphi(p) = -\frac{\mathrm{d}\Phi(p)}{\mathrm{d}p} = \frac{10\lg\mathrm{e}\ln P_{\mathrm{fa}}}{p\ln p(\lambda_{\max} - \lambda_{\min})(\ln p - \ln P_{\mathrm{fa}})} \tag{7.36}$$

首先,考虑虚警概率 P_{fa} 等于 10^{-4}、10^{-6} 和 10^{-8} 三种情况下,检测概率随信杂比的变化情况。令 $\lambda_{min}=-20,\lambda_{max}=30$。检测概率随信杂比的变化曲线如图7.2所示。检测概率 p 处的检测性能函数 $\Phi(p)$ 等于使检测器的检测概率不小于 p 的信杂比区间占信杂比的整个取值区间的比例,通过 $\Phi(p)$ 完全可以衡量各个检测器的检测性能。上述条件下的检测性能函数曲线及其密度函数曲线如图7.3所示。从检测性能函数可以看出,$P_{fa}=10^{-4}$ 时检测器的检测性能最好,$P_{fa}=10^{-8}$ 时检测器的检测性能最差,这一结论是显然的。重要的是通过 $\Phi(p)$ 可以很直观地体现这一结论。用来衡量单传感器的检测性能时,$\Phi(p)$ 的优势并不明显。但是当传感器个数大于2个时,检测概率随信杂比的变化不能直观地给出哪种检测算法的性能最佳,而 $\Phi(p)$ 则可以。从图7.2可知,三种虚警概率下检测器的检测概率的差异的绝对值随着信杂比的降低而降低,但是它们的相对值在增加。图7.3中的检测性能密度 $\varphi(p)$ 随检测概率 p 的变化曲线可以直观地反映出这一趋势。

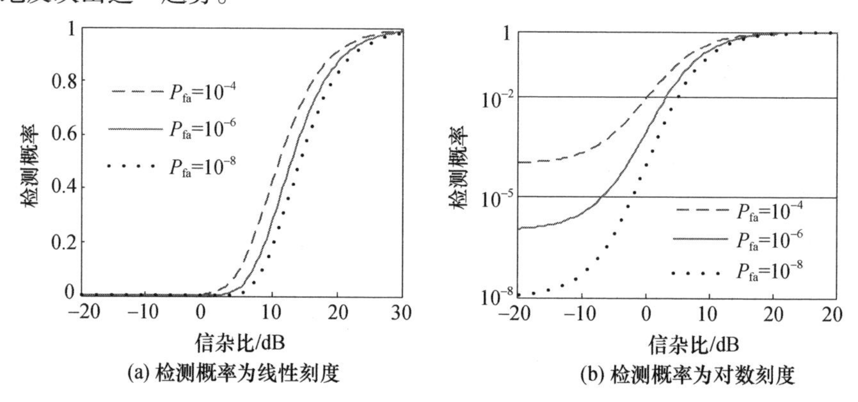

图7.2　检测概率随信杂比变化曲线

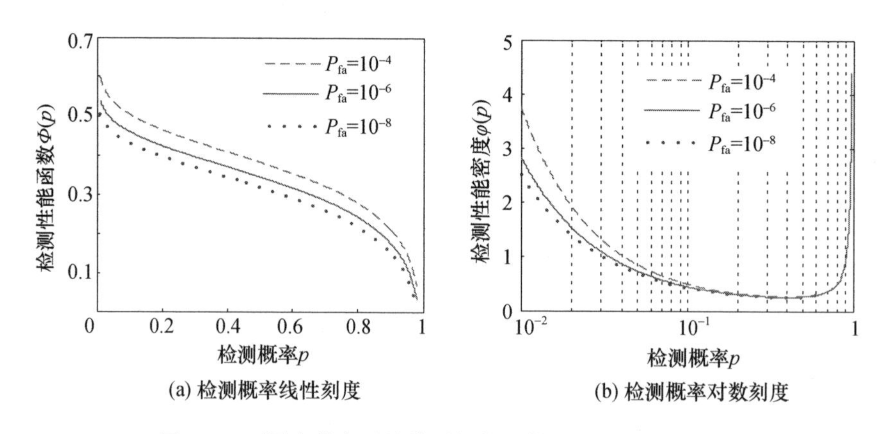

图7.3　不同虚警率下的检测性能函数曲线及其密度曲线

7.5.3 两传感器信号检测

考察两个传感器并行分布式信号检测系统,每个传感器的信号模型为

$$\begin{cases} H_0: \quad x_i \sim f(x_i) = e^{-x_i} \\ H_1: \quad x_i \sim f(x_i) = \dfrac{1}{1+10^{\frac{\lambda_i}{10}}} e^{-\frac{x_i}{1+10^{\frac{\lambda_i}{10}}}} (\lambda_{\min} \leqslant \lambda_i \leqslant \lambda_{\max}) \end{cases} \quad (i=1,2) \tag{7.37}$$

式中:$\lambda_{\min}$、$\lambda_{\max}$分别为以分贝表示的信杂比的最小值和最大值。各个传感器先做出目标有无的二元判决,并将判决结果送到融合中心。融合中心根据各个传感器的局部判决结果得到最终的全局判决。局部传感器的判决规则为 LRT。

融合中心进行 AND 融合时,在虚警概率为 P_{fa}时检测概率为

$$P_{dAND}(\lambda_1,\lambda_2 | P_{fa}) = \exp\left(\frac{1}{2}(1/(1+10^{\frac{\lambda_1}{10}}) + 1/(1+10^{\frac{\lambda_2}{10}}))\ln P_{fa}\right) \tag{7.38}$$

令

$$p_{\min} = \exp((1+10^{\frac{\lambda_{\min}}{10}})^{-1}\ln P_{fa}), p_{\max} = \exp((1+10^{\frac{\lambda_{\max}}{10}})^{-1}\ln P_{fa})$$

则有

$$p_{\min} \leqslant P_{dAND}(\lambda_1,\lambda_2 | P_{fa}) \leqslant p_{\max} \tag{7.39}$$

令

$$c = \frac{2\ln p}{\ln P_{fa}}, c_0 = \left(\frac{10\lg e}{\lambda_{\max} - \lambda_{\min}}\right)^2, \beta_{\min} = \frac{1}{1+10^{\frac{\lambda_{\max}}{10}}}, \beta_{\max} = \frac{1}{1+10^{\frac{\lambda_{\min}}{10}}}$$

当

$$p > \max\left((P_{fa})^{\frac{1+\beta_{\min}}{4}}, (P_{fa})^{\frac{1-\beta_{\min}}{2}}, (P_{fa})^{\frac{\beta_{\max}+\beta_{\min}}{2}}\right)$$

且 $p < p_{\max}$时,有

$$\begin{aligned} \Phi_{AND}(p) &= \frac{\int_{\lambda_{\min}}^{\lambda_{\max}}\int_{\lambda_{\min}}^{\lambda_{\max}} 1_{[p,\infty)}(P_{dAND})\, d\lambda_1 d\lambda_2}{\int_{\lambda_{\min}}^{\lambda_{\max}}\int_{\lambda_{\min}}^{\lambda_{\max}} d\lambda_1 d\lambda_2} \\ &= c_0 \ln\left(\frac{1}{\beta_{\min}} - 1\right)\int_{\beta_{\min}}^{c-\beta_{\min}} \frac{1}{x} + \frac{1}{1-x} dx - \\ &\quad c_0 \int_{\beta_{\min}}^{c-\beta_{\min}} \left(\frac{1}{x} + \frac{1}{1-x}\right)\ln(1-c+x)\, dx + \\ &\quad c_0 \int_{\beta_{\min}}^{c-\beta_{\min}} \left(\frac{1}{x} + \frac{1}{1-x}\right)\ln(c-x)\, dx \\ &= c_0 \ln\left(\frac{1}{\beta_{\min}} - 1\right)\left(\ln\left(\frac{1}{\beta_{\min}} - 1\right) - \ln\left(\frac{1}{c-\beta_{\min}} - 1\right)\right) - \end{aligned}$$

$$c_0\left[\ln(1-c)\ln\left(\frac{c}{\beta_{\min}}-1\right)+\ln(c)\ln\left(\frac{1-c-\beta_{\min}}{1+\beta_{\min}-2c}\right)\right]+$$
$$c_0\left[\mathrm{Li}_2\left(\frac{1-\beta_{\min}}{1-c}\right)-\mathrm{Li}_2\left(1+\frac{\beta_{\min}}{1-c}\right)+\mathrm{Li}_2\left(\frac{1-\beta_{\min}}{c}\right)-\mathrm{Li}_2\left(\frac{1+\beta_{\min}}{c}-1\right)\right]+$$
$$c_0\left[\mathrm{Li}_2\left(1+\frac{c-\beta_{\min}}{1-c}\right)-\mathrm{Li}_2\left(\frac{\beta_{\min}}{c}\right)\right]+c_0\ln(c)\ln\left(\frac{c}{\beta_{\min}}-1\right)+$$
$$c_0\left[\mathrm{Li}_2\left(\frac{c-\beta_{\min}}{1-c}+1\right)+\ln\left(\frac{c-\beta_{\min}}{1-c}\right)\ln\left(1+\frac{c-\beta_{\min}}{1-c}\right)\right]-$$
$$c_0\left[\mathrm{Li}_2\left(\frac{\beta_{\min}}{1-c}+1\right)+\ln\left(\frac{\beta_{\min}}{1-c}\right)\ln\left(1+\frac{\beta_{\min}}{1-c}\right)\right]+$$
$$c_0\ln(1-c)\ln\left(\frac{1-\beta_{\min}}{1+\beta_{\min}-c}\right) \tag{7.40}$$

式中:$\mathrm{Li}_2(x)$为双对数函数,且有

$$\mathrm{Li}_2(x)=\int_1^x(1-t)^{-1}\ln t\mathrm{d}t \tag{7.41}$$

$$\varphi_{\mathrm{AND}}(p)=c_0\left[\frac{\ln\left(\frac{1-\beta_{\min}}{\beta_{\min}}\right)}{tp(c-\beta_{\min})(1-c+\beta_{\min})}+\frac{\ln\left(\frac{c-\beta_{\min}}{\beta_{\min}}\right)}{tp(1-c)}-\frac{\ln(1-c)}{tp(c-\beta_{\min})}\right]+$$
$$c_0\left[\frac{\ln\left(\frac{1-\beta_{\min}-c}{1+\beta_{\min}-2c}\right)}{p\ln p}+\frac{(tp)^{-1}\ln(c)(3\beta_{\min}-1)}{(1+\beta_{\min}-2c)(1-c-\beta_{\min})}-\frac{\ln\left(\frac{1-\beta_{\min}}{1-c}\right)(1-\beta_{\min})}{tp(c-\beta_{\min})(1-c)}\right]+$$
$$c_0\left[\frac{\ln\left(\frac{1+\beta_{\min}-c}{1-c}\right)}{(1-c)\mathrm{tp}}-\frac{c(1-\beta_{\min})t\ln\left(\frac{1-\beta_{\min}}{c}\right)}{p(\ln p)^2(c-1+\beta_{\min})}+\frac{ct(1+\beta_{\min})\ln\left(\frac{1+\beta_{\min}-c}{c}\right)}{p(\ln p)^2(2c-1-\beta_{\min})}\right]$$
$$c_0\left[\frac{c\beta_{\min}t\ln\left(\frac{\beta_{\min}}{c}\right)}{p(\ln p)^2(c-\beta_{\min})}+\frac{\ln\left(\frac{c-\beta_{\min}}{1-c}\right)}{tp(1-c)}-\frac{\ln(c-\beta_{\min})-\ln c}{p\ln p}\right]+$$
$$c_0\left[\frac{b\ln\left(\frac{\beta_{\min}}{1-c}\right)}{(1-c)(1-c+\beta_{\min})tp}+\frac{\ln\left(\frac{c}{\beta_{\min}}-1\right)}{p\ln p}\right]+$$
$$\frac{c_0}{tp}\left[\frac{\ln(c)}{c-\beta_{\min}}-\frac{\ln(1-\beta_{\min})-\ln(1+\beta_{\min}-c)}{1-c}+\frac{\ln(1-c)}{(1-c+\beta_{\min})}\right] \tag{7.42}$$

式中:$t=\frac{1}{2}\ln P_{\mathrm{fa}}$。

由于 OR 融合的检测性能函数难以得到闭式解，检测性能密度函数就更难得到了。就一般情况而言，检测性能函数的闭式解也是难以获得的。因此，本书通过蒙特卡罗方法求解检测性能函数曲线，根据检测性能函数估计检测性能密度函数。

7.5.4　检测性能函数的蒙特卡罗模拟

考虑如下的检测问题：

$$\mathrm{H}_0:\theta_i=0\leftrightarrow\mathrm{H}_1:\theta_{i\min}\leqslant\theta_i\leqslant\theta_{i\max}\quad(i=1,2,\cdots,N)\tag{7.43}$$

该问题的检测性能函数为

$$\begin{aligned}\Phi(p)&=\frac{\int_{\theta_{1\min}}^{\theta_{1\max}}\cdots\int_{\theta_{i\min}}^{\theta_{i\max}}\cdots\int_{\theta_{N\min}}^{\theta_{N\max}}1_{[p,\infty)}(P_D(\theta_1,\cdots,\theta_N/P_{\mathrm{fa}}))\mathrm{d}\theta_1\cdots\mathrm{d}\theta_i\cdots\mathrm{d}\theta_N}{\int_{\theta_{1\min}}^{\theta_{1\max}}\cdots\int_{\theta_{i\min}}^{\theta_{i\max}}\cdots\int_{\theta_{N\min}}^{\theta_{N\max}}\mathrm{d}\theta_1\cdots d\theta_i\cdots\mathrm{d}\theta_N}\\&=\int_{\theta_{1\min}}^{\theta_{1\max}}\cdots\int_{\theta_{i\min}}^{\theta_{i\max}}\cdots\int_{\theta_{N\min}}^{\theta_{N\max}}\frac{1_{[p,\infty)}(P_D(\theta_1,\cdots,\theta_N/P_{\mathrm{fa}}))}{\prod_{i=1}^{N}(\theta_{i\max}-\theta_{i\min})}\mathrm{d}\theta_1\cdots\mathrm{d}\theta_i\cdots\mathrm{d}\theta_N\end{aligned}\tag{7.44}$$

如果把 θ_i 看成是 $[\lambda_{i\min},\lambda_{i\max}]$ 上均匀分布的随机变量，令 $\boldsymbol{\theta}=(\theta_1,\theta_2,\cdots,\theta_N)$，则有

$$\Phi(p)=\mathrm{E}_\theta(\xi)\tag{7.45}$$

定义随机变量 ξ_i：

$$\xi_i=1_{[p,\infty)}(P_{\mathrm{D}}(\theta_{i1},\cdots,\theta_{iN}/P_{\mathrm{fa}}))\tag{7.46}$$

式中：$P_{\mathrm{D}}(\theta_{i1},\cdots,\theta_{iN}/P_{\mathrm{fa}})$ 是第 i 次实验的结果。

令

$$\hat{\Phi}(p)=\frac{1}{n}\sum_{i=1}^{n}\xi_i\tag{7.47}$$

$$\delta=\left|\frac{\hat{\Phi}(p)-\Phi(p)}{\Phi(p)}\right|\tag{7.48}$$

为了保证 $100(1-\alpha)\%$ 的置信度，相对误差的绝对值 $\delta\leqslant\varepsilon$，则要求的蒙特卡罗实验的次数 n 必须满足[301]

$$n\geqslant\frac{(\mathrm{erfc}^{-1}(\alpha/2))^2(1-\Phi(p))}{\varepsilon^2\Phi(p)}\tag{7.49}$$

式中：$\mathrm{erfc}^{-1}(x)$ 为余误差函数[244]的反函数。

若要求模拟的精度为在置信度为 95% 时相对误差的绝对值不大于 0.01，则当 $\Phi(p)\geqslant0.1$ 时，实验的次数必须满足 $n\geqslant226075$。然而，若 $\Phi(p)\geqslant0.01$，则实验的次数必须满足 $n\geqslant2486824$。对于 $\Phi(p)\geqslant0.1$，2×10^4 次的蒙特卡罗实验

可以保证$\hat{\Phi}(p)$的相对偏差小于0.03的置信度为90%。对于$\Phi(p)\geqslant 0.5$，2×10^4次的蒙特卡罗实验可以保证$\hat{\Phi}(p)$的相对偏差小于0.01的置信度为90%。

当$\Phi(p)$已知后，对于检测性能密度函数，可以通过式(7.50)获得，近似的误差为$O(h^4)$：

$$\varphi(p)=\frac{1}{12\Delta p}[\Phi(p-2\Delta p)-8\Phi(p-\Delta p)+8\Phi(p+\Delta p)-\Phi(p+2\Delta p)] \tag{7.50}$$

如果令Δp足够小，则式(7.50)利用的四点的估计方差可以认为是相等的，记为σ^2。

令

$$\hat{\varphi}(p)=\frac{1}{12\Delta p}[\hat{\Phi}(p-2\Delta p)-8\hat{\Phi}(p-\Delta p)+8\hat{\Phi}(p+\Delta p)-\hat{\Phi}(p+2\Delta p)] \tag{7.51}$$

则$\hat{\varphi}(p)$的方差为

$$\text{var}(\hat{\varphi}(p))=\text{E}[(\hat{\varphi}(p)-\hat{\varphi}(p))^2]=\frac{130\sigma^2}{144h^2} \tag{7.52}$$

检测性能密度函数$\varphi(p)$也可以通过直方图的方法来获得。

在置信度为95%且估计的相对误差不大于0.01时，式(7.37)所示的检测问题在采用AND融合时蒙特卡罗模拟的检测性能函数和检测性能密度函数曲线与理论曲线如图7.4所示。在上述精度下，检测性能函数$\Phi(p)$的仿真结果与理论曲线几乎重合。而检测性能密度函数$\varphi(p)$的仿真结果与理论结果的差异就相对较大。因为$\Phi(p)$存在估计误差，而$\varphi(p)$又是由$\Phi(p)$得到的，误差自然会更大。

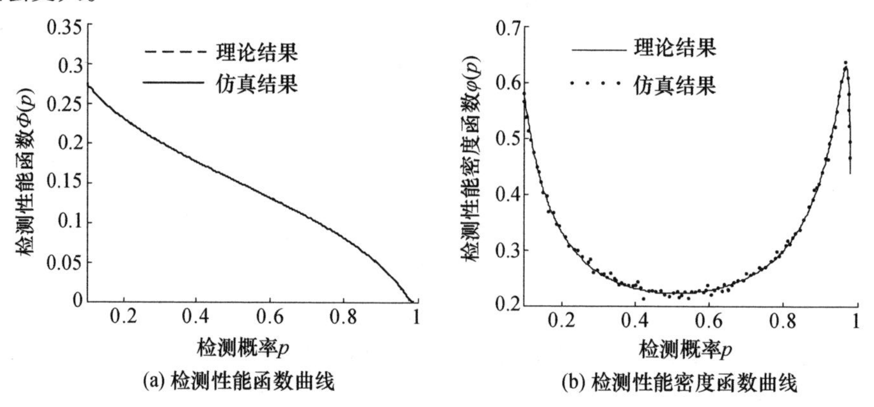

(a) 检测性能函数曲线　　(b) 检测性能密度函数曲线

图7.4　检测性能的理论曲线和仿真曲线

前面例子都假设杂波功率是已知的,但是在实际中杂波功率常常是变化的。因此,必须采用 CFAR 技术。CA - CFAR 检测器[231]是常用的 CFAR 检测器,它通过参考单元采样的均值估计杂波的功率,用杂波功率估计归一化检测单元采样形成检测统计量。以两个传感器并行分布式检测系统为例,局部传感器将自己的二元判决结果传给融合中心,融合中心综合各个传感器的局部判决结果得到最终的判决。局部判决结果的逻辑 AND 融合和逻辑 OR 融合是两种可行的融合准则。下面看这两种准则的性能。

系统参数:融合中心的虚警概率为 10^{-6},局部脉冲积累数均为 10,参考单元数均为 32。检测性能函数仿真的精度设定为在置信度为 95% 时估计的相对误差不大于 0.1,仿真次数为 10^6。图 7.5 给出了 OR 准则与 AND 准则的检测概率之差随着各个雷达的信杂比的变化而变化的情况。

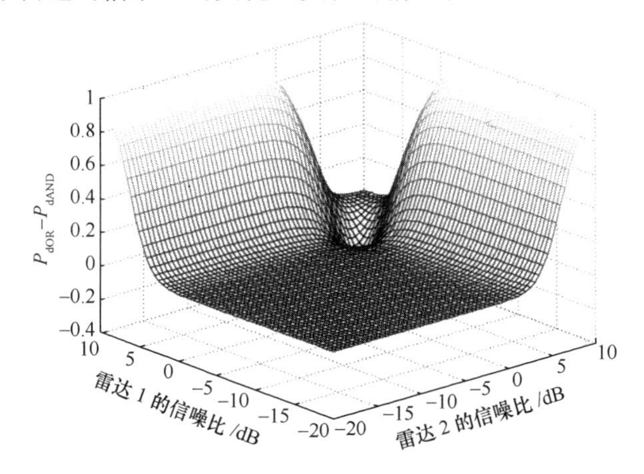

图 7.5　不同融合准则检测性能的差异

注:P_{dOR} 为 OR 准则检测概率,P_{dAND} 为 AND 准则的检测概率。

由图 7.5 可以看出,在大部分情况下,AND 准则和 OR 准则几乎具有相同的检测性能。但是在两个传感器的信杂比几乎相等的部分区域(图 7.5 中的凹陷部分),AND 准则的检测概率要高于 OR 准则,但是差值一般小于 0.4;而当只有一个传感器有较高信杂比时,AND 准则的检测性能要明显比 OR 准则差(图 7.5 中两边翘起的部分),检测概率差异甚至能达到 0.9 以上。这说明,在各个传感器的信杂比差异较大时,如果一个传感器的信杂比非常低(如小于 - 10 dB),另一个传感器的信杂比即使很高(如大于 10 dB)AND 准则的检测性能是很差的,所以 AND 准则的检测性能是不稳健的。OR 准则虽然在某些信杂比组合下比 AND 准则差,但是总的检测性能要优于 AND 准则,OR 准则比 AND 准则的性能更稳健。OR 准则虽然总的来说比 AND 准则要好,但是在某些方面却比 AND 准则差,这也说明了具有比这两种准则更好的总体性能的分布式信号检测策略可能是存在的。用检测性能函数和检测性能密度函数度量这两种融合算法的检测性能,结果如图 7.6 所示。比较图 7.5 和图 7.6 可知,这两种形式都可以比较不同算法的性能,但是采用检测性能函数和检测性能密度函数的形式来衡量算法的性能非常直观。如果传感器个数大于两个,采用检测概率随信杂比变化图就难以直观地衡量不同融合算法的性能。

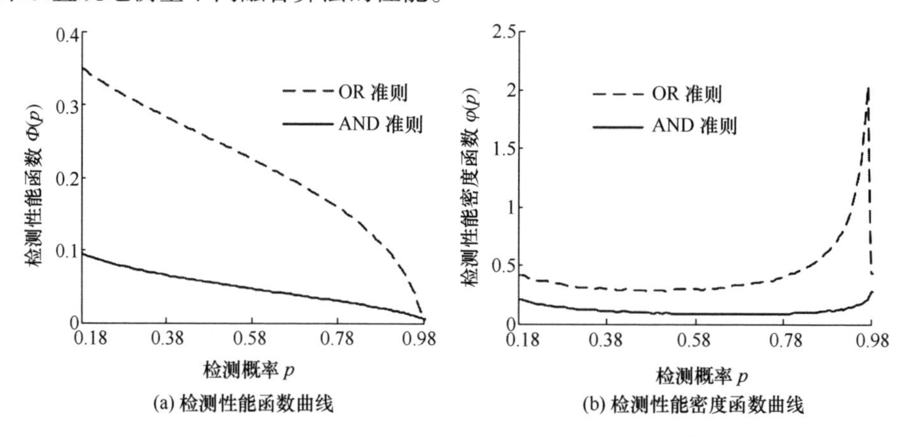

图 7.6　OR 准则和 AND 准则的检测性能比较

7.5.5　检测性能函数和检测性能密度函数的一些性质

通过上面的论述可知,检测性能函数 $\Phi(p)$ 和检测性能密度函数 $\varphi(p)$ 能很好地描述各个融合算法的总体性能。

设式(7.27)所示的一般性的假设检验问题在 H_1 条件下的参数集为闭集。设检测算法 A 和检测算法 B 是该检验问题的两个解决方案。$\Phi_A(p|P_{fa})$、$\varphi_A(p|P_{fa})$ 分别是算法 A 在虚警概率为 P_{fa} 时的检测性能函数和检测性能密度函数。$\Phi_B(p|P_{fa})$、$\varphi_B(p|P_{fa})$ 分别是算法 B 在虚警概率为 P_{fa} 时的检测性能函数和检测性能密度函数。

(1) 对于该问题的一个检测算法,存在常数 p_{min} 和 p_{max},且该算法的检测概率 $p\in[p_{min},p_{max}]$。当 $p_{min}\leqslant p\leqslant p_{max}$ 时,$0\leqslant\Phi(p)\leqslant1$,$\Phi(p_{min})=1$。若 $p_1<p_2$,则有 $\Phi(p_1)\geqslant\Phi(p_2)$。检测性能密度函数 $\varphi(p)$ 在 $p=p_{min}$ 和 $p=p_{max}$ 时均无定义,其定义区间为 (p_{min},p_{max})。

(2) 若 $\Phi_A(p|P_{fa})>\Phi_B(p|P_{fa})$,则当检测概率大于或等于 p 时,检测算法 A 的检测性能优于检测算法 B。

若 $\Phi_A(p|P_{fa})>\Phi_B(p|P_{fa})$,则使检测算法 A 的检测概率不小于 p 的参数集比使检测算法 B 的检测概率不小于 p 的参数集大,因而,检测算法 A 的检测性能要优于检测算法 B。所以,$\Phi_A(p|P_{fa})$ 和 $\Phi_B(p|P_{fa})$ 的数值大小就代表了检测

算法 A 和检测算法 B 性能的优劣。

(3) 若 $\varphi_A(p|P_{fa}) > \varphi_B(p|P_{fa})$，则检测算法 A 检测概率等于 p 的可能性要高于检测算法 B。

一个检测算法的检测性能密度函数 $\varphi(p)$ 的大小代表了使该算法的检测概率属于 p 的某一充分小邻域的参数集的大小。若 $\varphi_A(p|P_{fa}) > \varphi_B(p|P_{fa})$，则对 p 的任意充分小的邻域 $[p, p+\Delta p)$，使检测算法 A 的检测概率属于该邻域的参数集要大于使检测算法 B 的检测概率属于该邻域的参数集。

7.6　基于局部多元判决的分布式信号检测

多传感器分布式信号检测由于具有比单传感器信号检测更高的检测性能、更强的生存能力和更大的系统灵活性而得到了深入研究，涌现出大量的研究成果[139]。但是全局最优的分布式检测器的设计涉及一组相互耦合的非线性方程组的求解，这在实际中是很困难的。Reibman 等[302]指出，在各个局部检测器完全相同的假设下，分布式信号检测器的设计可大大简化，融合中心的融合规则可归结为“N 选 k”融合，即只要有 k 个局部传感器认为目标存在，融合中心就认为目标存在。“N 选 1”就是 OR 准则，而“N 选 N”就是 AND 准则。

二元判决虽然实现了信息的最大程度的压缩，但是，这是以损失检测性能为代价的。Warren[8]在各种最优准则下，研究了局部传感器的最优多元量化问题，并指出局部传感器的最优量化准则必然是某种似然比分割。Yan[222]给出了在融合准则给定条件下的局部传感器最佳量化阈值的求解方法。针对非平稳杂波中的信号检测问题，Guan 等[303]提出了基于秩的局部多位恒虚警量化方法。

上述工作都假设各个传感器的信杂比已知或者是相等的。对于雷达系统，由于隐身技术的发展，飞机、导弹等目标的 RCS 具有一定的方向性。从不同角度对同一目标进行观测，目标的 RCS 可能有很大的差异，而这种差异有时可能会是数十分贝[290]。因而，不同类型的目标经过相同的分辨单元，从不同角度观测的局部雷达的接收信号的信杂比可能有很大的差异。

针对各个传感器的信杂比不相等时的分布式信号检测问题，Ferrari 等[304]分析了当各个传感器的信杂比服从线性、二次、三次以及双曲线关系时，基于局部二元判决的分布式信号检测器的性能，但是并没有给出解决方案。此时，简单的融合准则，如 SUM 准则、“N 选 k”准则等难以得到稳健的检测性能，极端情况下，分布式信号检测的性能甚至远低于单传感器检测的性能。

在这种情况下，对基于局部二元判决的分布式信号检测策略，融合中心最稳妥的方案就是采用 OR 融合。在后面将会看到，当各个传感器的信杂比相等时，该准则的检测性能在各种“N 选 k”准则中是最差的。为此，本节给出的两种基于局部多元判决的分布式信号检测方案,在各个传感器的信杂比各不相同时,具有稳健的检测性能。一种基于局部 N 阈值判决(LMD - N);另一种是基于局部3 阈值判决(LMD - 3)。

7.6.1 基于局部二元判决的分布式信号检测

在基于局部二元判决的分布式信号检测中,局部传感器利用自己的观测信息做出关于目标有无的局部判决,并将判决结果传到融合中心,融合中心融合各个传感器的局部判决形成最终的全局判决。为了便于说明问题,下面先回顾一些现有的结果。

基于二元判决的局部传感器的判决规则:

$$u_i = \begin{cases} 1 & (d_i \geqslant T_i) \\ 0 & (d_i < T_i) \end{cases} \tag{7.53}$$

式中:u_i 为局部二元判决结果;T_i 为传感器 i 的判决阈值;d_i 为传感器 i 的检测统计量,如似然比或对数似然比等。

设传感器 i 的检测概率和虚警概率分别为 $P_{\mathrm{d}i}$、$P_{\mathrm{f}i}$,则"N 选 k"融合的融合中心的检测概率和虚警概率分别为

$$P_{\mathrm{D}}^{k} = \underbrace{\sum_{j_1=0}^{1} \cdots \sum_{j_i=0}^{1} \cdots \sum_{j_N=0}^{1}}_{j_1+\cdots+j_i+\cdots+j_N \geqslant k} \prod_{l=1}^{N} (1 - P_{\mathrm{d}l})^{(1-j_l)} P_{\mathrm{d}l}^{j_l} \tag{7.54}$$

$$P_{\mathrm{F}}^{k} = \underbrace{\sum_{j_1=0}^{1} \cdots \sum_{j_i=0}^{1} \cdots \sum_{j_N=0}^{1}}_{j_1+\cdots+j_i+\cdots+j_N \geqslant k} \prod_{l=1}^{N} (1 - P_{\mathrm{f}l})^{(1-j_l)} P_{\mathrm{f}l}^{j_l} \tag{7.55}$$

若各个传感器的检测概率相等,虚警概率也相等,并分别记为 P_{dlocal} 和 P_{flocal},则采用"N 选 k"融合准则时,融合中心的检测概率和虚警概率分别为

$$P_{\mathrm{D}}^{k} = \sum_{i=k}^{N} \binom{N}{i} P_{\mathrm{dlocal}}^{i} (1 - P_{\mathrm{dlocal}})^{N-i} \tag{7.56}$$

$$P_{\mathrm{F}}^{k} = \sum_{i=k}^{N} \binom{N}{i} P_{\mathrm{flocal}}^{i} (1 - P_{\mathrm{flocal}})^{N-i} \tag{7.57}$$

7.6.2 基于局部 N 阈值判决的分布式信号检测策略

二元判决实现了信息的最大程度的压缩,但相对于集中式检测而言,性能损失也是很明显的。为此,本节给出下述基于局部 N 阈值判决且在各个传感器的信杂比具有较大差异时也具有较好检测性能的算法 LMD - N。

7.6.2.1 算法描述

考虑 N 传感器并行分布式信号检测系统,首先假设各个传感器的局部处理

器的检验统计量 d_i 在没有目标条件下是独立同分布的，因而各个传感器可以设置成相同的阈值。各局部传感器进行 N 阈值判决，阈值如下：

$$t_1 > t_2 > \cdots > t_j > \cdots > t_N \tag{7.58}$$

对于局部处理器 i 而言，令 u_i 为它的局部处理结果，d_i 为局部处理器 i 的检验统计量，则其局部判决规则如下：

$$u_i = \begin{cases} 0 & (d_i \leqslant t_N) \\ 1 & (t_N < d_i \leqslant t_{N-1}) \\ \vdots & \vdots \\ j+1 & (t_{N-j} < d_i \leqslant t_{N-j-1}) \\ \vdots & \vdots \\ N & (t_1 < d_i) \end{cases} \tag{7.59}$$

融合中心接收到 u_i 后，进行如下 N 位编码处理，编码结果记为 $S_{i1}, S_{i2}, \cdots, S_{iN}$。其中，$S_{ij}$ 为第 i 个传感器的第 j 位判决结果。

若 $u_i = 0$，则 $S_{ij} = 0(1 \leqslant j \leqslant N)$；若 $u_i = k \geqslant 1$，则

$$S_{ij} = \begin{cases} 1 & (N-k+1 \leqslant j \leqslant N) \\ 0 & (1 \leqslant j \leqslant N-k) \end{cases} \tag{7.60}$$

对于四传感器系统局部传感器 i 的判决结果在融合中心的编码情况见表7.1。

表7.1　局部判决结果 u_i 在融合中心的编码情况

u_i	S_{i1}	S_{i2}	S_{i3}	S_{i4}
0	0	0	0	0
1	0	0	0	1
2	0	0	1	1
3	0	1	1	1
4	1	1	1	1

各个传感器的局部判决结果在融合中心的经过编码1后，如果有 j 个或 j 个以上的传感器的第 j 位判决结果为1，则融合中心就认为目标存在，即 H_1 成立；否则，认为目标不存在，即 H_0 成立。

融合中心的判决规则为

$$\left(\sum_{j=1}^{N} 1_{[j,\infty)} \left(\sum_{i=1}^{N} S_{ij} \right) \right) \underset{H_0 \text{成立}}{\overset{H_1 \text{成立}}{\gtreqless}} 0 \tag{7.61}$$

上述方法相当于 N 种“N 选 k”融合的逻辑“或”运算。对于最高阈值 t_1，只要有一个传感器的检测统计量超过该阈值，融合中心就认为目标存在；反之，如果所

有的局部检测统计量都没有超过阈值 t_{N-1}，则必须所有的局部检测统计量都超过阈值 t_N，融合中心才认为目标存在。LMD－N 的实现流程如图 7.7 所示。

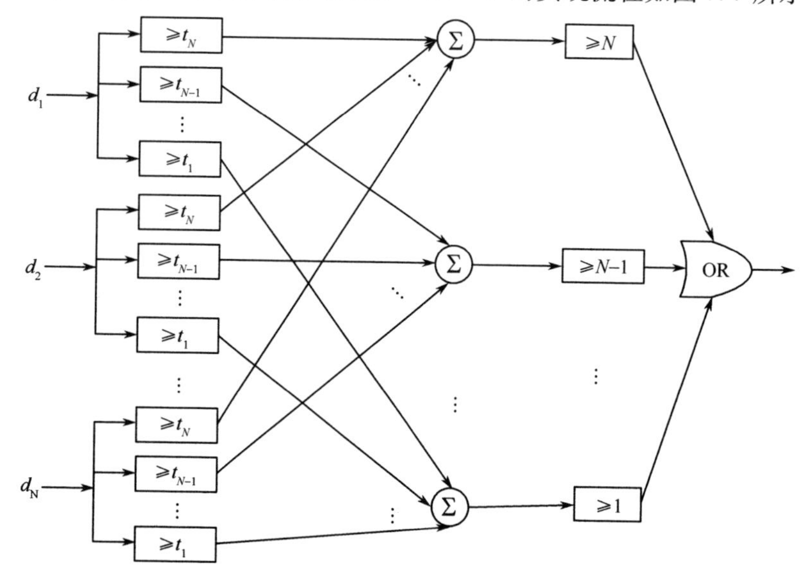

图 7.7　LMD－N 的实现流程

注：→ $\geqslant t$ → 表示输入大于等于 t 时输出为 1，否则为 0。

由于每个局部处理器的判决结果有 $N+1$ 种，因此每次判决只需向融合中心传递 $\lceil l_b(N+1) \rceil$ 比特即可。$\lceil x \rceil$ 表示不小于 x 的最小整数。因此，该方法是局部二元判决方法通信量的 $\lceil l_b(N+1) \rceil$ 倍。

令

$$P_f^k(i) = Pr\{d_k \geqslant t_{N+1-i} | H_0\} \tag{7.62}$$

由于在目标不存在时假设各个检测统计量独立同分布，所以有

$$P_f^1(i) = P_f^2(i) = \cdots = P_f^N(i) \tag{7.63}$$

因此，可以将 $P_f^k(i)$ 的上标 k 省去，简记为 $P_f(i)$。

融合中心的虚警概率为

$$\begin{aligned} P_f(t_1, \cdots, t_N) &= Pr\left\{ \sum_{i=1}^{N} 1_{[j,\infty]} \left(\sum_{j=1}^{N} S_{ji} \geqslant i \right) > 0 \,\middle|\, H_0 \right\} \\ &= [P_f(1) - P_f(N)]^N + 1 - [1 - P_f(N)]^N + \\ &\sum_{j_1=1}^{N-2} \binom{N}{j_1} (1 - P_f(1))^{j_1} \sum_{j_2=2}^{N-j_1} \left\{ \sum_{j_3=j_2}^{N-j_1} \binom{N-j_1}{j_3} \times \right. \\ &[P_f(N-j_3+1) - P_f(N-j_3+2)]^{j_3} \end{aligned}$$

$$[P_{\mathrm{f}}(1) - P_{\mathrm{f}}(N - j_3 + 1)]^{N-j_1-j_3} +$$

$$\sum_{j_3=1}^{j_2-1}\binom{N-j_1}{j_3}[P_{\mathrm{f}}(N - j_3 + 1) -$$

$$P_{\mathrm{f}}(N - j_3 + 2)]^{j_3}\sum_{j_4=j_2+1-j_3}^{N-j_1-j_3}\binom{N-j_1-j_3}{j_4}\times$$

$$[P_{\mathrm{f}}(N - j_3) - P_f(N - j_3 + 1)]^{j_4}$$

$$[P_{\mathrm{f}}(1) - P_{\mathrm{f}}(N - j_3)]^{N-j_1-j_3-j_4}\Big\} \tag{7.64}$$

式中

$$\binom{N}{k} = \frac{N!}{k!\ (N-k)!} \tag{7.65}$$

给定融合中心的虚警概率 P_{fa},局部传感器阈值 $t_1,\cdots,t_N$ 可以通过下式确定:

$$\begin{cases} P_{\mathrm{f}}(t_1,\cdots,t_N) = P_{\mathrm{fa}} \\ \sum_{j=1}^{N}\binom{N}{j}P_{\mathrm{f}}^{j}(N)(1 - P_{\mathrm{f}}(N))^{N-j} \\ = \sum_{j=m}^{N}\binom{N}{j}P_{\mathrm{f}}^{j}(N - m + 1)(1 - P_{\mathrm{f}}(N - m + 1))^{N-j} \\ (m = 2,\cdots,N) \end{cases} \tag{7.66}$$

由式(7.58)可知

$$P_{\mathrm{f}}(1) > P_{\mathrm{f}}(2) > \cdots > P_{\mathrm{f}}(N) \tag{7.67}$$

因此,式(7.66)所示的方程组是可解的。

令

$$P_{\mathrm{d}}^{k}(i) = \Pr\{d_k \geqslant t_{N+1-i} \mid \mathrm{H}_1\} \tag{7.68}$$

在传感器个数 $N=4$ 时,融合中心的检测概率为

$$P_{\mathrm{D}} = 1 - \prod_{i=1}^{4}(1 - P_{\mathrm{d}}^{i}(4)) + \prod_{i=1}^{4}(P_{\mathrm{d}}^{i}(1) - P_{\mathrm{d}}^{i}(4)) +$$

$$\prod_{j_1=1}^{4}\frac{(1 - P_{\mathrm{d}}^{j_1}(1))}{(P_{\mathrm{d}}^{j_1}(3) - P_{\mathrm{d}}^{j_1}(4))}\prod_{j_2=1}^{4}(P_{\mathrm{d}}^{j_2}(3) - P_{\mathrm{d}}^{j_2}(4)) +$$

$$\prod_{j_1=1}^{4}\prod_{j_2=1}^{4}\frac{(1 - P_{\mathrm{d}}^{j_1}(1))(P_{\mathrm{d}}^{j_2}(1) - P_{\mathrm{d}}^{j_2}(3))}{(P_{\mathrm{d}}^{j_1}(3) - P_{\mathrm{d}}^{j_1}(4))(P_{\mathrm{d}}^{j_2}(3) - P_{\mathrm{d}}^{j_2}(4))}\prod_{j_3=1}^{4}(P_{\mathrm{d}}^{j_3}(3) - P_{\mathrm{d}}^{j_3}(4)) -$$

$$\prod_{j_1=1}^{4}\frac{(1-P_d^{j_1}(1))(P_d^{j_1}(1)-P_d^{j_1}(3))}{(P_d^{j_1}(3)-P_d^{j_1}(4))^2}\prod_{j_2=1}^{4}(P_d^{j_2}(3)-P_d^{j_2}(4))+$$

$$\prod_{j_1=1}^{4}\prod_{j_2=1}^{4}\frac{(1-P_d^{j_1}(1))(P_d^{j_2}(3)-P_d^{j_2}(4))}{(P_d^{j_1}(2)-P_d^{j_1}(3))(P_d^{j_2}(2)-P_d^{j_2}(3))}\prod_{j_3=1}^{4}(P_d^{j_3}(2)-P_d^{j_3}(3))-$$

$$\prod_{j_1=1}^{4}\frac{(1-P_d^{j_1}(1))(P_d^{j_1}(3)-P_d^{j_1}(4))}{(P_d^{j_1}(2)-P_d^{j_1}(3))^2}\prod_{j_2=1}^{4}(P_d^{j_2}(2)-P_d^{j_2}(3))+$$

$$\prod_{j_1=1}^{4}\frac{(1-P_d^{j_1}(1))}{(P_d^{j_1}(2)-P_d^{j_1}(3))}\prod_{j_2=1}^{4}(P_d^{j_2}(2)-P_d^{j_2}(3))+$$

$$\frac{1}{2}\prod_{j_1=1}^{4}\prod_{j_2=1}^{4}\frac{(1-P_d^{j_1}(1))(1-P_d^{j_2}(1))}{(P_d^{j_1}(3)-P_d^{j_1}(4))(P_d^{j_2}(3)-P_d^{j_2}(4))}\prod_{j_3=1}^{4}(P_d^{j_3}(3)-P_d^{j_3}(4))-$$

$$\frac{1}{2}\prod_{j_1=1}^{4}\frac{(1-P_d^{j_1}(1))^2}{(P_d^{j_1}(3)-P_d^{j_1}(4))^2}\prod_{j_2=1}^{4}(P_d^{j_2}(3)-P_d^{j_2}(4)) \tag{7.69}$$

7.6.2.2 仿真实验及结果

下面考虑独立同分布的雷达杂波中检测 Swerling Ⅱ目标的问题。假设每个局部雷达的杂波是均匀的。不同雷达杂波间的功率可能是不同的。对于 N 传感器并行分布式 CA - CFAR 检测,设 M 和 R 分别是第 i 个局部处理器 LP_i $(i=1,\cdots,N)$ 的脉冲积累数和参考单元个数。瑞利包络杂波经过平方律检波的输出服从指数分布。对于 Swerling Ⅱ目标,LP_i 的检测单元采样 $X_{ij}(j=1,\cdots,M)$ 的概率密度函数为

$$f_{X_{ij}}(x)=\frac{1}{\mu_i(1+\lambda_i)}\exp\left(-\frac{x}{\mu_i(1+\lambda_i)}\right)\quad(x\geqslant0) \tag{7.70}$$

式中:λ_i 为 LP_i 的信杂比;μ_i 为 LP_i 的背景噪声功率水平。设 $Y_{ij}(j=1,\cdots,R)$ 是 LP_i 中只包含噪声的参考单元采样,其概率密度函数为

$$f_{Y_{ij}}(y)=\frac{1}{\mu_i}\exp\left[-\frac{y}{\mu_i}\right]\quad(y\geqslant0) \tag{7.71}$$

在上述信号和杂波模型下,当局部传感器采用 CA - CFAR 时,影响系统检测性能只有各个雷达的信杂比。

由于在雷达信号检测中信杂比常用分贝衡量,因此,在下面的分析中信杂比的范围和大小都以分贝的形式给出。假定各个雷达的信杂比都在 $\lambda_i\in[-20\text{dB},10\text{dB}]$ $(i=1,\cdots,N)$ 范围内变化,该范围相当于信号功率是杂波功率的 1% 到 10 倍这样高的动态范围。如果一个算法能够在这样的条件下具有好的性能,那么在实际的雷达检测环境中该算法也应该具有优异的性能。

在下面的仿真中系统参数设置:传感器个数 $N=4$,融合中心的虚警概率为

$P_{fa}=10^{-6}$,局部雷达的脉冲积累数均为 10,参考单元数均为 32。检测性能函数是通过 10^6 次实验得到。

为了便于说明前面所提方法的有效性,下面给出采用广义似然比准则的集中式检测器,检测器结构为

$$d_{GLR}=\sum_{k=1}^{N}\left(\sum_{j=1}^{M}X_{kj}\right)\left(\sum_{j=1}^{R}Y_{kj}\right)^{-1}\underset{H_0\text{ 成立}}{\overset{H_1\text{ 成立}}{\gtrless}}T \tag{7.72}$$

设融合中心采用局部二元判决时第 i 个传感器的检测阈值为 T_i,则它的检测器结构为

$$d_i=\left(\sum_{j=1}^{R}Y_{ij}\right)^{-1}\sum_{j=1}^{M}X_{ij}\underset{H_0\text{ 成立}}{\overset{H_1\text{ 成立}}{\gtrless}}T_i \tag{7.73}$$

其虚警概率和检测概率分别为

$$P_{fi}=\Pr(d_i\geqslant T_i\mid H_0)=\sum_{n=1}^{M}\frac{T^{n-1}\Gamma(R+n-1)}{\Gamma(R)\Gamma(n)(1+T)^{R+n-1}} \tag{7.74}$$

$$\begin{aligned}
P_{di}&=\Pr(d_i\geqslant T_i\mid H_1)=\int_0^{\infty}f_{Y_{i1}+\cdots+Y_{iR}}(y)\int_{Ty}^{\infty}f_{X_{i1}+\cdots+X_{iM}}(x)\,\mathrm{d}x\mathrm{d}y\\
&=\int_0^{\infty}\frac{y^{R-1}}{\Gamma(R)\mu^{R}}\exp\left[-\frac{y}{\mu}\right]\\
&\quad\int_{Ty}^{\infty}\frac{x^{M-1}}{\Gamma(M)[\mu(1+\lambda)]^{M}}\exp\left[-\frac{x}{\mu(1+\lambda)}\right]\mathrm{d}x\mathrm{d}y\\
&=\int_0^{\infty}\frac{y^{R-1}}{\Gamma(R)\mu^{R}}\exp\left[-\frac{y}{\mu}\right]\exp\left[-\frac{Ty}{\mu(1+\lambda)}\right]\\
&\quad\sum_{n=1}^{M}\frac{1}{\Gamma(n)}\left(\frac{Ty}{\mu(1+\lambda)}\right)^{n-1}\mathrm{d}y\\
&=\sum_{n=1}^{M}\int_0^{\infty}\frac{T^{n-1}y^{R+n-2}}{\Gamma(R)\Gamma(n)\mu^{R}(\mu(1+\lambda))^{n-1}}\exp\left[-\frac{y}{\mu}\left(1+\frac{T}{1+\lambda}\right)\right]\mathrm{d}y\\
&=\sum_{n=1}^{M}\frac{T^{n-1}\Gamma(R+n-1)(1+\lambda)^{R}}{\Gamma(R)\Gamma(n)(1+\lambda+T)^{R+n-1}}
\end{aligned} \tag{7.75}$$

图 7.8 给出了 LMD – N、“N 选 k”融合和集中式检测的检测性能函数曲线随检测概率的变化情况。由式(7.28)可知,$\Phi(p)$为所有检测概率不小于 p 的参数在所有参数中所占的比例。对于相同的 p,$\Phi(p)$越大越好。由图 7.8 可知,集中式检测的性能最好,LMD – N 准则次之。而 AND 准则是性能最差的,因为只要有一个传感器认为目标不存在,AND 准则的局部判决结果就是目标不存

在,所以性能最差的传感器的判决常常会左右 AND 准则的判决结果。OR 融合是“N 选 k”融合当中性能最佳的。只要有一个传感器的判决为目标存在,OR 融合的结果就是目标存在,因而性能最好的传感器的判决往往就决定了 OR 融合的结果。OR 融合不受其他传感器性能恶化的影响。

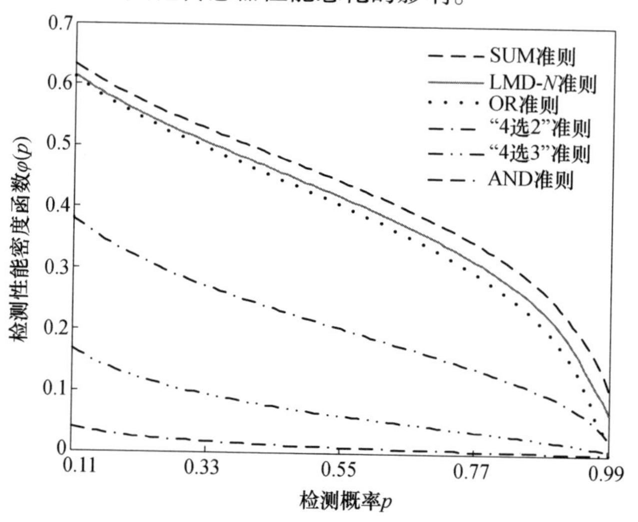

图 7.8　检测性能密度函数曲线

LMD－N 准则在局部量化和融合处理时都考虑到了各个传感器信杂比可能不同所带来的影响。局部量化时采用了 N 个量化阈值,在融合中心进行融合时,只要有一个局部传感器的检测统计量超过了最高阈值就认为目标存在,这就当于综合了 OR 融合,由于融合中心进行了 N 次判决,并考虑了各个传感器的变化情况,因此该方法具有接近集中式检测的性能。

根据检测性能函数 $\Phi(p)$ 随 p 的变化曲线可以判断出各种检测算法的优劣,同时利用检测性能密度函数 $\varphi(p)$ 随 p 的变化曲线可以清楚地看出它们在哪些检测概率值上存在差异。图 7.9 给出了 LMD－N 准则、集中式检测准则和各种“N 选 k”准则的检测性能密度曲线。由图 7.9 可以看出,在四种“N 选 k”准则中,OR 准则具有最佳的性能,其他融合方法的性能与 OR 准则都有明显的差距。在检测概率小于 0.8 时,LMD－N、集中式检测和 OR 准则性能没有明显的差异。但是当检测概率大于 0.8 以后,它们的性能曲线存在交叉,差异还是比较明显的。在 $p=0.95$ 附近,OR 准则甚至比集中式检测准则还要好,而当检测概率大于 0.98 时,OR 准则与其余两种方法有明显的差异。这是因为 OR 准则相当于只利用了最佳传感器的信息,而没有充分利用其他传感器提供的信息。在其余传感器也提供了较多有用信息时,LMD－N 准则和集中式检测准则能更充分地利用各个传感器提供的信息。因而它们具有比 OR 准则更高的检测概率。上述原因导致了它们的曲线存在交叉。

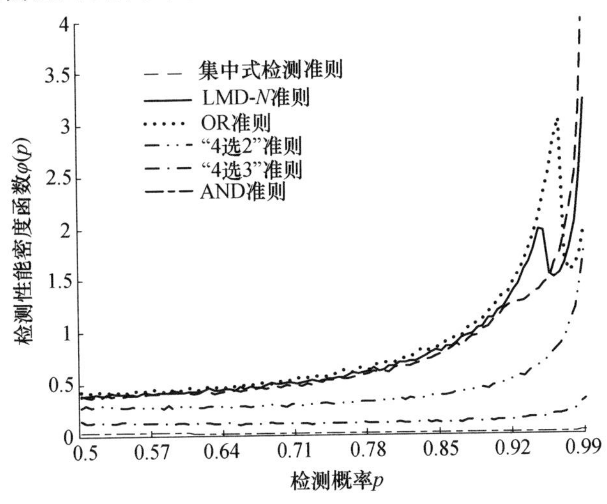

图 7.9 检测算法检测性能密度曲线

通过 $\Phi(p)$ 和 $\varphi(p)$ 可以评价各种融合算法的总体表现，但 $\Phi(p)$ 和 $\varphi(p)$ 并不能定量地给出融合算法在给定信杂比时的检测概率，为此图 7.10 给出了集中式检测、LMD－N 准则和各种“N 选 k”准则在各个传感器具有相同信杂比时的检测概率随信杂比变化曲线。虽然 OR 融合具有比其他“N 选 k”融合更好的总体检测性能，但由图 7.10 可以看出，当各个传感器信杂比相同时，OR 融合却是各种“N 选 k”融合中最差的，并且和性能最好的“N 选 k”准则有 2dB 的信杂比损失。而 LMD－N 具有比最好的“N 选 k”融合方法更好的检测性能。在达到相同的检测性能时，它需要的信杂比较 OR 融合低 2～2.5dB，而相对于集中式检

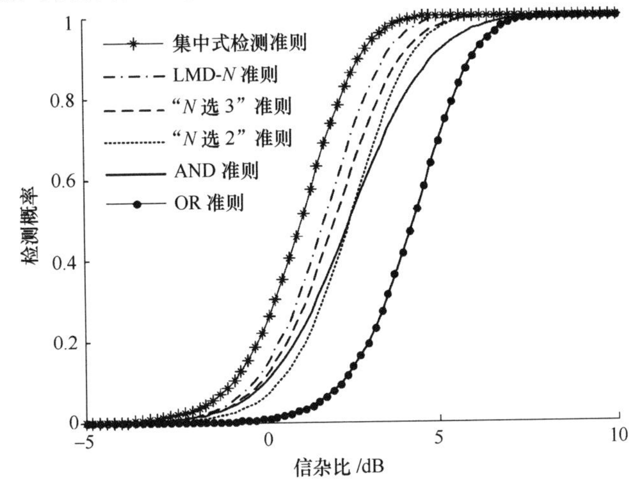

图 7.10 各个传感器信杂比相同时各种融合算法的性能

测的信杂比损失只有不到0.8dB。从检测概率上考察，LMD－N达到0.9检测概率时，OR融合只有0.31，因此，当采用LMD－N可以对目标可靠检测时，OR融合的判决结果是不可靠的。因而LMD－N不仅具有很好的稳健性，而且具有很高的检测性能。

在各个传感器的信杂比不相同甚至存在巨大差异的情况下，LMD－N都具有接近极大似然准则下的最优集中式检测器的检测性能，在特定情况下达到同样检测性能它们的信杂比差异仅为0.8dB。同时，该方法比基于二元判决的分布式检测方案具有更高的检测性能，和OR融合有相同的稳健性。总之，LMD－N是一种稳健且高性能的分布式信号检测方案。

7.6.3 基于局部3阈值判决的分布式信号检测

7.6.3.1 算法描述

考虑并行分布式信号检测结构，设传感器个数$N\geqslant 3$。各个传感器利用自己探测到的信号做出局部判决并送给融合中心，融合中心进行融合处理以得到目标有无的全局判决。各个传感器间没有数据交换。这里限制各个传感器向融合中心传送2bit的信息，用三位二进制数分别编码为000、001、011、111，令最左边的为第1位，最右边的为第3位，中间的为第2位。这相当于将局部检测统计量的取值分成4部分。

令d_i为传感器i的检测统计量，d_{0i}为没有信号时的检测统计量，d_{1i}为信号加噪声时的检测统计量。设目标不存在时各个传感器的检测统计量独立同分布，即$d_{01},\cdots,d_{0N}$独立同分布。

传感器i进行如下形式的判决：

$$u_i = S_{i1}S_{i2}S_{i3} = \begin{cases} 111 & (t_1 < d_i) \\ 011 & (t_2 < d_i \leqslant t_1) \\ 001 & (t_3 < d_i \leqslant t_2) \\ 000 & (d_i \leqslant t_3) \end{cases} \tag{7.76}$$

式中：$t_1 > t_2 > t_3$为局部处理器的判决阈值；u_i为第i个传感器的局部判决结果；S_{ij}为第i个传感器的局部判决结果用三位二进制数表示时第j位的取值。

融合中心的融合规则为

$$u_0 = \left(1_{[k_1,\infty)}\left(\sum_{i=1}^{N} S_{i1}\right)\right) \Big| \left(1_{[k_2,\infty)}\left(\sum_{i=1}^{N} S_{i2}\right)\right) \Big| \left(1_{[k_3,\infty)}\left(\sum_{i=1}^{N} S_{i3}\right)\right) \tag{7.77}$$

式中：|表示逻辑“或”运算；$k_j(j=1,2,3)$为正整数且$k_1 < k_2 < k_3 \leqslant N$。融合中心先进行3次初步判决，然后将3次判决的结果进行“或”运算就得到最终的判

决。该方法是一种基于局部 3 阈值判决(LMD－3)方法。k_1、k_2、k_3 分别为融合中心 3 次初步判决的阈值,它们决定了在只有 k_j 个传感器观测到目标时 LMD－3 的性能接近“N 选 k_j”融合的性能。LMD－3 的实现方式如图 7.11 所示。

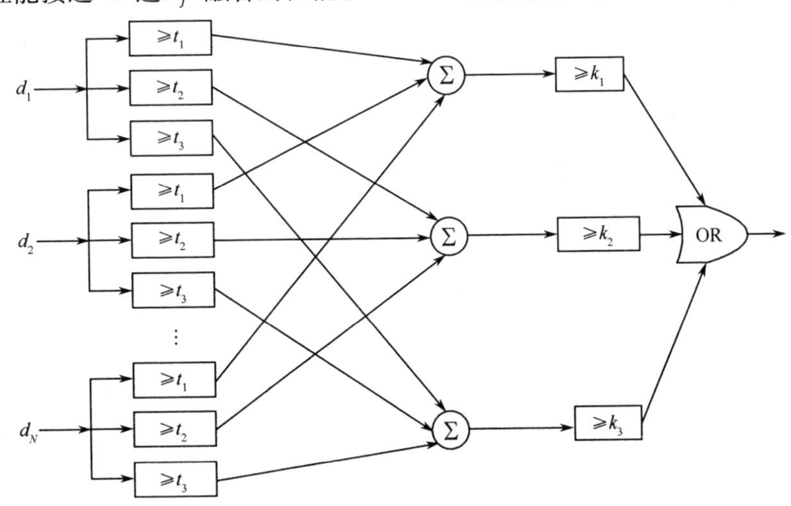

图 7.11　LMD－3 的实现方式

注: →[$\geqslant t$]→ 表示输入大于或等于 t 时输出为 1，否则为 0。

令

$$P_f^k(i) = \Pr(d_{0k} > t_{4-i}) \quad (i = 1,2,3) \tag{7.78}$$

因为 $t_1 > t_2 > t_3$,所以有

$$P_{\mathrm{f}}^k(1) > P_{\mathrm{f}}^k(2) > P_{\mathrm{f}}^k(3) \tag{7.79}$$

由于假设各个传感器的 d_{0i} 独立同分布,所以有

$$P_{\mathrm{f}}^1(i) = P_{\mathrm{f}}^2(i) = \cdots = P_f^N(i) \quad (i = 1,2,3) \tag{7.80}$$

此时可将 $P_{\mathrm{f}}^k(i)$ 简记为 $P_{\mathrm{f}i}$。由 $P_{\mathrm{f}i}$ 表示的融合中心的虚警概率为

$$\begin{aligned}
P_{\mathrm{F}}(P_{\mathrm{f1}}, P_{\mathrm{f2}}, P_{\mathrm{f3}}) = & \sum_{j_1=1}^{k_1-1} \binom{N}{j_1} (P_{\mathrm{f3}})^{j_1} \sum_{j_2=k_2-j_1}^{N-j_1} \binom{N-j_1}{j_2} (P_{\mathrm{f2}} - P_{\mathrm{f3}})^{j_2} (1 - P_{\mathrm{f2}})^{N-j_1-j_2} + \\
& \sum_{j_1=k_2}^{N} \binom{N}{j_1} (P_{\mathrm{f2}} - P_{\mathrm{f3}})^{j_1} (1 - P_{\mathrm{f2}})^{N-j_1} + \\
& \sum_{j_1=k_1}^{N} \binom{N}{j_1} (P_{\mathrm{f3}})^{j_1} (1 - P_{\mathrm{f3}})^{N-j_1} \times \sum_{j_1=1}^{k_2-1} \binom{N}{j_1} (P_{\mathrm{f2}} - P_{\mathrm{f3}})^{j_1} \\
& \sum_{j_2=k_3-j_1}^{N-j_1} \binom{N-j_1}{j_2} (P_{\mathrm{f1}} - P_{\mathrm{f2}})^{j_2} (1 - P_{\mathrm{f1}})^{N-j_1-j_2} +
\end{aligned}$$

$$\sum_{j_1=k_3}^{N}\binom{N}{j_1}(P_{f1}-P_{f2})^{j_1}(1-P_{f1})^{N-j_1} \tag{7.81}$$

P_{ftot}与P_{f1}、P_{f2}、P_{f3}有关。给定融合中心的虚警概率P_F后，必须先设定两个参数才能决定第三个参数。由于$P_{f1}>P_{f2}>P_{f3}$，当P_{f1}、P_{f3}和P_F确定后，P_{f2}可以唯一确定。

阈值参数的确定：

(1) 根据各个传感器目标回波信号的信杂比的先验知识来确定k_1。如果已知在N个传感器中至少有k_{min}个传感器目标回波信号具有较高的信杂比，这时可以选择$k_1=k_{min}$。

(2) 根据"N选k"融合准则确定在给定的杂波和目标模型下基于二元局部判决的分布式信号检测器的最佳k值，记为k_{opt}，可令$k_3=k_{opt}$。

(3) 在k_1和k_3确定之后，利用$k_1<k_2<k_3$可以确定若干个可选的k_2，对于每一组(k_1,k_2,k_3)可以搜索出满足式(7.81)的一系列P_{f1}、P_{f2}和P_{f3}。选择P_{f1}使之尽可能接近在融合中心采用"N选k_3"融合准则时局部传感器的虚警概率；选择P_{f3}使之尽可能接近当融合中心采用"N选k_1"融合准则时局部传感器的虚警概率。在P_{f1}和P_{f3}确定之后，根据式(7.81)可以确定P_{f2}的值。当然，也可以下来确定P_{f1}、P_{f2}和P_{f3}的值：

$$\begin{cases}\sum_{i=k1}^{N}\binom{N}{i}P_{f3}^{i}(1-P_{f3})^{N-i}=\sum_{i=k2}^{N}\binom{N}{i}P_{f2}^{i}(1-P_{f2})^{N-i}\\ \sum_{i=k2}^{N}\binom{N}{i}P_{f2}^{i}(1-P_{f2})^{N-i}=\sum_{i=k3}^{N}\binom{N}{i}P_{f1}^{i}(1-P_{f1})^{N-i}\\ P_F(P_{f1},P_{f2},P_{f3})=P_{fa}\end{cases} \tag{7.82}$$

这相当于对三种"N选k"融合准则给与相同的重要性。当没有更多的先验信息可以利用时，这是一种可行的方法。

(4) 在P_{f1}、P_{f2}和P_{f3}确定后，可以利用d_{0i}的分布函数通过式(7.78)确定局部阈值t_1、t_2和t_3。在d_{0i}服从离散分布时，局部传感器可能要进行随机化检验才能满足给定的虚警率。

通过上述步骤获得的P_{f1}、P_{f2}和P_{f3}可能不唯一，此时可以通过蒙特卡罗模拟选择使检测算法总的检测概率最高的一组参数或者选择一组自己认为满意的参数。

令

$$P_d^k(i)=\Pr(d_k\geq t_{4-i}\mid H_1) \tag{7.83}$$

则有

$$P_d^k(1)>P_d^k(2)>P_d^k(3)\quad(k=1,2,\cdots,N) \tag{7.84}$$

融合中心的检测概率为

$$
\begin{aligned}
P_{\mathrm{D}} = & \sum_{j_1=k_1}^{N} \frac{1}{j_1!} \underbrace{\sum_{j_{21}=1}^{N}\sum_{j_{22}=1}^{N}\cdots\sum_{j_{2j_1}=1}^{N}}_{j_{21}\neq j_{22}\neq\cdots\neq j_{2j_1}} \prod_{i=1}^{j_1} \frac{P_{\mathrm{d}}^{j_{2i}}(3)}{1-P_{\mathrm{d}}^{j_{2i}}(3)} \prod_{i=1}^{N}\left(1-P_{\mathrm{d}}^{i}(3)\right) + \\
& \sum_{j_1=1}^{k_1-1} \frac{1}{j_1!} \underbrace{\sum_{j_{21}=1}^{N}\sum_{j_{22}=1}^{N}\cdots\sum_{j_{2j_1}=1}^{N}}_{j_{21}\neq j_{22}\neq\cdots\neq j_{2j_1}} \prod_{i=1}^{j_1} \frac{P_{\mathrm{d}}^{j_{2i}}(3)}{1-P_{\mathrm{d}}^{j_{2i}}(2)} \sum_{j_3=k_2-j}^{N-j} \left\{ \frac{1}{j_3!} \underbrace{\sum_{j_{31}=1}^{N}\sum_{j_{32}=1}^{N}\cdots\sum_{j_{3j_3}=1}^{N}}_{j_{31}\neq j_{32}\neq\cdots\neq j_{3j_3}\neq j_{21}\neq j_{22}\neq\cdots\neq j_{2j_1}} \times \right. \\
& \left. \prod_{i=1}^{j_1} \frac{P_{\mathrm{d}}^{j_{3i}}(2)-P_{\mathrm{d}}^{j_{3i}}(3)}{1-P_{\mathrm{d}}^{j_{3i}}(2)} \prod_{i=1}^{N}\left(1-P_{\mathrm{d}}^{i}(2)\right) \right\} + \\
& \sum_{j_1=k_2}^{N} \frac{1}{j_1!} \underbrace{\sum_{j_{21}=1}^{N}\sum_{j_{22}=1}^{N}\cdots\sum_{j_{2j_1}=1}^{N}}_{j_{21}\neq j_{22}\neq\cdots\neq j_{2j_1}} \prod_{i=1}^{j_1} \frac{P_{\mathrm{d}}^{j_{2i}}(2)-P_{\mathrm{d}}^{j_{2i}}(3)}{1-P_{\mathrm{d}}^{j_{2i}}(2)} \prod_{i=1}^{N}\left(1-P_{\mathrm{d}}^{i}(2)\right) + \\
& \sum_{j_1=1}^{k_2-1} \frac{1}{j_1!} \underbrace{\sum_{j_{21}=1}^{N}\sum_{j_{22}=1}^{N}\cdots\sum_{j_{2j_1}=1}^{N}}_{j_{21}\neq j_{22}\neq\cdots\neq j_{2j_1}} \prod_{i=1}^{j_1} \frac{P_{\mathrm{d}}^{j_{2i}}(2)-P_{\mathrm{d}}^{j_{2i}}(3)}{1-P_{\mathrm{d}}^{j_{2i}}(2)} \sum_{j_3=k_3-j}^{N-j} \left\{ \frac{1}{j_3!} \underbrace{\sum_{j_{31}=1}^{N}\sum_{j_{32}=1}^{N}\cdots\sum_{j_{3j_3}=1}^{N}}_{j_{31}\neq j_{32}\neq\cdots\neq j_{3j_3}\neq j_{21}\neq j_{22}\neq\cdots\neq j_{2j_1}} \times \right. \\
& \left. \prod_{i=1}^{j_1} \frac{P_{\mathrm{d}}^{j_{3i}}(1)-P_{\mathrm{d}}^{j_{3i}}(2)}{1-P_{\mathrm{d}}^{j_{3i}}(1)} \prod_{i=1}^{N}\left(1-P_{\mathrm{d}}^{i}(1)\right) \right\} + \\
& \sum_{j_1=k_3}^{N} \frac{1}{j_1!} \underbrace{\sum_{j_{21}=1}^{N}\sum_{j_{22}=1}^{N}\cdots\sum_{j_{2j_1}=1}^{N}}_{j_{21}\neq j_{22}\neq\cdots\neq j_{2j_1}} \prod_{i=1}^{j_1} \frac{P_{\mathrm{d}}^{j_{2i}}(1)-P_{\mathrm{d}}^{j_{2i}}(2)}{1-P_{\mathrm{d}}^{j_{2i}}(1)} \prod_{i=1}^{N}\left(1-P_{\mathrm{d}}^{i}(1)\right)
\end{aligned} \tag{7.85}
$$

7.6.3.2　仿真实验及结果

考虑 CA－CFAR 和广义符号检验两种局部处理方式。在评价算法的总体性能时,假定各个传感器的信杂比在[－20dB,10dB]区间内变化。

7.6.4　局部传感器利用 CA－CFAR 形成局部多元判决

信号和杂波模型如 7.5.2.2 节所示。这里假设传感器个数 $N=4$,融合中心的虚警概率 $P_{\mathrm{fa}}=10^{-6}$,局部雷达的脉冲积累数均为 10,参考单元数均为 32。该条件与 7.5.2.2 节相同。检测性能函数是通过 2×10^{6} 次实验得到。在各个传感器的信杂比相等时,各种"N 选 k"融合的检测性能曲线如图 7.12 所示。从图 7.12 中可以看出,此时最佳的"N 选 k"融合为 N 选 3,因此有 $k_3=3$,由于 $k_1<k_2<k_3$,所以有 $k_1=1,k_2=2$。利用式(7.82)和式(7.74)得到的系统参数见表 7.2。

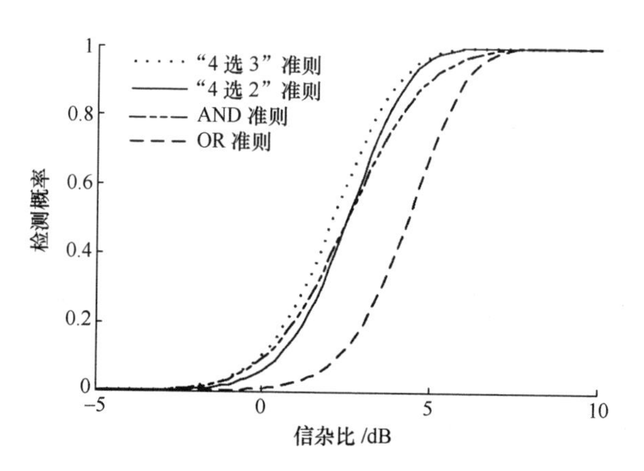

图 7.12　在各个传感器信杂比相等时各种"N 选 k"准则的检测性能

表 7.2　四传感器时 LMD－3 的参数

k_1	k_2	k_3	P_{f1}	P_{f2}	P_{f3}	t_1	t_2	t_3
1	2	3	4.377×10^{-3}	2.361×10^{-4}	8.368×10^{-8}	1.720	0.992	0.749

首先将所有的传感器分为两组，一组的信杂比为 0，另一组的信杂比相等且大于 0。需要注意的是，这里的信杂比是指以数值表示的信杂比而不是以分贝表示的信杂比。图 7.13 给出了在信杂比不等于 0 的传感器变化时各种算法的检测性能。可见，除了在只有一个传感器的信杂比不为 0 时 LMD－3 比"N 选 k"准则稍差外，在其他三种情况，LMD－3 均优于"N 选 k"。且在这四种情况下，没有一种"N 选 k"准则具有最佳的性能。除了 OR 融合外，其他三种"N 选 k"准则均存在这样一种情况：不管信杂比不等于 0 的传感器的信杂比多么高，其检测概率都可能远小于 0.1。从这四种特殊情况也可以看出，LMD－3 的检测性能比"N 选 k"融合好。

LMD－3 和"N 选 k"准则的检测性能函数和检测性能密度函数分别如图 7.14 和图 7.15 所示。从图中可以看出，LMD－3 的总体检测性能优于任意一种"N 选 k"准则。从检测性能密度函数上可以看出，在检测概率小于某一值时，LMD－3 的检测性能密度函数值要小于 OR 融合，而大于这一数值后，它远大于 OR 融合。在 OR 融合的检测概率较低时，LMD－3 能够具有较高的检测概率（图 7.13（b）、（c）和（d）），而在 OR 融合具有较高检测概率时，LMD－3 具有与 OR 融合接近的检测概率（图 7.13（a））。因而，使 LMD－3 取较高检测概率的信杂比集合比 OR 融合大，体现在图 7.15 就是在检测概率大于某一数值时 LMD－3 的检测性能密度函数值大于 OR 融合的相应值。由于在较高检测概率上的检测性能函数值比 OR 融合的相应数值大，则在检测概率较低时该数值会相对小一些，体现在图 7.15 就是在检测概率小于某一数值时 LMD－3 的检测性能密度

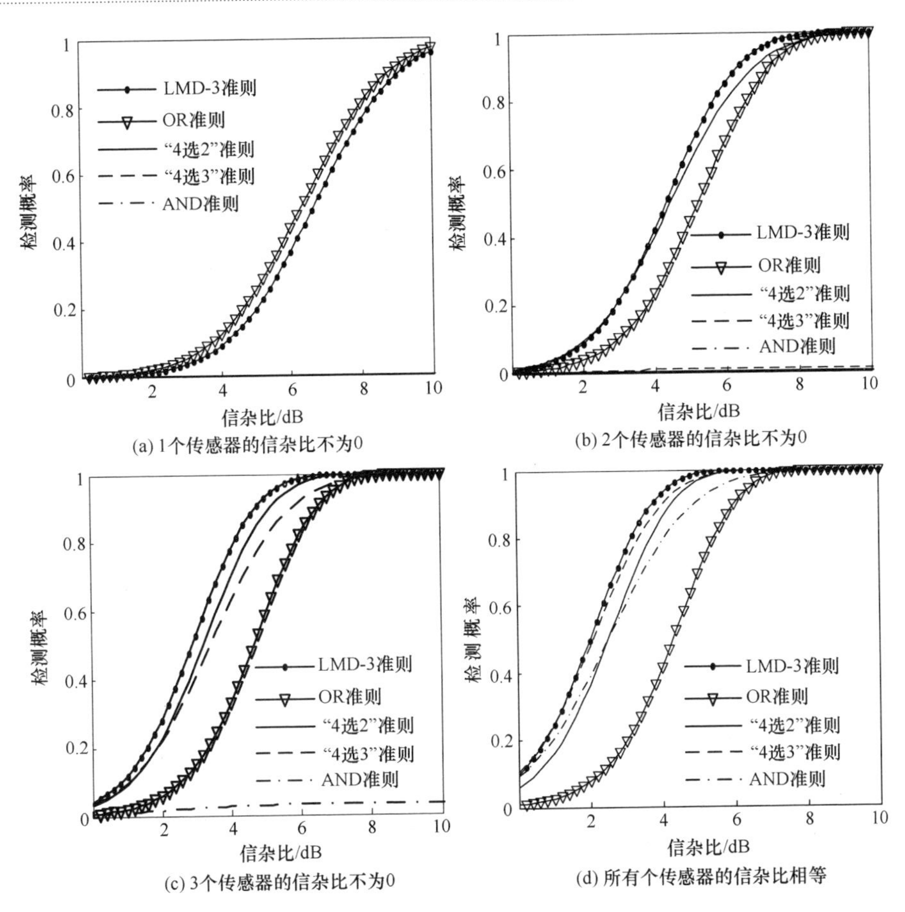

图7.13 LMD－3和“N选k”准则在四种特殊情况下的检测性能

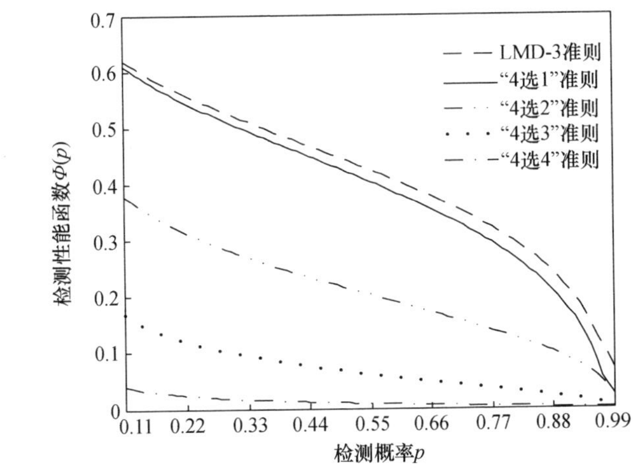

图7.14 四传感器时LMD－3和“N选k”准则的检测性能函数曲线

函数值小于 OR 融合的数值。

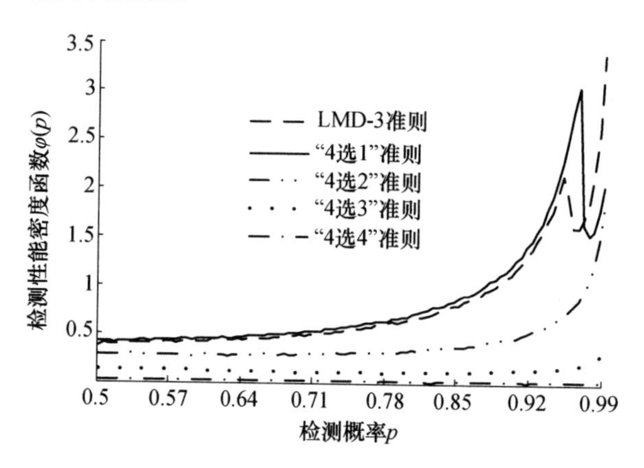

图 7.15　四传感器时 LMD－3 和"N 选 k"的检测性能密度函数曲线

总的来说,在传感器个数为 4 时,LMD－3 具有优于"N 选 k"准则的性能,在各个传感器信杂比变化时具有稳健的检测性能。当传感器的个数更多时,该结论并不成立。因为它只考虑了三种"N 选 k"准则。

下面比较 LMD－N 和 LMD－3 的性能。图 7.16 给出了它们在四种特殊情况下的检测性能。这里假设信杂比不等于 0 的传感器的信杂比相等。从图 7.16 可以看出,LMD－N 的局部判决阈值虽然比 LMD－3 增加了 1 个,但是性能并没有明显地提高,这也是本章在给出了 LMD－N 方法之后又给出了 LMD－3 方法的原因。

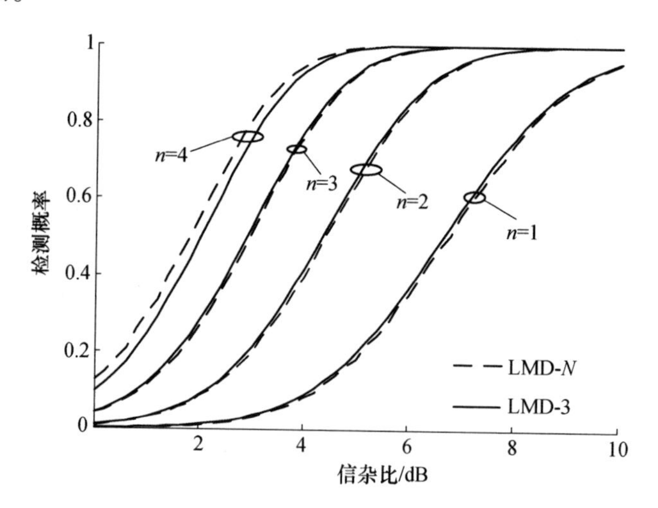

图 7.16　LMD－3 和 LMD－N 的检测性能

注:n 为信杂比不等于 0 的传感器的个数。

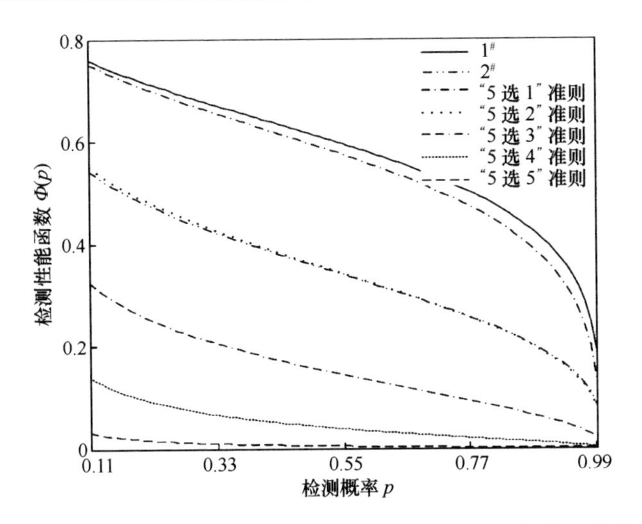

图 7.17 五传感器时 LMD－3 和“N 选 k”准则的检测性能函数曲线

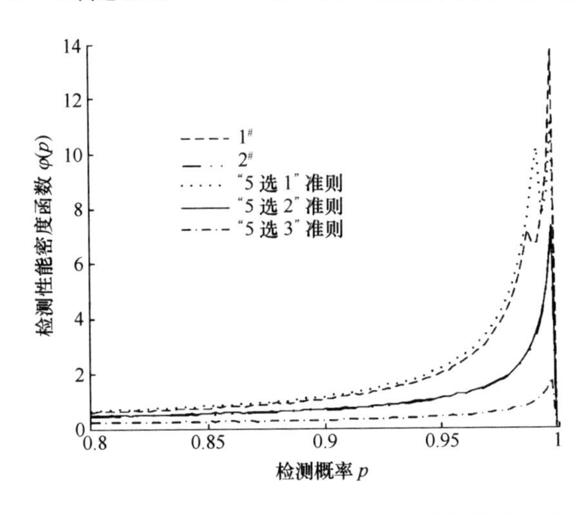

图 7.18 五传感器时 LMD－3 和“N 选 k”准则的检测性能密度函数曲线

在传感器的个数 $N=5$ 时，融合中心的虚警概率 $P_{\mathrm{fa}}=10^{-6}$，局部雷达的脉冲积累数均为 10 而参考单元数均为 64。由于在各个传感器信杂比相等时最优的“N 选 k”融合为“5 选 4”融合，所以有 $k_3=4$。考虑两种参数配置，具体见表 7.3。其中配置 2#假设目标存在时至少有两个传感器同时具有较高的信杂比，配置 1#则没有这样的假设。图 7.17 和图 7.18 给出了 LMD－3 和各种“N 选 k”融合的检测性能函数曲线和检测性能密度函数曲线，图中的 1#和 2#特指表 7.3 中的配置 1#和 2#。从中可以看出配置 1#仍然具有比各种“N 选 k”融合更高的检测性能。配置 2#假设目标存在时至少有两个传感器具有较高的信杂比，而这种假设在仿真中并没有采用。这就导致了配置 2#的检测性能较配置 1#有明显的差距。这也说明了,在各个传感器性能优劣的先验信息难以获得时,LMD－3 应该将“N 选 1”融合综合进来,即 $k_1=1$。

表 7.3　五传感器时 LMD－3 的参数

配置	N	M	R	k_1	k_2	k_3	t_1	t_2	t_3
1#	5	10	64	1	2	4	0.7029	0.4882	0.2997
2#	5	10	64	2	3	4	0.4478	0.3544	0.2994

7.6.5　局部传感器利用广义符号统计量形成多元判决

检测器采用并行结构。在独立同分布的威布尔杂波中检测 Swerling Ⅱ目标的问题等价于如下二元假设检验问题:

$$\begin{cases} H_0: X_{ij}=c_{ij} \\ H_1: X_{ij}=\sqrt{v_{ij}^2+c_{ij}^2+2v_{ij}c_{ij}\cos(\theta_{ij}-\varphi_{ij})} \end{cases} \quad (i=1,\cdots,N;j=1,\cdots,M) \tag{7.86}$$

式中:N 为传感器个数;M 为每传感器的脉冲积累数;ν_{ij}为传感器 i 的第 j 个脉冲的目标回波信号幅度,ν_{ij}服从参数为 λ_i 的瑞利分布,即

$$f_V(v)=\frac{2v}{\lambda_i}\exp\left(-\frac{v^2}{\lambda_i}\right) \quad (v>0,\lambda_i>0) \tag{7.87}$$

θ_{ij}为相应的目标回波信号相位;φ_{ij}为杂波相位;c_{ij}为相应的杂波幅度,杂波幅度服从威布尔分布。威布尔分布的概率密度函数为

$$f_{cw}(c_{ij})=\frac{\alpha_i}{\beta_i}\left(\frac{c_{ij}}{\beta_i}\right)^{\alpha_i-1}\exp\left(-\left(\frac{c_{ij}}{\beta_i}\right)^{\alpha_i}\right) \quad (c_{ij}>0,\alpha_i>0,\beta_i>0) \tag{7.88}$$

式中:α_i 和 β_i 分别为威布尔分布的形状参数和尺度参数。

传感器 i 利用广义符号检测器[239]按照 LMD－3 算法形成四元局部判决送给融合中心,融合中心进行融合处理。传感器 i 采用广义符号检测时,有

$$d_i=\sum_{j=1}^{M}\sum_{l=1}^{R}1_{[\gamma_{ijl},\infty)}(X_{ij}) \tag{7.89}$$

式中:γ_{ijl}为传感器 i 的第 j 个脉冲回波信号的参考信号;R 为参考单元个数;d_i 为广义符号统计量,且 $d_{01},\cdots,d_{0N}$独立同分布。

将各个传感器分成两类,能看到目标的传感器具有相等的信杂比;看不到目标的传感器的信杂比为 0,即只有噪声。当然实际情况可能是各个传感器都能探测到目标,但是它们的信杂比不完全相等,信杂比最低的传感器的信杂比也大于 0,或多或少都含有目标回波信息。仿真实验基于五传感器并行分布式信号检测系统,每个传感器的脉冲积累数 $M=16$,每脉冲参考单元数为 16,威布尔杂波的形状参数 $\alpha=1$。“N 选 k”融合特指基于二元局部判决的分布式广义符号检测器采用“N 选 k”融合时的检测策略[125]。融合中心的虚警概率设为 10^{-6}。

检测概率都通过20000次蒙特卡罗实验得到。

通过仿真实验可知，在各个传感器信杂比相等时，基于二元局部判决的分布式广义符号检测器[125]在威布尔杂波和Swerling Ⅱ目标条件下的最佳融合准则为"5选4"准则，故令 $k_3=4$，假设在最差情况下只有一个传感器能观测到目标，则此时令 $k_1=1$，而 k_2 取2或3。如果需要LMD-3准则在3个传感器能观测到目标时性能接近"5选3"准则的性能，则令 $k_2=3$。若令 $k_2=2$，则只有2个传感器观测到目标时LMD-3接近"5选2"准则的性能。以 $k_1=1, k_2=3, k_3=4$ 为例，给定融合中心的虚警概率 $P_{fa}=10^{-6}$，可以搜索出一系列满足式(7.81)的 P_{f1}、P_{f2} 和 P_{f3} 值，利用上一部分中阈值参数的确定方法，可得到一组参数：$P_{f1}=0.01$，$P_{f2}=0.00167$ 和 $P_{f3}=10^{-7}$。t_1、t_2 和 t_3 可根据式(7.78)设置。

图7.19给出了观测到目标的传感器的个数从1变化到5时LMD-3与基于二元局部判决的"N选k"准则的检测概率曲线。在观测到目标的传感器的个数小于5时，"N选k"准则的k值等于观测到目标的传感器的个数。当5个传感器都能观测到目标时，k取4。因而图7.19中所画出的"N选k"准则的检测性能是它所能达到的最佳性能。在分别只有1个、3个和4个传感器能观测到信号时，LMD-3和"N选k"准则具有类似的性能。在5个传感器都能观测到信号时，LMD-3相对于"5选4"准则有1dB的信杂比损失，相应的检测概率损失约为0.2。而在只有2个传感器探测到目标时，LMD-3相对于"5选2"准则有2dB的信杂比损失，相应的检测概率损失是0.5，性能损失有一个突变。这是因为在本例中，LMD-3在设计参数时以检测性能接近"5选1"准则、"5选3"准则和"5选4"准则为目标的，在"5选2"准则的性能最好时，其性能比"5选2"准则差也是可以预料的。由于"5选4"准则在融合中心的虚警概率为 10^{-6} 时局部传感器的虚警概率为0.0212，大于 P_{f1}，所以 t_3 也比"5选4"准则的局部判决阈值高，这就导致了在5个传感器均正常工作时LMD-3性能要差一些。但是"N选

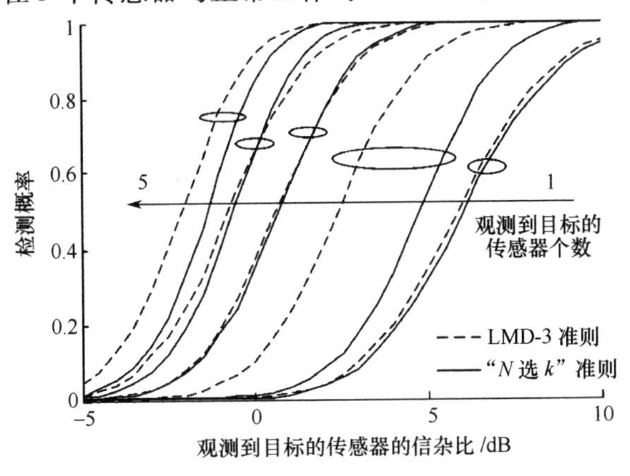

图7.19　LMD-3和"N选k"准则的检测性能

k”准则在只有 $k-1$ 个或更少的传感器观测到目标时是不能正常工作的。

在实际的分布式检测环境中，如果考虑到部分传感器由于目标 RCS 的方向性等原因致使接收信号的信杂比非常低，则“N 选 k”准则最稳健的选择就是“N 选 1”准则。图 7.20 给出了 LMD－3 和“5 选 1”准则在观测到目标的传感器的个数由 1 变化到 5 时的检测性能曲线。

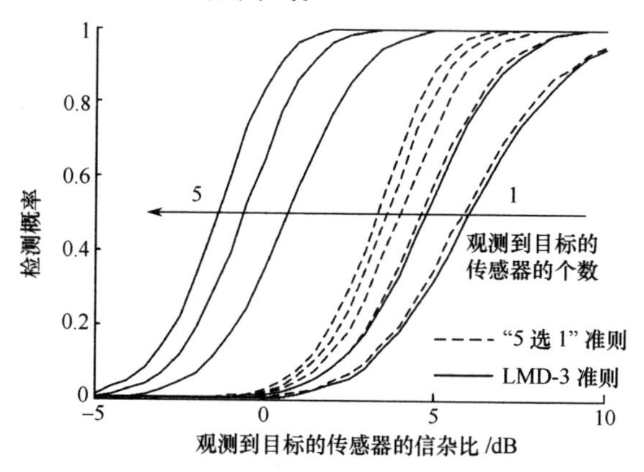

图 7.20　LMD－3 和“5 选 1”准则性能比较

由图 7.20 可知，“5 选 1”准则在 5 个传感器中分别有 1 个或 2 个雷达观测到目标时比 LMD－3 稍好一些。因为此时 LMD－3 相当于局部传感器的虚警概率为 10^{-7}的“5 选 1”准则。当观测到目标的传感器的个数等于 3 时，“5 选 1”准则比 LMD－3 就有至少 3dB 的信杂比损失，相应的检测概率损失约为 0.8，在 4 个以上传感器信杂比相等时“5 选 1”准则的信杂比损失甚至达到 4.5dB，检测概率损失甚至达到了 1，可见“5 选 1”准则的性能恶化是非常严重的。LMD－3 在各个传感器信杂比相等、只有一个传感器能观测到信号等极端情况下都具有较好的性能。在各个传感器的信杂比分别为 4dB、3dB、1dB、0dB 和 －5dB 时 LMD－3的检测概率为 0.95、“5 选 1”准则为 0.29、“5 选 2”准则为 0.87、“5 选 3”准则为 0.94、“5 选 4”准则为 0.89、“5 选 5”准则为 0.54，此时 LMD－3 准则的检测性能优于任意“N 选 k”准则，这也说明了 LMD－3 准则的良好性能。

为了进一步评估 LMD－3 准则在各个传感器的信杂比未知且可能时变情况下的检测性能，假设各个传感器的信杂比可取[－20dB，10dB]区间内的任意值，信杂比的单位为 dB。检测性能函数值是通过 10000 次蒙特卡罗实验获得。此时 LMD－3 准则和各种“N 选 k”准则的检测性能函数曲线如图 7.21 所示。当检测概率小于 0.83 时，“5 选 1”准则是“N 选 k”准则中总体性能最好的。当检测概率大于 0.83 时，“5 选 1”准则的总体性能不再是最好的了。此时 LMD－3准则总体性能优于任意的“N 选 k”准则。以上这些都充分说明了 LMD－3准则的有效性。

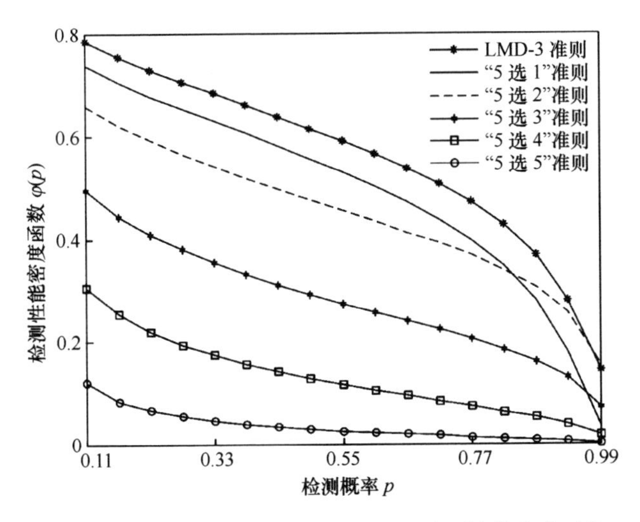

图 7.21　采用广义符号局部处理时的检测性能密度函数

7.7　自适应删除求和融合准则

在各个传感器的信杂比各不相同而且在雷达的不同扫描周期存在变化的情况下,基于广义似然比准则得到的检测策略的性能是较差的。在瑞利杂波、Swerling II 型目标和平方律检波条件下,依据参考样本和检测单元样本可以对各个传感器的信杂比进行估计,根据估计的结果,丢弃信杂比很低的若干个传感器的数据,将剩余数据进行求和融合就得到本节的自适应删除求和融合(ACSF)。

7.7.1　问题描述

考虑 N 个传感器构成的并行分布式信号检测系统,每个传感器均独立地观测由 M 个检测单元和 R 个参考单元构成的区域。不同传感器的检测单元的覆盖范围相同。假设第 i 个传感器的检测单元采样 $X_{i1},X_{i2},\cdots,X_{iM}$ 为独立同指数分布的随机变量。在目标存在的假设 H_1 下其均值为 $\mu_i(1+\lambda_i)$;在目标不存在假设 H_0 下,其均值为 μ_i。在均匀背景下,参考单元采样 $Y_{i1},\cdots,Y_{iR}$ 是均值为 μ_i 的独立同指数分布随机变量。在上述假设下,有

$$
\begin{cases}
H_0:\ f_{X_{ij}}(x)=\dfrac{1}{\mu_i}\exp\left(-\dfrac{x}{\mu_i}\right)\\
H_1:\ f_{X_{ij}}(x)=\dfrac{1}{\mu_i(1+\lambda_i)}\exp\left(-\dfrac{x}{\mu_i(1+\lambda_i)}\right)
\end{cases}
\tag{7.90}
$$

式中:μ_i 为第 i 个传感器的背景杂波功率水平;λ_i 为第 i 个传感器的信杂比。

在 μ_i 和 λ_i 已知条件下，NP 准则下的最优集中式检测器为

$$\sum_{i=1}^{N}\left(\frac{\lambda_i}{\mu_i(1+\lambda_i)}\sum_{j=1}^{M}X_{ij}\right)\underset{\text{目标不存在}}{\overset{\text{目标存在}}{\gtrless}} t \tag{7.91}$$

在 μ_i 和 λ_i 未知条件下，一种合理的做法是在式(7.91)中用 λ_i、μ_i 极大似然估计值 $\hat{\lambda}_{i\text{ML}}$、$\hat{\mu}_{i\text{ML}}$ 来代替真值，即

$$\hat{\lambda}_{i\text{ML}} = \frac{1}{M}\sum_{j=1}^{M}X_{ij}\left(\frac{1}{R}\sum_{j=1}^{R}Y_{ij}\right)^{-1} - 1 \tag{7.92}$$

$$\hat{\mu}_{i\text{ML}} = \frac{1}{R}\sum_{j=1}^{R}Y_{ij} \tag{7.93}$$

这样就得到了下面的广义似然比检测器，即

$$\sum_{i=1}^{N}S_i \underset{\text{目标不存在}}{\overset{\text{目标存在}}{\gtrless}} t \tag{7.94}$$

式中

$$S_i = \sum_{j=1}^{M}X_{ij}\left(\frac{1}{R}\sum_{k=1}^{R}Y_{ik}\right)^{-1} \tag{7.95}$$

由式(7.95)可知，当局部传感器的信杂比未知且局部传感器采用 CA－CFAR 时，对各个 LTS 的直接求和融合(SUM)是广义 NP 准则下的最优融合准则。

Guan 等[32]提出了下述 R 类局部检测统计量：

$$S_{Ri} = \frac{X_i}{Z_i} \tag{7.96}$$

式中：X_i 为检测单元采样；Z_i 由 CFAR 算法得到。

事实上，当局部传感器采用 CA－CFAR 算法时，S_i 就是检测单元采样采用多脉冲非相干积累的 R 类局部检测统计量。

应该指出，S_i 事实上只与第 i 个传感器的观测样本和参考样本有关。假如 LP_i 传递 S_i 到融合中心，而融合中心又采用求和融合，则分布式信号检测的性能等价于广义 NP 准则下的集中式信号检测的性能。此时，融合中心的检验统计量为

$$G_{\text{SUM}} = \sum_{i=1}^{N}S_i \tag{7.97}$$

在目标不存在假设 H_0 下，S_i 的概率密度函数为

$$f_{S_i/H_0}(s) = \frac{(M+R-1)!}{(M-1)!\ (R-1)!}\frac{R^R s^{M-1}}{(R+s)^{M+R}} \tag{7.98}$$

在 H_0 下，$S_1, S_2, \cdots, S_N$ 独立同分布，因此在式(7.98)中 S_i 的下标 i 可以忽略，用 $f_{S/\mathrm{H}_0}(s)$ 代替所有的检测统计量在目标不存在时 S_i 的分布，因此有

$$f_{S/\mathrm{H}_0}(s) = \frac{(M+R-1)!}{(M-1)!\ (R-1)!} \frac{R^R s^{M-1}}{(R+s)^{M+R}} \tag{7.99}$$

$$f_{G_{\mathrm{SUM}}/\mathrm{H}_0}(x) = \frac{1}{2\pi}\int_{-\infty}^{+\infty} \mathrm{e}^{-\mathrm{i}tx} \left[\int_0^{+\infty} f_{S/\mathrm{H}_0}(s)\mathrm{e}^{\mathrm{i}ts}\mathrm{d}s\right]^N \mathrm{d}t \tag{7.100}$$

由式(7.91)可知，当第 i 个传感器的信杂比 $\lambda_i = 0$ 时，最佳融合准则是舍弃 S_i。而 SUM 对所有的 LTS 一视同仁。当各个传感器的信杂比有很大差异时，不能舍弃一些信杂比很低的数据，所以 SUM 的性能在各个传感器的信杂比差异很大时并不好。

7.7.2 自适应删除求和融合

7.7.2.1 算法描述

首先利用极大似然估计算法估计第 i 个传感器的信杂比 λ_i，得到式(7.92)所示的$\hat{\lambda}_{i\mathrm{ML}}$，估计的均值和方差分别为

$$\mathrm{E}(\hat{\lambda}_{i\mathrm{ML}}) = (R-1)^{-1}(1+R\lambda_i) \tag{7.101}$$

$$\mathrm{var}(\hat{\lambda}_{i\mathrm{ML}}) = (1+\lambda_i)^2 \frac{(M-1)R^2 + R^3}{M(R-1)^2(R-2)} \tag{7.102}$$

显然，$\hat{\lambda}_{i\mathrm{ML}}$是有偏的。$\lambda_i$ 的一个无偏估计为

$$\hat{\lambda}_{i\mathrm{unbias}} = \frac{1}{M}\sum_{j=1}^{M} X_{ij}\left(\frac{1}{R-1}\sum_{k=1}^{R} Y_{ik}\right)^{-1} - 1 \tag{7.103}$$

方差为

$$\mathrm{var}(\hat{\lambda}_{i\mathrm{unbias}}) = (1+\lambda_i)^2 \frac{(M+R-1)}{M(R-2)} \tag{7.104}$$

由于 $\mathrm{var}(\hat{\lambda}_{i\mathrm{ML}}) > \mathrm{var}(\hat{\lambda}_{i\mathrm{unbias}})$ 和$\hat{\lambda}_{i\mathrm{unbias}}$具有无偏性，所以利用$\hat{\lambda}_{i\mathrm{unbias}}$作为 λ_i 的估计。由于信杂比的非负性，因此对$\hat{\lambda}_{i\mathrm{unbias}}$进一步修正为

$$\hat{\lambda}_i = \max\left(\left(1-\frac{1}{R}\right)\frac{S_i}{M} - 1, \varepsilon\right) \tag{7.105}$$

式中：ε 为非常小的常数。

令

$$\rho_i = \hat{\lambda}_i\left(\sum_{i=1}^{N} \hat{\lambda}_i\right)^{-1} \tag{7.106}$$

当$\hat{\lambda}_{iunbias}<0$时，可以认为此时实际的信杂比为0。但为了防止当所有的$\hat{\lambda}_{iunbias}$均小于0时ρ_i的取值出现0∶0的情况，就设一个很小的数ε，这里令$\varepsilon=10^{-10}$。

其次将$\rho_1,\rho_2,\cdots,\rho_N$从小到大排序，结果记为

$$\rho_{(1)}\leqslant\rho_{(2)}\leqslant\cdots\leqslant\rho_{(N)} \tag{7.107}$$

为方便起见，令$\rho_{(0)}=0$。

寻找满足下列关系的整数L：

$$\sum_{i=0}^{L}\rho_{(i)}\leqslant T\leqslant\sum_{i=0}^{L+1}\rho_{(i)} \tag{7.108}$$

式中：T为删除阈值，显然有$T<1$。

其信杂比的估计值之和与所有传感器的信杂比之和的比值小于或等于T的传感器个数的最大值就是L，L为被删除的LTS的个数，且$0\leqslant L<N$。

最后将$S_1,S_2,\cdots,S_N$从小到大排序，将结果记为

$$S_{(1)}\leqslant\cdots\leqslant S_{(k)}\leqslant\cdots\leqslant S_{(N)} \tag{7.109}$$

当目标不存在时，$S_{(k)}$的概率密度函数为

$$f_{S_{(k)}/\mathrm{H}_0}(s)=\frac{N!}{(k-1)!(N-k)!}\left[\int_0^s f_{S/\mathrm{H}_0}(t)\mathrm{d}t\right]^{k-1}\left[1-\int_0^s f_{S/\mathrm{H}_0}(t)\mathrm{d}t\right]^{N-k}f_{S/\mathrm{H}_0}(s) \tag{7.110}$$

$S_{(k)},S_{(k+1)},\cdots,S_{(N)}$的联合概率密度函数为

$$f_{S_{(k)},S_{(k+1)},\cdots,S_{(N)}/\mathrm{H}_0}(s_k,s_{k+1},\cdots,s_N)=\frac{N!}{(k-1)!}\left[\prod_{j=k}^{N}f_{S/\mathrm{H}_0}(s_j)\right]\left[\int_0^{s_k}f_{S/\mathrm{H}_0}(t)\mathrm{d}t\right]^{k-1}$$
$$(s_k\leqslant s_{(k+1)}\leqslant\cdots\leqslant s_N) \tag{7.111}$$

融合中心的检验统计量为

$$G_{L+1}=\sum_{i=L+1}^{N}S_{(i)} \tag{7.112}$$

当目标不存在时，G_{L+1}大于阈值t的概率为

$$\Pr\{G_{L+1}\geqslant t\mid \mathrm{H}_0\}=1-\int_0^t\int_0^{t-S_{(N)}}\cdots\int_0^{t-\sum_{i=j+1}^{N}S_{(i)}}\cdots\int_0^{t-\sum_{i=L+2}^{N}S_{(i)}}f_{S_{(L+1)},S_{(L+2)},\cdots S_{(N-1)},S_{(N)}/\mathrm{H}_0}(S_{(L+1)},S_{(L+2)},\cdots,S_{(N-1)},S_{(N)})\mathrm{d}S_{(L+1)}\cdots\mathrm{d}S_{(j)}\cdots\mathrm{d}S_{(N-1)}\mathrm{d}S_{(N)} \tag{7.113}$$

当各个传感器的信杂比确定后，L只与T有关。当T确定后，不同的信杂比组合将会导致不同的L值，因而上述方法可以根据各个传感器的信杂比的情况

自动地选择信杂比估计值较高的 LTS,将获得的具有较高信杂比的数据进行求和融合然后进行统计判决。所以,该方法称为自适应删除求和融合。该融合准则的框图如图 7.22 所示。

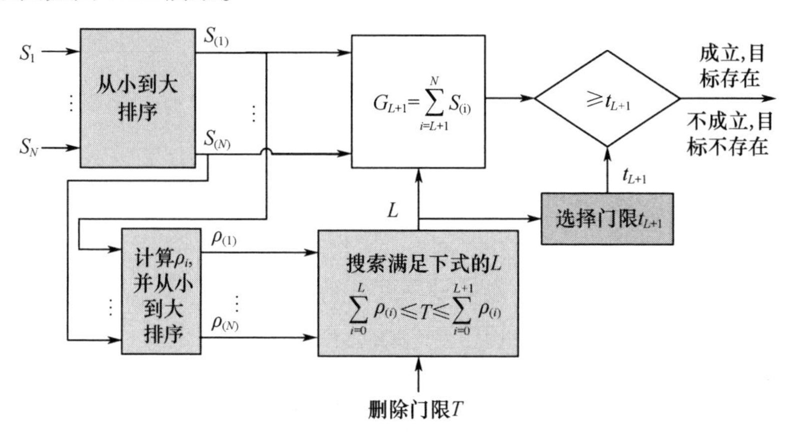

图 7.22　自适应删除求和融合准则框图

7.7.2.2　检测阈值的确定

式(7.108)确定的 L 的取值结果有 N 种,即 $0,1,2,\cdots,N-1$。给定融合中心的虚警概率 P_{fa},N 个阈值 $t_1,t_2,\cdots,t_N$ 必须事先确定,其中 t_{L+1} 为下述检测器的检测阈值:

$$G_{L+1}=\sum_{i=L+1}^{N} S_{(i)} \underset{\text{目标不存在}}{\overset{\text{目标存在}}{\gtrless}} t_{L+1} \tag{7.114}$$

由于在目标不存在时 G_{L+1} 的概率密度函数难以获得解析解,因而通过蒙特卡罗仿真的方法来确定检测阈值。方法如下:

产生 n 个与目标不存在时 G_{L+1} 独立同分布的随机数。将它们从小到大排序,记为 $x_{(1)}\leqslant x_{(2)}\leqslant\cdots\leqslant x_{(n)}$。令 $x_{(m)}$ 为融合中心的阈值,即 $t_{L+1}=x_{(m)}$,m 满足

$$m>n-m \tag{7.115}$$

此时融合中心的虚警概率为

$$\hat{P}_{fa}=\Pr(G_{L+1}\geqslant t_{L+1}\mid H_0)=\Pr(G_{L+1}\geqslant x_{(m)}\mid H_0) \tag{7.116}$$

为方便起见,将 G_{L+1} 的概率密度函数和累积分布函数分别记为 $f(g)$、$F(g)$。$\hat{P}_{fa}$ 的均值为

$$
\begin{aligned}
\mathrm{E}(\hat{P}_{\mathrm{fa}}) &= \mathrm{E}(\Pr(G_{L+1} \geqslant X_{(m)})) \\
&= 1 - \int_0^{\infty} \frac{n!}{(m-1)!(n-m)!}[F(g)]^{m-1}[1-F(g)]^{n-m}f(g)F(g)\mathrm{d}g \\
&= 1 - \frac{n!}{(m-1)!(n-m)!}\int_0^1 x^m[1-x]^{n-m}\mathrm{d}x
\end{aligned} \tag{7.117}
$$

$$
\begin{aligned}
\int_0^1 x^m[1-x]^{n-m}\mathrm{d}x &= \int_0^1\left(\frac{x^{m+1}}{m+1}\right)'[1-x]^{n-m}\mathrm{d}x \\
&= \frac{x^{m+1}}{m+1}[1-x]^{n-m}\Big|_0^1 + \int_0^1 \frac{x^{m+1}}{m+1}(n-m)[1-x]^{n-m-1}\mathrm{d}x \\
&= \frac{n-k}{k+1}\int_0^1 x^{k+1}[1-x]^{n-k-1}\mathrm{d}x \\
&= \frac{n-m}{m+1}\,\frac{n-m-1}{m+2}\cdots\frac{n-m-(n-m-1)}{k+(n-m)}\int_0^1 x^n\mathrm{d}x \\
&= \frac{n-k}{m+1}\,\frac{n-k-1}{m+2}\cdots\frac{n-m-(n-m-1)}{m+(n-m)}\,\frac{1}{n+1} \\
&= \frac{(n-m)!m!}{(n+1)!}
\end{aligned} \tag{7.118}
$$

$$
\mathrm{E}(\hat{P}_{\mathrm{fa}}) = \frac{(n+1-m)}{n+1} \tag{7.119}
$$

$$
\begin{aligned}
\mathrm{E}(F(x_{(m)})^2) &= \int_0^{\infty} \frac{n!}{(m-1)!(n-m)!}[F(x)]^{m-1}[1-F(x)]^{n-m}f(x)F(x)^2\mathrm{d}x \\
&= \frac{n!}{(m-1)!(n-m)!}\int_0^1 x^{m+1}[1-x]^{n-m}\mathrm{d}x \\
&= \frac{n!}{(m-1)!(n-m)!}\frac{x^{m+2}}{m+2}[1-x]^{n-m}\Big|_0^1 + \\
&\quad \int_0^1 \frac{x^{m+2}}{m+2}(n-m)[1-x]^{n-m-1}\mathrm{d}x \\
&= \frac{n!}{(m-1)!(n-m)!}\,\frac{n-m}{m+2}\int_0^1 x^{m+2}[1-x]^{n-m-1}\mathrm{d}x \\
&= \frac{n!}{(m-1)!(n-m)!}\,\frac{n-m}{m+2}\,\frac{n-m-1}{m+3}\cdots \\
&\quad \frac{n-m-(n-m-1)}{m+(n-m+1)}\int_0^1 x^{n+1}\mathrm{d}x \\
&= \frac{n!}{(m-1)!(n-m)!}\,\frac{n-m}{m+2}\,\frac{n-m-1}{m+3}\cdots \\
&\quad \frac{n-m-(n-m-1)}{m+(n-m+1)}\,\frac{1}{n+2} \\
&= \frac{n!}{(m-1)!(n-m)!}\,\frac{(n-m)!(m+1)!}{(n+2)!}
\end{aligned}
$$

$$= \frac{m(m+1)!}{(n+1)(n+2)} \tag{7.120}$$

$$\begin{aligned} E((\hat{P}_{fa})^2) &= E([\Pr(G_{L+1} \geqslant x_{(m)})]^2) = E(1 - 2F(x_{(m)}) + F(x_{(m)})^2) \\ &= 1 - \frac{2k}{n+1} + E(F(x_{(m)})^2) = 1 - 2\frac{m}{n+1} + \frac{m(m+1)}{(n+1)(n+2)} \end{aligned} \tag{7.121}$$

$\hat{P}_{fa}$的方差为

$$\begin{aligned} \mathrm{var} &= E((\hat{P}_{fa})^2) - [E(\hat{P}_{fa})]^2 = 1 - \frac{2m}{n+1} + \frac{m(m+1)}{(n+1)(n+2)} - \left[\frac{n+1-m}{(n+1)}\right]^2 \\ &= \frac{m(n+1-m)}{(n+1)^2(n+2)} \end{aligned} \tag{7.122}$$

$\hat{P}_{fa}$的标准差为

$$\mathrm{std}(\hat{P}_{fa}) = \frac{1}{n+1}\sqrt{\frac{m(n+1-m)}{n+2}} \tag{7.123}$$

$\hat{P}_{fa}$的相对偏差为

$$\delta = \frac{\mathrm{std}(\hat{P}_{fa})}{E(\hat{P}_{fa})} = \sqrt{\frac{m}{(n+1-m)(n+2)}} \tag{7.124}$$

给虚警概率P_{fa}和阈值估计的精度δ,通过式(7.119)和式(7.124)可得到需要的n和m。n和m给定后,通过仿真可以确定检测阈值t_{L+1}。

7.7.2.3 删除阈值的确定

由于局部传感器的信杂比是未知的且在雷达的不同扫描周期可能发生变化,在没有过多的先验信息条件下,可以假设各个局部雷达的信杂比在某一区间$[\lambda_{min},\lambda_{max}]$内变化,其中,$\lambda_{min}$对应可能的最小的信杂比,$\lambda_{max}$为可能的最大的信杂比,它们的单位均为dB。假设$\lambda_{min}=-30\text{dB}$,$\lambda_{max}=15\text{dB}$。而$\lambda_1,\cdots,\lambda_N$可以认为是统计独立且服从$[\lambda_{min},\lambda_{max}]$上的均匀分布的随机变量。

令

$$\bar{P}_d(T) = E\{P_d(T,\lambda_1,\lambda_2,\cdots,\lambda_N)\} \tag{7.125}$$

则$\bar{P}_d(T)$为平均检测概率。

由于

$$\begin{aligned} \bar{P}_d(T) &= E\{P_d(T,\lambda_1,\lambda_2,\cdots,\lambda_N)\} \\ &= \int_{\lambda_{min}}^{\lambda_{max}}\cdots\int_{\lambda_{min}}^{\lambda_{max}} P_d(T,\lambda_1,\lambda_2,\cdots,\lambda_N)\frac{1}{(\lambda_{max}-\lambda_{min})^N}d\lambda_1\cdots d\lambda_N \\ &\leqslant \int_{\lambda_{min}}^{\lambda_{max}}\cdots\int_{\lambda_{min}}^{\lambda_{max}} \frac{1}{(\lambda_{max}-\lambda_{min})^N}d\lambda_1\cdots d\lambda_N = 1 \end{aligned} \tag{7.126}$$

且

$$\bar{P}_{\mathrm{d}}(T)=\mathrm{E}\{P_{\mathrm{d}}(T,\lambda_1,\lambda_2,\cdots,\lambda_N)\}\geqslant 0 \tag{7.127}$$

因此 $\bar{P}_{\mathrm{d}}(T)$ 是存在的。

设 $\lambda_{1i},\lambda_{2i},\cdots,\lambda_{Ni},(i=1,2,\cdots,n)$ 是 $\lambda_1,\cdots,\lambda_N$ 的 n 组样本，根据柯尔莫哥洛夫加强的大数定理[244]可得

$$\Pr\left(\lim_{n\to\infty}\frac{1}{n}\sum_{i=1}^{n}P_{\mathrm{d}}(T,\lambda_{1i},\lambda_{2i},\cdots,\lambda_{Ni})=\bar{P}_{\mathrm{d}}(T)\right)=1 \tag{7.128}$$

当 n 足够大时，有

$$\bar{P}_{\mathrm{d}}(T)\approx\hat{\bar{P}}_{\mathrm{d}}(T)=\frac{1}{n}\sum_{i=1}^{n}P_{\mathrm{d}}(T,\lambda_{1i},\lambda_{2i},\cdots,\lambda_{Ni}) \tag{7.129}$$

$$\begin{aligned}
\mathrm{var}(\hat{\bar{P}}_{\mathrm{d}}(T)) &= \mathrm{E}(\hat{\bar{P}}_{\mathrm{d}}(T)-\mathrm{E}(\hat{\bar{P}}_{\mathrm{d}}(T)))^2\\
&= E\left\{\left(\frac{1}{n}\sum_{i=1}^{n}P_{\mathrm{d}}(T,\lambda_{1i},\lambda_{2i},\cdots,\lambda_{Ni})\right)^2\right\}-\bar{P}_{\mathrm{d}}^2(T)\\
&= \frac{\sum_{i=1}^{n}E(P_{\mathrm{d}}^2(T,\lambda_{1i},\lambda_{2i},\cdots,\lambda_{Ni}))}{n^2}+\\
&\quad \frac{\sum_{i=1}^{n}\sum_{j=1,j\neq i}^{n}E(P_{\mathrm{d}}(T,\lambda_{1i},\lambda_{2i},\cdots,\lambda_{Ni})P_{\mathrm{d}}(T,\lambda_{1j},\lambda_{2j},\cdots,\lambda_{Nj}))}{n^2}-\bar{P}_{\mathrm{d}}^2(T)\\
&= \frac{E(P_{\mathrm{d}}^2(T,\lambda_{1i},\lambda_{2i},\cdots,\lambda_{Ni}))}{n}+\frac{n^2-n}{n}\bar{P}_{\mathrm{d}}^2(T)-\bar{P}_{\mathrm{d}}^2(T)\\
&= \frac{E(P_{\mathrm{d}}^2(T,\lambda_{1i},\lambda_{2i},\cdots,\lambda_{Ni}))-\bar{P}_{\mathrm{d}}^2(T)}{n}\\
&\leqslant \frac{\bar{P}_{\mathrm{d}}(T)-\bar{P}_{\mathrm{d}}^2(T)}{n}\leqslant\frac{\bar{P}_{\mathrm{d}}(T)}{n}
\end{aligned} \tag{7.130}$$

所以

$$\mathrm{std}(\hat{\bar{P}}_{\mathrm{d}}(T))\leqslant\sqrt{\frac{\bar{P}_{\mathrm{d}}(T)}{n}} \tag{7.131}$$

最佳删除阈值 T 应该使 $\bar{P}_{\mathrm{d}}(T)$ 取最大值。由于 $\bar{P}_{\mathrm{d}}(T)$ 和 T 间的关系难以解析地表示，因此 $\bar{P}_{\mathrm{d}}(T)$ 可通过蒙特卡罗仿真确定。给定估计的标准差，就可以得到需要的仿真次数 n。

7.7.3 仿真实验及结果

下面考察由 4 个传感器构成的并行分布式检测系统，局部传感器采用 CA -

CFAR。系统参数：$N=4$，$M=10$，$R=32$ 和 $P_{\mathrm{fa}}=10^{-6}$。设 λ_i 为第 i 个传感器的信杂比。在 $\lambda_1,\cdots,\lambda_N$ 中，总有一个是最大的，为方便起见，令 λ_1 是 $\lambda_1,\cdots,\lambda_N$ 中最大的。

首先确定检测阈值 $t_1,t_2,\cdots,t_N$。令 $n=2\times10^8-1$，$m=2\times10^8-200$。由式(7.117)和(7.123)可得 $\mathrm{E}(\hat{P}_{\mathrm{fa}})=10^{-6}$，$\mathrm{std}(\hat{P}_{\mathrm{fa}})=7.071\times10^{-8}$，此时估计的相对偏差 $\delta=0.071$。由蒙特卡罗仿真得到的阈值 $t_1=93.7074$，$t_2=82.8264$，$t_3=68.7375$ 和 $t_4=51.3837$。

其次确定删除阈值 T。令式(7.129)中的 $n=10^6$，有 $\mathrm{std}(\hat{P}_{\mathrm{d}}(T))<0.001$。对每一个 $T=0,0.01,0.02,\cdots,0.8$，利用局部传感器信杂比的 n 次随机组合，仿真 $P_{\mathrm{d}}(T)$ 的值。而检测概率 $P_{\mathrm{d}}(T,\lambda_1,\cdots,\lambda_N)$ 则是通过 10^5 次蒙特卡罗仿真实验获得的。最优的 T 将使 $P_{\mathrm{d}}(T)$ 取最大值。图7.23给出了ACSF的平均检测概率随删除阈值的变化曲线。当 $T=0.12$ 时，$P_{\mathrm{d}}(T)$ 取最大值0.63。因而，$T=0.12$ 是最佳的删除阈值。表7.4对上述参数进行了总结。

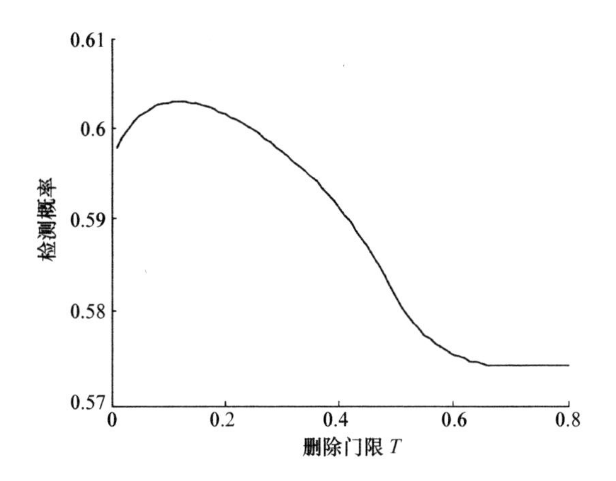

图7.23 ACSF的平均检测概率随删除阈值的变化曲线

表7.4 四传感器检测虚警率为 10^{-6} 时ACSF的参数

M	R	T	n	m	t_1	t_2	t_3	t_4
10	32	0.12	$2\times10^8-1$	$2\times10^8-200$	93.7074	82.8264	68.7375	51.3837

为了衡量ACSF的检测性能，下面给出两个融合准则作为参考：一个是SUM，在各个传感器的信杂比相等时它具有最好的检测性能；另一个是最大有序统计量融合规则(MOSF)[126]，它选择所有LTS中的最大值和阈值进行比较，与OR融合准则具有相同的稳健性。MOSF的形式为

$$S_{(N)} \underset{\text{目标不存在}}{\overset{\text{目标存在}}{\gtrless}} t \tag{7.132}$$

在 $T=0.12$ 时,ACSF 与 SUM 和 MOSF 在四种极端情况下的检测性能分别如图 7.24 和图 7.25 所示。这四种情况是指,$\lambda_2=\lambda_3=\lambda_4=0$(情况 1),$\lambda_2=\lambda_1$ 且 $\lambda_3=\lambda_4=0$(情况 2),$\lambda_2=\lambda_3=\lambda_1$ 且 $\lambda_4=0$(情况 3)和 $\lambda_2=\lambda_3=\lambda_4=\lambda_1$(情况 4)。除了情况 4 外,ACSF 的检测性能都比 SUM 好。而在情况 4,即各个传感器的信杂比都相等时,ACSF 相对于 SUM 的检测概率损失小于 0.04;而在有一个传感器信杂比为 0,其余相等条件下(图中情况 3),ACSF 的检测概率比 SUM 提高了约 0.02。在情况 1 即只有一个传感器的信杂比不为 0,ACSF 相对于 SUM 的检测概率提高甚至超过了 0.2,而此时,由图 7.25 可知,ACSF 和 MOSF 的检测概率曲线几乎重合。在其他三种情况,ACSF 要远优于 MOSF。

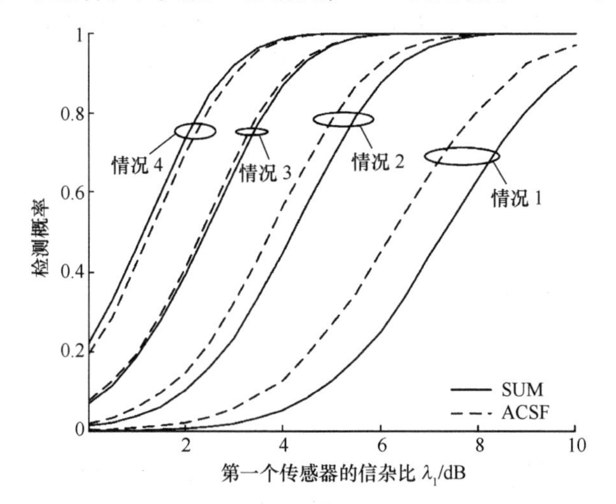

图 7.24 ACSF 和 SUM 的检测概率曲线

情况 1—$\lambda_2=\lambda_3=\lambda_4=0$; 情况 2—$\lambda_2=\lambda_1,\lambda_3=\lambda_4=0$;

情况 3—$\lambda_2=\lambda_3=\lambda_1,\lambda_4=0$; 情况 4—$\lambda_2=\lambda_3=\lambda_4=\lambda_1$。

通过上面的仿真可知,ACSF 具有与 MOSF 相同的稳健性,但比 MOSF 的检测概率高得多。在只有一个传感器的信杂比不为 0 时,MOSF 是最好的融合准则,此时 ACSF 和 MOSF 的检测概率曲线几乎重合,这也说明了 ACSF 是一种高性能的融合方式。在各个传感器信杂比相同时,SUM 是最好的融合方式,此时 ACSF 与它的性能也很接近。因而,ACSF 既具有高的检测概率又具有稳健性。

为进一步比较 ACSF 和 SUM 的性能,假设 $-30\leqslant\lambda_i\leqslant15$,信杂比的单位为 dB。随机产生 1000 组局部传感器的信杂比组合。令 P_{dACSF} 代表 ACSF 的检测概

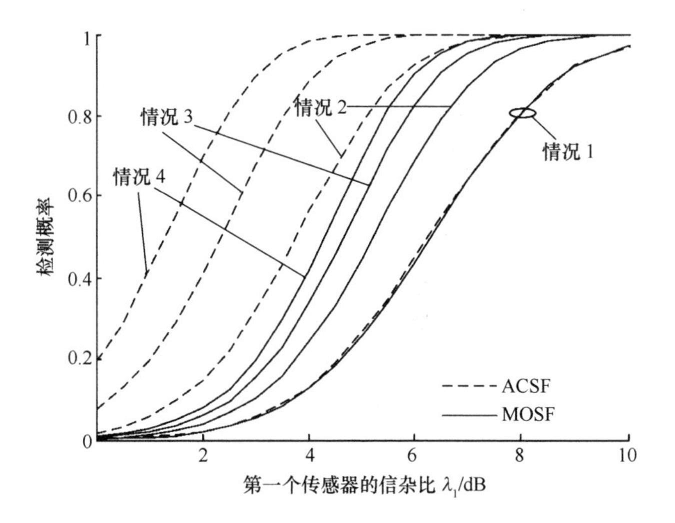

图 7.25　ACSF 和 MOSF 的检测概率曲线

情况 1—$\lambda_2=\lambda_3=\lambda_4=0$；情况 2—$\lambda_2=\lambda_1,\lambda_3=\lambda_4=0$；

情况 3—$\lambda_2=\lambda_3=\lambda_1,\lambda_4=0$；情况 4—$\lambda_1=\lambda_2=\lambda_3=\lambda_4$。

率，P_{dSUM}代表 SUM 的检测概率。图 7.26 给出了 $P_{\mathrm{dACSF}}-P_{\mathrm{dSUM}}$的变化情况。图 7.27 给出了 $P_{\mathrm{dACSF}}-P_{\mathrm{dSUM}}$的取值的直方图。基于同样的信息，在 75% 的信杂比样本上，ACSF 相对于 SUM 的检测概率改善最高达到 20%，而 ACSF 相对于 SUM 的检测概率损失不大于 4%。因而，从总体上来说，ACSF 优于 SUM。

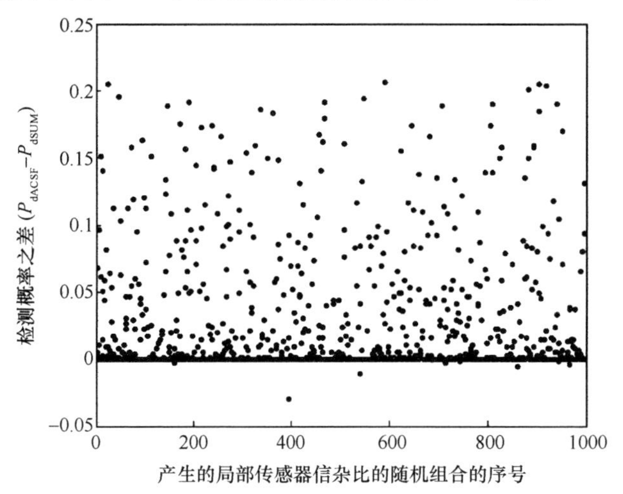

图 7.26　ACSF 与 SUM 的检测概率之差

在各个传感器的信杂比差异很大，如大于 10dB 时，ACSF 的检测性能优于广义 NP 准则下的最优集中式检测。同时，ACSF 具有和只利用最佳传感器信息

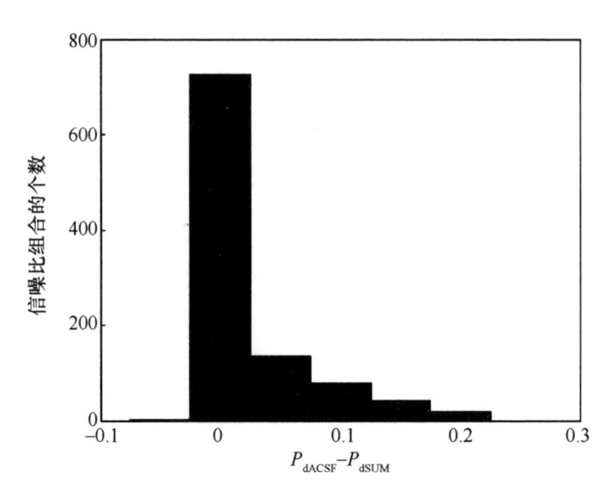

图 7.27　ACSF 和 SUM 检测概率之差的直方图

的 MOSF 融合一样的稳健性，但比 MOSF 具有高得多的总的检测性能。因此，ACSF 是一种稳健且高性能的融合准则。值得指出的是，一旦 ACSF 的参数（检测阈值、删除阈值等）确定，在实际运用中不需要更新。在融合过程中，ACSF 只需要排序、求和、比较等操作，实现简单。

第8章 基于常规雷达的分布式信号检测

8.1 引　　言

当利用多个常规的单基地雷达组网时，除了一些特殊的区域外，各个雷达的分辨单元不可能完全重合。在假设各个雷达能够同时对同一区域进行扫描的条件下，Rago 等[194]研究了分辨单元不完全重合对分布式信号检测的影响。他们指出，利用各个雷达分辨单元的交叠可以提高目标的位置估计精度。在精度保持不变条件下，可以通过增加脉冲的持续时间来提高回波的信噪比，进而提高目标的检测概率。对于若干个机械扫描雷达而言，它们扫描过同一区域的时间一般而言是不相同的，此时，可以采用基于局部雷达分辨单元质心的数据关联算法和一种混合求和融合算法(MSF)[305]来进行分布式信号检测。

雷达站的位置对于检测级融合能否进行具有重要影响。当雷达的参数都确定之后，雷达站的位置就成为影响检测级融合性能的关键因素。为便于说明问题，把整个雷达的观测区域划分成检测级可融合区域和检测级不可融合区域。

检测级可融合区域是指来自这些区域的目标回波能够在检测级进行融合。由于雷达分别处于不同的位置，即使它们同时从约定的位置开始扫描，由于不同雷达扫描到该区域天线需要旋转的角度可能各不相同，因此，它们扫描过同一区域的时间还是有差异的。如果时间差过大，由于目标的运动，先扫描到该区域的雷达可以观测到目标，但是当随后的雷达扫描该区域时目标可能已经离开该区域。因此，根据目标的运动速度、天线的旋转速度以及分辨单元的大小可以确定出一个时间窗，运动目标在该时间段内的运动距离远小于雷达的距离分辨率，当所有雷达在该时间窗口内扫描过该区域时，则可以将它们融合，否则不能融合。

8.2 检测级可融合区域的确定方法

为便于分析问题，约定所有的雷达天线都沿逆时针旋转，且假设 X 轴正向所指的角度规定为0°。如果雷达天线从 X 轴正向开始旋转,根据雷达的脉冲重复频率和天线的指向角就可以确定天线旋转到该角度经过的时间。

假设共有3部雷达,它们的天线均按逆时针方向从与 X 轴正向平行的方向开始旋转,如图8.1所示。各个雷达天线扫描到同一静止目标的时间一般来讲是不相同的,这从图8.2可以看出。

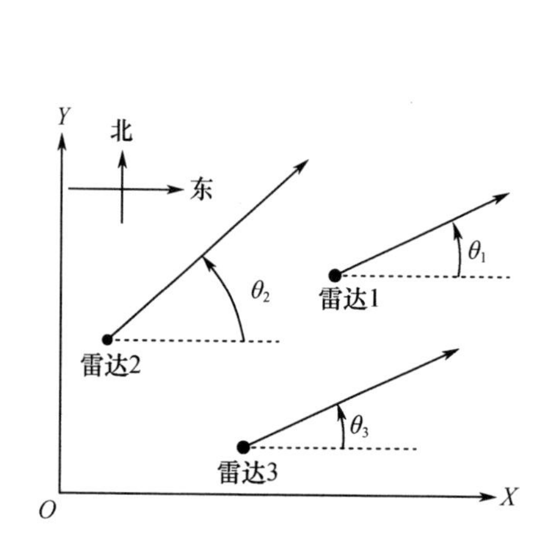

图8.1　各个雷达的天线同步旋转

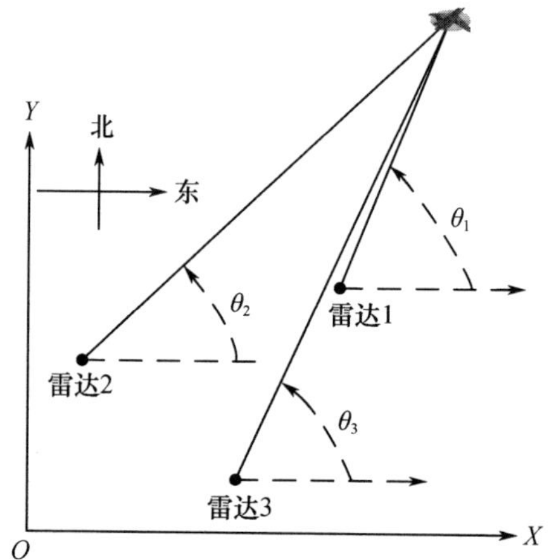

图8.2　各个雷达扫描过同一目标的角度差

设雷达的距离分辨率 ΔR(m),目标的运动速度为 v_t(m/s),雷达天线的转速为 ω_r(r/min)。如果所有的雷达在 δ_t 内扫描过某一区域,则可以认为此时来自各个雷达对该区域的观测数据可以在检测级融合。δ_t 要满足条件

$$v_t \cdot \delta_t \ll \Delta R \tag{8.1}$$

由式(8.1)可得,δ_t 满足

$$\delta_t \ll \frac{\Delta R}{v_t} \tag{8.2}$$

即 δ_t 要远小于$\frac{\Delta R}{v_t}$,可以取 $\delta_t \leqslant \frac{\Delta R}{10 v_t}$。可见,$\delta_t$ 与雷达的距离分辨率成正比,而与目标的运动速度成反比。雷达的距离分辨率越大,在 δ_t 时间间隔内目标跨越分辨单元的概率就越小;目标的速度越小,目标跨越分辨单元的概率也就越小。

如果在不大于 δ_t 的时间段内,目标在任意雷达的距离向上的位移要远小于该雷达的距离分辨率 ΔR,则可以认为所有雷达在该时间段内能够同时扫描到该目标。

判断可融合与不可融合的标准是,各个雷达扫描过同一区域的时间差是否大于 δ_t。即可以通过判断是否满足下式来确定检测级可融合区域的大小:

$$\frac{[\max(\theta_1,\theta_2,\theta_3) - \min(\theta_1,\theta_2,\theta_3)]}{2\pi} \frac{60}{\omega_r} \leqslant \delta_t \tag{8.3}$$

假设雷达 k 的位置坐标为(x_k,y_k)，目标的位置坐标为(x,y)，雷达 k 开始扫描时天线的指向与 X 轴正向的夹角为 θ_{k0}。当各个雷达的位置坐标和目标的坐标已知时，则雷达 k 逆时针扫描到目标经历的角度 θ_k 可以通过下式得到：

$$\theta_k = \mathrm{mod}(\arg(x - x_k + \mathrm{i}(y - y_k)) - \theta_{k0}, 2\pi) \tag{8.4}$$

式中：$\arg(z)$为复数 z 的辐角；$\mathrm{mod}(\theta,2\pi)$为取模运算；i 为虚数单位。

8.3　雷达站的位置对检测级可融合区域的影响

下面通过改变雷达站的具体配置来考察雷达站的位置对于检测级可融合区域的影响。假设各个雷达的距离分辨率均为 $\Delta R = 250\mathrm{m}$，目标的运动速度 $v_t = 400\mathrm{m/s}$，雷达天线的转速 $\omega_r = 6\mathrm{r/min}$。根据式(8.2)，可令 $\delta_t = 0.0625$。

首先，假设 3 部雷达位于 X 轴上，其坐标位置为$(-d,0)$、$(0,0)$和$(d,0)$。对于不同的 d 值，满足式(8.3)的区域如图 8.3 所示的曲线的外部。从图 8.3 中可以看出，随着 d 从 500m 增加到 1000m，检测级不可融合区域有了显著的增加；而当 d 增加到 5000m 时，对于最大作用距离为 250km 的雷达而言，检测级不可融合区域就占据了雷达网覆盖范围的大部分。因此，从提高检测级可融合区域的面积的角度考虑，要尽量缩小各个雷达站之间的距离，将它们配置在彼此非常接近的地方，如彼此相距只有数百米。这样就可以尽可能地减少检测级不能够融合区域的面积。

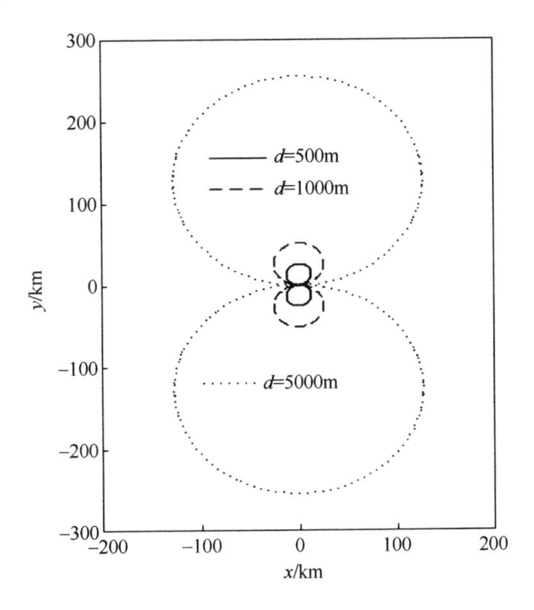

图 8.3　检测级可融合区域随着雷达间距的变化而改变的情况

当雷达的距离分辨率由250m变为75m时,在其他参数与图8.3相同条件下,检测级可融合区域就大为缩小,如图8.4所示。这主要是因为当雷达的距离分辨率减小后,在相同的时间内,同样速度的目标更容易跨越分辨单元,使得能够在检测级融合的区域变小。

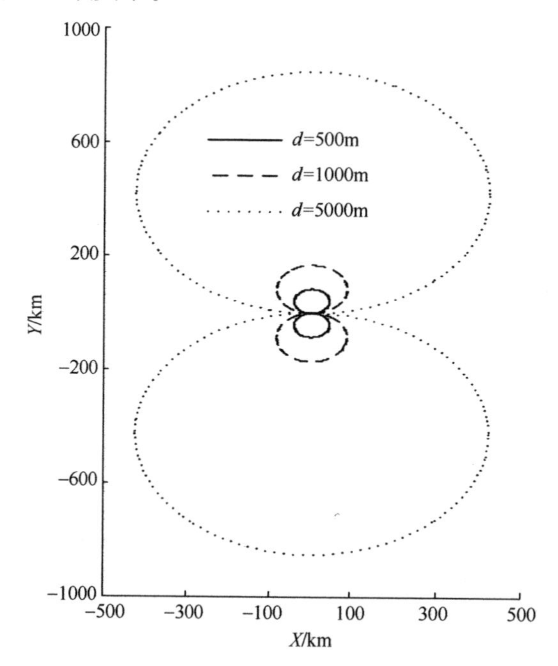

图8.4　检测级可融合区域随着雷达间距的变化而改变的情况

因此,从增加检测级可融合区域的面积来考虑,增加雷达的距离分辨率和减小目标的速度都能达到同样的效果。对于非合作目标而言,其速度是不可控的。目标的速度可以确定一个上限,根据该上限速度来仿真检测级可融合区域。

就一般情况而言,目标的速度和雷达的距离分辨率是不可调节的,唯一能够改变的是各个雷达的位置。通过减小各个雷达之间的距离,可以根据需要来设置检测级可融合区域的大小。

8.3.1　举例

下面,分别在三种不同的雷达位置配置下,仿真检测级融合时检测级可融合区域的大小。这里考虑只有距离和方位分辨力的两坐标雷达。雷达和目标的位置都以二维笛卡儿坐标系给出。

8.3.1.1　配置1

雷达网中配置了编号分别为9#、10#和15#三部雷达。雷达和目标的相关参数见表8.1。9#雷达位于(-21.2,0);10#雷达位于坐标原点,即(0,0);15#雷达位于(-21.2,21.2)。坐标单位均为m。各个雷达的位置如图8.5所示。

表8.1 雷达和目标参数

目标最大速度/(m/s)	距离分辨率/m			天线转速/(r/min)			起始角/rad		
	9#	10#	15#	9#	10#	15#	9#	10#	15#
250	300	300	300	6	6	6	0	0	0

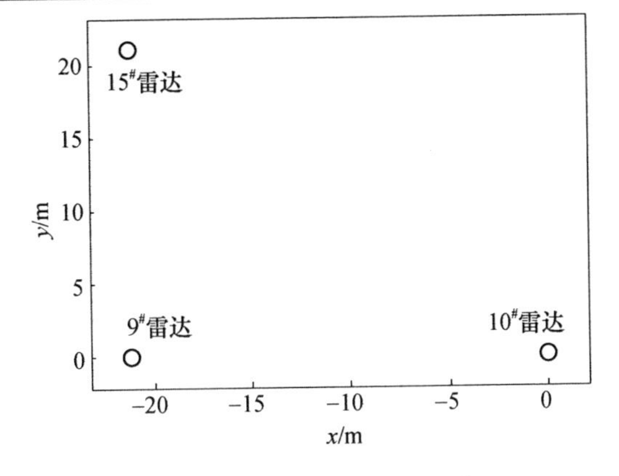

图8.5 配置1中各个雷达的位置

对图8.5中所示的雷达,在表8.1给定的参数下,配置1中雷达的检测级可融合区域位于图8.6中闭合曲线的外部。可见,对于配置1中的雷达而言,只有目标距离各个雷达的中心约300m的区域时,来自该区域的目标回波信号才是检测级不可融合的。考虑到各个雷达的距离分辨率均为300m,而各个雷达的最小可检测距离显然是大于300m的。因此,各个雷达能够有效探测的区域都是

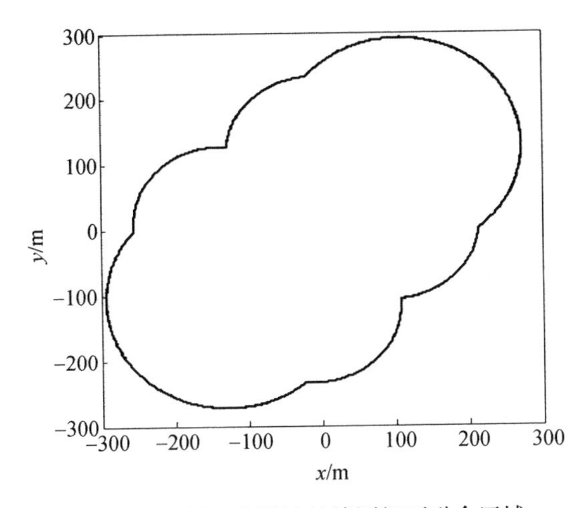

图8.6 配置1中雷达的检测级可融合区域

检测级可融合区域。

8.3.1.2 配置 2

雷达网中配置了编号分别为 9#、10# 和 15# 三部雷达。雷达和目标的相关参数见表 8.1。9#雷达位于(15,0);10#雷达位于(0,15);15#雷达位于坐标原点,即(0,0)。坐标单位均为 m。各个雷达的位置如图 8.7 所示。

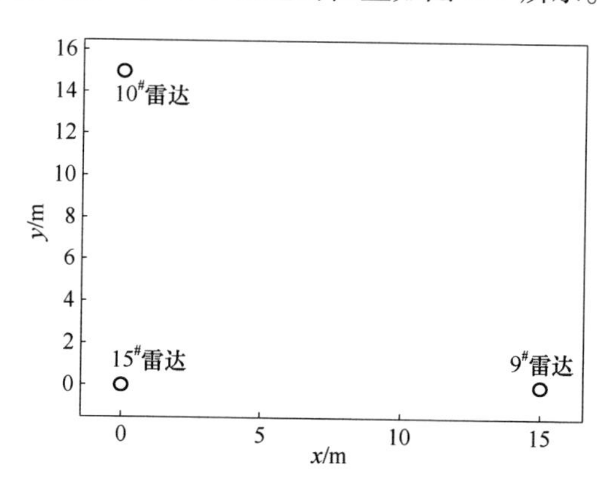

图 8.7 配置 2 中各个雷达的位置

对图 8.7 中的 3 部雷达,在表 8.1 给定的参数下,雷达网的检测级可融合区域位于图 8.8 中闭合曲线的外部。此时,只有目标距离各个雷达的中心小于 300m 的区域时,来自该区域的目标回波信号才是检测级不可融合的。考虑到各个雷达的距离分辨率均为 300m,而各个雷达的最小可检测距离显然是大于 300m 的。因此,对于配置 2 而言,在表 8.1 给定的参数下,各个雷达能够有效探测的区域都是检测级可融合区域。

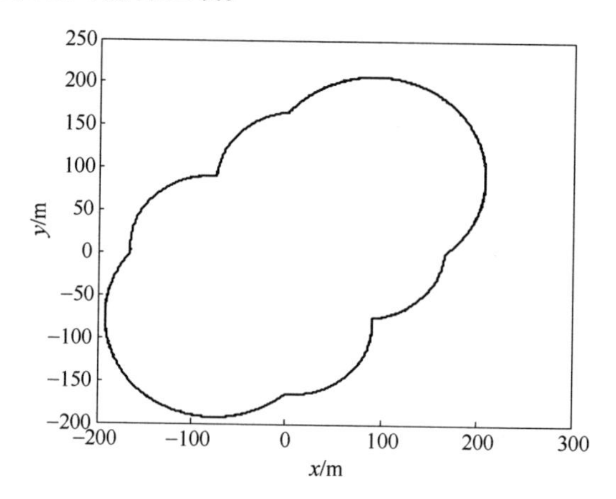

图 8.8 配置 2 中雷达的检测级可融合区域

比较配置1和配置2中雷达的检测级可融合区域可知,随着雷达之间距离的减小,检测级可融合区域的面积也在增加;相应地,检测级不可融合区域的面积在减小。当各个雷达的间距小到一定程度时,考虑到雷达存在最小可检测距离,减小各个雷达的间距已经不能提高雷达网的检测级可融合区域。

8.3.1.3 配置3

雷达网中配置了编号分别为9#、10#和15#三部雷达。雷达和目标的相关参数见表8.1。9#雷达位于(−10,0);10#雷达位于坐标原点,即(0,0);15#雷达位于(200,−30)。坐标单位均为m。各个雷达的位置如图8.9所示。

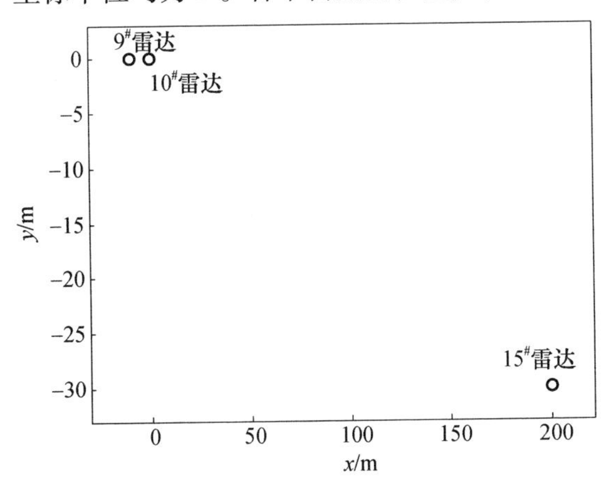

图8.9 配置3中各个雷达的位置

雷达网的检测级可融合区域位于图8.10中闭合曲线的外部。可见,对于配置3中的雷达而言,检测级可融合区域比配置2和配置1有了一定程度的减小。这是由于在配置3中,虽然9#雷达和10#雷达相距很近,但是由于15#雷达距离

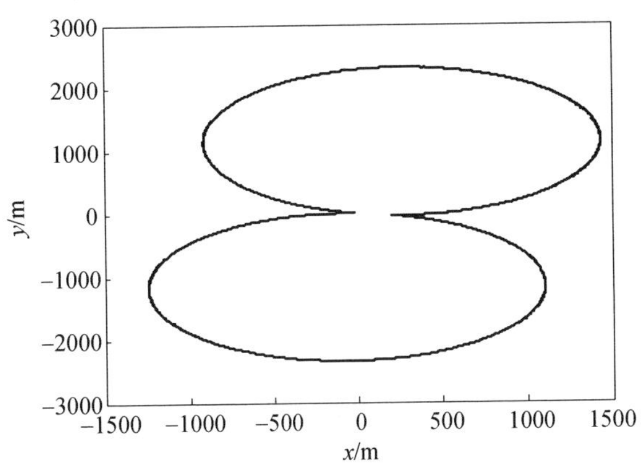

图8.10 配置3中各个雷达的检测级可融合区域

它们较远,导致配置3中各个雷达的检测级可融合区域变小。

假设各个雷达采用大时宽带宽积的信号,脉压后目标的距离分辨率为300m。由于一般而言,各个雷达的脉冲压缩比都大于10,因此各个雷达的最小可检测距离大于3km,此时对于配置3的配置而言,在给定的参数下各个雷达能够有效探测的区域都是检测级可融合区域。

雷达网的检测级可融合区域与雷达的距离分辨率、雷达天线的转速、目标的运动速度和各个雷达的相对位置有关。目标的运动速度越小,检测级可融合区域就越大;雷达的距离分辨率越大,检测级可融合区域就越大;雷达天线的转速越高,检测级可融合的区域就越大;雷达网中各个雷达相距越近,检测级可融合区域就越大。在这些因素中,雷达的位置是最容易控制的。考虑到雷达具有最小可检测距离,当各个雷达间距小到一定程度后,雷达间距对于检测级可融合区域已经没有影响。

当确定了检测级可融合区域后,还必须给出合适的数据关联算法,这就是下一节的内容。

8.4 基于局部雷达分辨单元质心的数据关联算法

假设所有雷达的主脉冲都在预先设定的时间扫描空间中某一点,该点称为基准点,其坐标记为P^{B}。基准点坐标的列矢量表示:

$$\boldsymbol{P}^{B}=[x^{B},y^{B}]^{T} \tag{8.5}$$

式中:x^{B}为基准点在融合中心的笛卡儿坐标系中的X轴坐标;y^{B}为Y轴坐标。

扫描过基准点的时间称为同步时间,记为t_{sync}。因为各个雷达都是周期扫描的,这里的同步时间t_{sync}是指在一个扫描周期内的时间。

假设所有的雷达都是具有机械扫描天线的两坐标雷达。各个雷达之间有一定的距离。雷达站位置是已知的,并且位置误差可忽略,也就是说,这里不用考虑传感器的配准误差。各个雷达天线的扫描角速度为匀速。雷达的距离分辨率和角度分辨率分别为L_{rcd}和θ_{rca},如图8.11所示。

为了实现各个雷达近似同时观测到某一区域,雷达间的同步是必不可少的。前面假设了所有雷达的天线都在某一时刻同时扫过某一基准点P^{B},由于存在这样一种同步机制,融合中心就可以知道在某一时刻各个雷达的天线指向,各个雷达扫描过某一点的时间差。这样一种简单的同步机制使得各个雷达的行为在融合中心是完全可预测的。这样融合中心就可以根据各个雷达的工作情况采用合适的关联和融合算法。

各个雷达沿着基准点方向发射第一个脉冲后,沿逆时针扫描过某一坐标为

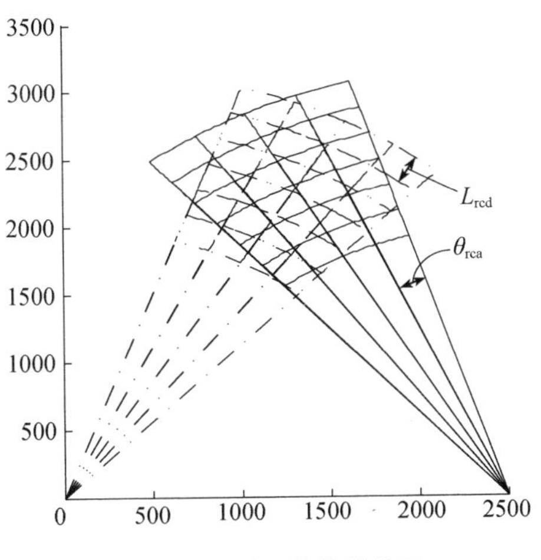

图8.11　雷达的分辨单元

$\boldsymbol{P}^{\mathrm{T}}$ 静止目标经过的时间一般而言是不同的，这可以从图8.12看出。但是只要知道静止目标的位置坐标，就可以得到各个雷达扫描过该目标的时间差。$\boldsymbol{P}^{\mathrm{T}}$ 的坐标如下：

$$\boldsymbol{P}^{\mathrm{T}}=[x^{T},y^{T}]^{\mathrm{T}} \tag{8.6}$$

式中：x^{T} 为目标在融合中心的笛卡儿坐标系中的 X 轴坐标；y^{T} 为 Y 轴坐标。

令 $\boldsymbol{P}^{\mathrm{R}k}$ 为第 k 部雷达在融合中心的坐标，如下：

$$\boldsymbol{P}^{\mathrm{R}k}=[x^{\mathrm{R}k},y^{\mathrm{R}k}]^{\mathrm{T}} \tag{8.7}$$

式中：$x^{\mathrm{R}k}$ 为雷达站在融合中心的笛卡儿坐标系中的 X 轴坐标；$y^{\mathrm{R}k}$ 为 Y 轴坐标。

假设雷达 k 在0时刻沿着与 X 轴正向沿逆时针方向成弧度 $\theta_{rk-\mathrm{init}}$ 的方向发射第一个脉冲，则针对图8.12所示的系统，有 $\theta_{rk-\mathrm{init}}=\theta_{k}$。已知雷达 k 的脉冲重复频率 $f_{rk-\mathrm{prf}}$(Hz)和天线的转速 $\omega_{rk-\mathrm{arv}}$(r/min)，则根据目标的位置就可以得到各个雷达扫描过该目标的时间差 t_{diff}。

设 c_{ij}^{k} 为由雷达 k 的第 j 个脉冲的第 i 个距离单元所确定的分辨单元。在分辨单元 c_{ij}^{k} 中目标的位置估计值为 $\boldsymbol{v}_{ij}^{k}$，在极坐标系中，由距离 r_{ij}^{k} 和方位 θ_{ij}^{k} 构成，用相应的列矢量表示：

$$\boldsymbol{v}_{ij}^{k}=[r_{ij}^{k},\theta_{ij}^{k}]^{\mathrm{T}} \tag{8.8}$$

由于各个雷达对目标的观测是在以雷达站为中心的极坐标系中进行的，而融合中心的坐标系为笛卡儿坐标系，这样就必须进行坐标转换：

$$\varphi^{k}(r,\theta)=[r\sin\theta+x^{k},r\cos\theta+y^{k}]^{\mathrm{T}} \tag{8.9}$$

给定雷达 k 的一个分辨单元 c_{ij}^{k}，其质心记为 $\boldsymbol{v}_{i_kj_k}^{k}$。对任意的雷达 $k'(1\leqslant k'\leqslant$

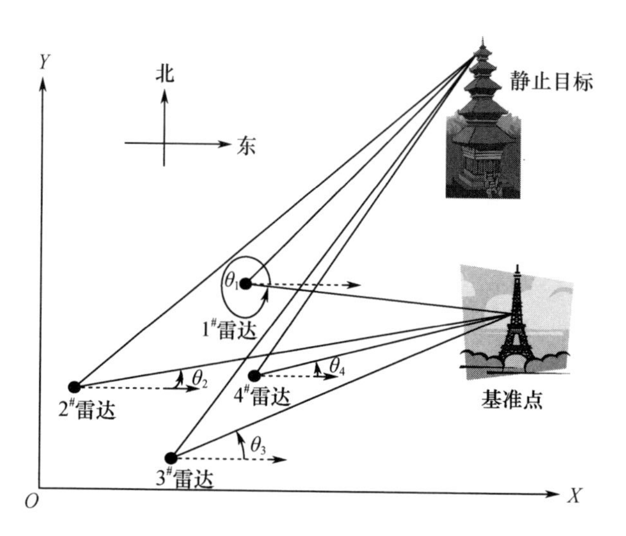

图 8.12　四雷达从基准点开始扫描过某一静止目标的角度差

$N,k'\neq k$)，在该雷达的分辨单元中找出包含 $\boldsymbol{v}^{k}_{i_kj_k}$ 的分辨单元，并将该分辨单元记为 $c^{k'}_{i_{k'}j_{k'}}$，其质心记为 $\boldsymbol{v}^{k'}_{i_{k'}j_{k'}}$。

记 c^{k}_{ij}确定的各个雷达的分辨单元的质心为

$$\Upsilon_{ijk}=\{\boldsymbol{v}^{1}_{i_1j_1},\boldsymbol{v}^{2}_{i_2j_2},\cdots,\boldsymbol{v}^{N}_{i_Nj_N}\} \tag{8.10}$$

则 Υ_{ijk}对应融合中心的一个分辨单元，记为 c_{ijk}。按照这种方法，融合中心的分辨单元数等于所有雷达的分辨单元数的总和。实际上，在这些分辨单元中，可能有部分单元是重合的。在实际应用中，可以将这些冗余的部分剔出。

对于融合中心的每一个分辨单元 c_{ijk}，可以得到一组由局部雷达上报到融合中心的信息：

$$X_{ijk}=\{x^{1}_{i_1j_1},x^{2}_{i_2j_2},\cdots,x^{N}_{i_Nj_N}\} \tag{8.11}$$

式中：$x^{k}_{i_kj_k}$为融合中心接收到的来自第 k 个雷达的局部分辨单元 $c^{k}_{i_kj_k}$的信息。它可以是关于目标有无的二元判决，也可以是多元判决，或者是局部检测统计量。

由于目标是运动的，尽管在距离雷达站很远的区域目标可以认为是静止的，在实际中毕竟会存在只有部分传感器能观测到目标的情况。因此，融合中心对这种情况要加以考虑。

经典的分布式信号检测理论要求各个传感器对同一现象进行观测。对于由多个常规雷达构成的分布式信号检测系统，各个雷达的分辨单元一般来讲是不会完全重合的，这样，各个雷达回波信号所包含的信息就可能不完全相同。比如，目标出现在两个分辨单元不重叠的部分，此时将这两个雷达的回波信号进行融合就是不合理的。但这样并不是一点好处没有，当知道了一个目标位于两个分辨单元的重叠区域时,就对目标的位置有了更精确的估计。这样一来,分辨单元的重叠就带来了目标位置估计精度的提高,从而有利于目标跟踪级的处理。

本节给出的方法共分三个步骤:

(1) 找出各个雷达的分辨单元的质心,每个质心就代表融合中心的一个分辨单元。

(2) 找出每个质心所在的局部雷达的分辨单元。

(3) 剔出完全重合的分辨单元。

通过上述三个步骤,就得到了融合中心的分辨单元。

8.5　距离量化间隔对关联算法性能的影响

假设各个雷达相距很近,c_{ijk}远离各个雷达。c_{ijk}所对应的各个雷达的分辨单元可以近似为矩形且面积相等,记为 S。雷达 k 的分辨单元 c_{ij}^{k}与任意雷达 $k'(k'\neq k)$的分辨单元 $c_{i_k j_{k'}}^{k'}$ 重合的面积 $S_{kk'}$的最小值近似为

$$S_{kk'\min}\approx\left(1-\frac{1}{2n}\right)\left(1-\frac{\Delta\delta_R}{2\Delta R}\right)S \tag{8.12}$$

c_{ijk}中任意两个雷达 k_1'和 k_2'的分辨单元的重合面积的最小值近似满足

$$S_{k_1'k_2'\min}\approx\left(1-\frac{1}{n}\right)\left(1-\frac{\Delta\delta_R}{\Delta R}\right)S \tag{8.13}$$

通常,警戒雷达能够用来积累的脉冲数 n 常常为数十个甚至上百个,即 $n\gg 1$,故有下列近似关系:

$$S_{k_1'k_2'\min}\approx\left(1-\frac{\Delta\delta_R}{\Delta R}\right)S \tag{8.14}$$

由式(8.14)可知,距离量化间隔对任意两个雷达分辨单元重合面积的最小值有重要影响。表 8.2 列出了任意两个分辨单元重合面积的最小值随着距离量化间隔的变化情况。可见,各个分辨单元的重合面积随着距离量化间隔的减小而减小。当距离采样间隔等于雷达的距离分辨率时,可能存在两个分辨单元没有重合区域的情况,这样就会将来自两个完全不重合的分辨单元的信息进行融合,这显然是不合适的。当距离量化间隔等于雷达距离分辨率的 1/2 时,任意两个雷达分辨单元重合的面积要大于 0.5S;当距离量化间隔等于雷达距离分辨率的 0.25 时,任意两个雷达的分辨单元均有 75% 以上的面积重合。若要求任意两个分辨单元重合的面积不小于 80% ,则距离量化间隔设定为距离分辨率的 20% 。

表 8.2　距离量化间隔与分辨单元重合面积的最小值

$\Delta\delta_R$	ΔR	$\frac{\Delta R}{2}$	$\frac{\Delta R}{4}$	$\frac{\Delta R}{6}$	$\frac{\Delta R}{8}$	$\frac{\Delta R}{10}$
$S_{k_1'k_2'\min}$	0	$\frac{1}{2}S$	$\frac{3}{4}S$	$\frac{5}{6}S$	$\frac{7}{8}S$	$\frac{9}{10}S$

因此,在确定雷达的距离量化间隔时,任意两个分辨单元重合面积的最小值是一个重要的指标。当融合中心的任意分辨单元 c_{ijk} 所对应的局部雷达的分辨单元彼此重合的面积大于它们各自面积的 80% 时,就可以将来自这些分辨单元的信息融合以获得更高的目标检测性能。

在具体实现时,如果各个雷达天线按照设定的条件工作,任意时刻能够融合的局部雷达的分辨单元就能够事先确定。如果由于各种原因雷达天线的旋转偏离了设定值,则可以利用搜集到的各个雷达回波信号来实时计算能够进行融合的分辨单元。

8.6　目标的位置估计

对于分布式信号检测系统而言,仅仅把目标检测出来是不够的,还必须把目标的位置信息提取出来,给出分辨单元 c_{ijk} 存在目标时目标的位置估计值及其精度。

8.6.1　各个分辨单元完全重合时目标的位置估计

首先假设 N 个雷达的分辨单元完全重合。这是经典的分布式信号检测理论假设的条件。由于各个雷达上报给融合中心的局部处理结果来自于它们分辨单元内的回波信号,分布式信号检测的结果为目标存在,则 N 个雷达提供了同样的信息,即在该分辨单元内存在目标。更进一步的信息并没有获得。此时,多传感器检测并没有提供更高的目标位置估计精度。但是这种理想的分布式信号检测能提供最高的检测性能。

8.6.2　各个分辨单元部分重合时位置估计

当各个分辨单元部分重合,如果它们合作检测出了目标,则说明目标处于这 N 个传感器的分辨单元的重合部分。图 8.13 给出了两个分辨单元交叉的例子,其中,c_1 和 c_2 分别是两个雷达的分辨单元,c_{12} 代表它们的分辨单元的重叠部分。如果融合中心利用 c_1 和 c_2 的回波信号做出了目标存在的判决,则目标就应该存在于 c_{12} 中。

下面看在各个雷达分辨单元部分重合条件下,如何估计目标的位置及其精

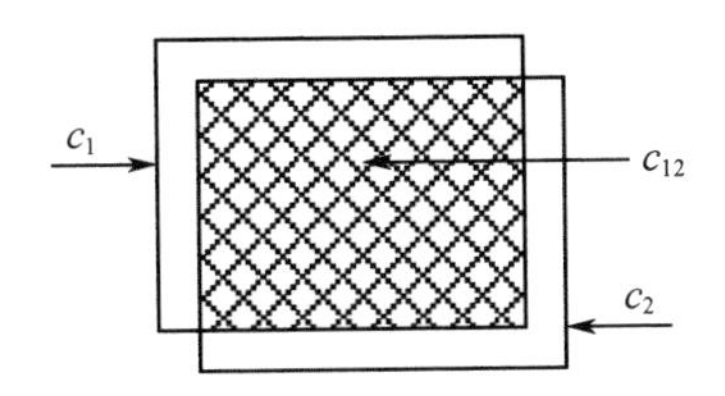

图 8.13　两个分辨单元交叉情况

度。由于假设目标远离雷达站,这样包含目标的各个雷达的分辨单元就可以近似呈矩形。由于矩形是凸多边形,因此两个矩形的交叠区域也只能是凸多边形,其边数从 3 ~8 的可能都存在。并且,该交叠区域的顶点由两种类型的点构成,一种是两个矩形的边的交点,另一种是一个矩形位于另一矩形内部的顶点。将各个分辨单元的重和区域的顶点计算出来后,即可以通过凸多边形的面积公式计算各个分辨单元重合区域的面积。这种方法可以把各个分辨单元的重叠区域精确地计算出来,但是计算比较复杂。

下面采用蒙特卡罗仿真方法来获得目标的位置估计以及估计方差。核心思想是,在各个雷达的分辨单元的交叠区域内模拟产生若干个随机点,这些随机点的均值就是目标的位置估计值,而方差则是目标的位置估计方差。具体步骤如下:

(1) 融合中心的分辨单元 c_{ijk} 对应的 N 个局部雷达的分辨单元分别记为 $c^m_{i_m j_m}(m=1,\cdots,N)$,且设定需要仿真产生的各个分辨单元的重叠区域的随机点的个数为 n_1。

(2) 仿真生成局部分辨单元 $c^1_{i_1 j_1}$ 中的随机点,记录生成位于各个分辨单元重叠区域的点,直到所有 n_1 个这样的点产生完毕,将所有 n_1 个点的坐标用列矢量分别记为 $P_1,P_2,\cdots,P_n$。

(3) 目标位置坐标的估计值为

$$\bar{P} \approx \frac{1}{n_1}\sum_{l=1}^{n_1} P_l \tag{8.15}$$

目标位置估计的方差为

$$\sigma^2 \approx \frac{1}{n_1}\sum_{l=1}^{n_1}\left(P_l - \frac{1}{n_1}\sum_{l=1}^{n_1} P_l\right)^{\mathrm{T}}\left(P_l - \frac{1}{n_1}\sum_{l=1}^{n_1} P_l\right) \tag{8.16}$$

随着仿真点数的增加,这种方法的精度不断提高。一般而言,仿真次数可以设定为所需精度的倒数的 100 倍。如果要求精度为 0.01,则可以将 n_1 设定 10^4 次。

8.7　系统设计方面的考虑

通过上面的讨论可知,利用各个雷达分辨单元的重合可以提高目标的位置估计精度，并且它们重合的面积越小，目标的位置估计精度就越高。因此，从提高目标的位置估计精度角度考虑，各个分辨单元重合的面积越小越好。

当可以将目标看作点目标，且在各个雷达的照射期间该目标还处在各个分辨单元的重叠区域时，上述结论是成立的。但是，只有当目标的体积远小于各个雷达分辨单元的重叠区域的体积时，点目标的假设才能成立。考虑到军用飞机、导弹等目标的实际尺寸，为了保持点目标假设成立，各个雷达分辨单元重叠区域的面积不可能太小。

在实际应用中，雷达感兴趣的目标大都是运动的，而各个雷达对同一区域的扫描时间总会有些差异，重合面积小会导致某一雷达扫描该区域时目标已经飞离该区域。这样各个雷达难以观测到同一目标，因而会得出错误的目标位置估计值。同时，如果目标存在时部分雷达的回波不含有任何目标信息，让这些回波信号参与检测反而会增加噪声的功率，最终导致目标检测性能降低。

因此，在利用常规雷达进行分布式信号检测时，虽然利用各个分辨单元的重合会提高目标的位置估计精度，但这可能会带来目标检测能力降低。提高雷达的脉冲积累数和采样率能够提高参与融合的各个雷达分辨单元彼此重合的面积。但是这样又会提高系统的复杂度和成本。

从另一个角度考虑，各个雷达分辨单元重合面积的减少会牺牲部分检测性能，但它会带来目标位置估计精度的提高。如果保持目标位置估计精度不变，就意味着脉冲宽度可以延长，这也会提高目标回波信号的信噪比，进而提高系统的目标检测能力。

分布式信号检测的最大优势是具有比单传感器检测更高的检测性能。利用常规单基地脉冲雷达实现分布式信号检测，必须克服各个传感器的分辨单元不能完全重合所带来的问题。通过提高距离采样率和脉冲积累数，可以有效地提高各个雷达分辨单元的重合度，但这样会增加系统的复杂度和成本。利用各个雷达分辨单元的交叉可以提高目标的位置估计精度，但这是以牺牲目标检测能力为代价的。如果保持目标位置估计精度不变，就意味着脉冲宽度可以延长，进而提高系统的目标检测能力。总之，在设计分布式信号检测系统时，必须综合考虑各种限制因素，在各种约束中获得最佳方案。这一方面还有许多工作要做。

第 9 章

MIMO 雷达分布式信号检测及其优化设计

9.1 引　　言

MIMO 雷达起源于 20 世纪 90 年代法国的米波稀布阵综合脉冲孔径雷达(SIAR)[306-310]。为提高米波雷达的角分辨率,米波雷达需增大天线孔径。而为了降低天线波束的栅瓣效应和测角模糊,天线阵列阵元通常需紧密布设。因此,高性能米波雷达对天线尺寸和天线阵元数目要求过高,严重限制了米波雷达的工程可实现。SIAR(图 9.1)的初衷就是将发射阵列和接收阵列稀疏分置,增大整个系统的发射孔径。同时,每个发射阵元各自全向发射一种正交互异的探测信号,每个接收阵元接收所有发射信号的回波。由于发射信号是正交可分的,接收端可分离不同发射信号对应的回波,在接收端分别实现发射波束形成和接收波束形成。这样,SIAR 可以布设两种阵元间隔和发射阵列和接收阵列,通过稀疏布置的大天线(如图 9.1 所示的外圈阵列)获取所需的角分辨率,通过紧密布设的小阵列(如图 9.1 所示的内圈阵列)获取大的角探测范围。并且,SIAR 方便地解决了发射和接收的同步,并通过接收端灵活的多波束数字

图 9.1　米波稀布阵综合脉冲孔径雷达

形成技术,实现了对探测区域的“全时空”覆盖。基于“全时空”覆盖,SIAR 还可通过 Hough 变换(HT)、Keystone 变换(KT)、Radon - Fourier 变换(RFT)和广义 Radon - Fourier 变换(GRFT)等先进的长时间信号积累方法[311-314],克服非合作运动目标可能存在的跨距离、跨多普勒和跨波束等效应,显著改善微弱目标的探测性能。

但是,MIMO 雷达作为专有名词被正式提出和广泛讨论,则是在 2003 年—2004 年的一系列国际会议,如 The 37th Asilomar Conference on Signals, Systems and Computers, the 38th Asilomar Conference 以及 2004 IEEE Radar Conference。当时,随着 MIMO 概念在通信领域中获得广泛承认和应用,学者们正式提出 MIMO 雷达的概念,并设立专题讨论相关的理论问题[178,315-325]。当时,学者们总结出 MIMO 雷达的主要特点包括:发射/接收采用阵列结构;发射同时全向发射多个编码信号,信号彼此正交或可区分,不形成定向的发射波束;在接收站分离编码信号,通过数字信号处理形成波束,完成对全空间的搜索,多目标跟踪等功能;通过 MIMO 雷达空间、频率分集,抗目标闪烁,提高雷达探测性能等。

本书认为 MIMO 雷达的本质是“通过采用多种可区分的信号(正交或部分正交),为雷达引入参数上有差异的观测通道,在检测、估计、成像和跟踪等各环节上获得相对于传统雷达更多的增益,从而提高和优化雷达总体性能”。据此,MIMO 雷达实际上采用“多探测信号雷达”来定义更为合适。同时,基于多信号探测本质,MIMO 雷达的具体实现可以是灵活多变的。例如,具体发射信号可是相同频段码分正交的,也可是不同频段频分正交的,甚至只是部分正交的;多探测信号可同时发射,也可分时发射;多探测信号可全向发射,也可定向发射;接收时可多个通道,也可单通道等。至于不同观测通道引入的观测差异,可以是目标回波不同的相位、时延或多普勒频率,或是同一目标不同视角起伏的散射强度等。通常,根据空间配置,MIMO 雷达可分为两大类[176,324]:一类是各收发通道存在较大观测视角差异,其输出起伏彼此间是独立的,简称为分布式 MIMO 雷达;另一类其收发通道较紧凑,并且各收发通道信号之间强相关,简称为紧凑式 MIMO 雷达。分布式 MIMO 雷达及紧凑式 MIMO 雷达各自的优势可参考文献[178,319-323]。论及多探测波形的 MIMO 雷达,有必要总结和比较其与 SIAR、相控阵雷达(PAR)和多雷达分布式信号检测等几个相似或接近的雷达体制间的异同。

MIMO 雷达是 SIAR 雷达的继承和发展,而 SIAR 雷达则可视为 MIMO 雷达的前身和特例。SIAR 雷达主要利用正交的多探测信号改善波束空间分布特性,实现对探测区域的“全时空”覆盖。尽管 SIAR 阵列采用了稀疏结构,但 SIAR 通常假设目标相对于阵列只存在时延和相位差异,目标散射特性并没有发生明显变化。相对于此,MIMO 雷达则显著扩展了 SIAR 雷达的概念和外延,MIMO 雷达则采用不同的多探测信号形式,且发射信号无须正交。通过不完全正交的波形,MIMO雷达可合成更为理想的发射波形,或使发射波形更好地匹配环境,获取更多的目标探测信息。此外,在分布式MIMO雷达领域,通常假设目标在各收发通道间是起伏的,主要利用通道间的非相参积累提高检测性能。

PAR通常采用单一的发射波形,收发阵列各收发通道相对目标视角差异很小,目标的通道间起伏很小。为此,PAR发射波束形成通常在发射端完成,在实际空间中形成所需的单波束扫描。为实现全时空覆盖,PAR需发射泛光波束,并采用接收多波束实现。此时,PAR收发合成波束形状主要取决于接收阵列。与常规的PAR相比,MIMO雷达采用了多种探测信号,并且各收发通道间相对目标的观测视角可存在较大起伏。因此,MIMO雷达实现"全时空"覆盖可在接收端通过分离多探测信号完成发射波束形成,接收端联合采用收发波束形成可获取更好的发射和接收综合方向图。同时,由于MIMO雷达目标对于多个收发通道既可是非起伏的,也可是起伏的。多通道检测既可通过非相参积累实现空间分集,也可通过相参积累获取信噪比的线性增益。因此,MIMO雷达可更加灵活地获取复杂目标的优化检测性能。

分布式MIMO雷达分集检测与前述章节讨论的多雷达分布式信号检测之间存在许多相似之处,均引入了对目标多个观测通道,提高了雷达目标检测性能。但是,二者存在一些不同。分布式信号检测的多雷达通常拥有各自的收发和伺服系统,存在各自的扫描速度和范围。因此,多雷达分布式信号检测对运动目标实现"时空配准"始终是具有挑战性的技术难题。此外,由于不同雷达相对目标的视角存在较大的差异,多雷达分布式信号检测主要通过非相参积累提高检测性能。与此不同,MIMO雷达本质上是一部单雷达,可为实现特定功能进行联合优化。首先,MIMO雷达可进行统一调度,降低系统"时空配准"的难度。同时,MIMO雷达可更加灵活地实现阵列的优化配置,进而采用灵活的积累策略,实现探测性能的联合优化。本章将给出分布孔径MIMO雷达的新概念,进而将分布式MIMO雷达和紧致式MIMO雷达目标检测统一到似然比检测器的框架下进行联合的优化。

与传统雷达相比,MIMO雷达具有更多的收发通道(系统自由度),因此可望全面提高雷达性能。然而,空间分集条件和相参积累条件对MIMO雷达配置而言是相互对立的[319-323]。根据收发阵列的空间分集条件,现有的具有分布式信号检测功能的MIMO雷达(也称为统计MIMO雷达)一般可归为四类[319],即分布MIMO雷达,多输入单输出(MISO)雷达,单输入多输出(SIMO)雷达和单输入单输出(SISO)雷达。概括而言,统计MIMO雷达目标检测性能可通过系统自由度在基于数字波束形成(DBF)的相参积累和基于空间分集的非相参积累两种策略之间进行有效的权衡[318,323]。为更一般性地刻画MIMO雷达的检测性能,本章给出一种广义形式的 MIMO 雷达,即 AD－MIMO 雷达。对于 AD－MIMO 雷达,由于各收发孔径内的发射阵元,接收阵元或两者间皆紧凑配置,收发通道满足相参积累条件。因此,各收发通道可利用相参积累获得各孔径的 DBF 输出。进而,利用空间分集实现各孔径间 DBF 输出的非相参积累。本章将具有均匀孔径的 AD－MIMO 雷达称为均匀 AD－MIMO 雷达,即各分布孔径的通道数相同,并且文献[193]已对此做了初步研究。显然,现有的分布 MIMO 雷达、MISO 雷达、SIMO 雷达及 SISO 雷达皆可视为均匀 AD－MIMO 雷达的特例。

为使 AD－MIMO 雷达在实际应用中获得最优的目标检测性能,系统配置参数(如孔径数、系统分集自由度和每个孔径内的相参通道数)的确定是至关重要的。本章首先介绍 AD－MIMO 雷达空间分集条件、参数配置及最大似然比检测器。进而,基于推导的 AD－MIMO 雷达 LRT 检测器的统计特性,研究了 AD－MIMO 雷达 CFAR 检测的三个优化问题:一是给定虚警概率 P_F、检测概率 P_D 和系统自由度 D_s,如何使检测目标信噪比最小;二是给定 P_F、目标 SNR 和 D_s,如何使得目标检测概率 P_D 最大;三是给定 P_F、P_D 和目标 SNR,如何使得雷达的系统自由度 D_s 最小。显然,第一个问题适用于搜索雷达,以获取对特定给定目标最大的搜索范围。第二个问题则适于跟踪雷达,对给定目标获取最优的检测性能。第三个问题则能有效降低检测系统的实现代价,在实际应用尤为重要。此外,针对以上三个优化问题,本章给出了均匀 AD－MIMO 雷达最优孔径的近似闭式解。本章表明:针对第一和第三个优化问题,AD－MIMO 雷达的空间分集自由度应该有所限制。而对于第二个优化问题,应根据目标 SNR 和系统 D_s 做相应调整。同时,数值仿真实验也揭示了本章提出的优化 AD－MIMO 雷达的有效性。值得指出的是,本章讨论的分布孔径 MIMO 雷达与文献[310]中提出的具有 MIMO 雷达的多站雷达本质上是一致的,但本书更强调 MIMO 雷达作为一种广义的雷达形式包含了多站、多基地等分布式雷达形态。

9.2 AD－MIMO 雷达及其 LRT 检测器

下面分别给出 AD－MIMO 配置和定义、信号模型及其对应的 LRT 检测器。

9.2.1 MIMO 雷达信号模型和空间分集条件

对于 MIMO 雷达探测的复杂目标中心位于(x_0, y_0),包含 M 阵元的发射阵列利用各个阵元同时发射 M 个正交波形,而包含 N 阵元接收阵列的各阵元接收 M 个正交波形回波。假定复杂目标由众多小散射点构成,同时 MIMO 雷达位于同一平面内,则第 n 个接收阵元的接收信号可为

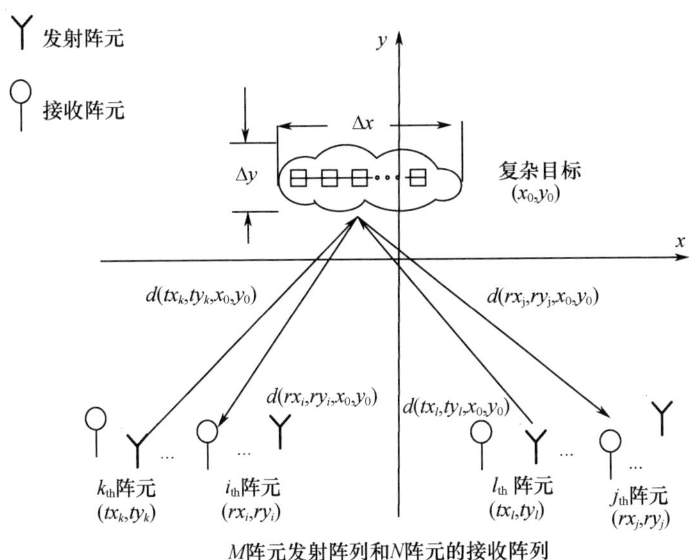

图 9.2　笛卡儿坐标下的 MIMO 雷达配置

$$r_n(t)=\sqrt{\frac{P_t}{M}}\sum_{m=1}^{M}\alpha_{mn}s_m(t-\tau_{mn})+n_n(t)\quad(n=1,\cdots,N)\tag{9.1}$$

式中：P_t 为恒定的雷达发射总功率；τ_{mn}为第 $n-m$ 个收发通道目标对应的时延，$\tau_{mn}=\frac{R_m+R_n}{c}$（$R_m$ 为第 m 个发射阵元至目标中心的距离，R_n 为目标中心到第 n 个接收阵元间的距离，c 为光速）；$s_m(t)$为第 m 个发射阵元发射的波形，其满足 $\int s_m(t)s_l^*(t)\mathrm{d}t=\delta_{ml}$。实际上，严格的波形正交条件是很难满足的，为此许多文献致力于正交波形设计工作[317,323,326-328]；$n_n(t)$为第 n 个接收阵元的接收热噪声；α_{nm}为散射系数，满足

$$\alpha_{nm}=\sqrt{\frac{G_{mt}G_{nr}\lambda^2\sigma_{nm}}{(4\pi)^3R_mR_n}}\mathrm{e}^{\mathrm{j}\varphi_{nm}}\tag{9.2}$$

其中：G_{mt}、G_{nr}分别为第 m 个发射阵元和第 n 个接收阵元的天线增益；σ_{nm}、ϕ_{nm}分别是瑞利分布的 RCS 系数和位于$[-\pi,\pi]$范围内均匀分布的初始相位。σ_{nm}、ϕ_{nm}随机起伏特性是由复杂目标内部大量散射点的综合调制造成的。换言之，本节中的复杂目标符合 Swerling Ⅱ 型目标模型[329]，而 α_{nm}是一个方差为 σ_T^2 的复高斯分布的随机变量。

对于图 9.3 所示的 MIMO 雷达系统，接收信号通过连接与 N 个接收阵元之后的匹配滤波器组后将产生 $N\times M$ 个收发通道。由于不同通道的时延是不同的，通常需要对不同的通道做联合的空时配准和补偿处理。经过补偿之后，包含

目标的距离单元可表示为

$$r_{nm}=\sqrt{\frac{E_{\mathrm{t}}}{M}}\alpha_{nm}+n_{nm}\quad (n=1,\cdots,N,\ m=1,\cdots,M) \tag{9.3}$$

式中：E_{t} 为对应发射脉冲内调制的发射能量，$E_{\mathrm{t}}=P_{\mathrm{t}}T_{\mathrm{s}}$（$T_{\mathrm{s}}$ 为发射信号的脉冲宽度）；n_{nm}为对应 $n-m$ 通道的高斯噪声采样，其具有时域自相关函数为 $\sigma_{\mathrm{n}}^2\delta(\tilde{t})$。

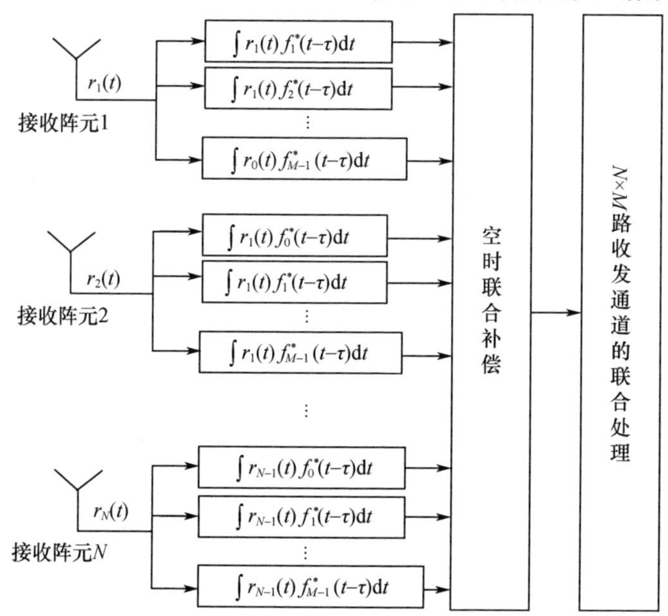

图 9.3 MIMO 雷达接收阵列信号处理流程

至此，单个收发通道采样的目标信噪比为

$$\rho=\frac{E\sigma_{\mathrm{T}}^2}{M\sigma_{\mathrm{n}}^2} \tag{9.4}$$

显然，单个收发通道信噪比与发射阵元数 M 成反比。因此，随着 M 的增加，在增大的收发阵元总数和减少的单通道 SNR 两者间会出现权衡。也就是说，最终的目标检测性能可能会随发射阵元的增加而降低。显然，对应一个 MIMO 雷达系统须确定一个最优的 M，该内容的讨论可见文献[185]。为简便起见，M 假定为定值或已经按照文献[185]进行了优化。

显然，具有 M 个发射阵元和 N 个接收阵元的 MIMO 雷达可如式(9.3)所示产生共 $M\times N$ 路的虚拟收发通道。同时，$M\times N$ 路通道的采样可视为如图 9.3 的 $M\times N$ 路虚拟收发阵元采样[330]的输出。每一个虚拟阵元包含一个真实的发射阵元和一个接收阵元。考虑由第 k 个发射阵元到第 j 个接收阵元构成的第 $k-j$个收发通道，以及由第 l 个发射阵元到第 i 个接收阵元构成的第 $l-i$ 个收发通道，它们可分别表示为图 9.3 中的孔径 1 中第一个虚拟收发阵元和孔径 L 中第二个虚拟收发阵元。同时，上述两个虚拟收发阵元相对目标的视角差可表示为如图 9.4 所示的 θ_e。为进一步描述不同虚拟收发通道之间的统计特性，可给出简化的空间分集条件：

$$\theta_e > \frac{\lambda}{2L_T} \tag{9.5}$$

其中：L_T 为目标沿与 θ_e 角平分线垂直方向分布的目标尺寸。

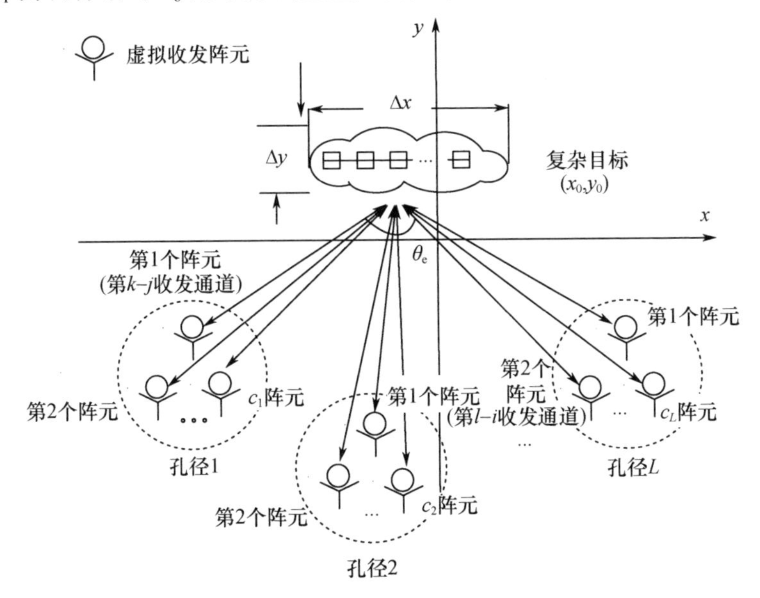

图 9.4　AD – MIMO 雷达及其配置

换言之，当满足式(9.5)时，α_{mn} 可假设为独立统分布的；否则，当下式的严格互补条件，即满足

$$\theta_e \ll \frac{\lambda}{2L_T} \tag{9.6}$$

时，两个虚拟收发通道间的复散射是严格相关的。为简化后续的分析，当满足式(9.6)时，近似认为 α_{mn} 对于两个收发通道而言是相同的。

9.2.2　AD – MIMO 雷达及其信号模型

众所周知，MIMO 雷达可利用 M 个发射阵元和 N 个接收阵元一次获得 $M \times N$ 个收发通道采样。如图 9.3 所示，$M \times N$ 个通道采样可认为 $M \times N$ 个虚拟收发阵元的输出[179]，而每个虚拟收发阵元则是由一个实际发射阵元和一个实际接收阵元等效得到的。因此，利用式(9.5)和式(9.6)，$M \times N$ 个虚拟收发阵元可归类为 L 个独立的孔径，每个孔径包含一定数量的紧凑式分布通道。显然,实现多通道有效积累的策略:首先利用每个孔径内的通道采样通过 DBF 技术实现相参积累,然后对于不同孔径的相参输出通过空间分集处理实现非相参积累。

由于具有 M 个发射阵元和 N 个接收阵元的 MIMO 雷达能获取 $M\times N$ 个不同的通道,因此最大的系统自由度 $D_{\mathrm{s}}=MN$。假定 AD-MIMO 雷达具有 L 个分布孔径,并且各孔径分别有 $c_i(i=1,\cdots,L)$ 个紧凑式相参收发通道,即 $D_{\mathrm{s}}=\sum_{i=1}^{L}c_i$。需指出的是,在实际应用中某个实际孔径内的若干通道或许不能严格满足式(9.6),即第 c_i 通道间可能不是完全相参的。关于相参积累中去相参效应的讨论可参见文献[331],而本节中为简便将忽略去相参效应。经过孔径内众通道的相参积累,各孔径的 DBF 输出可表示为

$$a_i=v_i^{\mathrm{T}}C_i\quad(i=1,\cdots,L)\tag{9.7}$$

式中:$C_i=[\alpha_i\mathrm{e}^{-\mathrm{j}\varphi_1},\cdots,\alpha_i\mathrm{e}^{-\mathrm{j}\varphi_{c_i}}]^{\mathrm{T}}$ 和 $v_i=[\mathrm{e}^{-\mathrm{j}\varphi_1},\cdots,\mathrm{e}^{-\mathrm{j}\varphi_{c_i}}]^{\mathrm{T}}$ 为表示第 i 个孔径 $c_i\times1$维信号及导向矢量;$\alpha_i(i=1,\cdots,L)$为 L 个独立同分布的复高斯分布散射系数。

显然,目前提出的统计 MIMO 雷达的四种形式,即分布式 MIMO 雷达、SIMO 雷达、MISO 雷达和 SISO 雷达都可看作 AD-MIMO 雷达在不同参数$\chi=[L,c_1,c_2,\cdots,c_L]$条件下的特例。例如:

(1) 分布式 MIMO 雷达对应 AD-MIMO 雷达中参数 $L=D_{\mathrm{s}}$ 及 $c_1=c_2=\cdots=c_{D_{\mathrm{s}}}=1$ 的情况。

(2) MISO 雷达对应 AD-MIMO 雷达中参数 $L=M$ 及 $c_1=c_2=\cdots=c_M=N$ 的情况,其中 M 个孔径是由 M 个独立发射阵元组成的。

(3) SIMO 雷达对应 AD-MIMO 雷达中参数 $L=N$ 及 $c_1=c_2=\cdots=c_N=M$ 的情况,其中 N 个孔径是由 N 个独立接收阵元组成的。

(4) SISO 雷达对应 AD-MIMO 雷达中参数 $L=1$ 及 $c_1=D_{\mathrm{s}}$ 的情况。

9.2.3 AD-MIMO 雷达的 LRT 检测器

利用 DBF 技术,对某个孔径内所有通道采样实现相参积累后,记第 i 个孔径输出信噪比为

$$\rho_i=c_i\frac{E\sigma_{\mathrm{T}}}{M\sigma_{\mathrm{n}}}=c_i\rho\quad(i=1,\cdots,L)\tag{9.8}$$

另外,不同孔径输出的功率检测器可表示为

$$X_i=|a_i|^2\quad(i=1,\cdots,L)\tag{9.9}$$

功率检测器 X_i 的统计特性为

$$\begin{cases} H_0: & f(X_i)=\dfrac{1}{\sigma_n^2}\exp\left(-\dfrac{X_i}{\sigma_n^2}\right) \\ H_1: & f(X_i)=\dfrac{1}{\sigma_n^2(1+\rho)}\exp\left(-\dfrac{X_i}{\sigma_n^2(1+\rho)}\right) \end{cases} \quad (i=1,2,\cdots,L) \tag{9.10}$$

因此,检测器 X_i 的最大似然比为

$$\begin{aligned} \Lambda_i(X_i) &= \frac{f(X_i|H_1)}{f(X_i|H_0)}=\frac{1}{(1+\rho_i)}\exp\left(\frac{X_i\rho_i}{\sigma_n(1+\rho_i)}\right) \\ &= \frac{1}{(1+\rho_i)}\exp\left(\frac{\rho_i}{(1+\rho_i)}R_i\right) \end{aligned} \tag{9.11}$$

式中

$$R_i=\frac{X_i}{\sigma_n} \quad (i=1,2,\cdots,L) \tag{9.12}$$

由于 $R_i(i=1,2,\cdots,L)$ 间是独立同分布的,因此整个 AD－MIMO 雷达的对数似然比是不同孔径内对数似然比之和,即

$$\log(\Lambda(X)) = \sum_{i=1}^{L}\left(\log\left(\frac{1}{(1+\rho_i)}\right)+\left(\frac{\rho_i}{1+\rho_i}\right)R_i\right) \tag{9.13}$$

因此,AD－MIMO 雷达的 LRT 检测器表示为

$$T_{\text{AD-MIMO}} = \sum_{i=1}^{L} w_i R_i \tag{9.14}$$

式中

$$w_i=\frac{\rho_i}{1+\rho_i}=\frac{c_i\rho}{1+c_i\rho}=\frac{c_i\sigma_T^2}{\sigma_n^2+c_i\sigma_T^2} \tag{9.15}$$

显然,AD－MIMO 雷达的 LRT 检测器其实为 L 个孔径对应的 $R_i(i=1,2,\cdots,L)$ 的加权和。

9.2.3.1　H_0 假设下 AD－MIMO 雷达 LRT 检测器的统计特性

当某特定检测单元满足假设 H_0 时,则有

$$R_i \sim \chi^2(2) \quad (i=1,2,\cdots,L) \tag{9.16}$$

因此,假设 H_0 条件下 AD－MIMO 雷达的 LRT 检测器可写为

$$T_{\text{AD-MIMO}}\big|_{H_0} = \sum_{i=1}^{L} w_i h_i \tag{9.17}$$

式中:$h_i(i=1,2,\cdots,L)$是自由度为 2 的独立同分布χ^2 分布随机变量。利用文献[54, 337]中的定理可得

$$T_{\text{AD-MIMO}}\big|_{H_0} \sim g_0\chi_{v_0}=\Gamma\left(\frac{v_0}{2},2g_0\right) \tag{9.18}$$

式中

$$v_0 = \frac{2\left(\sum_{i=1}^{L} w_i\right)^2}{\sum_{i=1}^{L} w_i} = \frac{2\left(\sum_{i=1}^{L} \frac{c_i\rho}{1+c_i\rho}\right)^2}{\sum_{i=1}^{L}\left(\frac{c_i\rho}{1+c_i\rho}\right)^2} \tag{9.19}$$

$$g_0 = \frac{\sum_{i=1}^{L} w_i}{\sum_{i=1}^{L} w_i} = \frac{\sum_{i=1}^{L}\left(\frac{c_i\rho}{1+c_i\rho}\right)^2}{\sum_{i=1}^{L}\frac{c_i\rho}{1+c_i\rho}} \tag{9.20}$$

9.2.3.2 H_1 假设下 AD－MIMO 雷达 LRT 检测器的统计特性

当某特定检测单元满足假设 H_1 时，则有

$$R_i \sim \frac{R_T^2 + c_i\sigma_T^2}{c_i\sigma_T^2}\chi^2(2) \quad (i=1,2,\cdots,L) \tag{9.21}$$

由式(9.14)假设 H_1 条件下 AD－MIMO 雷达的 LRT 检测器可记为

$$T_{\text{AD-MIMO}}\big|_{H_1} = \rho\sum_{i=1}^{L} c_i h_i \tag{9.22}$$

进而有[29,30]

$$T_{\text{AD-MIMO}}\big|_{H_1} \sim g_1\chi_{v_1}^2 = \Gamma\left(\frac{v_1}{2}, 2g_1\right) \tag{9.23}$$

式中

$$v_1 = \frac{2\left(\sum_{i=1}^{L} c_i\rho\right)^2}{\sum_{i=1}^{L}(c_i\rho)^2} = \frac{2D_s^2}{\sum_{i=1}^{L} c_i^2} \tag{9.24}$$

$$g_1 = \frac{\sum_{i=1}^{L}(c_i\rho)^2}{\sum_{i=1}^{L} c_i\rho} = \frac{\rho}{D_s}\sum_{i=1}^{L} c_i^2 \tag{9.25}$$

9.2.3.3 AD－MIMO 雷达恒定 LRT 检测器的统计特性

结合式(9.18)和式(9.23)，可将 $T_{\text{AD-MIMO}}$ 重写为

$$T_{\text{AD-MIMO}} \sim \begin{cases}\Gamma(\alpha_0, \beta_0) & (H_0)\\ \Gamma(\alpha_1, \beta_1) & (H_1)\end{cases} \tag{9.26}$$

式中

$$\alpha_0 = \frac{\left(\sum_{i=1}^{L} \frac{c_i\rho}{1 + c_i\rho}\right)^2}{\sum_{i=1}^{L}\left(\frac{c_i\rho}{1 + c_i\rho}\right)^2} \tag{9.27}$$

$$\alpha_1 = \frac{D_s^2}{\sum_{i=1}^{L} c_i^2} \tag{9.28}$$

$$\beta_0 = \frac{2\sum_{i=1}^{L}\left(\frac{c_i\rho}{1 + c_i\rho}\right)^2}{\sum_{i=1}^{L} \frac{c_i\rho}{1 + c_i\rho}} \tag{9.29}$$

$$\beta_1 = \frac{2\rho}{D_s}\sum_{i=1}^{L} c_i^2 \tag{9.30}$$

另外,可定义一个与 $T_{\mathrm{AD-MIMO}}$ 有关的不变检测器[333]:

$$T_{\mathrm{AD1}} = T_{\mathrm{AD-MIMO}}\sqrt{\frac{2}{\beta_0}} \tag{9.31}$$

T_{AD1} 的统计特性为

$$T_{\mathrm{AD1}} \sim \begin{cases} \Gamma(\alpha_0, 2) & (\mathrm{H}_0) \\ \Gamma(\alpha_1, k) & (\mathrm{H}_1) \end{cases} \tag{9.32}$$

式中

$$k = \frac{2\beta_1}{\beta_0} = \frac{2\rho\sum_{i=1}^{L} c_i^2 \sum_{i=1}^{L} \frac{c_i\rho}{1 + c_i\rho}}{D_s\sum_{i=1}^{L}\left(\frac{c_i\rho}{1 + c_i\rho}\right)^2} \tag{9.33}$$

可得

$$\mathrm{E}(T_{\mathrm{AD1}}|_{\mathrm{H}_0}) = 2\alpha_0 = \frac{2\left(\sum_{i=1}^{L} \frac{c_i\rho}{1 + c_i\rho}\right)^2}{\sum_{i=1}^{L}\left(\frac{c_i\rho}{1 + c_i\rho}\right)^2} \tag{9.34}$$

$$\mathrm{var}(T_{\mathrm{AD1}}|_{\mathrm{H}_0}) = 4\alpha_0 = \frac{4\left(\sum_{i=1}^{L} \frac{c_i\rho}{1 + c_i\rho}\right)^2}{\sum_{i=1}^{L}\left(\frac{c_i\rho}{1 + c_i\rho}\right)^2} \tag{9.35}$$

$$\mathrm{E}(T_{\mathrm{AD1}}|_{\mathrm{H}_1}) = \alpha_1 k = \frac{2\rho D_{\mathrm{s}}\sum_{i=1}^{L}\frac{c_i\rho}{1+c_i\rho}}{\sum_{i=1}^{L}\left(\frac{c_i\rho}{1+c_i\rho}\right)^2} \tag{9.36}$$

$$\mathrm{var}(T_{\mathrm{AD1}}|_{\mathrm{H}_1}) = \alpha_1 k^2 = 4\rho^2\sum_{i=1}^{L}c_i\left(\frac{\sum_{i=1}^{L}\frac{c_i\rho}{1+c_i\rho}}{\sum_{i=1}^{L}\left(\frac{c_i\rho}{1+c_i\rho}\right)^2}\right)^2 \tag{9.37}$$

9.3 最优 AD – MIMO 雷达及其配置参数设计

9.3.1 AD – MIMO 雷达优化问题概述

与传统雷达类似,AD – MIMO 雷达可按不同要求应用在不同场合。然而,无论什么应用目的,CFAR 准则也是雷达目标检测通常准则。围绕雷达 CFAR 检测,不同功能雷达会对应不同的系统优化目标。例如,在给定虚警概率 P_{F} 和检测概率 P_{D} 条件下,优化可检测目标的信噪比通常是搜索雷达所追求的。通常,对应给定目标的最小可检测 SNR 对应可获得最大的探测范围;给定 P_{F} 和目标 SNR 条件下,跟踪雷达通常要求检测的目标具有最大的检测概率 P_{D};给定 P_{F} 和 P_{D} 时检测目标,最小的系统自由度有利于降低系统成本。因此,AD – MIMO 雷达检测器的最优设计可归纳为三类优化问题:

(1) 给定 D_{s}、P_{F} 和 P_{D} 时,通过优化 AD – MIMO 雷达的参数矢量 $\chi=[L,c_1,c_2,\cdots,c_L]$ 和 LRT 检测器,获得目标的最小可检测 SNR,即 $\rho_{\min}$。

(2) 给定 D_{s}、P_{F} 和目标信噪比 ρ 时,通过优化 AD – MIMO 雷达的参数矢量 $\chi=[L,c_1,c_2,\cdots,c_L]$ 和 LRT 检测器,获得目标的最大检测概率 P_{D}。

(3) 给定 P_{F} 和目标信噪比 ρ 时,通过优化 AD – MIMO 雷达的参数矢量 $\chi=[L,c_1,c_2,\cdots,c_L]$ 和 LRT 检测器,获得最小的系统自由度 D_{s}。

不论是检测具有最小可检测 SNR 的微弱目标,还是以最大 P_{D} 检测确定目标,本质上都是对系统自由度 D_{s} 在相参积累和非相参积累两者之间做权衡。将系统自由度 D_{s} 分为两部分:一部分在各孔径内由 DBF 处理实现相参积累;另一部分是利用孔径间的空间分集实现非相参积累。这三个优化问题彼此联系,却有不同的优化输出。显然,解决三个问题的核心是在不同准则下做高维优化和参数 $\chi=[L,c_1,c_2,\cdots,c_L]$ 的搜索。通常,为确定未知的 χ,可执行以下两步策略。

(1) 确定参数 L 的范围,使其在区间 $[1,\cdots,D_{\mathrm{s}}]$ 内变化。

(2) 给定 L 后,在约束条件 $D_{\mathrm{s}}=\sum_{i=1}^{L}c_i$ 下确定 $[c_1,c_2,\cdots,c_L]$。

一般来说,步骤(2)是一个多维优化问题,很难得到解析表达。因此,通常是利用数值搜索$\chi=[L,c_1,c_2,\cdots,c_L]$的所有组合,获得问题的最优解。

9.3.2 针对三个优化问题的最优均匀 AD - MIMO 雷达

9.3.2.1 均匀 AD - MIMO 雷达

为减小以上问题的复杂性并获得优化问题的闭式解,假定各孔径具有相同的通道数来用于相参积累,即

$$c_i=\frac{D_s}{L}\quad(i=1,2,\cdots,L) \tag{9.38}$$

将式(9.38)分别代入式(9.15)、式(9.27)、式(9.28)和式(9.33),则有

$$w_i=\frac{D_s\rho}{L+D_s\rho} \tag{9.39}$$

$$\alpha_0=L \tag{9.40}$$

$$\alpha_1=L \tag{9.41}$$

$$k=\frac{2(L+D_s\rho)}{L} \tag{9.42}$$

式(9.32)可重写为

$$T_{\mathrm{AD1}}\sim\begin{cases}\Gamma(L,2) & (\mathrm{H}_0)\\ \Gamma\left(L,\dfrac{2(L+D_s\rho)}{L}\right) & (\mathrm{H}_1)\end{cases} \tag{9.43}$$

$$\mathrm{E}(T_{\mathrm{AD1}}|_{\mathrm{H}_0})=2L \tag{9.44}$$

$$\mathrm{var}(T_{\mathrm{AD1}}|_{\mathrm{H}_0})=4L \tag{9.45}$$

$$\mathrm{E}(T_{\mathrm{AD1}}|_{\mathrm{H}_1})=2(L+D_s\rho) \tag{9.46}$$

$$\mathrm{var}(T_{\mathrm{AD1}}|_{\mathrm{H}_1})=\frac{4(L+D_s\rho)^2}{L} \tag{9.47}$$

式(9.43)可重写为χ^2分布的形式:

$$T_{\mathrm{AD1}}\sim\begin{cases}\chi_{2L}^2 & (\mathrm{H}_0)\\ \dfrac{(L+D_s\rho)}{L}\chi_{2\mathrm{L}}^2 & (\mathrm{H}_1)\end{cases} \tag{9.48}$$

在给定P_{F}、L和ρ的条件下,目标检测概率为

$$P_{\mathrm{D}}=Q_{\chi_{2L}^2}\left(\frac{LQ_{\chi_{2L}^2}(P_{\mathrm{F}})}{(L+\rho D_s)}\right) \tag{9.49}$$

式中:$Q_{\chi_{2L}^2}(\cdot)$、$Q_{\chi_{2L}^2}^{-1}(\cdot)$分别为自由度为$2L\chi^2$分布的累积分布函数及其逆函数。

若给定 P_F、P_D 和 L，则目标可检测 SNR 为

$$\rho_{\text{AD-MIMO}} = \frac{L(Q_{\chi_{2L}^2}^{-1}(P_F) - Q_{\chi_{2L}^2}^{-1}(P_D))}{D_s Q_{\chi_{2L}^2}^{-1}(P_D)} \tag{9.50}$$

9.3.2.2 优化问题(1)求解方法及近似解

优化问题(1)可记为

$$\begin{aligned} L_{\text{SNP}}^* &= \underset{L=1}{\overset{D_s}{\operatorname{argmin}}}(\rho_{\text{AD-MIMO}}) \\ &= \underset{L=1}{\overset{D_s}{\operatorname{argmin}}}\left(\frac{L(Q_{\chi_{2L}^2}^{-1}(P_F) - Q_{\chi_{2L}^2}^{-1}(P_D))}{D_s Q_{\chi_{2L}^2}^{-1}(P_D)}\right) \end{aligned} \tag{9.51}$$

由于 $Q_{\chi_{2L}^2}^{-1}(\cdot)$ 没有具体表达式，因此解决优化问题(1)需要利用数值搜索。为简化该问题，将推导式(9.51)的近似解。

当 $L \gg 0$ 时，式(9.43)中 T_{AD1} 的统计特性可近似为

$$T_{\text{AD1}} \sim \begin{cases} \mathcal{N}(2L, 4L) & (\text{H}_0) \\ \mathcal{N}\left(2(L+\rho D_s), \dfrac{4(L+\rho D_s)^2}{L}\right) & (\text{H}_1) \end{cases} \tag{9.52}$$

定义 T_{AD1} 的不变检测器[333]为

$$T_{\text{AD2}} = \frac{T_{\text{ODA1}} - 2(L+\rho D_s)}{2\sqrt{L}} \tag{9.53}$$

可得

$$T_{\text{AD2}} \sim \begin{cases} \mathcal{N}\left(-\dfrac{D_s \rho}{\sqrt{L}}, 1\right) & (\text{H}_0) \\ \mathcal{N}\left(0, \left(1+\dfrac{\rho D_s}{L}\right)^2\right) & (\text{H}_1) \end{cases} \tag{9.54}$$

在给定 P_F、L 和 ρ 的条件下，目标检测概率可近似为

$$P_D = Q\left(\frac{Q^{-1}(P_F)L - \rho D_s\sqrt{L}}{(L+\rho D_s)}\right) \tag{9.55}$$

给定 P_F、P_D 和 L，目标可检测 SNR 可写为

$$\rho_{\text{AD-MIMO}}(L) = \frac{L(Q^{-1}(P_F) - Q^{-1}(P_D))}{D_s(Q^{-1}(P_D) + \sqrt{L})} = \frac{L(a-b)}{D_s(b+\sqrt{L})} \tag{9.56}$$

式中：$a = Q^{-1}(P_F)$；$b = Q^{-1}(P_D)$。

对式(9.56)求导，可得

$$\rho'_{\mathrm{AD-MIMO}}(L)=L(a-b)\left(\frac{1}{D_{\mathrm{s}}(b+\sqrt{L})}\right)'+\frac{(a-b)}{D_{\mathrm{s}}(b+\sqrt{L})}$$
$$=\frac{(a-b)(D_{\mathrm{s}}L+2b\sqrt{L}D_{\mathrm{s}})}{2D_{\mathrm{s}}\sqrt{L}(b+\sqrt{L})^2} \tag{9.57}$$

令 $\rho'(L_{\mathrm{SNR}})=0$，可得

$$L^*_{\mathrm{SNR}}=\lfloor 4b^2\rfloor=\lfloor 4(Q^{-1}(P_{\mathrm{D}}))^2\rfloor=\lfloor 8(\mathrm{erfc}^{-1}(2(1-P_{\mathrm{D}})))^2\rfloor \tag{9.58}$$

显然，对于均匀 AD - MIMO 雷达，为获得最小可检测 SNR，优化孔径数主要由检测概率 P_{D} 决定。

9.3.2.3　优化问题(2)求解方法及近似解

优化问题(2)可写为

$$L^*_{P_{\mathrm{D}}}=\underset{L=1}{\overset{D_{\mathrm{s}}}{\arg}}\max(P_{\mathrm{D}})=\underset{L=1}{\overset{D_{\mathrm{s}}}{\arg}}\max\left(Q_{2L}\left(\frac{LQ_{2L}^{-1}(P_{\mathrm{F}})}{L+\rho D_{\mathrm{s}}}\right)\right) \tag{9.59}$$

同样，由于 $Q_{\chi^2_{2L}}^{-1}(\cdot)$ 没有具体表达式，因此需要利用数值搜索。为简化该问题，可将式(9.55)代入式(9.59)，可得 P_{D} 的近似解为

$$L^*_{P_{\mathrm{D}}}=\underset{m=1}{\overset{D_{\mathrm{s}}}{\arg}}\max\left(Q\left(\frac{Q^{-1}(P_{\mathrm{F}})-\dfrac{D_{\mathrm{s}}\rho}{\sqrt{L}}}{\left(1+\dfrac{\rho D_{\mathrm{s}}}{L}\right)}\right)\right) \tag{9.60}$$

定义

$$P_{\mathrm{D}}(L)=Q\left(\frac{aL-\rho D_{\mathrm{s}}\sqrt{L}}{L+\rho D_{\mathrm{s}}}\right)=\frac{1}{2}+\frac{1}{2}\mathrm{erf}\left(-\frac{aL-\rho D_{\mathrm{s}}\sqrt{L}}{\sqrt{2}(L+\rho D_{\mathrm{s}})}\right) \tag{9.61}$$

由于 $\frac{\mathrm{d}}{\mathrm{d}x}\mathrm{erf}(x)=\frac{2}{\sqrt{\pi}}\exp(-x^2)$，故有

$$P'_{\mathrm{D}}(L)=-\frac{1}{\sqrt{2\pi}}\exp\left(-\left(\frac{aL-\rho D_{\mathrm{s}}\sqrt{L}}{\sqrt{2}(L+\rho D_{\mathrm{s}})}\right)^2\right)\left(\frac{aL-\rho D_{\mathrm{s}}\sqrt{L}}{(L+\rho D_{\mathrm{s}})}\right)'$$
$$=Z(L)\left(\frac{\rho D_{\mathrm{s}}(2a+\sqrt{L}-\rho D_{\mathrm{s}}/\sqrt{L})}{2(L+\rho D_{\mathrm{s}})^2}\right) \tag{9.62}$$

式中

$$Z(L)=-\frac{1}{\sqrt{2\pi}}\exp\left(\left(\frac{aL-\rho D_{\mathrm{s}}\sqrt{L}}{\sqrt{2}(L+\rho D_{\mathrm{s}})}\right)^2\right) \tag{9.63}$$

显然 $Z(L)<0$。如果令

$$P'_{\mathrm{D}}(L^*_{P_{\mathrm{D}}})=0 \tag{9.64}$$

则有

$$2a+\sqrt{L^*_{P_{\mathrm{D}}}}-\rho D_{\mathrm{s}}/\sqrt{L^*_{P_{\mathrm{D}}}}=0 \tag{9.65}$$

进而

$$L^*_{P_{\mathrm{D}}}=w_{\mathrm{opt}}(-a+\sqrt{a^2+\rho D_{\mathrm{s}}})^2=w_{\mathrm{opt}}(-Q^{-1}(P_{\mathrm{F}})+\sqrt{(Q^{-1}(P_{\mathrm{F}}))^2+\rho D_{\mathrm{s}}})^2 \tag{9.66}$$

式中：$w_{\mathrm{opt}}=0.707$ 是一经验权值，由大量数值实验获得。对优化 DOF 调整的必要性是由式(9.52)的正态分布近似导致的。权值 w_{opt} 的准确计算需要一些渐近和解析方法，在此暂不做讨论。

9.3.2.4 优化问题(3)求解方法及近似解

对于某确定 SNR 的目标，为达到要求的 P_{F} 和 P_{D}，由式(9.50)可导出所需的系统自由度为

$$D_{\mathrm{s}}=\frac{L(Q^{-1}_{\chi^2_{2L}}(P_{\mathrm{F}})-Q^{-1}_{\chi^2_{2L}}(P_{\mathrm{D}}))}{\rho Q^{-1}_{\chi^2_{2L}}(P_{\mathrm{D}})} \tag{9.67}$$

因此，优化问题(3)可记为

$$L^*_{D_{\mathrm{s}}}=\underset{L=1}{\overset{D_{\mathrm{s}}}{\arg}}\min(D_{\mathrm{s}})=\underset{L=1}{\overset{D_{\mathrm{s}}}{\arg}}\min\left(\frac{L(Q^{-1}_{\chi^2_{2L}}(P_{\mathrm{F}})-Q^{-1}_{\chi^2_{2L}}(P_{\mathrm{D}}))}{\rho Q^{-1}_{\chi^2_{2L}}(P_{\mathrm{D}})}\right) \tag{9.68}$$

比较式(9.68)和式(9.51)发现，优化问题(3)和优化问题(1)具有相同的优化输出。换句话说，在均匀 AD－MIMO 中这两个问题关于优化孔径数 L 而言是相等的。

9.4 AD－MIMO 雷达性能验证

为验证 AD－MIMO 雷达理论、优化配置参数及提出的闭式近似解(式(9.58)和式(9.66))的有效性，本节将围绕以上三个优化问题给出数值仿真。以下均默认 AD－MIMO 雷达系统配置参数 $M=5$ 和 $N=6$。

9.4.1 优化问题(1)中随 L 变化的最小可检测 SNR

分别固定 $P_{\mathrm{D}}=0.8$ 及 $P_{\mathrm{F}}=10^{-6}$、$P_{\mathrm{F}}=10^{-8}$、$P_{\mathrm{F}}=10^{-10}$，图 9.5 给出了由式(9.50)得到的可检测 SNR 随 L 变化的三条曲线。很明显，对于 AD－MIMO 雷达的最小可检测 SNR 而言，存在最优的孔径数，即系统分集自由度。当实际系统分集自由度 L 大于最优系统分集自由度时，可检测 SNR 会随着 L 的增加而变

大。也就是说,此时需要更多紧凑收发通道通过DBF处理实现相参积累,进而提高目标检测性能。

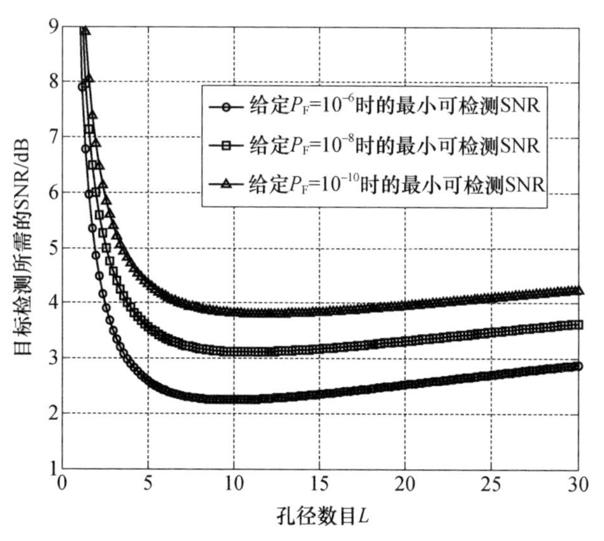

图9.5 可检测SNR随孔径数的变化曲线

9.4.2 优化问题(1)中随P_D变化的最优分集自由度

图9.6给出了AD-MIMO雷达最优分集自由度L_{opt}随P_D的变化曲线。标准最优DOF参考式(9.51)中的数值搜索输出。同时,图9.6标出了虚警概率$P_F=10^{-6}$、$P_F=10^{-8}$及$P_F=10^{-10}$条件下的仿真结果。本实验中,检测概率取值

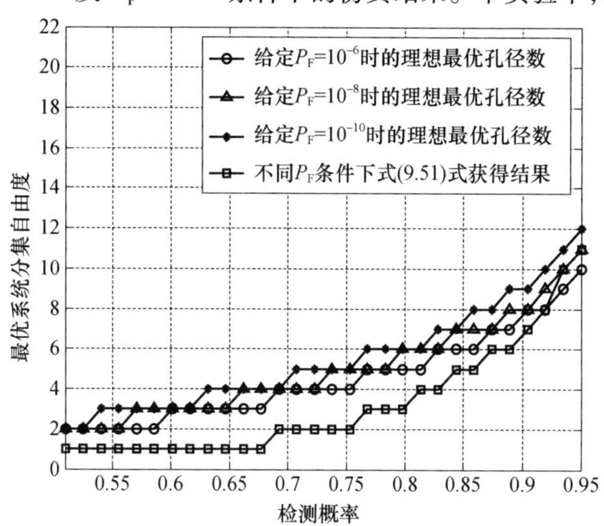

图9.6 最优系统分集自由度随P_D的变化曲线

区间为[0.5,0.95],可覆盖雷达 CFAR 检测器的需求范围。由图 9.6 可知,仅需一小部分系统自由度用于空间分集,而其他自由度应该用于相参积累。

9.4.3 优化问题(2)中随 L 变化的最大检测概率

分别固定 $P_F = 10^{-6}$ 及不同信噪比 $\rho = -3\text{dB}$、$\rho = 0\text{dB}$、$\rho = 3\text{dB}$,图 9.7 给出了由式(9.49)得到的 P_D 随 L 变化的三条曲线。显然,关于 AD - MIMO 雷达的最大检测概率 P_D,存在最优的孔径数,即系统分集自由度。当实际系统分集自由度 L 大于最优系统分集自由度时,目标 P_D 会随着 L 的增加而减小,低 SNR 目标尤甚。

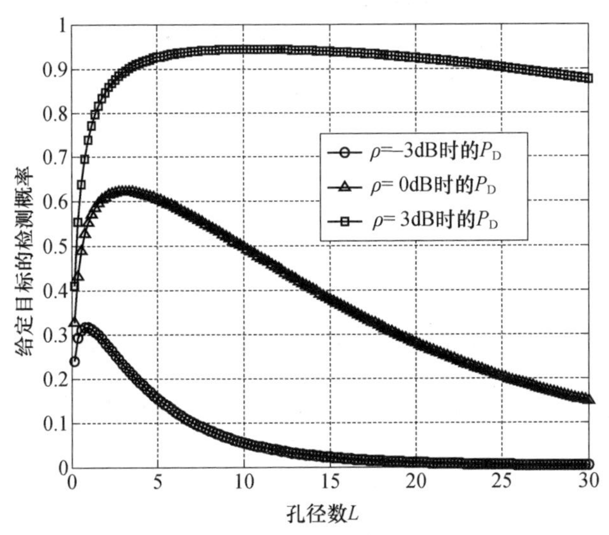

图 9.7　检测概率随孔径数的变化曲线

9.4.4 优化问题(2)中随 P_F 变化的最优分集自由度

图 9.8 给出了 AD - MIMO 雷达中最优分集自由度随 P_F 的变化曲线。标准最优 DOF 参考式(9.59)中的数值搜索输出。同时,图 9.7 标出了信噪比 $\rho = -3\text{dB}$、$\rho = 0\text{dB}$ 及 $\rho = 3\text{dB}$ 条件下的仿真结果。本实验中,虚警概率取值区间为 $[10^{-8}, 10^{-5}]$,可覆盖雷达 CFAR 检测器的需求范围。

9.4.5 优化问题(2)中随目标 SNR 变化的最优分集自由度

图 9.9 给出了 AD - MIMO 雷达中最优分集自由度随目标 SNR 的变化曲线。标准最优 DOF 参考式(9.59)中的数值搜索输出。同时,图 9.9 标出了虚警概率 $P_F = 10^{-6}$、$P_F = 10^{-7}$ 及 $P_F = 10^{-8}$ 条件下的仿真结果,虚警概率设置可覆盖雷达

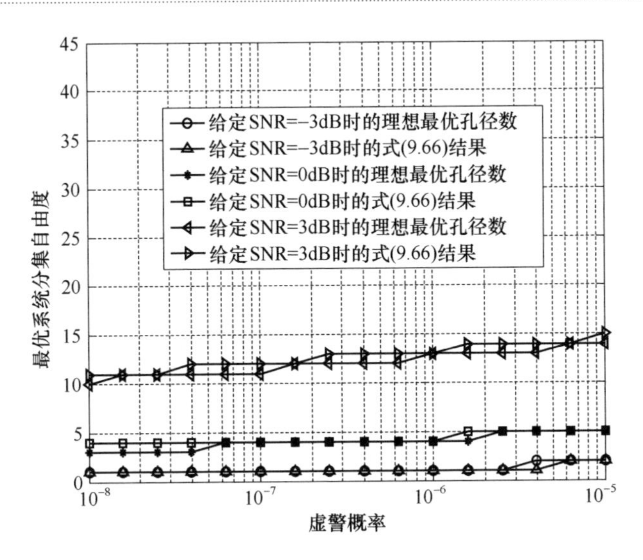

图9.8 最优系统分集自由度随 P_F 的变化曲线

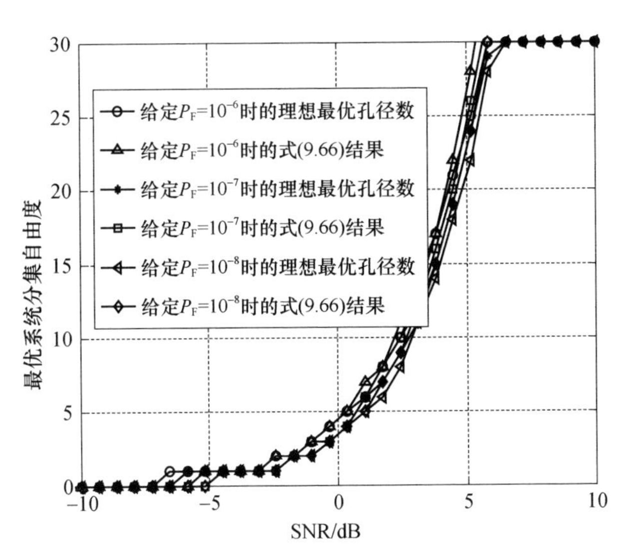

图9.9 最优系统分集自由度随SNR的变化曲线

CFAR检测需求。本实验中,目标SNR的变化范围为[-10dB,10dB]。由图9.9显见,随着目标SNR的增加,需要更多的系统自由度用于空间分集。

9.4.6 优化问题(2)中随系统自由度变化的最优分集自由度DOF

图9.10给出了AD-MIMO雷达中最优分集自由度随系统自由度 D_s 的变化曲线。标准最优DOF参考式(9.59)中的数值搜索输出。同时,图9.10标出了信噪比 $\rho=-3$dB、$\rho=0$dB 及 $\rho=3$dB 条件下的仿真结果。本实验中,系统自

由度取值区间为[15, 45]。由图 9.10 看出,最优分集自由度和系统自由度近似呈线性关系。

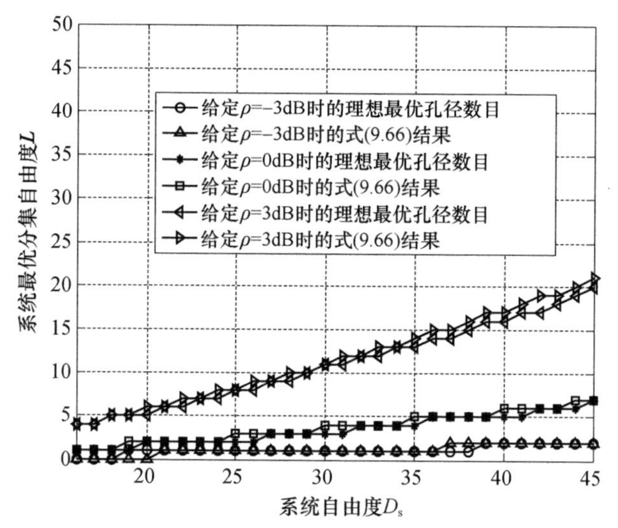

图 9.10　不同 SNR 时最优系统分集自由度随系统自由度的变化曲线

9.4.7　优化问题(3)中随孔径数 L 变化的最小系统自由度 D_s

分别固定 $P_D=0.8$ 及 $P_F=10^{-6}$、$P_F=10^{-8}$、$P_F=10^{-10}$,图 9.11 给出了由式(9.67)得到的所需系统自由度 D_s 随 L 变化的三条曲线。很明显,对于 AD - MIMO 雷达所需的最小 D_s,存在最优的孔径数,即系统分集自由度。比较图 9.5 和图 9.11 发现,优化问题(3)和优化问题(1)具有相同的优化输出,其验证了 9.3.2 节所提出的结论。

由图 9.5 ~ 图 9.11 给出的数值仿真结果,可得到如下结论:

(1) 由于在 DBF 处理带来的相参积累和空间分集带来的非相参积累间存在系统自由度的权衡,故而针对以上三个优化问题,将存在相应的最优孔径数 L,如图 9.5、图 9.7、图 9.11 所示。当分集自由度大于最优孔径数时,检测性能反而会恶化。

(2) 对具有多个收发通道的 AD - MIMO 雷达目标检测而言,针对优化问题(1)和优化问题(3),仅仅需要一小部分的最优分集自由度,如图 9.5 和图 9.11 所示。甚至对于 $P_F=10^{-9}$和 $P_D=0.95$ 条件时的高性能检测,最优分集自由度仅约为 12。这表明,有限的正交波形和少的最优分集自由度比较适合优化问题(1)和优化问题(3)。

(3) 实际的最优自由度多依赖于检测概率而很少依赖于虚警概率,如图 9.5 和式(9.56)所示。由图 9.5 知,P_F 在区间[10^{-6},10^{-9}]内的变化仅仅造成

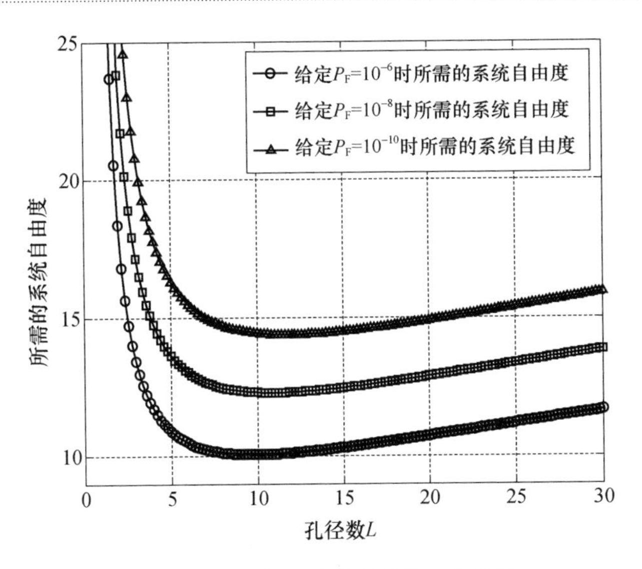

图9.11　所需D_s随孔径数的变化曲线

两个分集自由度的起伏。因此,式(9.58)能够提供分集自由度的准确估计。

(4) 优化问题(2)中,即对某目标维持最高的P_D,AD－MIMO雷达应根据目标SNR,系统自由度及P_F来改变分集自由度。特别地,最优分集自由度会分别随P_F、目标SNR和系统自由度单调增加,如图9.6～图9.9所示。

(5) 优化问题(2)中,由图9.9可知,当目标SNR＞6dB时,所有的系统自由度都应该用于空间分集,这是因为高SNR目标检测时,目标RCS闪烁是主要问题。当目标SNR＜－6dB时,所有的系统自由度都应该用于相参积累,这是因为相参积累能提高低SNR目标的检测性能。

(6) 给定P_F、P_D和目标SNR条件下,图9.5和图9.11都表明AD－MIMO雷达存在最优的孔径数。另外,也验证了优化问题(1)和优化问题(3)是对等的。

在实际应用中,式(9.58)和式(9.66)可分别对以上优化问题获得粗略估计。不过,如果需要高精度的估计结果,建议针对不同优化问题采用数值搜索方法。

9.5　小　　结

针对MIMO雷达的分布式信号检测和优化,本章首先给出AD－MIMO雷达的概念、信号模型及其LRT检测器。随后,针对AD－MIMO雷达的CFAR检测,讨论了三种优化问题:第一种是在给定P_F、P_D和系统DOF时,检测最低SNR的目标;第二种是在给定P_F、目标SNR和系统DOF时,使得检测目标具有最高

P_D;第三种是在给定 P_F、P_D 和目标 SNR 时,以最小系统 DOF 来检测目标。围绕均匀 AD - MIMO 雷达的三个优化问题,本章给出了理想最优 DOF 及闭式的近似解。上述三个问题分别对应搜索雷达远程探测目标、跟踪雷达连续跟踪目标和雷达系统设计三个应用领域的性能优化。同时,数值实验结果也验证了AD - MIMO 雷达及其优化设计在 MIMO 雷达系统设计中的有效性。总之,研究表明,MIMO 雷达的分布式信号检测的最优参数配置是系统自由度在相参积累和非相参积累两者之间的有效权衡。

第10章 分布式信号检测的部分高级主题

10.1 引　　言

信号检测是参数估计、目标识别、跟踪等的前提。多传感器分布式信号检测是单传感器检测的推广,是应用广泛的研究课题。凡是单传感器检测可以实现的应用,多传感器检测也同样能够实现。这就使得多传感器分布式信号检测的研究涉及众多领域,如雷达信号处理、地震信号处理、声纳信号处理、医学信号处理都会涉及用多个传感器进行分布式信号检测。

当检测从集中式信号检测推广到分布式信号检测后,检测器的结构和形式都发生了变化。局部最优检测、稳健检测和序贯检测皆如此。

局部最优检测提供了一种检测弱小信号的方法。局部最优分布式信号检测的设计涉及融合规则和局部处理算法两个方面。当局部传感器的一组判决规则给定时,将局部传感器判决的似然比的一阶导数与阈值相比较就得到了最优融合规则。

由于实际过程的复杂性,实际数据服从的模型与假设的模型可能存在一定程度的偏差,这就使得最优参数检测器的性能恶化。稳健分布式信号检测研究的问题是,在实际数据偏离理想模型时,如何采取措施使得算法的性能不致过于恶化。当前假定各个传感器的观测数据的标称模型都为高斯模型。针对威布尔分布、对数正态分布、K分布和复合高斯分布等雷达信号处理常用的非高斯杂波模型下的稳健分布式信号检测器的具体结果,以及在统计相关情况下的稳健分布式信号检测的研究还有待深入。

与固定样本的检测相比,序贯检测可以搜集到足够多的样本来满足所需的检测性能。在高信噪比时,需要的样本数少,系统可快速做出判决;在低信噪比时,可通过增加样本数提高检测性能,系统的可靠性高。因此,序贯检测具有很高的灵活性。分布式序贯检测不但涉及局部判决规则和融合准则的设计,还涉及停止规则的设计,因此其设计工作比固定样本的分布式信号检测器的设计复杂，有时甚至是计算上不可能的。因而，分布式系统的序贯检测最优设计理论意义要大过实际价值，实践中必须结合特定的问题，设计相应的次优算法。

囿于笔者水平，本书难以囊括分布式信号检测的全部内容。在信号检测中，局部最优检测稳健检测和序贯检测是三种典型的信号检测理论，本章将介绍这三种理论的分布式形式。

10.2 局部最优分布式信号检测

本小节考虑设计一个 N 传感器并行分布式检测算法，以便在简单的零假设 H_0 和信号存在的被择假设 H_1 之间做出选择。每个传感器都有一个相关联的处理器，处理器仅利用其传感器的观测信号来做出局部判决，并把判决结果传递到唯一的中央处理中心，做出目标存在与否的全局判决。

在传感器 $k(k=1,\cdots,N)$，随机观测矢量 $\boldsymbol{Y}_k$ 的某一个特定值 $\boldsymbol{y}_k$ 被观测到，而 $\boldsymbol{y}_k$ 是长度为 m_k 的实值矢量。一般而言，$\boldsymbol{Y}_1,\cdots,\boldsymbol{Y}_N$ 并不是彼此独立的。令二元随机变量 U_0 表示融合中心的二元判决，u_0 表示 U_0 的某一个实现，其中，$u_0=0$ 表示信号不存在，而 $u_0=1$ 表示信号存在。同样地，令二元随机变量 U_k 表示传感器 k 的判决，U_k 的实现用 u_k 表示。

一般而言，被择假设并不是简单的假设，特别是信号的强度常是未知的。假设传感器 k 的观测矢量 $\boldsymbol{Y}_k$ 的概率密度函数为$f_{\boldsymbol{Y}_k}(\boldsymbol{y}_k|\theta)$，其中 θ 是与信噪比有关的参数，$\theta=0$ 时信号不存在，$\theta>0$ 时信号存在。换言之，传感器 k 要在下面两个假设中做出判决：

$$\begin{cases}\mathrm{H}_1: & \theta>0 \\ \mathrm{H}_0: & \theta=0\end{cases} \tag{10.1}$$

这样，融合中心的检测概率 $P_\mathrm{d}(\theta)=\Pr(U_0=1|\theta)$ 一般与 θ 有关。

在很多情况下，在虚警概率 $P_\mathrm{f}=\Pr(U_0=1|\theta=0)$ 不超过某一固定上界的条件下，对所有可能的 θ 都产生最高的检测概率的检验并不能找到，即 UMP 检测并不存在，特别是在分布式信号检测中和在非高斯背景条件下 UMP 检验更难获得。一种可能的方法是寻找一个 LO 策略，它提供了一种增强对小信号检测的方法，即在限定虚警概率的条件下使检测概率在信噪比等于 0 处的导数极大化。有时，在加性噪声中检测零均值随机信号时，检测概率的导数$\left.\frac{\mathrm{d}P_\mathrm{d}(\theta)}{\mathrm{d}\theta}\right|_{\theta=0}$有可能等于 0，那么 LO 策略就最大化$\left.\frac{\mathrm{d}^\ell}{\mathrm{d}\theta^\ell}P_\mathrm{d}(\theta)\right|_{\theta=0}$，其中，$\ell$ 等于 k 的最小值，而 k 对所有合理的检验都满足$\left.\frac{\mathrm{d}^k}{\mathrm{d}\theta^k}P_\mathrm{d}(\theta)\right|_{\theta=0}\neq0$[334]。

Fedele 等[107]将 LO 分布式信号检测策略作为一种次优的空间分集合并技术来解决带通通信问题。他们考虑了在加性非高斯噪声中存在幅度起伏的开关键控信号的相干检测问题。在各个传感器观测信号统计独立假设下，最佳的局部传感器判决规则与同样信号模型下单传感器检测时的判决规则的形式相同，差别之处在于阈值大小。

从原理上讲，当局部传感器的一组判决规则给定时，最优融合规则的设计是直观的。将局部传感器判决的似然比的？阶导数与阈值相比较就得到了最优融合规则。当各个传感器的观测信号之间是统计相关时，由于最优传感器检测器一般与集中式检测器并不相同而更令人感兴趣。

给定融合规则和其他传感器的判决规则，可以证明[79]局部最优的传感器检验统计量具有下列形式：

$$T_k(\boldsymbol{y}_k) = \left.\frac{\dfrac{\mathrm{d}^\ell}{\mathrm{d}\theta^\ell} f_{\boldsymbol{Y}_k}(\boldsymbol{y}_k|\theta)}{f_{\boldsymbol{Y}_k}(\boldsymbol{y}_k|\theta)}\right|_{\theta=0} + \left.\frac{\sum\limits_{\boldsymbol{u}^k} C(\boldsymbol{u}^k)\left[\dfrac{\mathrm{d}^\ell}{\mathrm{d}\theta^\ell}\Pr(\boldsymbol{U}^k=\boldsymbol{u}^k|\boldsymbol{Y}_k=\boldsymbol{y}_k,\theta)\right]}{\sum\limits_{\boldsymbol{u}^k} C(\boldsymbol{u}^k)\left[\Pr(\boldsymbol{U}^k=\boldsymbol{u}^k|\boldsymbol{Y}_k=\boldsymbol{y}_k,\theta)\right]}\right|_{\theta=0} \tag{10.2}$$

式中：$\boldsymbol{u}^k$ 为一组除传感器 k 之外的其余传感器的判决集合；$\Pr(\boldsymbol{U}^k=\boldsymbol{u}^k|\boldsymbol{Y}_k=\boldsymbol{y}_k,\theta)$为在给定传感器 k 的一组观测信号时，其余传感器的判决结果为给定值的条件概率；$C(\boldsymbol{u}^k)$满足

$$C(\boldsymbol{u}^k)=\Pr(U_0=1|\boldsymbol{U}^k=\boldsymbol{u}^k,U_k=1)-\Pr(U_0=1|\boldsymbol{U}^k=\boldsymbol{u}^k,U_k=0) \tag{10.3}$$

其中：$\Pr(U_0=1|\boldsymbol{U}^k=\boldsymbol{u}^k,U_k=u_k)$仅依赖于融合规则。

式(10.2)中的检验统计量 T_k 由两项组成：第一项是传感器 k 的观测信号的似然比的导数，是传感器 k 单独工作时的局部最优检验统计量；第二项依赖于 $\boldsymbol{y}_k$，这使得传感器的最佳检验统计量不同于它独立工作时的检验统计量。T_k 与阈值 λ_k 相比较以得到局部传感器的判决结果。

10.2.1　两传感器局部最优随机信号检测

考虑一种更接近实际的模型：在加性、可能是非高斯、零均值噪声中观测某一随机信号。假设每一传感器观测样本数相等，即 $m_1=m_2=m$。

第 k 个传感器的 m 个观测信号模型为

$$Y_{ki}=\theta S_{ki}+W_{ki}\quad(i=1,\cdots,m) \tag{10.4}$$

式中：$\boldsymbol{S}_k=[S_{k1},\cdots,S_{km}]$是随机信号样本矢量；$W_{ki}(i=1,\cdots,m)$为独立同分布的噪声样本，其概率密度函数为一元函数$f_{W_k}$。

假如两个传感器观测到的是非零均值随机信号，那么 LO 传感器检验统计量的形式与单个传感器独立检测一个噪声中的已知信号时 LO 检测统计量的形

式相同。

当两个传感器观测到的是零均值随机信号时,在假设噪声概率密度函数满足充分的正规性条件后,可以证明[108]传感器 1 的 LO 检验统计量具有下列形式:

$$T_1(\boldsymbol{y}_1) = \sum_{i=1}^{m} E\{S_{1i}^2\}\frac{f''_{W_1}(y_{1i})}{f_{W_1}(y_{1i})} + \sum_{i=1}^{m}\sum_{j=1,j\neq i}^{m} E\{S_{1i}S_{1j}\}\frac{f'_{W_1}(y_{1i})}{f_{W_1}(y_{1i})}\frac{f'_{W_1}(y_{1j})}{f_{W_1}(y_{1j})} + \sum_{i=1}^{m}\sum_{j=1}^{m} a_{1j}E\{S_{1i}S_{2j}\}\frac{f'_{W_1}(y_{1i})}{f_{W_1}(y_{1i})} + b_1 \tag{10.5}$$

T_1 与阈值 λ_1 比较,可得到目标存在与否的局部判决。

式(10.5)中

$$a_{1j} = 2\frac{c_\Delta}{\alpha_2 c_\Delta + c_b}\left[\int_{T_2>\lambda_2}\frac{f'_{W_2}(y_{2j})}{f_{W_2}(\boldsymbol{y}_{2j})}f_{\boldsymbol{W}_2}(\boldsymbol{y}_2)\mathrm{d}\boldsymbol{y}_2\right] \tag{10.6}$$

$$b_1 = c_1 + d_1 \tag{10.7}$$

$$c_1 = \frac{c_\Delta}{\alpha_2 c_\Delta + c_b}\left[\sum_{i=1}^{m} E\{S_{2i}^2\}\int_{T_2>\lambda_2}\frac{f''_{W_2}(y_{2j})}{f_{W_2}(y_{2j})}f_{\boldsymbol{W}_2}(\boldsymbol{y}_2)\mathrm{d}\boldsymbol{y}_2\right] \tag{10.8}$$

$$d_1 = \frac{c_\Delta}{\alpha_2 c_\Delta + c_b}\left[\sum_{i=1}^{m}\sum_{j=1,j\neq i}^{m} E\{S_{2i}S_{2j}\}\int_{T_2>\lambda_2}\frac{f'_{W_2}(y_{2i})}{f_{W_2}(y_{2i})}\frac{f'_{W_2}(y_{2j})}{f_{W_2}(y_{2j})}f_{\boldsymbol{W}_2}(\boldsymbol{y}_2)\mathrm{d}\boldsymbol{y}_2\right] \tag{10.9}$$

其中:α_j 为传感器 j 的虚警概率;T_2、λ_2 分别为传感器 2 的检验统计量和阈值;C_Δ 和 c_b 分别为

$$c_\Delta = [\Pr(U_0=1|U_1=1,U_2=1) - \Pr(U_0=1|U_1=0,U_2=1)] - [\Pr(U_0=1|U_1=1,U_2=0) - \Pr(U_0=1|U_1=0,U_2=0)] \tag{10.10}$$

$$c_b = \Pr(U_0=1|U_1=1,U_2=0) - \Pr(U_0=1|U_1=0,U_2=0) \tag{10.11}$$

传感器 2 的检验统计量与式(10.5)类似,只不过要交换对传感器 1 和传感器 2 的引用。

式(10.5)中的检验统计量包括四项。第四项是常数项 b_1,它并不是 y_1 的函数,因而可以认为是阈值的一部分。前两项与集中式检测类似,第三项是分布式信号检测所独有的。前两项是基于传感器 1 的观测信号形成的广义能量测度[334],也可以看作单传感器检测时的局部最优集中式检验统计量。如果第三项不等于 0,则分布式信号检测中的局部传感器检验统计量的形式与单传感器检测时局部最优检验统计量有很大的不同。进而,第三项的形式可能会随着传感器的不同而不同,使得在每个传感器的局部最优检验统计量的形式都不相同。第三项可以看作一种相关项,而式(10.5)可以看作对两传感器局部最优集中式

检验统计量的一种近似。由于第一个传感器并没有构建两传感器集中式检验统计量所需的数据,它就试图近似两传感器 LO 集中式检验所需的相关处理。

Blum 等[108]给出的数值解表明了最优的传感器判决规则、融合准则随着噪声的 PDF、虚警概率以及 m 的变化而变化。式(10.5)~式(10.11)给出了对于给定的融合规则,局部最优分布式信号检测需要满足的必要条件。在两个传感器观测信号模型相同、信噪比相等的假设下,在融合中心采用 AND 和 OR 融合准则时,搜索到了满足这些必要条件的解。下面介绍他们的主要结论。

首先,考虑每个传感器仅有一个观测信号,即 $m=1$。对于单位方差的零均值高斯噪声,a_{11} 和 a_{21} 的最佳选择是 $a_{11}=a_{21}=0$,局部传感器的最优检验统计量和单传感器检测时一样,此时 OR 融合准则具有更好的性能。另外,对于重拖尾噪声的 PDF,非零的 a_{11} 和 a_{12} 有时具有更好的性能。对于 PDF 如式(10.12)所示的 Cauchy 噪声,AND 融合准则下最佳解的性能优于 OR 融合准则下最佳解的性能。同时,为了达到更好的性能,在 α_0 较小时,a_{11} 应取非零值;α_0 较大时,a_{11} 应取 0。对于每一种情况,在最佳性能下都有 $a_{11}=a_{21}$。

$$f_{W_k}(y)=\frac{1}{\pi(1+y^2)} \tag{10.12}$$

当融合中心采用 AND 融合准则时,为了达到最佳的性能,a_{11} 和 a_{21} 必须符号相同。当融合中心采用 OR 融合准则时,为了达到最佳的性能,a_{11} 和 a_{21} 必须符号相反。从本质上说,假如 AND 融合规则是最优的,两个传感器检验的是符号相同的信号,属于某种形式的相关检测;假如 OR 融合准则是最优的,各个传感器检验的是符号不同的信号,属于某种形式的能量检测。

当 $m>1$ 时,类似的结论也成立。特别是,随着 m 的增加,系数 a_{kj} 趋向于减小。Blum 等[108]利用渐进分析证明了,当 $m\to\infty$ 时,最优的局部传感器检验统计量趋近于最优的单传感器检验统计量。

10.2.2　窄带信号

在通信、雷达和声纳等应用中,人们感兴趣的一般是窄带信号。观测信号常常用同相(I)和正交(Q)分量表示,即

$$Y_{ki}=[Y_{Iki},Y_{Qki}]\quad(k=1,2;i=1,\cdots,m) \tag{10.13}$$

$$S_{ki}=[S_{Iki},S_{Qki}]\quad(k=1,2;i=1,\cdots,m) \tag{10.14}$$

$$W_{ki}=[W_{Iki},W_{Qki}]\quad(k=1,2;i=1,\cdots,m) \tag{10.15}$$

为简单起见,假设$\{W_{1i},W_{2i},i=1,\cdots,m\}$是一组独立同分布二元零均值噪声样本,具有共同的 f_{IQ},且有

$$f_{IQ}(u,v)=h(\sqrt{u^2+v^2}) \tag{10.16}$$

进一步假设,不同时刻的信号样本 S_{ki} 和 $S_{\ell j}(i\neq j)$ 是独立的;同一时刻的信号样本是相关的,且有

$$E\{S_{1i}S_{2i}\}=E\{S_{ki}^2\}=1 \quad (k=1,2) \tag{10.17}$$

在上述假设下,第一个传感器的最优检验统计量为

$$T_1(\boldsymbol{y}_1)=\sum_{i=1}^{m}\left[\frac{h''(r_{1i})}{h(r_{1i})}+\frac{h'(r_{1i})}{r_{1i}h(r_{1i})}+(a_{\mathrm{I}1}y_{\mathrm{I}1i}+a_{\mathrm{Q}1}y_{\mathrm{Q}1i})g_{\mathrm{LO}}(r_{1i})\right]+b_1 \tag{10.18}$$

式中:$h'(r)$、$h''(r)$为函数 h 对幅度参数 r 的一阶和二阶导数;且有

$$r_{ki}=\sqrt{Y_{\mathrm{I}ki}^2+Y_{\mathrm{Q}ki}^2} \tag{10.19}$$

$$a_{\mathrm{I}1i}=\frac{2c_\Delta}{\alpha_2c_\Delta+c_\mathrm{b}}\int_{T_2(\boldsymbol{y}_2)>\lambda_2}y_{\mathrm{I}2i}g_{\mathrm{LO}}(r_{2i})\prod_{j=1}^{m}f_{\mathrm{IQ}}(y_{\mathrm{I}2j},y_{\mathrm{Q}2j})\mathrm{d}y_{\mathrm{I}2j}\mathrm{d}y_{\mathrm{Q}2j} \tag{10.20}$$

$$a_{\mathrm{Q}1i}=\frac{2c_\Delta}{\alpha_2c_\Delta+c_\mathrm{b}}\int_{T_2(\boldsymbol{y}_2)>\lambda_2}y_{\mathrm{Q}2i}g_{\mathrm{LO}}(r_{2i})\prod_{j=1}^{m}f_{\mathrm{IQ}}(y_{\mathrm{I}2j},y_{\mathrm{Q}2j})\mathrm{d}y_{\mathrm{I}2j}\mathrm{d}y_{\mathrm{Q}2j} \tag{10.21}$$

$$b_1=\frac{c_\Delta}{\alpha_2c_\Delta+c_\mathrm{b}}\int_{T_2(\boldsymbol{y}_2)>\lambda_2}\sum_{i=1}^{m}\left(\frac{h''(r_{2i})}{h(r_{2i})}+\frac{h'(r_{2i})}{r_{2i}h(r_{2i})}\right)\times \prod_{j=1}^{m}f_{\mathrm{IQ}}(y_{\mathrm{I}2j},y_{\mathrm{Q}2j})\mathrm{d}y_{\mathrm{I}2j}\mathrm{d}y_{\mathrm{Q}2j} \tag{10.22}$$

$$g_{\mathrm{LO}}(r)=-\frac{h'(r)}{rh(r)} \tag{10.23}$$

传感器 2 的检验统计量与传感器 1 类似,只不过要将对传感器 1 和传感器 2 的引用交换。

式(10.18)中的前两项对应于传感器 1 单独工作时的最优检验统计量,第三项是对两个传感器之间相关性的估计。数值计算结果表明[109],在$(a_{\mathrm{I}1i},a_{\mathrm{Q}1i})$和$(a_{\mathrm{I}2i},a_{\mathrm{Q}2i})$之间存在一种类似的对称性,即传感器判决规则与融合准则一起来近似能量检测策略和相关检测策略,且 $a_{\mathrm{I}1i}^2+a_{\mathrm{Q}1i}^2$ 和 $a_{\mathrm{I}2i}^2+a_{\mathrm{Q}2i}^2$ 随着 m 的增大而减小。

10.3 稳健分布式信号检测

稳健检测与非参数检测密切相关。稳健分布式信号检测主要研究当用来进行算法设计的统计模型出现不确定时分布式系统的稳健性。稳健检测问题在集中式检测中得到了深入研究[335]。稳健集中式检测的基本原理是通过设计某一最小偏好模型下的最优检测器来设计稳健检测器。

考虑如下的集中式检测问题:确定一组独立同分布的数据 $Y_1,Y_2,\cdots,Y_k$ 服从两个可能的边沿分布 $\mathcal{P}_0$ 和 $\mathcal{P}_1$ 中的哪一个。几种常用的最优化准则都可用来

指导检测器设计，如贝叶斯准则、Min - Max 准则和 NP 准则。它们都可以通过似然比检验来解决，也就是通过 $\prod_{i=1}^{k} L(Y_i)$（$L(Y_i)$ 为 $\mathcal{P}_0$ 和 $\mathcal{P}_1$ 之间基于单个样本 Y_i 的似然比）和阈值比较在 $\mathcal{P}_0$ 和 $\mathcal{P}_1$ 中做出判决。阈值通过采用的最优化准则来确定。

寻求稳健检测的一种方法是，通过边沿分布 $\mathcal{P}_0$、$\mathcal{P}_1$ 的两个不确定类来代替 $\mathcal{P}_0$、$\mathcal{P}_1$，即通过复合假设来代替简单假设，用 $\mathcal{P}_0$ 来表示在 H_0 下某一范围内的统计行为，用 $\mathcal{P}_1$ 来表示在 H_1 下某一范围内的统计行为。例如，$\mathcal{P}_0$ 可以是分布集合，即 $(1-\varepsilon)p_0+\varepsilon Q$，其中，$p_0$ 为标称的观测数据的边沿分布，$\varepsilon\in[0,1)$ 为模型的不确定度，Q 为任意未知的分布。这一模型称为 ε 混合模型。同样，$\mathcal{P}_1$ 也可以是一个围绕某一标称分布的 ε 混合模型。当然也有一些其他的不确定类定义方法。

由于上述三种准则在这两个不确定类上不能达到一致最优，因此可以将虚警概率和漏警概率分别用它们在这两个不确定类上的最大值代替，经最优化得到的检测器就称为极小极大稳健检测器。

检测器的设计步骤：首先找出一对最小偏好分布；然后在此基础上设计最优检验。

例如，当不确定类是 ε 混合类时，所获得的检测器为

$$\sum_{i=1}^{k}[L(Y_i)]_a^b \underset{H_0}{\overset{H_1}{\gtrless}} \lambda \tag{10.24}$$

式中：$L(Y_i)$ 为标称模型下单个观测值的似然比；$0<a<b<\infty$，且 a 和 b 是依赖于标称分布和 ε 的两个常数；$[x]_a^b$ 为

$$[x]_a^b=\begin{cases} b & x\geqslant b \\ x & a<x<b \\ a & x\leqslant a \end{cases} \tag{10.25}$$

该检测器通过限制似然比的取值区间来使之对模型的不确定性保持稳健性。

分布式信号检测中的稳健性问题也得到了一定的研究[12,128,130]。Veeravalli 等[12]研究了带有融合中心和不带有融合中心的分布式信号检测网络的极小极大稳健性问题。在适当的假设下，通过设计基于最小偏好模型的最优分布式信号检测器，可以使之具有极小极大稳健性。而且，也是在这一适当假设下，分布式信号检测具有和集中式信号检测本质上相同的最小偏好模型。因而，稳健分布式信号检测问题可以转化为最优分布式信号检测系统在最小偏好模型下的设计问题。如果在分布式信号检测网络中观测数据的概率分布不确定，而这种不

确定性又能够用 ε 混合模型来建模,那么稳健性就能通过限制似然比来达到,而限制的程度将取决于 ε。Geraniotis 等[128]研究了这一问题的渐近性。Gowda 等[130]则研究了在参数先验不确定性情况下分布式信号检测系统的稳健性。

在经典的并行分布式信号检测系统中,解决通信容量的限制有两种方法:一种方法是将局部传感器的判决结果进行多位量化;另一种方法是利用各个传感器向融合中心发送和不发送局部处理结果的比率,即筛选率代替通信容量的限制,若发送数据则传送似然比,否则不传送数据。后者称为带有筛选传感器的分布式信号检测方法[200],其中的一个关键问题是如何确定筛选阈值。当两种假设下的观测信号分布可以用某一不确定类的最小偏好分布描述时,筛选阈值也必须做相应的修正。因而,也可以利用最小偏好分布来解决稳健筛选问题。

10.4 分布式序贯检测

10.4.1 序贯检测基本概念

检测问题可以根据判决是静态的还是动态的进行划分。在静态检测中,每一个检测器仅仅做出一个判决。静态的集中式信号检测问题得到了深入研究且理论成果丰硕[301]。分布式信号信号检测的研究成果大多数是基于静态检测的,然而在许多情况下静态检测并不合适,如对现象的观测以固定时间间隔重复进行,新的观测信息不断产生,为了优化系统性能,就必须利用不断获得的信息改善判决的质量,因此需要动态决策融合。这类问题也称为序贯决策问题,最初由 Wald 引入。序贯分析(统计中的序贯方法)[336]正是研究如何得到和利用序贯样本进行统计推断(或选择)的统计学分支。在假设检验、参数估计及更一般的统计判决问题中,序贯分析方法一般有停止规则与判决规则两个组成部分。停止规则是指在对总体进行逐次观测(或抽样)的过程中何时停止下来。判决规则是指根据停止时得到的全部数据(序贯)样本对总体应如何做出推断或选择,如接受或拒绝一个假设,估计参数等。集中式序贯检测是序贯分析研究的焦点。作为集中式序贯检测理论的推广,分布式序贯检测理论也得到了深入研究[18,19,23-26,200-202,337-344]。

分布式序贯检测主要研究如下三种类型的问题:

(1) 各个局部传感器将自己的局部判决送给融合中心,融合中心根据各个传感器的判决进行序贯检测。

(2) 各个传感器本身完成序贯检测,通过相互耦合的目标函数来实现最佳检测。

(3) 快检测问题,即检测在未知时间内出现的突然变化。

在叙述分布式序贯检测的主要结果之前，先回顾集中式序贯检测的一些有用的结论。集中式序贯检测器的设计涉及停止规则和最终决策规则的确定。停止规则是用来决定在什么时候停止观测，由于它依赖于观测数据本身，所以停止时间是一个随机数。最终决策规则是指在观测停止后根据观测样本如何做出最终判决的决策规则。

目前，对于分布式序贯检测的研究多数是基于两个主要假设：一是各局部观测在时间（同一局部处理器在不同时刻）和空间（不同局部处理器间）上是统计独立，因此各局部判决在时间和空间上也是统计独立的；二是对于假设检验问题，若某一假设成立，则它在整个观测间隔上保持不变。

10.4.2　问题描述

考虑如图 10.1 所示的 N 传感器并行分布式信号检测系统，各个传感器分别用 $S^{(1)},\cdots,S^{(N)}$ 表示。令二元随机变量 H 代表所要检验的假设，且 H 以先验概率 ν 取 H_0，以先验概率 $1-\nu$ 取 H_1。假设传感器 $S^{(l)}$ 的观测信号在 H_j 成立时服从概率密度函数 $f_j^{(l)}$，且不同 H_j 下的观测信号彼此统计独立。同时，假设各个传感器的观测信号彼此统计独立。

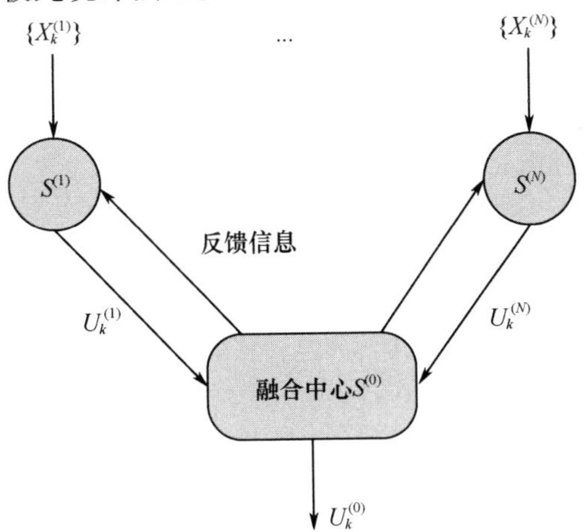

图 10.1　并行分布式序贯检测结构

在时刻 $k\in\{1,2,\cdots\}$，传感器 $S^{(l)}$ 对现象进行观测，利用观测结果 $X_k^{(l)}$ 形成小结信息 $U_k^{(l)}$，并将 $U_k^{(l)}$ 送到融合中心。$U_k^{(l)}$ 取有限集合 $\{0,\cdots,D^{(l)}-1\}$ 中的某一元素 $d^{(l)}$。

融合中心的融合规则 ψ 包括选择一个停止时间 τ 和基于直到时刻 τ 的信息的一个最终判决 $\delta\in\{0,1\}$ 两个部分。通过代价函数 $C(\delta,\mathrm{H})$ 对错误决策进行惩罚。典型的错误代价具有下列形式：

$$C(0,\mathrm{H}_0)=C(1,\mathrm{H}_1)=0$$
$$C(0,\mathrm{H}_1)=L_0(L_0>0) \tag{10.26}$$
$$C(1,\mathrm{H}_0)=L_1(L_1>0)$$

对于每一个融合规则和局部传感器量化规则，都有相应的平均代价 $\mathrm{E}[C(\delta,\mathrm{H})]$ 和平均时延 $\mathrm{E}[\tau]$。然而，二者不可能同时任意小，必须折中考虑。实际中，常考虑以下两种情况：

(1) 使平均错误代价不超过某一值 α 的前提下，在所有允许的融合策略 ψ 和局部传感器量化规则 $\{\phi_k^{(l)}\}$ 中，选择使得时延的期望 $\mathrm{E}[\tau]$ 最小的一组。

(2) 在所有允许的融合策略 ψ 和局部传感器量化规则 $\{\phi_k^{(l)}\}$ 中，选择使得贝叶斯代价 $\mathrm{E}[c\tau+C(\delta,\mathrm{H})]$ 最小的一组，其中，常数 $c>0$ 可以解释为时间上每增加一步所付出的代价。

在存在融合中心向局部传感器反馈条件下，在时刻 k，融合中心可以向局部传感器广播它在 $k-1$ 时刻接收到的所有局部处理结果。因而，在时刻 k，各个传感器就能够获得它自己的所有观测结果以及所有传感器的局部处理结果。而融合中心，则拥有直到 k 时刻所有传感器的局部处理结果。Veeravalli 在下述五种信息传递结构下研究了分布式序贯检测的性能[338]：

(1) 局部传感器无记忆且无反馈，即

$$U_k^{(l)}=\phi_k^{(l)}(X_k^{(l)}) \tag{10.27}$$

(2) 局部传感器有记忆但无反馈，即

$$U_k^{(l)}=\phi_k^{(l)}(X_1^{(l)},\cdots,X_k^{(l)}) \tag{10.28}$$

(3) 局部传感器能够记忆自己以前的小结信息但无反馈，即

$$U_k^{(l)}=\phi_k^{(l)}(X_k^{(l)};U_1^{(l)},\cdots,U_{k-1}^{(l)}) \tag{10.29}$$

(4) 局部传感器记忆充分且有反馈

$$U_k^{(l)}=\phi_k^{(l)}(X_1^{(l)},\cdots,X_k^{(l)};U_1^{(1)},\cdots,U_{k-1}^{(1)},U_1^{(2)},\cdots,U_{k-1}^{(2)},\cdots,U_1^{(N)},\cdots,U_{k-1}^{(N)}) \tag{10.30}$$

(5) 局部传感器只能够记忆自己以前的小结信息且系统反馈信息充分，即

$$U_k^{(l)}=\phi_k^{(l)}(X_k^{(l)};U_1^{(1)},\cdots,U_{k-1}^{(1)},U_1^{(2)},\cdots,U_{k-1}^{(2)},\cdots,U_1^{(N)},\cdots,U_{k-1}^{(N)}) \tag{10.31}$$

在无线传感器网络中，传感器和融合中心之间的通信带宽是有限的，传感器的存储能力也是有限的，因此，第一种信息传递结构是合适的。此时，最优的局部传感器的量化器并不是固定不变的，随着时间步长的增加有可能发生变化[24]。对于第二种和第四种信息传递结构，即使在各个传感器观测彼此独立的

假设下，系统的设计也难以得到任何简化[18]，最优决策规则只能通过穷尽搜索的方法获得，因而实际中是难以处理的。对于第三种信息传递方案，在传感器观测独立时，最优传感器量化规则是似然比量化器[343]。由于最优阈值满足一组相互耦合方程，即使只考虑延时很短条件下的系统优化，最优阈值的求解也往往是很困难的，甚至在计算上是不可能的。

第五种信息传递结构可以利用动态规划方法进行求解，最优解的求解相对容易一些。下面介绍基于第五种信息传递结构的分布式序贯检测器的最优化方法。

10.4.3　融合中心做序贯检验的分布式信号检测

在时刻 i，第 k 个传感器计算一个小结信息 $U_i^{(k)}$，并把它广播给其他传感器和融合中心。$U_i^{(k)}$ 为 $X_i^{(k)}$ 和所有传感器过去的小结信息的函数，即

$$U_i^{(k)} = \phi_i^{(k)}(X_i^{(k)}; I_{i-1}) \tag{10.32}$$

式中

$$I_{i-1} = (U_1^{(1)}, \cdots, U_{i-1}^{(1)}, U_1^{(2)}, \cdots, U_{i-1}^{(2)}, \cdots, U_1^{(N)}, \cdots, U_{i-1}^{(N)}) \quad (i = 2, 3, \cdots) \tag{10.33}$$

小结信息将从一个小的字母表中取，可以是二元的也可以是多元的，并且容易在容量受限的信道上传输。为方便讨论，假设这些小结信息是二元的，即 $U_i^{(k)} \in \{0, 1\}$。融合中心利用各个传感器的小结信息完成序贯检验。通过选择融合中心最优的停止规则和决策规则以及局部传感器小结信息的获取方法，就可以将检测器确定下来。优化的目标是，使由采样代价和平均错误概率构成的代价函数最小。

各个传感器停止观测的时间为

$$\tilde{\nu} = \min\{i > 1 \mid \tilde{\pi}_i \notin (\tilde{\pi}_{\mathrm{L}}, \tilde{\pi}_{\mathrm{U}})\} \tag{10.34}$$

式中：$\tilde{\pi}_i = \Pr(H_1 \mid I_i)$ 为假设 H_1 出现的后验概率；$0 \leqslant \tilde{\pi}_{\mathrm{L}} < \tilde{\pi}_{\mathrm{U}} \leqslant 1$ 为由观测数据的概率分布确定的两个阈值，如果 $\pi_{\tilde{\nu}} \geqslant \tilde{\pi}_{\mathrm{U}}$，最终决策选择 H_1，否则选择 H_0。

传感器 k 广播的小结信息为

$$U_i^{(k)} = \phi_i^{(k)}(X_i^{(k)}, \tilde{\pi}_{i-1}) \quad (i = 1, 2, \cdots) \tag{10.35}$$

如果 H_0 和 H_1 之间的局部似然比过阈值，则 $U_i^{(k)} = 1$；否则，$U_i^{(k)} = 0$。

第 k 个传感器的阈值是 $\tilde{\pi}_{i-1}$ 的一个确定函数，可以通过文献[18]中的方法解出具体的数值。

上述结果给出了一种最优分布式序贯检测算法，该方法直观上是很令人满意的。每个传感器基于似然比计算出小结信息，融合中心完成类似集中式序贯

检测的检验。但它们之间存在明显的不同:首先,像绝大多数分布式信号检测问题一样,局部传感器阈值的计算是相当复杂的;其次,融合中心赖以做出最终判决的数据不是独立同分布的,尽管局部传感器的观测数据是独立同分布的。

下面研究两传感器系统($N=2$),每个传感器向融合中心传递1bit的信息,即 $D^{(1)}=D^{(2)}=2$。定义 $\boldsymbol{I}_k$ 如下:

$$\boldsymbol{I}_k:=\{U_1^{(1)},\cdots,U_k^{(1)},U_1^{(2)},\cdots,U_k^{(2)}\} \tag{10.36}$$

可见,$\boldsymbol{I}_k$ 是融合中心在第 k 步所获得的用于决策的信息。

系统参数的优化可以通过动态规划(DP)来解决。可以证明,给定 $\boldsymbol{I}_k$ 后,假设 H_0 的后验概率 p_k 是DP迭代的一个充分统计量,即

$$p_k=\Pr(\mathrm{H}=\mathrm{H}_0\mid\boldsymbol{I}_k) \tag{10.37}$$

在第 k 步迭代时,该一维充分统计量是融合中心和局部传感器都需要存储的,可以通过式(10.49)更新。该问题的完整解见以下两个定理[338]。

定理 10.1 在每一时刻 k,局部传感器利用阈值是 p_{k-1} 的函数的似然比检验做出局部判决,即

$$U_k^{(l)}=\begin{cases}1 & (L^{(l)}(X_k^{(l)})>\lambda^{(l)}(p_{k-1}))\\ 0 & (\text{否则})\end{cases} \tag{10.38}$$

式中

$$L^{(l)}(X_k^{(l)})=\frac{f_1^{(l)}(X_k^{(l)})}{f_0^{(l)}(X_k^{(l)})} \tag{10.39}$$

最优融合策略具有下述形式:

(1) 如果 $p_k\geqslant a$,则检测器终止,最终判决为0。

(2) 如果 $p_k\leqslant b$,则检测器终止,最终判决为1。

(3) 如果 $b<p_k<a$,则继续进行观测。

所有传感器和融合中心的阈值可以通过下述方法得到。令 $J(p)$ 是下述不动点方程的唯一解:

$$J(p)=\min\{L_1p,L_0(1-p),c+\min_{\lambda^{(1)},\lambda^{(2)}}W_J(\lambda^{(1)},\lambda^{(2)};p)\} \tag{10.40}$$

式中

$$W_J(\lambda^{(1)},\lambda^{(2)};p)=\sum_{d^{(1)},d^{(2)}}J\left(\frac{g(d^{(1)},d^{(2)};\lambda^{(1)},\lambda^{(2)};p)}{h(d^{(1)},d^{(2)};\lambda^{(1)},\lambda^{(2)};p)}\right)h(d^{(1)},d^{(2)};\lambda^{(1)},\lambda^{(2)};p) \tag{10.41}$$

且有

$$g=p\prod_{l=1}^{2}[P_0\{L^{(l)}(X^{(l)})>\lambda^{(l)}\}]^{d(l)}[P_0\{L^{(l)}(X^{(l)})\leqslant\lambda^{(l)}\}]^{1-d(l)} \tag{10.42}$$

$$h = g + (1-p)\prod_{l=1}^{2}[P_1\{L^{(l)}(X^{(l)}) > \lambda^{(l)}\}]^{d(l)}[P_1\{L^{(l)}(X^{(l)}) \leqslant \lambda^{(l)}\}]^{1-d(l)} \tag{10.43}$$

因而,最优传感器阈值可以通过下述方法获得:

$$\{\lambda_{\text{opt}}^{(1)}(p), \lambda_{\text{opt}}^{(2)}(p)\} = \arg\min_{\lambda^{(1)},\lambda^{(2)}} W_J(\lambda^{(1)}, \lambda^{(2)}; p) \tag{10.44}$$

b_{opt}、a_{opt} 可以通过下面方程获得:

$$L_0(1-b_{\text{opt}}) = c + W_J(\lambda_{\text{opt}}^{(1)}(b_{\text{opt}}), \lambda_{\text{opt}}^{(2)}(b_{\text{opt}}); b_{\text{opt}}) \tag{10.45}$$

$$L_1 a_{\text{opt}} = c + W_J(\lambda_{\text{opt}}^{(1)}(a_{\text{opt}}), \lambda_{\text{opt}}^{(2)}(a_{\text{opt}}); a_{\text{opt}}) \tag{10.46}$$

p_k 可以通过下述递归的方式获得:

$$p_{k+1} = \frac{g(U_{k+1}^{(1)}, U_{k+1}^{(2)}; \lambda_{\text{opt}}^{(1)}(p_k), \lambda_{\text{opt}}^{(2)}(p_k); p_k)}{h(U_{k+1}^{(1)}, U_{k+1}^{(2)}; \lambda_{\text{opt}}^{(1)}(p_k), \lambda_{\text{opt}}^{(2)}(p_k); p_k)}, p_0 = \nu \tag{10.47}$$

式中:ν 为假设 H_0 出现的先验概率。

式(10.40)的不动点可以利用起始函数 $\eta(p) = \min\{L_1 p, L_0(1-p)\}$ 连续近似得到。具体方法如下:

定理 10.2　令 $S \subset C[0,1]$ 是$[0,1]$区间上所有非负凸函数的集合,且以函数 $\eta(p) = \min\{L_1 p, L_0(1-p)\}$ 为上确界。定义映射 $T: S \mapsto S$,且

$$TG(p) = \min\{L_1 p, L_0(1-p), c + \min_{\lambda^{(1)},\lambda^{(2)}} W_G(\lambda^{(1)}, \lambda^{(2)}; p)\} \quad (\forall G \in S) \tag{10.48}$$

那么,$J(p)$ 就是映射 T 的唯一不动点。进而,当 $n \to \infty$ 时,$T^n \eta$ 单调收敛到 J。

10.4.4　局部传感器完成序贯检验的分布式信号检测

除了融合中心进行序贯检验外,局部传感器也可以进行序贯检验[340,345,346],这就构成了另一种序贯检测模式。

假设有 N 个传感器对同一现象进行观测。观测数据是独立同分布的,其边沿分布由统计假设的有效性决定。每一个传感器都有一个停止规则和最终决策规则,各个传感器构成一个系统,使整体的性能指数最小:

$$\min(E\{C(\delta_{v1}, \delta_{v2} \cdots, \delta_{vN})\} + cE(\max\{v_1, v_2 \cdots, v_N\})) \tag{10.49}$$

式中:ν_n 为第 n 个传感器的停止观测时间;δ_{ν_n} 为第 n 个传感器的最终决策规则;$C(\cdot)$ 是不同决策代价的度量函数,在耦合各个传感器方面起到了融合中心的作用;c 为观测时延的单位代价。

第 n 个传感器的停止时间为

$$\nu_n = \min\{i \geqslant 1 \mid \pi_i^{(n)} \notin (\pi_{\text{L}}^{(n)}(i), \pi_{\text{U}}^{(n)}(i))\} \tag{10.50}$$

式中

$$\pi_i^{(n)} = \Pr(\mathrm{H}_1 \mid Y_{n1}, \cdots, Y_{ni}) \quad (i=1,2,\cdots) \tag{10.51}$$

$\pi_L^{(n)}(i)$、$\pi_U^{(n)}(i)$是确定的阈值序列，低阈值$\pi_L^{(n)}(i)$随着i增加而增加，高阈值$\pi_U^{(n)}(i)$随着i增加减小。若最大停止时间被各个传感器的停止时间的和所取代，这样，最优的传感器决策规则将不再依赖观测数i。这种情况相当于观测有代价而判决延时没有代价。

10.5 分布式最快速检测

检测系统的突然变化在故障检测、质量控制工程以及无线通信中的信道状态监控等问题中具有重要应用。将所有传感器搜集到的信息都传递到某处进行集中式的改变检测问题得到了深入研究，成果丰硕。但是，这种方式所需的通信量很大，系统结构不灵活，随着分布式信号检测技术研究的深入，分布式最快速检测问题也得到了广泛关注[25,199,202,339,341,344,347-350]。例如，在智能无线传感器网络中，关于观测对象发生改变的信息在若干个无线传感器可以观测到，融合中心必须基于这些信息尽可能早地检测到这一改变。由于局部传感器的能量有限，因此只能向融合中心传递有限的信息。通过对传感器局部处理算法和融合准则的联合优化可以获得该最快速检测问题的最优解。

最快速检测方法的设计常涉及两种性能指标的权衡，即检测时延和虚警概率，系统的优化常采用贝叶斯方法。

10.5.1 问题描述

假设改变时间Γ服从几何分布，即

$$\Pr\{\Gamma=0\} = \nu, \Pr\{\Gamma=i \mid \{\Gamma>0\}\} = \rho(1-\rho)^{i-1} \tag{10.52}$$

$\Gamma=0$表明，改变在观测时就已经发生了。

在给定Γ后，假设观测序列$\{X_k^1\}$、$\{X_k^2\}$，…，$\{X_k^N\}$是彼此统计独立的，进一步假设特定序列中的观测如$\{X_k^l\}$是条件独立的，在改变发生前概率密度函数为$f_0^{(l)}$，而在改变发生后概率密度函数为$f_1^{(l)}$。

传感器的小结信息$U_k^{(l)}$满足

$$U_k^{(l)} \in \{0,1,\cdots,D_l-1\} \tag{10.53}$$

之前的传感器小结信息用$\boldsymbol{I}_{k-1}$表示，即

$$\boldsymbol{I}_{k-1} := \{U_1^{(1)},\cdots,U_{k-1}^{(1)},\cdots,U_1^{(N)},\cdots,U_{k-1}^{(N)}\} \tag{10.54}$$

式中

$$U_k^{(l)} = \phi_k^{(l)}(X_k^{(l)};\boldsymbol{I}_{k-1}) \tag{10.55}$$

融合策略包括选择一个停止时间 τ,并做出突变是否发生的判决。

为方便起见,令

$$\boldsymbol{U}_k=(U_k^{(1)},\cdots,U_k^{(N)}) \tag{10.56}$$

$$\boldsymbol{\Phi}_k=(\phi_k^{(1)},\cdots,\phi_k^{(N)}) \tag{10.57}$$

对于每一组融合规则和传感器量化函数,都有相应的两类性能指标:第一个是虚警概率,即

$$P_{\mathrm{FA}}=\Pr\{\tau<\Gamma\} \tag{10.58}$$

另一个是检测时延(DD)的数学期望,即

$$\mathrm{E}_{\mathrm{DD}}=\mathrm{E}[(\tau-\Gamma)^{+}] \tag{10.59}$$

式中:$x^{+}=\max\{0,x\}$。

分布式最快速检测问题可以归结为上述两个参数的最优化问题。

下面描述两种典型的最优化问题[346]:

一种是变分法。在使得虚警概率 P_{FA} 不大于某一预设值 α 的前提下,在所有可能的融合策略和传感器量化规则 $\{\phi_k\}_{k=1}^{\infty}$ 中选择检测时延的数学期望最小的一组。这类似于 NP 准则。

另一种是采用贝叶斯方法。定义总的贝叶斯代价为

$$\mathcal{R}(c)=P_{\mathrm{FA}}+cE_{\mathrm{DD}}=\mathrm{E}[1_{\{\tau<\Gamma\}}+c(\tau-\Gamma)^{+}] \tag{10.60}$$

式中:c 为单位时延所付出的代价;$1_{\{\tau<\Gamma\}}$ 为指示函数,且有

$$1_{\{\tau<\Gamma\}}=\begin{cases}1 & \tau<\Gamma\\ 0 & \tau\geqslant\Gamma\end{cases} \tag{10.61}$$

因而,贝叶斯最优化问题可以描述为:在所有可能的融合策略和传感器量化规则 $\{\phi_k\}_{k=1}^{\infty}$ 中选择使得贝叶斯代价 $\mathcal{R}(c)$ 最小的一组。式(10.60)也可以写成

$$\mathcal{R}(c)=\Pr\{\Gamma>\tau\}+c\mathrm{E}\left[\sum_{k=1}^{\tau-1}\Pr\{\Gamma\leqslant k\}\right] \tag{10.62}$$

定理 10.3　对于适当选择的参数 c 而言,变分法的最优策略是一种贝叶斯策略。

对于贝叶斯准则下分布式最快速检测系统的优化问题,Veeravalli[202] 给出了具体方法并进行了理论证明,下面的内容就是基于他的工作展开的。

10.5.2　贝叶斯最优解

为了解决上述贝叶斯优化问题,首先将停止时间限制在某一有限集合[0,T]内。由于贝叶斯代价 $\mathcal{R}(c)$ 是时间上可加的,因而在有限区间上的最小化可以利用动态规划方法递归进行。

因为关于改变是否发生的判决是在融合中心做出的,所以在时刻 k,cost-to-go 的数学期望是融合中心所能获得的信息 $\boldsymbol{I}_k$ 的函数,记为 $\tilde{J}_k^{T}(\boldsymbol{I}_k)$,且有

$$\tilde{J}_T^T(\boldsymbol{I}_T) = \Pr(\{\Gamma > T\} \mid \boldsymbol{I}_T) \tag{10.63}$$

对于 $0 \leqslant k \leqslant T$，有

$$\tilde{J}_k^T(\boldsymbol{I}_k) = \min\left\{\Pr(\{\Gamma > k\} \mid \boldsymbol{I}_k), c\Pr(\{\Gamma \leqslant k\} \mid \boldsymbol{I}_k) + \min_{\phi_{k+1}} \mathrm{E}[\tilde{J}_{k+1}^T(\boldsymbol{I}_{k+1}) \mid \boldsymbol{I}_k]\right\} \tag{10.64}$$

当 $k=0$ 时，$\boldsymbol{I}_0$ 是空集。

10.5.2.1 最优传感器量化器的结构

设某一传感器的观测信号为 X，在 H_1 和 H_0 条件下，其概率密度函数分别为 f_1 和 f_0。

定义 10.1 把 X 映射到某一有限字母表 $\{0,1,\cdots,D-1\}$ 中的函数 ϕ 称为单调似然比量化器（MLRQ），如果存在阈值 $\lambda_1,\cdots,\lambda_{D-1}$ 满足

$$0 \leqslant \lambda_1 \leqslant \lambda_2 \leqslant \cdots \leqslant \lambda_{D-1} \leqslant \infty \tag{10.65}$$

使得只有当

$$\lambda_{\mathrm{d}} < L(x) \leqslant \lambda_{d+1} \quad (d=0,\cdots,D-1) \tag{10.66}$$

时，$\phi(x)=d$，其中，$\lambda_0=0,\lambda_D=\infty$。$L(x)=f_1(x)/f_0(x)$ 称为 f_1 和 f_0 之间的似然比。

定义 10.2 传感器量化器 ϕ 称为似然比量化器（LRQ），假如存在一个排列映射

$$\Sigma:\{0,\cdots,D\} \mapsto \{0,\cdots,D\} \tag{10.67}$$

使得复合函数 $\Sigma \circ \phi$ 是一个 MLRQ。

当 $D=2$ 时，LRQ 就是标准的二元似然比检验。

定理 10.4 传感器的最优有限层量化器，可以从阈值依赖于过去判决信息的似然比量化器 LRQ 中找到。

10.5.2.2 用于动态规划的充分统计量

令

$$p_k = \Pr(\{\Gamma \leqslant k\} \mid \boldsymbol{I}_k) \tag{10.68}$$

定理 10.5 对任意 $k(0 \leqslant k \leqslant T)$，函数 $\tilde{J}_k^T(\boldsymbol{I}_k)$ 可写成仅依赖于 p_k 的函数，因此，可以记为 $\tilde{J}_k^T(p_k)$；对任意 $k(0 \leqslant k \leqslant T)$，在 $k+1$ 时刻的最佳传感器量化器仅仅通过 p_k 与 $\boldsymbol{I}_k$ 有关。

基于上述结果，有限期动态规划问题可以通过下列方程求解：

$$J_T^T(p_T) = 1 - p_T \tag{10.69}$$

$$J_k^T(p_k) = \min\{(1-p_k), cp_k + A_k^T(p_k)\} \quad (\forall 0 \leqslant k \leqslant T-1) \tag{10.70}$$

式中

$$A_k^T(p) = \min_{\phi} \sum_{d} J_{k+1}^T\left(\frac{g(\boldsymbol{d};\phi;p)}{h(\boldsymbol{d};\varphi;p)}\right)h(\boldsymbol{d};\phi;p) \quad (\forall p \in [0,1]) \tag{10.71}$$

$$g(\boldsymbol{d};\phi;p) = [p + (1-p)\rho]\prod_{\ell=1}^{N}\Pr_{f_1^{(\ell)}}\{\phi_\ell(X_\ell) = d_\ell\} \tag{10.72}$$

$$h(\boldsymbol{d};\phi;p) = g(\boldsymbol{d};\phi;p) + (1-p)(1-\rho)\prod_{\ell=1}^{N}\Pr_{f_0^{(\ell)}}\{\phi_\ell(X_\ell) = d_\ell\} \tag{10.73}$$

$$\boldsymbol{d} = (d_1,\cdots,d_N), d_\ell \in \{0,1,\cdots,D_\ell - 1\} \tag{10.74}$$

下面的引理给出了 $J_k^T(p)$ 和 $A_k^T(p)$ 的一些有用的特性。

引理 10.1　对任意 $p \in [0,1]$，函数 $J_k^T(p)$ 和 $A_k^T(p)$ 是 p 的非负凸函数。进一步，对任意 k，$A_k^T(1) = J_k^T(1) = 0$。

根据先前的介绍可知，最优有限期传感器量化器是阈值依赖于过去判决信息的 LRQ。由定理 10.5 可知，最优 LRQ 的阈值仅通过 p_k 与 $\boldsymbol{I}_k$ 发生联系。因此，$k+1$ 时刻最优传感器量化器能够在一类仅仅依赖于 p_k 的一类 MRLQ 中找到。令集合 $\boldsymbol{\Phi}_M$ 代表所有 MLRQ 构成的集合，则式(10.71)中的 $A_k^T(p)$ 可以改写为

$$A_k^T(p) = \min_{\phi \in \Phi_M} \sum_{\boldsymbol{d}} J_{k+1}^T\left(\frac{g(\boldsymbol{d};\phi;p)}{h(\boldsymbol{d};\phi;p)}\right)h(\boldsymbol{d};\phi;p) \quad (\forall p \in [0,1]) \tag{10.75}$$

最后，由于某一个 MLRQ $\tilde{\phi}_{\ell,k+1}$ 可以用 $D_\ell - 1$ 个阈值完全表征，所以，式(10.75)的求解过程可以归结为在 $\sum_{\ell=1}^{N}(D_\ell - 1)$ 个阈值上的有限维优化问题。

10.5.2.3　无限期优化问题

$$\lim_{T\to\infty} J_k^T(p) = \inf_{T;T>k} J_k^T(p) = J_k^\infty(p) = J(p) \tag{10.76}$$

$$J(p) = \min\{(1-p), cp + A_J(p)\} \tag{10.77}$$

式中

$$A_J(p) = \lim_{T\to\infty} A_k^T(p) = \min_{\phi \in \Phi_M} \sum_{\boldsymbol{d}} J_{k+1}^T\left(\frac{g(\boldsymbol{d};\phi;p)}{h(\boldsymbol{d};\phi;p)}\right)h(\boldsymbol{d};\phi;p) \quad (\forall p \in [0,1]) \tag{10.78}$$

引理 10.2　对于任意 $p \in [0,1]$，函数 $J(p)$ 和 $A_J(p)$ 均是 p 的非负凸函数。进一步，它们满足

$$A_J(1) = J(1) = 0 \tag{10.79}$$

定理 10.6 最优融合策略的停止时间为 τ 满足

$$\tau = \inf\{k: p_k > a\} \tag{10.80}$$

式中:a 为当式

$$ca + A_J(a) = 1 - a \tag{10.81}$$

的解存在时的唯一解。如果式(10.81)的解不存在,则令 $a=0$。

10.5.3 数值计算方法

尽管定理 10.6 给出了贝叶斯优化问题的解,但是没有给出一个确切的方法来计算局部传感器和融合中心的阈值。下面,介绍有利于计算这些阈值的重要结论。

令 $\mathcal{S} \subset \mathcal{C}[0,1]$ 是 $[0,1]$ 上所有以函数 $(1-p)$ 为上确界的凸函数所构成的集合,其中,$p \in [0,1]$。显然,无限期 cost - to - go 函数 J 属于集合 $\mathcal{S}$。对于任意 $G \subset \mathcal{S}$,定义

$$W_G(\phi;p):= \sum_{\boldsymbol{d}} G\left(\frac{g(\boldsymbol{d};\phi;p)}{h(\boldsymbol{d};\phi;p)}\right)h(\boldsymbol{d};\phi;p) \tag{10.82}$$

显然,$A_J(p)$ 可以改写为

$$A_J(p) = \min_{\varphi \in \Phi_M} W_J(\phi;p) \tag{10.83}$$

定义映射 $\mathcal{T}: \mathcal{S} \mapsto \mathcal{S}$ 为

$$\mathcal{T}G(p) = \min\{(1-p), cp + \min_{\phi \in \Phi_M} W_G(\phi;p)\} \quad (\forall G \in \mathcal{S}) \tag{10.84}$$

显然,J 是 $\mathcal{T}$ 的一个不动点,并且可以证明该不动点是唯一的。因而,可以通过不断的递归来逼近 $J(p)$。

由于最优传感器量化器是 MLRQ,令 $\lambda_i^{(\ell)}(i=1,2,\cdots,D_\ell-1)$ 表示传感器 $\mathcal{S}_\ell$ 的 MLRQ 阈值。将所有传感器的阈值值都写进矢量 λ 中。由于 MLRQ 能够被 λ 完全表征,可以将函数 g 和函数 h 表示为

$$g(\boldsymbol{d};\lambda;p) = [p + (1-p)\rho]\prod_{\ell=1}^{N} \mathrm{Pr}_{f_1^{(\ell)}}\{\lambda_{d_\ell - 1}^{(\ell)} < L_\ell(X^{(\ell)}) \leqslant \lambda_{d_\ell}^{(\ell)}\} \tag{10.85}$$

$$h(\boldsymbol{d};\boldsymbol{\lambda};p) = g(\boldsymbol{d};\boldsymbol{\lambda};p) + (1-p)(1-\rho)\prod_{\ell=1}^{N} \mathrm{Pr}_{f_0^{(\ell)}}\{\lambda_{d_\ell - 1}^{(\ell)} < L_\ell(X^{(\ell)}) \leqslant \lambda_{d_\ell}^{(\ell)}\} \tag{10.86}$$

式中:$X^{(\ell)}$ 为传感器 $S^{(\ell)}$ 的观测信号;$\lambda_0^{(\ell)}=0$;$\lambda_{D_\ell}^{(\ell)}=\infty$。

映射 $\mathcal{T}$ 可以改写为

$$\mathcal{T}G(p) = \min\{(1-p), cp + \min_{\lambda} \boldsymbol{W}_G(\boldsymbol{\lambda}, p)\} \tag{10.87}$$

式中

$$\boldsymbol{W}_G(\boldsymbol{\lambda},p) = \sum_{\boldsymbol{d}} G\left(\frac{g(\boldsymbol{d};\phi;p)}{h(\boldsymbol{d};\phi;p)}\right)h(\boldsymbol{d};\phi;p) \tag{10.88}$$

为了获得 J,只需连续地应用 $\mathcal{T}$于 $\boldsymbol{\eta}(p)=1-p$。

传感器的最优阈值可以通过下式获得:

$$\boldsymbol{\lambda}_{\text{opt}}(p) = \arg\min_{\lambda} \boldsymbol{W}_J(\boldsymbol{\lambda},p) \tag{10.89}$$

最优融合阈值 a 可以通过下式获得:

$$(1-a) = ca + \boldsymbol{W}_J(\boldsymbol{\lambda}_{\text{opt}}(p),p) \tag{10.90}$$

为了实现最优算法,传感器和融合中心都要递归地计算充分统计量 p_k。显然,局部传感器的递归相对于融合中心的递归存在一个步长的时延。

$$p_{k+1} = \frac{g(\boldsymbol{U}_{k+1};\boldsymbol{\lambda}_{\text{opt}}(p);p_k)}{h(\boldsymbol{U}_{k+1};\boldsymbol{\lambda}_{\text{opt}}(p);p_k)} \quad (p_0=\nu) \tag{10.91}$$

采用下式给出的变量代换可以简化递归的实现:

$$q_k = \frac{p_k}{\rho(1-p_k)} \tag{10.92}$$

容易证明

$$q_{k+1} = \frac{1+q_k}{1-\rho}\prod_{\ell=1}^{N} L_\ell^U(U_{\ell,k+1},q_k),\quad q_0 = \frac{\nu}{\rho(1-\nu)} \tag{10.93}$$

式中:L_ℓ^U 为通过传感器量化器引入的传感器判决的概率质量函数的似然比,且有

$$L_\ell^U(i,q) = \frac{\Pr_{f_1^{(\ell)}}\{\hat{\lambda}_{i-1}^{(\ell)}(q) < L_\ell(X_\ell) \leqslant \hat{\lambda}_i^{(\ell)}(q)\}}{\Pr_{f_0^{(\ell)}}\{\hat{\lambda}_{i-1}^{(\ell)}(q) < L_\ell(X_\ell) \leqslant \hat{\lambda}_i^{(\ell)}(q)\}} \tag{10.94}$$

式中

$$\hat{\lambda}_i^{(\ell)}(q) = \lambda_{\text{opt},i}^{(\ell)}\left(\frac{\rho q}{1+\rho q}\right),\ \hat{\lambda}_0^{(\ell)}(q)=0,\ \hat{\lambda}_{D_\ell}^{(\ell)}(q)=\infty \tag{10.95}$$

在时刻 k,当$\hat{\lambda}_{d_\ell}^{(\ell)}(q_{k-1}) < L_\ell(X_k^{(\ell)}) \leqslant \hat{\lambda}_{d_\ell+1}^{(\ell)}(q_{k-1})$时,传感器 $\mathcal{S}^{(\ell)}$ 的小结信息 $U_k^{(\ell)}=d_\ell$。

融合中心的停止时间为

$$\tau = \inf\left\{k: q_k > \frac{a}{\rho(1-a)}\right\} \tag{10.96}$$

第11章 总结与展望

由于能够充分利用各个传感器的观测信息，多传感器分布式信号检测相对于其他信息融合技术的优势是具有更高的检测性能，有利于提高系统的抗隐身能力。囿于笔者水平，本书仅仅涉及了笔者所熟悉的多传感器分布式信号检测的一些内容，且大部分内容侧重于笔者及其合作者所做工作，一些非常有价值的研究工作本书并没有论及。

按照信号处理的观点，任何分布式信号检测系统都需要考虑两个问题，即融合中心的融合规则和局部传感器信号处理算法的设计。这两个问题是互相交织的，要达到全局最优的性能必须根据给定的准则进行联合优化[59,215-220]。寻找最优的分布式信号检测算法需要目标和噪声（或杂波）的统计特性先验已知，但这些信息并不一定能够先验获得。因此，局部最优检测[11,109]，极小极大检测[12,13]、稳健检测[14-17]、序贯检测[18-27]、CFAR 检测[28-35]和自适应融合[36-42]等得到了深入研究。在局部处理结果的形式方面，除了关于目标存在与否的二元判决（硬判决）外，基于局部多元判决（软判决或局部决策空间划分）[43-51]、基于局部检测统计量[9,52-57]和局部观测相关条件下[58-62]的分布式信号检测方案也得到了深入研究。

在分布式信号检测的许多应用中，传感器观测信息的条件分布既不是固定的，也不是完全已知的。当采用地理上分散的多个雷达对同一非合作目标进行观测时，由于复杂目标的 RCS 会随着观测角度的不同而有巨大差异，各个传感器来自同一目标的接收信号的信杂比可能是未知且时变的。此时，简单的融合准则，如 SUM、“N 选 k”准则等，难以得到稳健的检测性能，恶劣情况下甚至比单传感器的效果更差。为此，需要寻找稳健高效的分布式信号检测算法。在研究过程中发现，要实现稳健的检测性能，可以综合利用多种简单的融合算法，如 SUM 融合、“N 选 k”融合等。这一特性启示人们继续努力寻找设计检测性能稳健的分布式信号检测算法的一般性方法。稳健统计理论是经典参数统计理论的一个扩展，它是基于近似参数模型的统计理论。如何在这一理论的指导下寻找检测性能稳健的分布式信号检测算法是需要深入研究的问题。

分布式信号检测理论假设各个传感器能够对同一现象进行观测。采用多基地雷达实现分布式信号检测是一个可行的方法，但是这需要复杂的时间和空间同步机制。如何根据现有常规雷达的特点，设计相应的检测级融合算法以相对小的代价获得较大的性能提升，这是有很高的现实需求和理论意义的。但问题的关键是，如何将时间和空间不同步的各个雷达传递到融合中心的数据有效地关联和融合。

分布式信号检测通常假设各个传感器同时对同一目标进行观测，但是采用机械扫描的常规雷达进行检测级融合时，这一假设通常并不成立。此时分布式信号检测之前需要完成数据校准、数据关联等工作。对于位置不重合的各个雷达而言，其分辨单元一般而言并不会完全重合。Rago[194]指出，分辨单元不完全重合虽然会降低目标的检测能力，但充分利用分辨单元的重叠可以改善目标的位置估计精度。由于分辨率、观测角度等原因，经过校准和关联后的多传感器分辨单元在空间上也可能是不完全重合的。同时，简单的处理必然带来性能的下降，需提出有效方法来改善融合效果和得到目标空间位置更为准确的估计。因此，在各个雷达的分辨单元彼此重叠时，可以采用多元假设检验来确定目标是否存在；如果目标存在，还要确定目标位于哪一个重叠区域。针对分辨单元交叉重叠的问题，Farina[195]给出了一个雷达的分辨单元等于另一个雷达分辨单元2倍时基于多元假设检验的检测级融合算法，在提高目标检测能力的同时也提高了目标的位置估计精度。但是实际情况更为复杂，这样就需要寻找一般性的方法。基于多元假设检验的分布式信号检测[351-354]为解决这一问题提供了工具，这一问题的深入研究将为各个雷达分辨单元交叉情况下的目标检测提供一般性的方法。

随着传感器分辨率的不断提高，杂波和噪声等干扰的统计分布特性会明显偏离高斯分布。此时，基于高斯假设的传统融合处理方法的性能由于模型失配会急剧下降。非参数分布式信号检测[11,125,127,337,355]由于对杂波进行了一般性的假设而具有更广的适应性。在威布尔分布和K分布等非高斯杂波中，由于信号加杂波的幅度分布难以得到闭式解，所以最佳检测器的结构是异常复杂的，难以有简洁的表达式。基于广义符号检测器的融合准则[5]，在非高斯杂波中具有比高斯杂波下的最优检测器更高的检测性能。经过20世纪六七十年代的不懈努力，关于单传感器非参数检测的文献异常丰富，但是非参数分布式信号检测的研究成果并不多，如何在分布式信号检测中充分利用这些成果还需要进一步的努力。

从系统的观点来看，在多传感器系统中进行统计判决需要考虑两种不确定：一种是传感器对现象进行观测时由于噪声或干扰而引入的观测不确定性；另一种是传感器之间或传感器与融合中心之间由于接收机噪声、信道衰落和干扰等原因导致的传输不确定性。经典的分布式信号检测算法[139]仅考虑了观测不确定性。非理想信道条件下的分布式信号检测也得到了一些研究者的关注[140-142]，特别是随着WSN的兴起，基于WSN的分布式信号信号检测引起了广泛的研究兴趣[63,144-150]。由于传感器节点能量、处理能力等资源有限，为了节省资源，必须在设计分布式信号检测算法时考虑传输的不确定性，即算法要感知信道信息。Liu等[151]指出，在典型的WSN中，信道感知的分布式检测[63]总是能够提高系统检测性能。在许多应用中，目标的出现并不频繁，大部分时间目标都没有出现，对于能量受限的传感器网络而言，一种能量利用率高的方案是只传送目标出现概率高的局部传感器的观测信息的某一函数值，这样局部传感器向融合中心传送信息时先要经过审查之后再传输。

由于传感器能量、处理能力有限，信道感知的分布式信号检测方案不可能采用很复杂的融合算法，因此必须对融合算法进行适当地简化[356,357]。

雷达系统作为一种特殊的传感器网络，即雷达传感器网络[358,361]，在用于战场警戒时面临着带宽和处理能力的限制而不仅是能量限制。当进行信号检测时，各个雷达的位置估计、观测数据的时空校准、数据关联和融合等一系列问题都有待解决。

随机谐振现象是指增加系统的噪声能够取得比没有增加噪声更好的性能的一种现象[171]。对于单阈值系统，只有信号低于阈值时随机谐振现象才能出现。然而，对于多阈值系统，在信号高于阈值时，随机谐振现象也会出现，即超阈值随机谐振[171]。随机谐振在提高信号的检测能力方面具有重要的作用[172-174]。分布式信号检测系统在一定程度上可以看作多阈值系统。因此，利用随机谐振现象提高系统的检测性能在雷达领域应有很高的创新空间。Chen等[179]给出了利用随机谐振现象提高分布式信号检测系统性能的例子，这方面的研究还有待进一步深化。

MIMO雷达是一种新体制雷达，是目前雷达界的研究热点。MIMO雷达可分为相参MIMO雷达和非相参MIMO雷达，共同特点是多个发射机同时发射相互正交的波形。MIMO雷达的主要优点是提高了雷达测量的自由度，可以控制波束的空间形状，具有低截获、反隐身等潜力。非相参MIMO雷达可以看成一种分布式雷达系统[182]，分布式信号检测的许多理论就可以移植到MIMO雷达体制中，因此基于MIMO雷达的分布式信号检测也是一个重要的研究方向。例如，研究目标的检测性能与定位精度之间的关系，检测性能、虚警控制能力对外来干扰的容忍度，MIMO雷达分集路径不完全独立时的检测性能，采用无线通信链路时信道不可靠对检测性能的影响，以及设计信道不可靠时的检测算法，等等。

经过30年的发展，分布式信号检测的理论成果日渐丰富，应用环境日趋复杂,几乎涉及信号检测的各个应用领域。作为一项在军事和民用都具有重要应用价值的技术,工程化是下一步面临的一个主要问题。只有实现了分布式信号检测的工程化,分布式信号检测的理论研究才能够落到实处。

参考文献

[1] 韩崇昭, 朱洪艳, 段战胜. 多源信息融合 [M]. 北京: 清华大学出版社, 2006.

[2] 何友, 王国宏, 陆大金, 等. 多传感器信息融合及应用 [M]. 北京: 电子工业出版社, 2000.

[3] 何友. 多目标多传感器分布信息融合研究 [D]. 北京:清华大学, 1996.

[4] VISWANATHAN R, VARSHNEY P K. Distributed detection with multiple sensors: Part I - fundamentals [J]. Proceedings of the IEEE, 1997, 85(1): 54 - 63.

[5] 刘向阳, 彭应宁, 关键. 两种基于局部广义符号统计量的融合准则 [J]. 清华大学学报(自然科学版), 2006, 46(7): 1223 - 1226.

[6] GIBSON J D, MELSA J L. Introduction to Nonparametric Detection with Applications [M]. New York: IEEE press, 1996.

[7] TENNEY R R, SANDELL N R, JR. Detection with Distributed Sensors [J]. IEEE Transactions on Aerospace and Electronic Systems, 1981, 17(4): 501 - 510.

[8] WARREN D, WILLETT P. Optimum quantization for detector fusion: some proofs, examples and pathology [J]. Journal of the Franklin Institute, 1999, 336(2): 323 - 359.

[9] GUAN J, HE Y, PENG Y N. Distributed CFAR detector based on local test statistic [J]. Signal Processing, 2000, 80(2): 373 - 379.

[10] 关键, 何友, 彭应宁. 多传感器分布式检测综述 [J]. 系统工程与电子技术, 2000, 22(12): 11 - 15.

[11] BLUM R S. Locally optimum distributed detection of correlated random signals based on ranks [J]. IEEE Transactions on Information Theory, 1996, 42(3): 931 - 942.

[12] VEERAVALLI V V, BASAR T, POOR H V. Minimax robust decentralized detection [J]. IEEE Transactions on Information Theory, 1994, 40(1): 35 - 40.

[13] WANG J, WANG Q, WANG P, et al. An optimum data fusion algorithm for distributed detection system[C]//2000 5th International Conference on Signal Processing. Beijing, China: IEEE, 2000:1487 - 1491.

[14] XIANG M, HAN C. On optimum distributed detection and robustness of system performance [C]//The Fifth International Conference on Information Fusion. Annapolis, MD, USA: Int. Soc. Inf. Fusion, 2002:156 - 163.

[15] FLANAGAN B P, PARKER K W. Robust distributed detection using low power acoustic sensors[C]//SPIE. Orlando, FL, United States: International Society for Optical Engineering, 2005:73 - 80.

[16] LIU W, HALVERSON D R, AKKIHAL S, et al. Local and nonlocal robustness measures with application to distributed sensor systems [J]. IEEE Transactions on Aerospace and Electronic Systems, 2002, 38(2): 675 -681.

[17] PAGLIARI R, FERRARI G. Robust decentralized detection in sensor networks: multiple observations or multiple access points? [C]//EUROCON 2005. Belgrade, Serbia: IEEE Press, 2005:17 -20.

[18] VEERAVALLI V V, BASAR T, POOR H V. Decentralized sequential detection with a fusion center performing the sequential test [J]. IEEE Transactions on Information Theory, 1993, 39(2): 433 -442.

[19] HUSSAIN A M. Multisensor distributed sequential detection [J]. IEEE Transactions on Aerospace and Electronic Systems, 1994, 30(3): 698 -708.

[20] BLUM R S, KASSAM S A, POOR H V. Distributed detection with multiple sensors: Part II - advanced topics [J]. Proceedings of the IEEE, 1997, 85(1): 64 -79.

[21] CHENG Q, VARSHNEY P K, MEHROTRA K G, et al. Bandwidth management in distributed sequential detection [J]. IEEE Transactions on Information Theory,2005,51(8):2954 - 2961.

[22] MARANO S, MATTA V, WILLETT P, et al. Cross - layer design of sequential detectors in sensor networks [J]. IEEE Transactions on Signal Processing, 2006, 54 (11): 4105 - 4117.

[23] ZACHARIAS L, SUNDARESAN R. Decentralized sequential change detection using physical layer fusion [J]. IEEE Transactions on Wireless Communications, 2008, 7 (12): 4999 - 5008.

[24] NGUYEN X, WAINWRIGHT M J, JORDAN M I. On optimal quantization rules for some problems in sequential decentralized detection [J]. IEEE Transactions on Information Theory, 2008, 54(7):3285 -3295.

[25] FUH C D, MEI Y. Optimal stationary binary quantizer for decentralized quickest change detection in hidden Markov models[C]//The 11th International Conference on Information Fusion. Piscataway, NJ 08855 - 1331, United States: Institute of Electrical and Electronics Engineers Computer Society, 2008:1 -8.

[26] MEI Y. Asymptotic optimality theory for decentralized sequential hypothesis testing in sensor networks [J]. IEEE Transactions on Information Theory, 2008, 54(5): 2072 -2089.

[27] YAO Y. Group - ordered SPRT for distributed detection[C]//IEEE International Conference on Acoustics, Speech and Signal Processing. Piscataway, NJ 08855 - 1331, United States: Institute of Electrical and Electronics Engineers Inc., 2008:2525 -2528.

[28] BLUM R S, QIAO J. Threshold optimization for distributed order - statistic CFAR signal detection [J]. IEEE Transactions on Aerospace and Electronic Systems, 1996, 32(1): 368 - 377.

[29] UNER M K, VARSHNEY P K. Distributed CFAR detection in homogeneous and nonhomoge-

neous backgrounds [J]. IEEE Transactions on Aerospace and Electronic Systems, 1996, 32 (1): 84 -96.

[30] GINI F, LOMBARDINI F, VERRAZZANI L. Decentralized CFAR detection with binary integration in Weibull clutter [J]. IEEE Transactions on Aerospace and Electronic Systems, 1997, 33(2): 396 -407.

[31] GUAN J, HE Y, PENG Y. New distributed CFAR detection scheme based on SNR of local observations [J]. Qinghua Daxue Xuebao/Journal of Tsinghua University, 1999, 39(1): 51 -54.

[32] GUAN J, PENG Y N, HE Y, et al. Three types of distributed CFAR detection based on local test statistic [J]. IEEE Transactions on Aerospace and Electronic Systems, 2002, 38(1): 278 -288.

[33] WEIXIAN L, YILONG L, JEFFREY S F. CFAR data fusion of multistatic radar system under homogeneous and nonhomogeneous backgrounds[C]//Radar 2002. Edinburgh, UK: IEE, 2002:248 -252.

[34] HAMMOUDI Z, SOLTANI F. Distributed CA - CFAR and OS - CFAR detection using fuzzy spaces and fuzzy fusion rules [J]. IEE Proceedings: Radar, Sonar and Navigation, 2004, 151(3): 135 -141.

[35] JIANG J, YANG J, MA X Y, et al. Distributed adaptive CMLWCA CFAR detection method [J]. Control and Decision, 2006, 21(4): 421 -424.

[36] EL A M H. Nonstochastic adaptive decision fusion in distributed - detection systems [J]. IEEE Transactions on Aerospace and Electronic Systems, 2002, 38(4): 1158 -1171.

[37] 王勇, 刘文江, 胡军,等. 多传感器检测系统的自适应融合算法 [J]. 西安电子科技大学学报, 2004, 31(3): 483 -487.

[38] 李俊, 徐德民, 宋保维. 一种等概率分布式检测系统的反馈自适应学习算法 [J]. 西北工业大学学报, 2006, 24(2): 143 -146.

[39] 江晶, 杨军, 马晓岩, 等. 分布式自适应 CMLWCA CFAR 检测方法 [J]. 控制与决策, 2006, 21(4): 421 -424.

[40] 陶然, 王甜, 赵娟. 分布式无源检测系统中自适应检测融合 [J]. 北京理工大学学报, 2005, 25(3): 265 -267.

[41] 刘源, 崔宁周, 谢维信,等. 具有模糊信息和自学习权重的分布式检测算法 [J]. 电子学报, 1999, 27(3): 9 -12.

[42] 王国宏. 先验概率和似然函数未知时的分布式检测融合 [J]. 电光与控制, 2004, 11 (1): 10 -14.

[43] BAI YS, ZHAO JW, WANG F, et al. The distributed detection fusion on narrowband underwater acoustic signal [J]. Journal of System Simulation, 2003, 15(7): 931 -933.

[44] AALO V A, VISWANATHAN R. Multilevel quantisation and fusion scheme for the decentralised detection of an unknown signal [J]. IEE Proceedings: Radar, Sonar and Navigation, 1994, 141(1): 37 -44.

[45] HASHLAMOUN W A, VARSHNEY P K. Near – optimum quantization for signal detection [J]. IEEE Transactions on Communications, 1996, 44(3): 294 – 297.

[46] MIRJALILY G, AREF M R, NAYEBI M M. Optimal design of multibit radar detection networks [J]. IEEE National Radar Conference – Proceedings, 2000, 387 – 391.

[47] HU J, BLUM R S. On the optimality of finite – level quantizations for distributed signal detection [J]. IEEE Transactions on Information Theory, 2001, 47(4): 1665 – 1671.

[48] MAGARINI M, SPALVIERI A. Optimization of Distributed Detection Systems Under the Minimum Average Misclassification Risk Criterion [J]. IEEE Transactions on Information Theory,2000, 46(4): 1649 – 1653.

[49] LI M, WU Y, WU S. Multisensor distributed detection fusion based on wavelet domain filter [C]//2004 7th International Conference on Signal Processing Proceedings (ICSP'04). Beijing: Institute of Electrical and Electronics Engineers Inc. , 2004:2005 – 2008.

[50] 刘向阳, 彭应宁, 王秀坛. 基于局部多元判决的稳健的分布式检测算法 [J]. 清华大学学报(自然科学版), 2007, 47(7): 1155 – 1158.

[51] 相明, 王昭, 李宏,等. 一种分布式软决策数据融合系统的性能分析 [J]. 西北工业大学学报, 2000, 18(1): 138 – 141.

[52] AMIRMEHRABI H, VISWANATHAN R. New distributed constant false alarm rate detector [J]. IEEE Transactions on Aerospace and Electronic Systems, 1997, 33(1): 85 – 96.

[53] 关键, 何友, 彭应宁. 基于局部观测信噪比的新分布式 CFAR 检测 [J]. 清华大学学报(自然科学版), 1999, 39(1): 51 – 54.

[54] 关键. 多传感器分布式恒虚警率(CFAR)检测算法研究 [D]. 北京:清华大学, 2001.

[55] 夏畅雄, 彭应宁, 关键. 基于局部检测统计量的反馈多传感器分布式检测 [J]. 清华大学学报(自然科学版), 2005, 45(1):33 – 36.

[56] GOLIKOV V, LEBEDEVA O, ORTA J L. The application of the permutation filters for adaptive digital quadratic detector [J]. Telecommunications and Radio Engineering, 2001, 56 (4,5): 196 – 201.

[57] GUAN J, MENG X W, HE Y, et al. Comparison of Centralized and Distributed CFAR Detection with Multiple Sensors [J]. IEICE Transactions on Communications, 2003, E86 – B (5): 1715 – 1720.

[58] 廖东平, 魏玺章, 黎湘. 相关局部判决下基于 N – P 准则的分布式检测融合算法 [J]. 电光与控制, 2003, 10(1): 20 – 22.

[59] 相明, 王立琦, 张亚明,等. 传感器观测相关条件下的最优分布式检测融合算法 [J]. 西安交通大学学报, 2008, 42(12): 1441 – 445.

[60] UNNIKRISHNAN J, VEERAVALLI V V. Decentralized Detection with Correlated Observations[C]//Conference Record of the Forty – First Asilomar Conference on Signals, Systems and Computers, 2007 ACSSC 2007 Pacific Grove, CA, USA: IEEE, 2007:381 – 385.

[61] CHAMBERLAND J – F, VEERAVALLI V V. How dense should a sensor network be for detection with correlated observations? [J]. IEEE Transactions on Information Theory, 2006,

52(11): 5099 – 5106.

[62] BELLOUNAR M, BARKAT M. Optimum distributed system with partial correlated observations[C]// IEEE – EURASIP Workshop on Nonlinear Signal and Image Processing (NSIP′99). Antalaya, Turkey: Bogazici Univ, 1999:646 – 650.

[63] CHEN B, TONG L, VARSHNEY P K. Channel – aware distributed detection in wireless sensor networks [J]. IEEE Signal Processing Magazine, 2006, 23(4): 16 – 26.

[64] CHEN B, JIANG R, KASETKASEM T, et al. Channel aware decision fusion in wireless sensor networks [J]. IEEE Transactions on Signal Processing, 2004, 52(12): 3454 – 348.

[65] LIN Y, CHEN B, VARSHNEY P K. Decision fusion rules in multi – hop wireless sensor networks [J]. IEEE Transactions on Aerospace and Electronic Systems, 2005, 41(2):475 – 488.

[66] LIU B, CHEN B. Decentralized detection in wireless sensor networks with channel fading statistics [J]. EURASIP Journal on Wireless Communications and Networking, 2007(1): 1 – 8.

[67] LIU X, PENG Y, WANG X. Simple, High – Performance Fusion Rule for Censored Decisions in Wireless Sensor Networks [J]. Tsinghua Science and Technology, 2008, 13(1): 23 – 29.

[68] ALHAKEEM S, VARSHNEY P K. Unified approach to the design of decentralized detection systems [J]. IEEE Transactions on Aerospace and Electronic Systems, 1995, 31(1): 9 – 20.

[69] LI T, SETHI I K. Distributed decision fusion in the presence of link failures [J]. IEEE Transactions on Aerospace and Electronic Systems, 1996, 32(2): 661 – 667.

[70] WILLETT P, WARREN D. The suboptimality of randomized tests in distributed and quantized detection systems [J]. IEEE Transactions on Information Theory, 1992, 38(2 pt I): 355 – 361.

[71] PAPASTAVROU J D, ATHANS M. Team ROC curve in a binary hypothesis testing environment [J]. IEEE Transactions on Aerospace and Electronic Systems, 1995, 31(1): 96 – 105.

[72] HAN Y I, KIM T. Randomized fusion rules can be optimal in distributed Neyman – Pearson detectors [J]. IEEE Transactions on Information Theory, 1997, 43(4): 1281 – 128.

[73] CONTE E, D'ADDIO E, FARINA A, et al. MULTISTATIC RADAR DETECTION: SYNTHESIS AND COMPARISON OF OPTIMUM AND SUBOPTIMUM RECEIVERS [J]. 1983, 130(6): 484 – 494.

[74] SRINIVASAN R. Distributed radar detection theory [J]. IEE PROCEEDINGSPt F, 1986, 133(1): 55 – 60.

[75] THOMOPOULOS S C A, VISWANATHAN R, BOUGOULIAS D C. Optimal decision fusion in multiple sensor systems [J]. IEEE Transactions on Aerospace and Electronic Systems, 1987, AES – 23(5):644 – 653.

[76] THOMOPOULOS S C A, VISWANATHAN R, BOUGOULIAS D K. Optimal distributed decision fusion [J]. IEEE Transactions on Aerospace and Electronic Systems, 1989, 25(5): 761 - 765.

[77] HELSTROM C W. Gradient algorithm for quantization levels in distributed detection systems [J]. Aerospace and Electronic Systems, IEEE Transactions on Systems, 1995, 31(1): 390 - 398.

[78] ELAYADI M H, MAMDOUH A, BASIONY A E. Algorithm for global optimization of distributed multiple - sensor detection systems using Neyman - Pearson strategy [J]. Signal Processing,1996, 51(2):137 - 145.

[79] BLUM R S. Necessary conditions for optimum distributed sensor detectors under the Neyman - Pearson criterion [J]. IEEE Transactions on Information Theory, 1996, 42(3): 990 - 994.

[80] DRAKOPOULOS E, LEE C - C. Optimum multisensor fusion of correlated local decisions [J]. IEEE Transactions on Aerospace and Electronic Systems, 1991, 27(4): 593 - 606.

[81] KAM M, ZHU Q, GRAY W S. Optimal data fusion of correlated local decisions in multiple sensor detection systems [J]. IEEE Transactions on Aerospace and Electronic Systems, 1992, 28(3): 916 - 920.

[82] VISWANATHAN R, THOMOPOULOS S C A, TUMULURI R. Optimal serial distributed decision fusion [J]. IEEE Transactions on Aerospace and Electronic Systems, 1988, 24(4): 366 - 376.

[83] TANG Z B, PATTIPATI K R, KLEINMAN D L. Optimization of detection networks - I: Tandem structures [J]. IEEE Transactions on Systems, Man and Cybernetics, 1991, 21(5): 1044 - 1059.

[84] CHAIR Z, VARSHNEY P K. Optimal data fusion in multiple sensor detection systems [J]. IEEE Transactions on Aerospace and Electronic Systems, 1986, AES - 22(1): 98 - 101.

[85] HOBALLAH I Y, VARSHNEY P K. Distributed Bayesian signal detection [J]. IEEE Transactions on Information Theory, 1989, 35(5): 995 - 1000.

[86] CHERIKH M, KANTOR P B. Counterexamples in distributed detection [J]. IEEE Transaction on Information Theory, 1992, 38(1): 162 - 165.

[87] TSITSIKLIS J N. DECENTRALIZED DETECTION B Y A LARGE NUMBER OF SENSORS [J]. 1988, 1(2): 167 - 182.

[88] PAPASTAVROU J D, ATHANS M. On optimal distributed decision architectures in a hypothesis testing environment [J]. IEEE Transactions on Automatic Control, 1992,37(8):1154 - 1169.

[89] ZHANG Q, VARSHNEY P K, WESEL R D. Optimal Bi - level quantization of i. i. d. sensor observations forbinary hypothesis testing [J]. IEEE Transactions on Information Theory, 2002, 48(7): 2105 - 2111.

[90] TANG Z B, PATTIPATI K R, KLEINMAN D L. An algorithm for determining the decision thresholds in a distributed detection problem [J]. IEEE Transactions on Systems, Man and

Cybernetics, 1991, 21(1): 231 -237.
[91] ZHU Y, BLUM R S, LUO Z Q, et al. Unexpected properties and optimum - distributed sensor detectors for dependent observation cases [J]. IEEE Transactions on Automatic Control, 2000, 45(1): 62 -72.
[92] WILLETT P, SWASZEK P F, BLUM R S. Good, bad, and ugly: distributed detection of a known signal in dependent Gaussian noise [J]. IEEE Transactions on Signal Processing, 2000, 48(12): 3266 -3279.
[93] SWASZEK P F. On the performance of serial networks in distributed detection [J]. IEEE Transactions on Aerospace and Electronic Systems, 1993, 29(1): 254 -260.
[94] PAPASTAVROU J D, ATHANS M. Distributed detection by a large team of sensors in tandem [J]. IEEE Transactions on Aerospace and Electronic Systems, 1992, 28(3): 639 - 653.
[95] TANG Z B, PATTIPATI K R, KLEINMAN D L. Optimization of detection networks. Part II. Tree structures [J]. IEEE Transactions on Systems, Man and Cybernetics, 1993, 23(1): 211 -221.
[96] REIBMAN A R, NOLTE L W. DESIGN AND PERFORMANCE COMPARISON OF DISTRIBUTED DETECTION NETWORKS [J]. IEEE Transactions on Aerospace and Electronic Systems, 1987, AES -23(6): 789 -797.
[97] SRINIVASAN R. Distributed detection with decision feedback [J]. IEE Proceedings, Part F: Radar and Signal Processing, 1990, 137(6): 427 -432.
[98] PADOS D A, HALFORD K W, KAZAKOS D, et al. Distributed binary hypothesis testing with feedback [J]. IEEE Transactions on Systems, Man and Cybernetics, 1995, 25(1): 21 -42.
[99] SWASZEK P F, WILLETT P. Parley as an approach to distributed detection [J]. IEEE Transactions on Aerospace and Electronic Systems, 1995, 31(1): 447 -457.
[100] ALHAKEEM S, VARSHNEY P K. Decentralized Bayesian detection with feedback [J]. IEEE Transactions on Systems, Man, and Cybernetics, Part A: Systems and Humans, 1996, 26(4): 503 -513.
[101] LEE C C, CHAO J J. Optimum local decision space partitioning for distributed detection [J]. IEEE Transactions on Aerospace and Electronic Systems, 1989, 25(4): 536 -544.
[102] LONGO M, LOOKABAUGH T D, GRAY R M. Quantization for decentralized hypothesis testing under communication constraints [J]. IEEE Transactions on Information Theory, 1990, 36(2): 241 -255.
[103] POMORSKI D, DESROUSSEAUX C. Improving performance of distributed detection networks: An entropy - based optimization [J]. Signal Processing, 2001, 81(12): 2479 - 2491.
[104] KRZYSZTOFOWICZ R, DOU L. Fusion of detection probabilities and comparison of multisensor systems [J]. IEEE Transactions on Systems, Man and Cybernetics, 1990, 20(3):

665 - 677.

[105] YU C - T, VARSHNEY P K. Paradigm for distributed detection under communication constraints [J]. Optical Engineering, 1998, 37(2): 417 - 426.

[106] SHI W, SUN T W, WESEL R D. Quasi - convexity and optimal binary fusion for distributed detection with identical sensors in generalized Gaussian noise [J]. IEEE Transactions on Information Theory, 2001, 47(1): 446 - 450.

[107] FEDELE G, IZZO L, PAURA L. Optimum And Suboptimum Space - Diversity Detection Of Weak Signals In Non - Gaussian Noise [J]. IEEE Transactions on Communications, 1984, CM - 32(9): 990 - 997.

[108] BLUM R S, KASSAM S A. Optimum distributed detection of weak signals in dependent sensors [J]. IEEE Trans on Information Theory, 1992, 38(3): 1066 - 1079.

[109] BLUM R S. Distributed detection of narrowband signals [J]. IEEE Transactions on Information Theory, 1995, 41(2): 519 - 523.

[110] BLUM R S, KASSAM S A. On the asymptotic relative efficiency of distributed detection schemes [J]. IEEE Transactions on Information Theory, 1995, 41(2): 523 - 527.

[111] DELIC H, PAPANTONI - KAZAKOS P, KAZAKOS D. Fundamental structures and asymptotic performance criteria in decentralized binary hypothesis testing [J]. IEEE Transactions on Communications, 1995, 43(1): 32 - 43.

[112] DELIC H, PAPANTONI - KAZAKOS P. Robust decentralized detection by asymptotically many sensors [J]. Signal Processing, 1993, 33(2): 223 - 233.

[113] BARKAT M, VARSHNEY P K. Decentralized CFAR signal detection [J]. IEEE Transactions on Aerospace and Electronic Systems, 1989,25(2):141 - 149.

[114] BARKAT M, VARSHNEY P K. Adaptive cell - averaging CFAR detection in distributed sensor networks [J]. IEEE Transactions on Aerospace and Electronic Systems, 1991, 27 (3): 424 - 429.

[115] LONGO M, LOPS M. OS - CFAR thresholding in decentralized radar systems [J]. IEEE Transactions on Aerospace and Electronic Systems, 1996, 32(4): 1257 - 1267.

[116] ELIAS - FUSTE A R, BROQUETAS - IBARS A, ANTEQUERA J P, et al. CFAR data fusion center with inhomogeneous receivers [J]. IEEE Transactions on Aerospace and Electronic Systems, 1992, 28(1): 276 - 285.

[117] HIMONAS S D, BARKAT M. A distributed CFAR processor with data fusion for correlated targets in nonhomogeneous clutter[C]//IEEE 1990 International Radar Conference. Arlington, VA, USA: IEEE PRESS, 1990:501 - 506.

[118] MARANO S, LONGO M, LOPS M. Performance of decentralized L - CFAR detection in inhomogeneous background [J]. IEEE Transactions on Aerospace and Electronic Systems, 2000, 36(4): 1414 - 1423.

[119] HAMMOUDI Z, SOLTANI F. Distributed IVI - CFAR detection in non - homogeneous environments [J]. Signal Processing, 2004, 84(7): 1231 - 1237.

[120] GINI F, LOMBARDINI F, VERRAZZANI L. Robust monoparametric multiradar CFAR detection against non - Gaussian spiky clutter [J]. IEE Proceedings: Radar, Sonar and Navigation, 1997, 144(3):131 - 140.

[121] BLUM R S, KASSAM S A. Distributed cell - averaging CFAR detection in dependent sensors [J]. IEEE Transactions on Information Theory, 1995, 41(2): 513 - 518.

[122] GOWDA C H, VISWANATHAN R. Performance of distributed CFAR test under various clutter amplitudes [J]. IEEE Transactions on Aerospace and Electronic Systems, 1999, 35 (4): 1410 - 1420.

[123] 严军, 关键, 彭应宁. 多传感器阵列信号的分布式恒虚警检测 [J]. 清华大学学报(自然科学版), 2004, 44(7): 950 - 953.

[124] HAN J, VARSHNEY P K, VANNICOLA V C. Some results on distributed nonparametric detection[C]//the 29th IEEE Conference on Decision and Control. Honolulu, HI, USA: Publ by IEEE, Piscataway, NJ, USA, 1990:2698 - 2703.

[125] AL - HUSSAINI E K, AL - BASSIOUNI A - A M, EL - FAR Y A. Decentralized CFAR signal detection [J]. Signal Processing, 1995, 44(3): 299 - 307.

[126] VISWANATHAN R, ANSARI A. Distributed detection of a signal in generalized Gaussian noise [J]. IEEE Transactions on Acoustics, Speech, and Signal Processing, 1989, 37 (5): 775 - 778.

[127] AL - HUSSAINI E K, EL - FAR Y A. Decentralized nonparametric detectors [J]. IEEE Signal Processing Letters, 1997, 4(5): 128 - 131.

[128] GERANIOTIS E, CHAU Y A. Robust data fusion for multisensor detection systems [J]. IEEE Transactions on Information Theory, 1990, 36(6): 1265 - 1279.

[129] KAMBEROVA G, MINTZ M. Robust multi - sensor fusion: A decision - theoretic approach [C]//SPIE. Philadelphia, PA, USA: Publ by Int Soc for Optical Engineering, Bellingham, WA, USA, 1989:192 - 201.

[130] GOWDA C H, VISWANATHAN R. Robustness of decentralized tests with epsilon - contamination prior [J]. IEEE Transactions on Information Theory, 1995, 41(4): 1164 - 1169.

[131] HAN Y I, KIM T. Mutual and conditional mutual informations for optimizing distributed Bayes detectors [J]. IEEE Transactions on Aerospace and Electronic Systems, 2001, 37 (1): 147 - 157.

[132] CHEN B, VARSHNEY P K. A Bayesian sampling approach to decision fusion using hierarchical models [J]. IEEE Transactions on Signal Processing, 2002, 50(8): 1809 - 1818.

[133] MIRJALILY G, LUO Z - Q, DAVIDSON T N, et al. Blind adaptive decision fusion for distributed detection [J]. IEEE Transactions on Aerospace and Electronic Systems, 2003, 39 (1): 34 - 52.

[134] DRAKOPOULOS E, LEE C - C. Decision rules for distributed decision networks with uncertainties [J]. IEEE Transactions on Automatic Control, 1992, 37(1): 5 - 14.

[135] SAMARASOORIYA V N S, VARSHNEY P K. Decentralized signal detection with fuzzy information [J]. Optical Engineering, 1997, 36(3): 658 - 668.

[136] SESTOK C K, SAID M R, OPPENHEIM A V. Randomized data selection in detection with applications to distributed signal processing [J]. Proceedings of the IEEE, 2003, 91(8): 1184 - 1197.

[137] 严军, 关键, 彭应宁. 分布式检测系统的幂求和融合准则 [J]. 系统工程与电子技术, 2006, 28(1): 7 - 10.

[138] 严军, 关键, 彭应宁. 分布式检测系统的混合融合算法 [J]. 清华大学学报(自然科学版), 2006, 46(1): 46 - 49.

[139] VARSHNEY P K. Distributed detection and data fusion [M]. New York: Springer - Verlag New York, Inc., 1996.

[140] 梁小果, 李言俊, 张科. 一种非理想信道条件下双传感器系统的融合算法研究 [J]. 探测与控制学报, 2006, 28(4): 30 - 33.

[141] LIU Y K, FENG X X. The detection arithmetic of soft decision based on non - ideal channel in distributed detection[C]//IEEE International Conference on Micro Electro Mechanical Systems (MEMS). Piscataway, NJ 08855 - 1331, United States: Institute of Electrical and Electronics Engineers Inc., 2007:695 - 698.

[142] CHEN B, WILLETT P K. On the optimality of the likelihood - ratio test for local sensor decision rules in the presence of nonideal channels [J]. IEEE Transactions on Information Theory, 2005, 51(2): 693 - 699.

[143] 孙利民, 李建中, 陈渝, 等. 无线传感器网络 [M]. 北京: 清华大学出版社, 2005.

[144] NIU R, VARSHNEY P K, CHENG Q. Distributed detection in a large wireless sensor network [J]. Information Fusion, 2006(7): 380 - 394.

[145] LIU K, SAYEED A M. Type - based decentralized detection in wireless sensor networks [J]. IEEE Transactions on Signal Processing, 2007, 55(5): 1899 - 1910.

[146] LIN Y, CHEN B, TONG L. Distributed detection over multiple access channels[C]//IEEE International Conference on Acoustics, Speech and Signal Processing Piscataway, NJ 08855 - 1331, United States: Institute of Electrical and Electronics Engineers Inc., 2007:541 - 544.

[147] MARANO S, MATTA V, TONG L. Distributed detection in the presence of Byzantine attack in large wireless sensor networks[C]// IEEE Military Communications Conference. Piscataway, NJ 08855 - 1331, United States: Institute of Electrical and Electronics Engineers Inc., 2007:4086345.

[148] CHENG S T, LI S Y, CHEN C M. Distributed Detection in Wireless Sensor Networks[C]// Seventh IEEE/ACIS International Conference on Computer and Information Science. Portland, OR, USA: IEEE, 2008:401 - 406.

[149] 刘英坤, 冯新喜, 党宏刚, 等. 基于聂曼 - 皮尔逊准则和无线信道的一种次最优分布式检测算法 [J]. 电子与信息学报, 2008, 30(11): 2650 - 2653.

[150] CHAMBERLAND J F, VEERAVALLI V V. Wireless sensors in distributed detection applications [J]. IEEE Signal Processing Magazine, 2007, 24(3): 16 -25.

[151] LIU B, CHEN B. Joint source - channel coding for distributed sensor networks[C]//Asilomar Conference on Signals, Systems and Computers. Pacific Grove, CA, United States: Institute of Electrical and Electronics Engineers Computer Society, 2004:1397 -1401.

[152] RAGO C, WILLETT P, BAR - SHALOM Y. Censoring sensors: a low - communication - rate scheme for distributed detection [J]. IEEE Transactions on Aerospace and Electronic Systems, 1996,32(2):554 -568.

[153] APPADWEDULA S, VEERAVALLI V V, JONES D L. Robust and locally - optimum decentralized detection with censoring sensors[C]//The Fifth International Conference on Information Fusion. Annapolis, MD, USA: Int. Soc. Inf. Fusion, 2002:56 -63.

[154] APPADWEDULA S, VEERAVALLI V V, JONES D L. Energy - efficient detection in sensor networks [J]. IEEE Journal on Selected Areas in Communications, 2005, 23(4): 693 -702.

[155] APPADWEDULA S, VEERAVALLI V V, JONES D L. Decentralized Detection with censoring sensors [J]. IEE Transactions on Signal processing, 2008, 56(4): 1362 -1373.

[156] JIANG R, CHEN B. Decision fusion with censored sensors[C]//IEEE International Conference on Acoustics, Speech and Signal Processing. Montreal, Que, Canada: Institute of Electrical and Electronics Engineers Inc., Piscataway, NJ 08855 - 1331, United States, 2004:289 -292.

[157] JIANG R, CHEN B. Fusion of censored decisions in wireless sensor networks [J]. IEEE Transactions on Wireless Communications, 2005, 4(6): 2668 -2673.

[158] NIU R, CHEN B, VARSHNEY P K. Fusion of decisions transmitted over Rayleigh fading channels in wireless sensor networks [J]. IEEE Transactions on Signal Processing, 2006, 54(3): 1018 -1027.

[159] LIU B, CHEN B. Channel - optimized quantizers for decentralized detection in sensor networks [J]. IEEE Transactions on Information Theory, 2006, 52(7): 3349 -3358.

[160] KANCHUMARTHY V R, VISWANATHAN R, MADISHETTY M. Impact of Channel Errors on Decentralized Detection Performance of Wireless Sensor Networks: A Study of Binary Modulations, Rayleigh - Fading and Nonfading Channels, and Fusion - Combiner [J]. IEEE Transactions on Signal Processing, 2008, 56(5): 1761 -1769.

[161] 袁晓光，杨万海，史林. 多跳筛选无线传感器网络决策融合 [J]. 系统工程与电子技术，2010，32(8)：1780 - 1784.

[162] 袁晓光，杨万海，史林. 多跳无线传感器网络决策融合 [J]. 系统工程与电子技术 2009，31(4)：976 -981.

[163] YANG Y, BLUM R S, SADLER B M. A Distributed and Energy - Efficient Framework for Neyman - Pearson Detection of Fluctuating Signals in Large - Scale Sensor Networks [J]. IEEE JOURNAL ON SELECTED AREAS IN COMMUNICATIONS, 2010, 28(7): 1149 -

1158.

[164] YANG Y, BLUM R S, SADLER B M. Energy - Efficient Routing for Signal Detection in Wireless Sensor Networks [J]. IEEE Transactions on Signal Processing, 2009, 57(6): 2050 - 2063.

[165] PATIL S, DAS S R, NASIPURI A. Serial data fusion using space - filling curves in wireless sensor networks[C]//First Annual IEEE Communications Society Conference on Sensor and Ad Hoc Communications and Networks. Santa Clara, CA, United States: Institute of Electrical and Electronics Engineers Inc. , New York, NY 10016 - 5997, United States, 2004: 182 - 190.

[166] SUNG Y, MISRA S, TONG L, et al. Cooperative routing for distributed detection in large sensor networks [J]. IEEE Journal on Selected Areas in Communications, 2007, 25(2): 471 - 483.

[167] YANG Y. Signal Processing and Communications for Radar Sensor Networks[D]. Lehigh University, 2009.

[168] MARTAL M, BURATTI C, FERRARI G, et al. Decentralized Detection in IEEE 802.15.4 Wireless Sensor Networks [J]. EURASIP Journal on Wireless Communications and Networking, 2010(Article ID 174063): 10.

[169] MASAZADE E, RAJAGOPALAN R, VARSHNEY P K, et al. A multiobjective optimization approach to obtain decision thresholds for distributed detection in wireless sensor networks [J]. Systems, Man, and Cybernetics, Part B: Cybernetics, IEEE Transactions on, 2010, 40(2): 444 - 457.

[170] WU J Y, WU C W, WANG T Y. Channel - Aware Decision Fusion With Unknown Local Sensor Detection Probability [J]. IEEE Transactions on Signal Processing, 2010, 58(3): 1457 - 1463.

[171] MCDONNELL M D, STOCKS N G, PEARCE C E M, et al. Stochastic Resonance: From Suprathreshold Stochastic Resonance to Stochastic Signal Quantization [M]. Cambridge: Cambridge University Press, 2008.

[172] CHEN H, VARSHNEY P K. Theory of the Stochastic Resonance Effect in Signal Detection - Part II: Variable Detectors [J]. IEEE Transactions on Signal Processing,2008, 56(10): 5031 - 5041

[173] CHEN H, VARSHNEY P K, KAY S M, et al. Theory of the Stochastic Resonance Effect in Signal Detection: Part I - Fixed Detectors [J]. IEEE Transactions on Signal Processing, 2007, 55(7): 3172 - 3184.

[174] KOSKO B, MITAIM S. Robust stochastic resonance: Signal detection and adaptation in impulsive noise [J]. PHYSICAL Review E, 2001, 64(5): 051110 - 1 - 11.

[175] CHEN H, VARSHENY P K, MICHELS J H, et al. Can addition of noise improve distributed detection performance[C]//2006 9th international conference on information fusion. Florence: IEEE, 2006:1 - 6.

[176] LI J, STOICA P. MIMO RADAR SIGNAL PROCESSING [M]. Hoboken: John Wiley & Sons, Inc. 2008.
[177] DE MAIO A, LOPS M. Design Principles of MIMO Radar Detectors [J]. IEEE Transactions on Aerospace and Electronic Systems, 2007, 43(3): 886 – 898.
[178] LI J S P. MIMO radar with collocated antennas: Review of some recent work [J]. IEEE Signal Processing Magazine, 2007, 24(5): 106 – 114.
[179] ANTONIO G S F D R, ROBEY F C. MIMO radar ambiguity functions [J]. IEEE J Select Topics Signal Process, 2007, 1(1): 167 – 177.
[180] CHEN C – Y, VAIDYANATHAN P P. A Subspace Method for MIMO Radar Space – Time Adaptive Processing[C]//icassp 2007. Honolulu, HI, USA: IEEE, 2007:925 – 928.
[181] YANG Y, BLUM R S. MIMO radar waveform design based on mutual information and minimum mean – square error estimation [J]. IEEE Transactions on Aerospace and Electronic Systems,2007,41(1):330 – 343.
[182] GRIFFITHS H D, BAKER C J, SAMMARTINO P F, et al. MIMO AS A DISTRIBUTED RADAR SYSTEM [M]//LI J, STOICA P. mimo radar signal processing. Hoboken: John Wiley & Sons, Inc. 2008.
[183] BERGER C R, ZHOU S, WILLETT P, et al. Compressed sensing for OFDM/MIMO radar; proceedings of the Asilomar Conference on Signals, Systems, and Computers, F, 2008 [C].
[184] HAIMOVICH A M, BLUM R S, CIMINI L J. MIMO Radar with Widely Separated Antennas [J]. IEEE Signal Processing Magazine, 2008, 25(1): 116 – 129.
[185] XU J, DAI X, WANG L, et al. Optimal Transmitting Diversity Degrees of Freedom for Statistical MIMO Radar[C]//IEEE Radar conference. Washington DC,USA:IEEE,2010:1 – 5.
[186] WU X H, KISHK A A, GLISSON A W. MIMO – OFDM radar for direction estimation [J]. IET Radar, Sonar & Navigation, 2010, 4(1): 28 – 36.
[187] GROSSI E, LOPS M, VENTURINO L. Robust Waveform Design for MIMO Radars [J]. IEEE Transactions on Signal Processing, 2011, 59(7): 3262 – 3271.
[188] NIJSURE Y, CHEN Y, YUEN C, et al. Adaptive MIMO radar waveform optimization based on mutual information [J]. IEEE Transactions on Aerospace and Electronic Systems, 2012,
[189] SONG X, WILLETT P, ZHOU S. Optimal power allocation for MIMO radars with heterogeneous propagation losses[C]//ICASSP2012. Kyoto, Japan: IEEE, 2012:2465 – 2468.
[190] XIUFENG S, WILLETT P, SHENGLI Z, et al. MIMO radar detection with heterogeneous propagation losses[C]//Statistical Signal Processing Workshop (SSP), 2012 IEEE. Ann Arbor, MI, USA: IEEE, 2012:776 – 779.
[191] LIU Y, LIANG J. Target detection – Distributed radar sensor network (RSN) vs. MIMO – RSN[C]//Communications Workshops (ICC), 2013 IEEE International Conference on. Budapest, Hungary: IEEE, 2013:911 – 915.
[192] 何子述，韩春林，刘波. MIMO 雷达概念及其技术特点分析 [J]. 电子学报，2005, 33

(B12): 2441 - 2445.

[193] 戴喜增. MIMO雷达宽带波形设计和分集检测研究 [D]. 北京:清华大学, 2008.

[194] RAGO C, WILLETT P, ALFORD M. Predetection fusion: resolution cell grid effects [J]. IEEE Transactions on Aerospace and Electronic Systems, 1999, 35(3): 778 - 789.

[195] FARINA A, LOMBARDINI F, VERRAZZANI L. Detection fusion from dual resolution co-located radars [J]. Signal Processing, 2000, 80(5): 803 - 808.

[196] 严军. 多传感器检测系统融合与关联算法研究 [D]. 北京:清华大学, 2006.

[197] CARRARA W G, GOODMAN R S, MAJEWSKI R M. Spotlight synthetic aperture radar: signal processing algorithms [M]. Boston: Artech House, 1995.

[198] OLIVER C, QUEGAN S. Understanding Synthetic Aperture Radar Images [M]. Raleigh: SciTech Publishing, Inc., 2004.

[199] TENEKETZIS D, VARAIYA P. The decentralized quickest detection problem [J]. IEEE Transactions on Automatic Control, 1984, AC - 29(7): 641 - 644.

[200] HASHEMI H R, RHODES I B. Decentralized sequential detection [J]. IEEE Transactions on Information Theory, 1989, 35(3): 509 - 520.

[201] CROW R W, SCHWARTZ S C. Quickest detection for sequential decentralized decision systems [J]. IEEE Transactions on Aerospace and Electronic Systems, 1996, 32(1): 267 - 283.

[202] VEERAVALLI V V. Decentralized quickest change detection [J]. IEEE Transactions on Information Theory, 2001, 47(4): 1657 - 1665.

[203] ZHU Y, LI X R. Unified fusion rules for multisensor multihypothesis network decision systems [J]. IEEE Transactions on Systems, Man, and Cybernetics, Part A: Systems and Humans, 2003, 33(4): 502 - 513.

[204] REIBMAN A R, NOLTE L W. Optimal fault - tolerant signal detection [J]. IEEE Transactions on Acoustics, Speech, and Signal Processing, 1990, 38(1): 179 - 180.

[205] REIBMAN A R, NOLTE L W. Optimal design and performance of distributed signal detection systems with faults [J]. IEEE Transactions on Acoustics, Speech, and Signal Processing, 1990, 38(10): 1771 - 1782.

[206] THOMOPOULOS S C A. Distributed decision fusion in the presence of networking delays and channel errors [J]. Information Sciences, 1992, 66(1/2): 91 - 118.

[207] GINI F, LOMBARDINI F, VERRAZZANI L. Decentralised detection strategies under communication constraints [J]. IEE Proceedings - Radar, Sonar and Navigation, 1998, 145(4): 199 - 208.

[208] CHANG W, KAM M. Asynchronous distributed detection [J]. IEEE Transactions on Aerospace and Electronic Systems, 1994, 30(3): 818 - 826.

[209] PADOS D A, PAPANTONI - KAZAKOS P, KAZAKOS D, et al. On - line threshold learning for Neyman - Pearson distributed detection [J]. IEEE Transactions on Systems, Man and Cybernetics, 1994, 24(10): 1519 - 1531.

[210] ANSARI N, HOU E S H, ZHU B – O, et al. Adaptive fusion by reinforcement learning for distributed detection systems [J]. IEEE Transactions on Aerospace and Electronic Systems, 1996, 32(2): 524 –531.

[211] RAO N S V. Distributed decision fusion using empirical estimation [J]. IEEE Transactions on Aerospace and Electronic Systems, 1997, 33(4): 1106 –1114.

[212] MING X, JUNWEI Z. New results on the performance of distributed Bayesian detection systems [J]. IEEE Transactions on Systems, Man & Cybernetics, Part A (Systems & Humans), 2001, 31(1): 73 –78.

[213] XIANG M, ZHAO J. On the performance of distributed Neyman – Pearson detection systems [J]. IEEE Transactions on Systems, Man, and Cybernetics Part A:Systems and Humans, 2001, 31(1): 78 –83.

[214] WASSERMAN L A. All of Statistics: A Concise Course in Statistical Inference [M]. New York: Springer, 2004.

[215] DUARTE M F, HU Y H. Optimal decision fusion with applications to target detection in wireless ad hoc sensor networks[C]//IEEE International Conference on Multimedia and Expo (ICME). Taipei, Taiwan,China: Institute of Electrical and Electronics Engineers Inc., 2004:1803 –1806.

[216] MAHLER R P. Optimal/robust distributed data fusion: a unified approach [J]. Proceedings of the SPIE – The International Society for Optical Engineering,2000,4052(1):128 – 138.

[217] WANG X – G, QIAN W – H, LIN C – X. Optimal design of distributed signal detection systems[C]//IEEE International Conference on Multisensor Fusion and Integration for Intelligent Systems. Washington, DC, USA: IEEE, Piscataway, NJ, USA, 1996:719 –725.

[218] 相明，张亚明，葛新蕾. 利用传感器判决阈值联合优化的串行检测融合算法 [J]. 西安交通大学学报, 2008, 42(10): 1209 –1212.

[219] 李宏，王昭，相明，等. 一种全局最优的多基阵声纳数据融合方法 [J]. 西北工业大学学报, 2000, 18(2): 233 –236.

[220] 吴艳，杨万海，李明. 分布式多传感器系统的最佳检测和性能 [J]. 西安电子科技大学学报, 2000, 27(2): 138 –141.

[221] TSITSIKLIS J N. Decentralized detection [M]. Advances in Statistical Signal Processing 1993: 297 –344.

[222] YAN Q, BLUM R S. Distributed signal detection under the Neyman – Pearson criterion [J]. IEEE Transactions on Information Theory, 2001, 47(4): 1368 –1377.

[223] GUAN J, HE Y, PENG Y – N. Distributed detection with feedback and optimal fusion [C]//IEEE National Radar Conference. Alexandria, VA, USA: Institute of Electrical and Electronics Engineers Inc., Piscataway, NJ, USA, 2000:151 –154.

[224] 关键，何友，彭应宁. 分布式检测中一种新的反馈机制及其最优融合 [J]. 舰船电子工程, 2001, 2001(3): 15 –17.

[225] 关键, 孟祥伟, 何友, 等. 多传感器分布式检测中新的反馈方案及其最优融合 [J]. 电子学报, 2002, 30(9): 1357 - 1359.

[226] 刘英坤, 冯新喜, 党宏刚,等. 分布式检测中基于恶劣检测环境的反馈融合算法 [J]. 探测与控制学报, 2008, 30(2): 35 - 37.

[227] 王贵生, 王东进, 陈卫东. 一种多级式带反馈的混合系统检测融合算法 [J]. 现代防御技术, 2006, 34(3): 57 - 61.

[228] 王勇, 刘文江, 胡怀中,等. 多传感器检测系统的多步反馈融合算法 [J]. 传感技术学报, 2003, 16(3): 256 - 259.

[229] 王勇, 刘文江, 李嘉,等. 分布式检测系统的反馈融合算法 [J]. 西安交通大学学报, 2003, 37(12): 1247 - 1250.

[230] HAN J, VARSHNEY P K, SRINIVASAN R. Distributed binary integration [J]. IEEE Transactions on Aerospace and Electronic Systems, 1993, 29(1): 2 - 8.

[231] 何友, 关键, 彭应宁,等. 雷达自动检测与恒虚警处理 [M]. 北京: 清华大学出版社, 1999.

[232] MATHUR A, WILLETT P K. Local SNR considerations in decentralized CFAR detection [J]. IEEE Transactions on Aerospace and Electronic Systems, 1998, 34(1): 13 - 22.

[233] MEZACHE A, SOLTANI F. Threshold optimization of decentralized CFAR detection in weibull clutter using genetic algorithms [J]. Signal, Image and Video Processing, 2008, 2(1): 1 - 7.

[234] ABDOU L, SOLTANI F. OS - CFAR and CMLD threshold optimization in distributed systems using evolutionary strategies [J]. Signal, Image and Video Processing, 2008, 2(2): 155 - 167.

[235] LIU W, LU Y, FU J S. Data fusion of multiradar system by using genetic algorithm [J]. IEEE Transactions on Aerospace and Electronic Systems, 2002, 38(2): 601 - 612.

[236] 王明宇, 俞卞章, 杨峰. 遗传算法在分布式 OS - CFAR 检测系统优化中的应用 [J]. 数据采集与处理, 2002, 17(3): 305 - 307.

[237] WANIELIK G, STOCK D J R. Measured scattering - matrix - data and a polarimetric CFAR - detectorwhich works on this data[C]//IEEE 1990 International Radar Conference. Arlington, VA, USA: Institute of Electrical and Electronics Engineers Inc. , 1990:514 - 519.

[238] DILLARD G M, ANTONIAK C E. Practical Distribution - Free Detection Procedure for Multiple - range - bin radars [J]. IEEE Transaction on Aerospace and Electronic. Systems, 1970, AES - 6(5): 629 - 635.

[239] HANSEN V G, OLSEN B A. Nonparametric radar extraction using a generalized sign test [J]. IEEE. Transaction on Aerospace and Electronic Systems, 1971, AES - 7(5): 942 - 950.

[240] 朱兆达. 秩二进积累非参量检测器的渐近性能 [J]. 电子学报, 1980, 8(3): 89 - 98.

[241] NASIPURI A, TANTARATANA S. Nonparametric distributed detector using Wilcoxon statistics [J]. Signal Processing, 1997, 57(2): 139 - 146.

[242] LIU X Y, PENG Y N. Robust distributed detection fusion scheme under unknown time – variant signal – to – clutter ratio conditions[C]//IEEE radar conference. turing stone resort and casino verosa, NY USA: Institute of Electrical and Electronics Engineers Inc., 2006: 754 – 758.

[243] MUELLER H J. Modeling of extremely heterogeneous radar backscatter[C]//International Geoscience and Remote Sensing Symposium (IGARSS). Singapore: IEEE, Piscataway, NJ, USA, 1997:1603 – 1605.

[244] 沈永欢，梁在中，许履瑚，等. 实用数学手册[M]. 北京：科学出版社，2000.

[245] ROHLING H. RADAR CFAR THRESHOLDING IN CLUTTER AND MULTIPLE TARGET SITUATIONS [J]. IEEE Transactions on Aerospace and Electronic Systems, 1983, AES – 19(4): 608 – 621.

[246] SCHLEHER D C. Radar detection in Weibull clutter [J]. IEEE Transactions on Aerospace and Electronic Systems, 1976, AES – 12(6): 736 – 743.

[247] 阙渭焰，彭应宁，陆大金. 雷达布站方法[J]. 清华大学学报(自然科学版)，1997, 37(4): 45 – 48.

[248] EFRON B. Bootstrap method: another look at the jacknife [J]. The Annals of Statistics, 1979, 7(1): 1 – 26.

[249] HALL P. The Bootstrap and Edgeworth Expansion [M]. New York: Springer, 1992.

[250] EFRON B, TIBSHIRANI R. An Introduction to the Bootstrap [M]. New York: Chapman & Hall, 1993.

[251] SHAO J, TU D. The jackknife and bootstrap [M]. New York: Springer – Verlag Inc, 1995.

[252] DAVISON A C, HINKLEY D V. Bootstrap methods and their application [M]. Cambridge: Cambridge Cambridge University Press, 1997.

[253] LAHIRI S N. Resampling methods for dependent data [M]. New York: Springer – Verlag Inc, 2003.

[254] ZOUBIR A M, ISKANDER R. Bootstrap Methods and Application [J]. IEEE SIGNAL PROCESSING MAGAZINE, 2007, 24(2): 10 – 19.

[255] ZOUBIR A M, ISKANDER R. Bootstrap Methods in Signal Processing [J]. IEEE SIGNAL PROCESSING MAGAZINE, 2007, 24(4): 7 – 8.

[256] ZOUBIR A M, ISKANDER R. Bootstrap Modeling of a Class of Nonstationary Signals [J]. IEEE TRANSACTIONS ON SIGNAL PROCESSING, 2000, 48(2): 399 – 408.

[257] ONG H – T, ZOUBIR A M. Robust signal detection using the bootstrap[C]//IEEE International Conference on Acoustics, Speech, and Signal Processing Phoenix, AZ, USA: IEEE, 1999:1197 – 1200.

[258] ONG H – T, ZOUBIR A M. The Bootstrapped Mached Filter and Its Accurancy [J]. IEEE SIGNAL PROCESSING LETTERS, 2000, 7(1): 11 – 13.

[259] ONG H – T, ZOUBIR A M. Bootstrap methods for adaptive signal detection[C]//IEEE In-

ternational Conference on Acoustics, Speech, and Signal Processing. Istanbul: IEEE, 2000:57 - 60.

[260] ONG H - T, ZOUBIR A M. Bootstrap - Based Detection of Signals With Unknow Parameters in Unspecified Correlated Interferernce [J]. IEEE TRANSACTIONS ON SIGNAL PROCESSING, 2003, 51(1): 135 - 141.

[261] ZOUBIR A M, ISKANDER R. Bootstrap Techniques for Signal Processing [M]. New York: Cambridge University Press, 2004.

[262] MCERLEAN D, NARAYANAN S. Distributed detection and tracking in sensor networks [C]//Asilomar Conference on Signals, Systems and Computers. ASILOMAR HOTEL & CONFERENCE GROUNDS,PACIFIC GROVE, CA: Institute of Electrical and Electronics Engineers Computer Society, 2002:1174 - 1178.

[263] CHAMBERLAND J F, VEERAVALLI V V. Decentralized detection in sensor networks [J]. IEEE Transactions on Signal Processing, 2003, 51(2): 407 -416.

[264] CHAMBERLAND J - F, VEERAVALLI V V. Asymptotic results for detection in power constrained wireless sensor networks[C]//EEE International Symposium on Information Theory. Yokohama, Japan: Institute of Electrical and Electronics Engineers Inc. , 2003:230.

[265] CHAMBERLAND J - F, VEERAVALLI V V. Asymptotic results for decentralized detection in power constrained wireless sensor networks [J]. IEEE Journal on Selected Areas in Communications, 2004, 22(6): 1007 - 1015.

[266] MADISHETTY M, KANCHUMARTHY V, VISWANATHAN R, et al. Distributed detection with channel errors[C]//The Annual Southeastern Symposium on System Theory. Tuskegee, AL, United States: IEEE, 2005:302 - 306.

[267] JUN M C, JEONG H, KUO C C J. Distributed spatio - temporal outlier detection in sensor networks[C]//SPIE. Orlando, FL, United States: International Society for Optical Engineering, Bellingham WA, WA 98227 -0010, United States, 2005:273 - 284.

[268] NIU R, VARSHNEY P K. Distributed Detection and Fusion in a Large wireless Sensor Network of Random Size [J]. EURASIP Journal on Wireless Communications and Networking, 2005(4): 462 -472.

[269] DA SILVA A P R, LOUREIRO A A F, MARTINS M H T, et al. Decentralized intrusion detection in wireless sensor networks[C]//the First ACM International Workshop on Quality of Service and Security in Wireless and Mobile Networks. Montreal, QB, Canada: Association for Computing Machinery, New York, NY 10036 -5701, United States, 2005:16 -23.

[270] ARTGS - RODRIGUEZ A, LAZARO M, SANCHEZ - FERNANDEZ M. Decentralized detection in dense sensor networks with censored transmissions[C]//IEEE International Conference on Acoustics, Speech, and Signal Processing. Philadelphia, PA, USA: IEEE Press, 2005:817 -820.

[271] JAYAWEERA S K. Decentralized detection of stochastic signals in power - constrained sensor networks[C]//The Sixth IEEE International Workshop on Signal Processing Advances in

Wireless Communications. New York, NY, USA: IEEE, 2005:270 - 274.
[272] XIAO J - J, LUO Z - Q. Universal decentralized detection in a bandwidth - constrained sensor network [J]. IEEE Transactions on Signal Processing, 2005, 53(8): 2617 - 2624.
[273] AL TARZAI K A, JAYAWEERA S K, ARAVINTHAN V. Performance of decentralized detection in a resource - constrained sensor network with non - orthogonal communications [C]//2005 39th Asilomar Conference on Signals, Systems and Computer. Pacific Grove, CA, USA: IEEE Press, 2005:437 - 441.
[274] WIMALAJEEWA T, JAYAWEERA S K. Optimal power scheduling for data fusion in inhomogeneous wireless sensor networks[C]//IEEE International Conference on Video and Signal Based Surveillance 2006. Piscataway, NJ 08855 - 1331, United States: Institute of Electrical and Electronics Engineers Computer Society, 2006:4020732.
[275] LIAO P - K, CHANG M - K, KUO C C J. Statistical edge detection with distributed sensors under the Neyman - Pearson (NP) optimality[C]//IEEE Vehicular Technology Conference. Piscataway, NJ 08855 - 1331, United States:Institute of Electrical and Electronics Engineers Inc., 2006:1038 - 1042.
[276] YU L, EPHREMIDES A. Detection performance and energy efficiency of sequential detection in a sensor network[C]//The Annual Hawaii International Conference on System Sciences. Piscataway, NJ 08855 - 1331, United States: Institute of Electrical and Electronics Engineers Computer Society, 2006:236.
[277] ERITMEN K, MASAZADE E, KESKINOZ M. A simplified parallel distributed detection method for wireless sensor networks under fading channels[C]//IEEE 15th Signal Processing and Communications Applications. Piscataway, NJ 08855 - 1331, United States: Institute of Electrical and Electronics Engineers Computer Society, 2007:4298611.
[278] SCUTARI G, BARBAROSSA S, PESCOSOLIDO L. Distributed decision through self - synchronizing sensor networks in the presence of propagation delays and asymmetric channels [J]. IEEE Transactions on Signal Processing, 2008, 56(4): 1667 - 1684.
[279] JAYAWEERA S K. Optimal node placement in decision fusion wireless sensor networks for distributed detection of a randomly - located target[C]//IEEE Military Communications Conference. Piscataway, NJ 08855 - 1331, United States: Institute of Electrical and Electronics Engineers Inc., 2007:1 - 6.
[280] LI W, DAI H. Distributed detection in wireless sensor networks using a multiple access channel [J]. IEEE Transactions on Signal Processing, 2007, 55(3): 822 - 833.
[281] 梁小果, 李言俊. 一种基于无线传感器网络的分布式检测系统性能优化算法 [J]. 西北工业大学学报, 2007, 25(2): 230 - 234.
[282] TIAN Q, COYLE E J. Optimal Distributed Detection in Clustered Wireless Sensor Networks [J]. IEEE TRANSACTIONS ON SIGNAL PROCESSING, 2007, 55(7): 3892 - 3904.
[283] DAVID H A, NAGARAJA H N. Order Statistics [M]. 3 ed. New York: Wiley, 2003.
[284] LIU X Y, WANG Y, CHEN Y M. A Contention - Based Transmission Strategy for Distribu-

ted Radar Sensor Network [J]. Applied Mechanics and Materials, 2014, 513 - 517(1): 3317 - 3321.

[285] XU L, LIANG Q, CHENG X, et al. Compressive sensing in distributed radar sensor networks using pulse compression waveforms [J]. EURASIP Journal on Wireless Communications and Networking, 2013(1): 1 - 10.

[286] XU L, LIANG Q. Radar Sensor Network Using a Set of New Ternary Codes: Theory and Application [J]. IEEE Sensors Journal, 2011, 11(2): 439 - 450.

[287] REN Q. Energy Detection Performance Analysis for UWB Radar Sensor Networks [J]. EURASIP Journal on Wireless Communications and Networking, 2010 (Article ID 709723):12.

[288] WIKNER D A, VIVEIROS E A, WELLMAN R, et al. Compact networked radars for Army unattended ground sensors[C]//SPIE Defense, Security, and Sensing. Orlando: International Society for Optics and Photonics, 2010:769410 - 9.

[289] 樊昌信, 张甫翊, 徐炳祥, 等. 通信原理5版[M]. 北京: 国防工业出版社, 2001.

[290] SKOLNIK M I. introduction to radar systems [M]. 3 ed. Singapore: McGraw - Hill Higher Education, 2001.

[291] YANG Y, BLUM R S. A Distributed Framework for Signal Detection in Wireless Sensor Networks[C]//the Asilomar Conf Signals, Systems, Computers. Pacific Grove, CA: IEEE, 2008:873 - 877.

[292] SIKORA M, LANEMAN J N, HAENGGI M, et al. On the Optimum Number of Hops in Linear Wireless Networks[C]// IEEE Information Theory Workshop 2004. : IEEE, 2004: 165 - 169.

[293] Shellhammer, S J. Estimation of packet error rate caused by interference using analytic techniques—A coexistence assurance methodology[R]," IEEE 802 19 - 05/0028r0, Qualcomm, lnc. 2005:1 - 36.

[294] YANG Y, BLUM R S, SADLER B M. Distributed Energy - Efficient Scheduling for Radar Signal Detection in Sensor Networks [C]//2010 IEEE Radar Conference. Washington: IEEE,2010:1094 - 1099.

[295] LIANG J, LIANG Q. Design and Analysis of Distributed Radar Sensor Networks [J]. IEEE Transactions on Parallel and Distributed Systems, 2011, 22(11): 1926 - 1933.

[296] LAI K C, YANG Y L, JIA J J. Fusion of Decisions Transmitted Over Flat Fading Channels Via Maximizing the Deflection Coefficient [J]. IEEE Transactions on Vehicular Technology, 2010, 59(7): 3634 - 3640.

[297] BIELEFELD D, FABECK G, ZIVKOVIC M, et al. Optimization of cooperative spectrum sensing and implementation on software defined radios[C]// Int Workshop Cogn Radio Advanced Spectr Management CogART. Rome: IEEE, 2010:1 - 5.

[298] ALIREZAEI G. Channel capacity related power allocation for ultra - wide bandwidth sensor networks with application in object detection[C]//IEEE ICUWB 2012 - International Con-

ference on Ultra - Wideband. Syracuse,NY,USA: IEEE, 2012.

[299] ZHANG X, POOR H V, CHIANG M. Optimal Power Allocation for Distributed Detection Over MIMO Channels in Wireless Sensor Networks [J]. IEEE TRANSACTIONS ON SIGNAL PROCESSING, 2008, 56(9): 4124 -4140.

[300] PROAKIS J G, SALEHI M. Digital Communications [M]. New York: McGraw - Hill Higher Education,2008.

[301] KAY S M. 统计信号处理基础——检测与估计理论 [M]. 罗鹏飞,张文明,刘忠,等译. 北京: 电子工业出版社, 2003.

[302] REIBMAN A R, NOLTE L W. Optimal detection and performance of distributed sensor systems [J]. IEEE Transactions on Aerospace and Electronic Systems, 1987, AES -23(1): 24 -30.

[303] GUAN J, MENG X - W, HE Y. Distributed CFAR detection with multisensor using local multilevel quantization based on rank[C]//The International Conference on Radar. Adelaide, SA, Australia: IEEE, 2003:127 -129.

[304] FERRARI G, PAGLIARI R, MARTALO M. Decentralised binary detection with non - constant SNR profile at the sensors [J]. Int J Sensor Networks, 2008, 4(1/2): 23 -36.

[305] LIU X, YAN J, PENG Y. A Distributed Detection Scheme for Multiple Monostatic Radars [C]//2006 CIE International Conference on Radar (ICR2006). Shanghai,CHINA: IEEE, 2006:200 -203.

[306] 保铮, 张庆文. 一种新型的米波雷达 - 综合脉冲与孔径雷达 [J]. 现代雷达, 1995, 17(1): 1 -13.

[307] 陈伯孝, 许辉, 张守宏. 舰载无源综合脉冲/ 孔径雷达及其若干关键问题 [J]. 电子学报, 2003, 31(12): 1776 -1779.

[308] 陈伯孝, 张守宏. 基于综合脉冲与孔径技术的多基地“无源”定位系统 [J]. 火控雷达技术, 2003, 32(3): 13 -17.

[309] 陈伯孝. SIAR 四维跟踪及其长相干积累等技术研究 [D]. 西安:西安电子科技大学, 1997.

[310] XU J, DAI X Z, XIA X G, et al. Optimizations of Multisite Radar System with MIMO Radars for Target Detection [J]. IEEE Transactions on Aerospace and Electronic Systems, 2011, 47(4): 2329 -2343.

[311] XU J, YU J, PENG Y N, et al. Radon - Fourier Transform for Radar Target Detection(I): Generalized Doppler Filter Bank [J]. IEEE Transactions on Aerospace and Electronic Systems, 2011, 47(2): 1186 -1202.

[312] XU J, YU J, PENG Y N, et al. Radon - Fourier Transform for Radar Target Detection (II): Blind Speed Sidelobe Suppression [J]. IEEE Transactions on Aerospace and Electronic Systems,2011,47(4):2473 -2489.

[313] YU J, XU J, PENG Y N, et al. Radon - Fourier Transform for Radar Target Detection (III): Optimality and Fast Implementations [J]. IEEE Transactions on Aerospace and

Electronic Systems, 2012, 48(2): 991 - 1004.

[314] XU J, YU J, PENG Y N, et al. Space - time radon - fourier transform and applications in radar target detection [J]. IET Radar, Sonar & Navigation, 2012, 6(9): 846 - 857.

[315] RABIDEAU D J, PARKER P. Ubiquitous MIMO Multifunction Digital Array Radar[C]// 37th Asilomar Conf Signals, Systems and Computers. Asilomar: IEEE, 2003: 1057 - 1064.

[316] BLISS D W, FORSYTHE K W. Multiple - input multiple - output (MIMO) radar and imaging: Degrees of freedom and resolution[C]//37th IEEE Asilomar Conf Signals, Systems, and Computers. Pacific Grove, CA, USA: IEEE, 2003: 54 - 59.

[317] FORSYTHE K W, BLISS D W. Waveform correlation and optimization issues for MIMO radar[C]//39th Asilomar Conf Signals, Systems & Computers. Paci. c Grove: IEEE, 2005: 1306 - 1310.

[318] ZHENG L, TSE D N C. Diversity and multiplexing: A fundamental tradeoff in multiple - antenna channels [J]. IEEE Transactions on Information Theory, 2003, 49 (5): 1073 - 1096.

[319] FISHLER E H A, BLUM R S , CIMINI L J, et al. Spatial diversity in radar models and detection performance [J]. IEEE Transaction on Signal Processing, 2006, 54 (3): 823 - 838.

[320] LEHMANN N F E, HAIMOVICH A, BLUM R S, et al. Evaluation of transmit diversity in MIMO radar direction finding [J]. IEEE Trans Signal Process, 2007, 55 (2): 2215 - 2225.

[321] CHERNYAK V S. On the Concept of Statistical MIMO Radar[C]//IEEE International Radar Conference. Washington: IEEE, 2010: 327 - 332.

[322] S C V. Fundamentals of Multisite Radar Systems. Multistatic Radars and Multiradar Systems [M]. Gordon and Breach Science Publishers, 1998.

[323] J L, P S. MIMO radar - diversity means superiority; proceedings of the 14th Annual Workshop on Adaptive Sensor Array Processing, MIT Lincoln Laboratory, Lexington, MA, USA, F, 2006 [C].

[324] XU L L J. Iterative generalized likelihood ratio test for MIMO radar [J]. IEEE Trans Signal Process, 2007, 55(6): 2375 - 2385.

[325] BEKKERMAN I T J. Target detection and localization using MIMO radars and sonars[J]. IEEE Trans Signal Process, 2006, 54(10): 3873 - 3883.

[326] Friedlander B. Waveform design for MIMO radars [J]. IEEE Trans Aerospace Electron Syst, 2007, 43(3): 1227 - 1238.

[327] FRAZER G J, ABRAMOVICH Y I, JOHNSON B A. Spatially waveform diverse radar: Perspectives for high frequency OTHR [C]//IEEE Radar Conference. Boston, MA, USA: IEEE, 2007: 385 - 390.

[328] YANG Y B R S. Radar waveform design based on mutual information and mean - square er-

ror estimation [J]. IEEE Trans Aerosp Electron Syst, 2007, 330 - 343.

[329] NATHANSON F E R J P, COHEN M N. Radar Design Principlas [M]. New York: Mcaraw - Hill, Inc., 1990.

[330] ROBEY F C, COUTTS S, WEIKLE D, et al. MIMO radar Theory and experimental results [C]//38th IEEE Asilomar Conf Signals, Systems, and Computers. Asilomar: IEEE, 2004.

[331] YU J, XU J, PENG Y - N. Upper bound of coherent integration loss for symmetrically distributed phase noise [J]. IEEE Signal Processing Letters, 2008, 15(1): 661 - 614.

[332] BOX G E P. Some theorems on quadratic forms applied in the study of analysis of variance problems, I. Effect of inequality of variance in the one - way classification [J]. Ann Math Statist, 1954, 25(2): 290 - 302.

[333] GUAN J, PENG Y N, HE Y. Proof of CFAR by the use of the invariant test [J]. IEEE Transactions on Aerospace and Electronic Systems, 2000, 36(1): 336 - 339.

[334] KASSAM S A. Signal Detection in Non - Gaussian Noise [M]. New York: Springer - Verlag, 1988.

[335] KASSAM S A, POOR H V. Robust Techniques for Signal Processing: A Survey [J]. Proceedings of The IEEE, 1985, 73(3): 433 - 481.

[336] 陈家鼎. 序贯分析 [M]. 北京: 北京大学出版社, 1995.

[337] KUH A. Nonparametric decentralized sequential detection[C]//IEEE International Symposium on Information Theory. Ulm, Ger: IEEE, 1997:528.

[338] VEERAVALLI V V. Sequential decision fusion: theory and applications [J]. Journal of the Franklin Institute, 1999, 336(2): 301 - 322.

[339] MEI Y. Information bounds and quickest change detection in decentralized decision systems [J]. IEEE Transactions on Information Theory, 2005, 51(7): 2669 - 2681.

[340] VEERAVALLI V V, BASAR T, POOR H V. Decentralized sequential detection with sensors performing sequential tests [J]. Mathematics of Control, Signals and Systems, 1994, 7(4): 292 - 305.

[341] TARTAKOVSKY A G, VEERAVALLI V V. Quickest change detection in distributed sensor systems[C]//the Sixth International Conference on Information Fusion. Cairns, Qld., Australia: Univ. New Mexico, 2003:1110 - 1117.

[342] TSITSIKLIS J N. ON THRESHOLD RULES IN DECENTRALIZED DETECTION[C]// IEEE Conference on Decision and Control. Athens, Greece: IEEE, New York, NY, USA, 1986:232 - 236.

[343] VEERAVALLI V V. Comments on decentralized sequential detection[J]. IEEE Transactions on Information Theory, 1992, 38(4): 1428 - 1429.

[344] TARTAKOVSKY A G, KIM H. Performance of certain decentralized distributed change detection procedures[C]// 9th International Conference on Information Fusion. Florence, Italy: IEEE, 2006:1 - 8.

[345] TENEKETZIS D, HO Y C. DECENTRALIZED WALD PROBLEM [J]. Information and Computation, 1987, 73(1): 23 – 44.

[346] SHIRYAEV A N. Optimal Stopping Rules [M]. New York: Springer, 1978.

[347] VEERAVALLI V. Decentralized quickest change detection[C]//IEEE International Symposium on Information Theory. Whistler, BC, Can: IEEE, Piscataway, NJ, USA, 1995:294.

[348] TARTAKOVSKY A G, VEERAVALLI V V. Asymptotic analysis of Bayesian quickest change detection procedures [C]//IEEE International Symposium on Information Theory. Lausanne, Switzerland: IEEE, 2002:217.

[349] MEI Y. Information bounds and asymptotically optimal procedures for detecting changes in decentralized decision systems[C]//IEEE International Symposium on Information Theory. Chicago, IL, United States: Institute of Electrical and Electronics Engineers Inc., 2004:249.

[350] TARTAKOVSKY A G, POLUNCHENKO A S. Quickest changepoint detection in distributed multisensor systems under unknown parameters[C]//The 11th International Conference on Information Fusion. Cologne: IEEE, 2008:1 – 8.

[351] ZHU X, YUAN Y, RORRES C, et al. Distributed Mary hypothesis testing with binary local decisions [J]. Information Fusion, 2004, 5(3): 157 – 167.

[352] LIU B, JEREMIC A, WONG K M. Blind Adaptive Algorithm for Mary Distributed Detection [C]//ICASSP2007. Honolulu: IEEE, 2007:1025 – 1028.

[353] 相明, 王炜, 郭飞. 分布式多传感器多元假设检验的最优决策融合算法 [J]. 探测与控制学报, 2008, 30(3): 8 – 11.

[354] 白银生, 赵俊渭, 董阳泽. 多元假设下的分布式最优数据融合 [J]. 声学与电子工程, 2003(69): 7,8,11.

[355] NGUYEN X, WAINWRIGHT M J, JORDAN M I. Nonparametric decentralized detection using kernel methods [J]. IEEE Transactions on Signal Processing, 2005, 53(11):4053 – 4066.

[356] 刘向阳, 彭应宁. 基于删除的混合融合准则 [J]. 电子与信息学报, 2008, 30(1): 159 – 162.

[357] LIU X Y, PENG Y N. New fusion rule for censored decisions in wireless sensor networks [C]//2006 IEEE Region 10 Conference. Hongkong: Institute of Electrical and Electronics Engineers Inc., 2006.

[358] ZITO D, PEPE D, NERI B, et al. Wearable system – on – a – chip pulse radar sensors for the health care: System overview[C]//21st International Conference on Advanced Information Networking and Applications. Niagara Falls, Ont., Canada: IEEE, 2007:766 – 769.

[359] LIANG J, LIANG Q, ZHOU Z. Radar sensor network design and optimization for blind speed alleviation[C]//2007 IEEE Wireless Communications and Networking Conference. Kowloon, China: IEEE, 2007:2645 – 2649.

[360] SHINGU G, TAKIZAWA K, IKEGAMI T. Human body detection using MIMO – UWB radar

sensor network in an indoor environment[C]//2008 Ninth International Conference on Parallel and Distributed Computing, Applications and Technologies. Otago, New Zealand: IEEE, 2008:437 - 442.

[361] LIANG Q, SAMN S W, CHENG X. UWB radar sensor networks for sense - through - foliage target detection[C]//IEEE International Conference on Communications. Beijing: IEEE Press, 2008:2228 - 2232.

缩略语

ACSF	Adaptive Censored Summation Fusion	自适应删除求和融合
AD－MIMO	Aperture Distributed MIMO	分布孔径多输入－多输出
AND	AND fusion	“与”融合
ARE	Asymptotic Relative Efficiency	渐近相对效率
BBDD	Bootstrap Based Distributed Detection	基于 Bootstrap 的分布式检测
CA	Cell Averaging	单元平均
CDF	Cumulative Distribution Function	累积分布函数
CFAR	Constant False Alarm Rate	恒虚警率
C^4ISR	Comand, Control, Communication, Computer, Intelligence, Surveillance, and Reconnaissance	指挥、控制、通信、计算机、情报、监视和侦察
CMF	Censoring based Mixed Fusion	基于删除的混合融合
CPI	Coherent Processing Interval	相干处理间隔
CSF	Censored Summation Fusion	删除求和融合
CSF－TIED	Censored Summation Fusion via the Test for Identical Exponential Distribution	基于同指数分布检验的删除求和融合
CSI	Channel State Information	信道状态信息
CSWF	Censored Summation based Weighted Fusion	基于删除求和的加权融合
DBF	Digital Beam Forming	数字波束形成
DD	Distributed Detection	分布式检测
DGST	Distributed Generalized Sign Test	分布式广义符号检验
DOF	Degree Of Freedom	自由度
DP	Dynamic Programming	动态规划
DSD	Distributed Signal Detection	分布式信号检测

DSF	Direct Summation Fusion	直接求和融合
EGC	Equal Gain Combining	等增益合并
GLRT	Generalized Likelihood Ratio Test	广义似然比检验
GSD	Generalized Sign Detector	广义符号检测器
ISERPA	Identical Symbol Error Rate based Power Allocation	基于符号错误概率相等的功率分配
LBDDBD	Local Binary Decision - based Distributed Bootstrap Detection	局部二元判决的 Bootstrap 分布式检测
LBDDGSD	Local Binary Decision - based Distributed Generalized Sign Detection	局部二元判决的分布式广义符号检测
LLR	Local Likelihood Ratio	局部似然比
LMD - N	Local Multiple Decisions via N Thresholds	基于局部 N 阈值判决的分布式检测策略
LMD - 3	Local Multiple Decisions via 3 Thresholds	基于局部 3 阈值判决的分布式检测
LO	Locally Pptimum	局部最优
LP	Local Processor	局部传感器的处理器
LR	Likelihood Ratio	似然比
LRQ	Likelihood Ratio Quantizer	似然比量化器
LRT	Likelihood Ratio Test	似然比检验
LRT - CS	Likelihood Ratio Test based on Channel Statistics	基于信道统计量的似然比检验
LTS	Local Test Statistic	局部检测统计量
LTSDBD	Local Test Statistic - based Distributed Bootstrap Detection	基于局部检测统计量的 Bootstrap 分布式检测
LTSDGSD	Local Test Statistic - based Distributed Generalized Sign Detection	基于局部检测统计量的分布式广义符号检测
MAC	Media Access Control	媒体访问控制
MAP	Maximum A posteriori Probability	最大后验概率
MEP	Minimum Error Probability	最小错误概率
MIMO	Multiple - Input Multiple - Output,	多输入 - 多输出
MISO	Multiple - Input Single - Output,	多输入 - 单输出

MLR	Monotone Likelihood Ratio	单调似然比
MLRQ	Monotone Likelihood Ratio Quantizer	单调似然比量化器
MOSF	Maximum Ordered Local Test Statistic Fusion	最大有序统计量融合规则
MRC	Maximum – Ratio Combining	最大比合并
MSF	Mixed Summation Fusion	混合求和融合算法
NBI	Normal Boundary Intersection	正常边界交集
NSGA – II	Nondominating Sorting Genetic Algorithm – II	非显著分类遗传算法 – II
NTS	Normalized Test Statistic	归一化检验统计量
NP	Neyman – Pearson	奈曼·皮尔逊
OR	OR fusion	“或”融合
OS	Order Statistic	有序统计量
PA	Power Amplifier	功率放大器
PAR	Phased Array Radar	相控阵雷达
PBPO	Person – By – Person Optimization	逐项优化
PDF	Probability Density Function	概率密度函数
PLM	Path Loss Model	路径损耗模型
PT	Permutation Test	置换检验
RCS	Radar Cross Section	雷达截面积
S + OS	Signal – plus – Order Statistic	信号加有序统计量
SAR	Synthetic Aperture Radar	合成孔径雷达
SCR	Signal – to – Clutter Ratio	信杂比
SIAR	Synthetic Impulse and Aperture Radar	综合脉冲孔径雷达
SISO	Single – Input Single – Output	单输入 – 单输出
SNR	Signal – to – Noise Ratio	信噪比
SUM	SUMmation fusion	求和融合
UMP	Uniformly Most Powerful	一致最大功效
UMPT	Uniformly Most Powerful Test	一致最大功效检验
UMPU	Uniformly Most Powerful Unbiased	一致最大功效无偏
UPAS	Uniform Power Allocation Scheme	相等功率分配策略
WSN	Wireless Sensor Networks	无线传感器网络

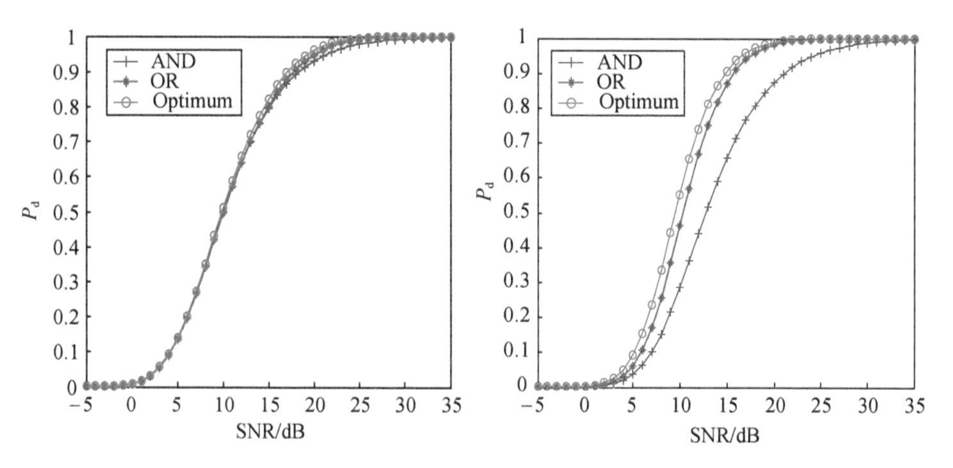

图 2.1　两个传感器的信噪比相同时信噪比与检测概率之间的关系

图 2.2　两个传感器的信噪比之比为 1.9∶0.1 时信噪比与检测概率之间的关系

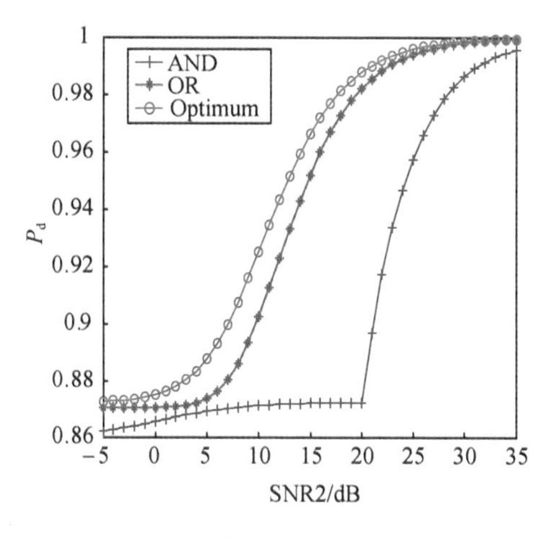

图 2.3　传感器 1 的信噪比为 20dB 时传感器 2 的信噪比与检测概率之间的关系

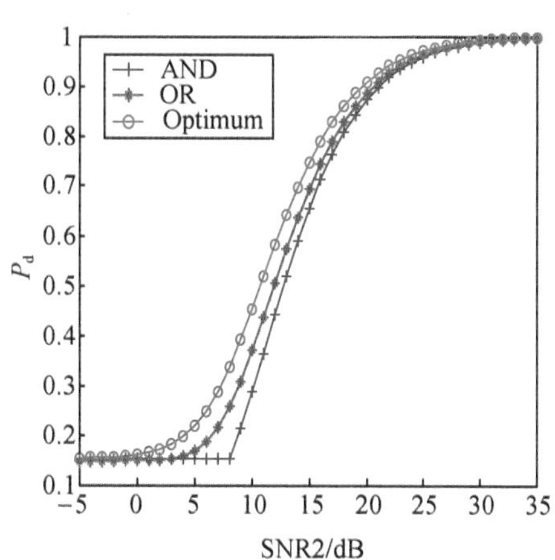

图 2.4　传感器 1 的信噪比为 8dB 时传感器 2 的信噪比与检测概率之间的关系

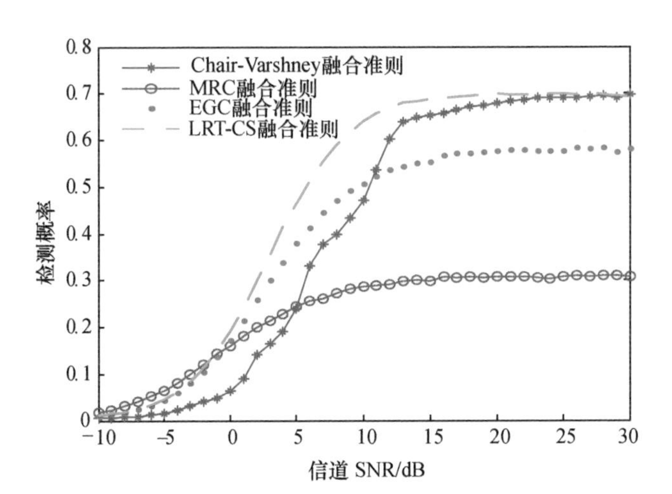

图 6.1　条件Ⅰ时全局检测概率随信道 SNR 的变化曲线

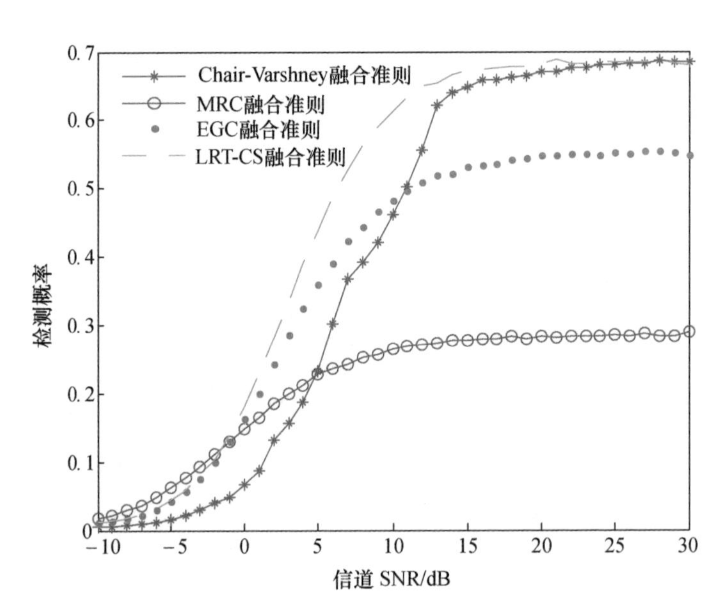

图 6.2　条件Ⅱ时全局检测概率随信道 SNR 的变化曲线

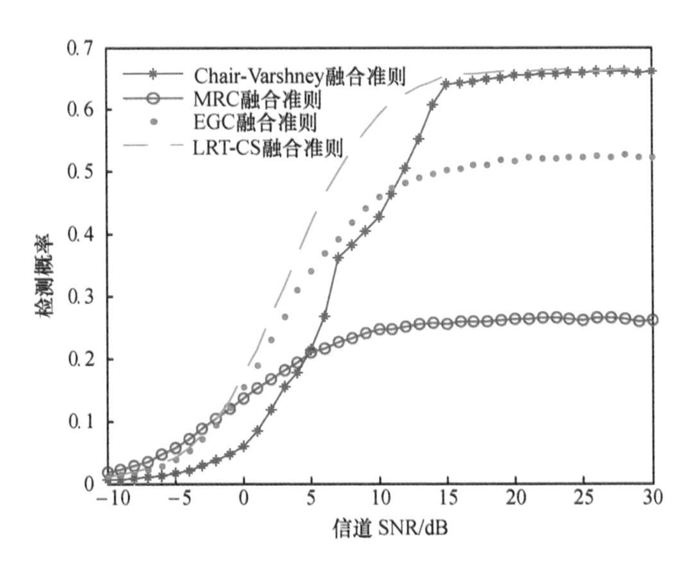

图 6.3　条件Ⅲ时全局检测概率随信道 SNR 的变化曲线

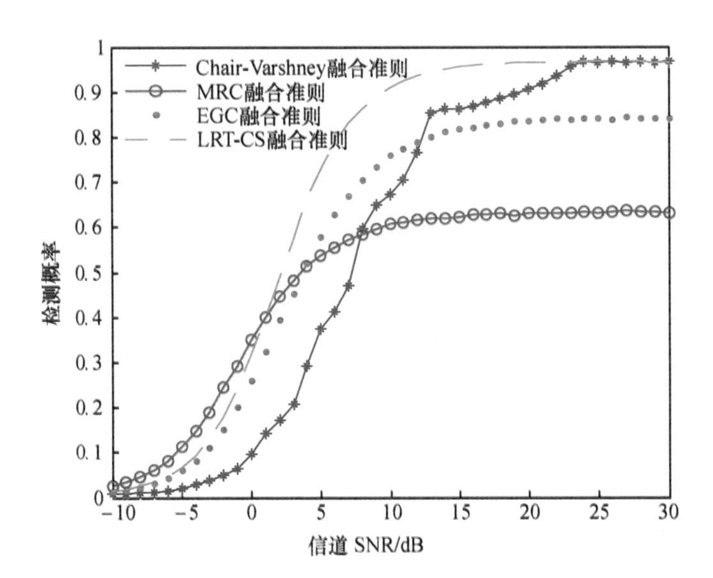

图 6.4　假设条件Ⅳ时,全局检测概率随信道 SNR 的变化曲线

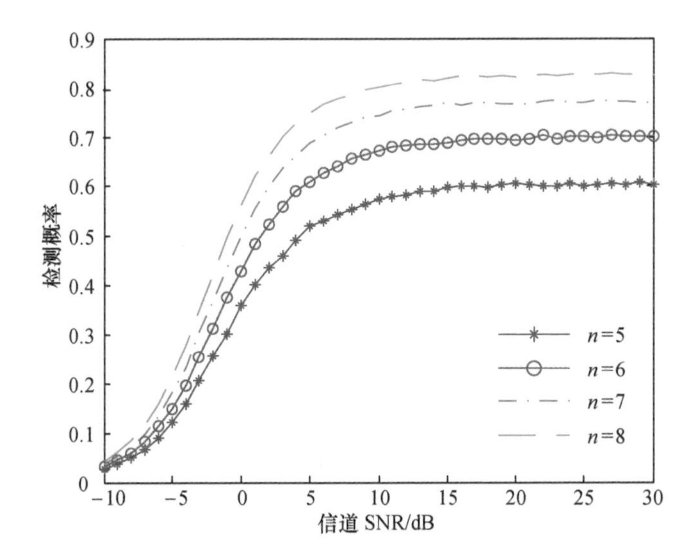

图 6.5 EGC 融合准则下,节点个数增多时全局检测概率的变化曲线

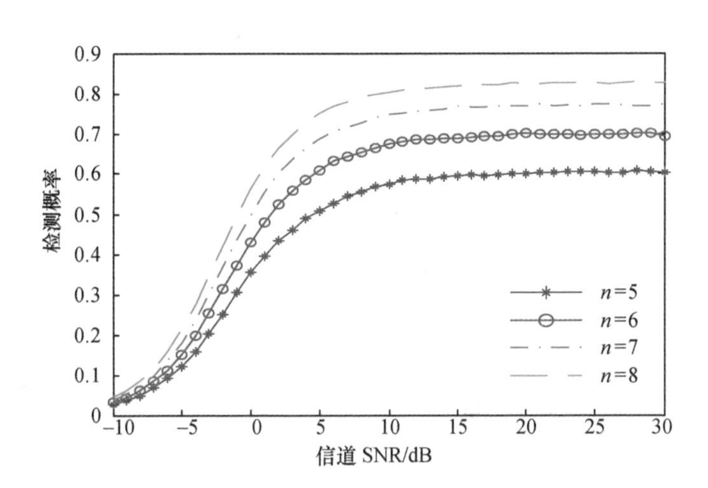

图 6.6 MRC 融合准则下,节点个数增多时全局检测概率的变化曲线

彩/4

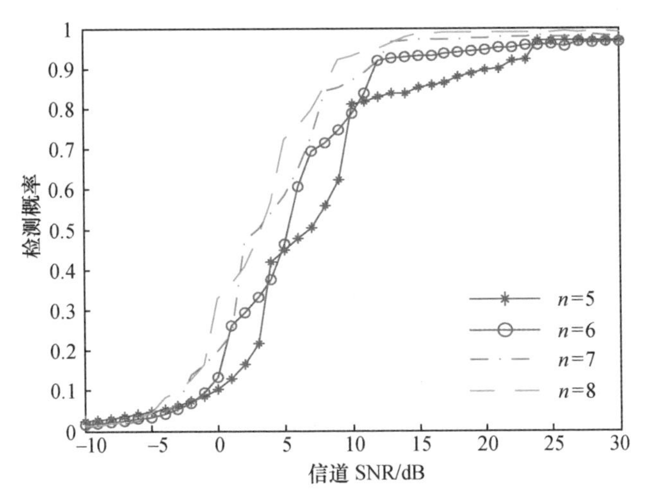

图 6.7　Chair - Varshney 融合准则下，节点个数增多时全局检测概率的变化曲线

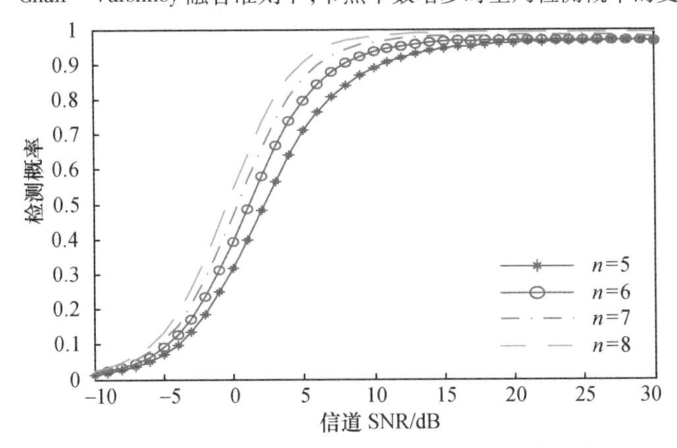

图 6.8　LRT - CS 融合准则下，节点个数增多时全局检测概率的变化曲线

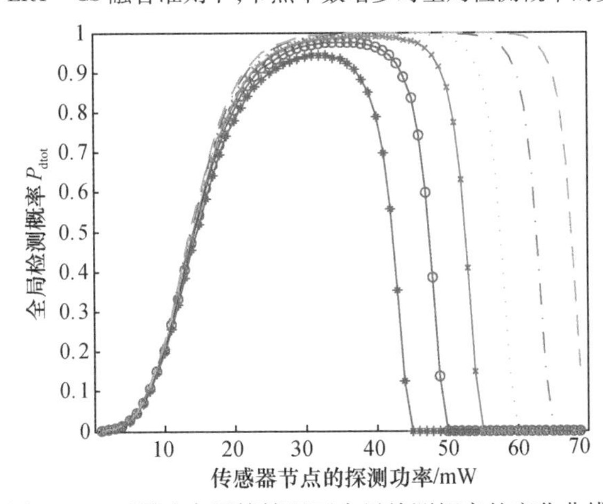

图 6.20　不同功率预算情况下全局检测概率的变化曲线

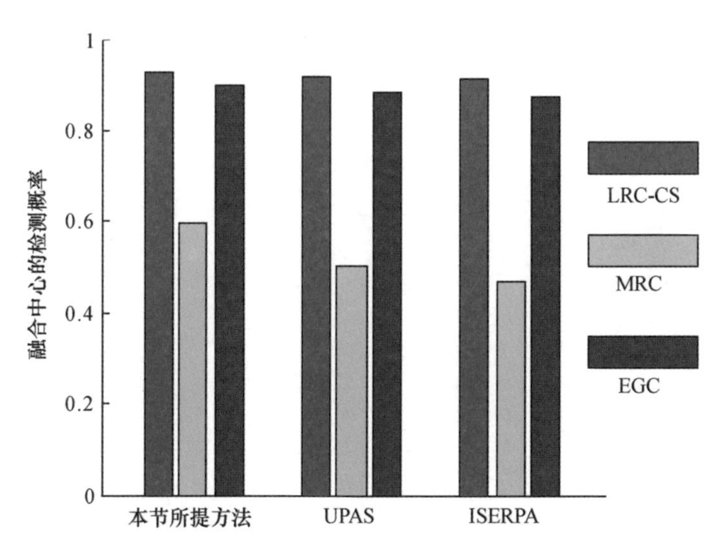

图 6.24　不同功率分配策略和融合准则下所实现的最佳检测概率